Anschauliche
Geometrie

David Hilbert · Stephan Cohn-Vossen

Anschauliche Geometrie

Appendix
von P. Alexandroff

Geleitwort
von Marcel Berger

Zweite Auflage

 Springer

David Hilbert (1862–1943)
Georg-August Universität Göttingen
Mathematisches Institut
Göttingen
Deutschland

Stephan Cohn-Vossen (1902–1936)
Russische Akademie der Wissenschaften
Moskau
Russland

Die erste Auflage erschien 1932 unter gleichnamigem Titel in der Reihe Grundlehren der mathematischen Wissenschaften, Bd. 37

Die Fotovorlage für die Abbildung auf der Einbandvorderseite wurde für D. Hilbert dem Band C. Reid: Hilbert - Courant, Springer-Verlag, 1986, entnommen; die Abbildung für S. Cohn-Vossen stellte das mathematische Forschungsinstitut Oberwolfach zur Verfügung

ISBN 978-3-540-59069-9 (Hardcover)   e-ISBN 978-3-642-19948-6
ISBN 978-3-642-19947-9 (Softcover)
DOI 10.1007/978-3-642-19948-6
Springer Heidelberg Dordrecht London New York

Die Deutsche Nationalbibliothek verzeichnet diese Publikation in der Deutschen Nationalbibliografie; detaillierte bibliografische Daten sind im Internet über http://dnb.d-nb.de abrufbar.

Mathematics Subject Classification (1991): 33-01,35-01,49-01,70-01

Einbandentwurf: WMXDesign GmbH, Heidelberg

Gedruckt auf säurefreiem Papier

Springer ist Teil der Fachverlagsgruppe Springer Science+Business Media (www.springer.com)

La présente réédition du livre de Hilbert et Cohn-Vossen me semble l'illustration parfaite de la très grande contribution que le docteur Heinz Götze a apporté au monde mathématique en mettant ses remarquables talents aux multiples facettes au service de la maison Springer.

Ich möchte dieses Buch Dr. Heinz Götze widmen, weil es mir eine perfekte Illustration von Heinz Götzes verlegerischen Leistungen zu sein scheint. Durch seine vielfältigen Gaben, die er im Dienst des Hauses Springer einsetzte, hat er einen außerordentlichen Beitrag zur Bereicherung der mathematischen Welt geleistet.

Marcel Berger

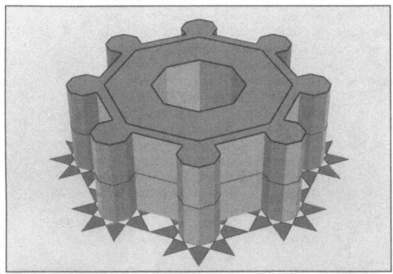

Computerdarstellung (Susanne Krömker, Heidelberg) und Aufnahme (Heinz Götze, Heidelberg) des Castel del Monte. Siehe auch Heinz Götze: Castel del Monte – Gestalt und Symbol der Architektur Friedrichs II. Prestel–Verlag, München 1984, 1986, 1991 (1.–3. Auflage)

Préface

Le livre qui suit est tout à fait extraordinaire. Il est issu d'un cours qu'Hilbert donna pour la première fois à Göttingen l'année universitaire 1920–21. Sa motivation première semble avoir été de faire revivre l'esprit de géométrie dans la Faculté. La désaffection pour la géométrie, au profit de la seule habileté dans l'algèbre, le calcul différentiel et intégral, a toujours provoqué une réaction inquiète chez les grands mathématiciens. Voici, entre autres, ce qu'ont dit Gauss, Klein puis André Weil. Dans une analyse de la Géométrie descriptive de Monge qui venait de paraître, Gauss écrivait en 1813 :

„Es ist auch nicht zu läugnen, dass die Vorzüge der analytischen Behandlung vor der geometrischen, ihre Kürze, Einfachheit, ihr gleichförmiger Gang, und besonders ihre Allgemeinheit, sich gewöhnlich um so entschiedener zeigen, je schwieriger und verwickelter die Untersuchungen sind. Inzwischen ist es doch immer von hoher Wichtigkeit, dass auch die geometrische Methode fortwährend cultivirt werde ... Dem vorliegenden Werke über diese Wissenschaft müssen wir insbesondere das Lob einer grossen Klarheit, ... beilegen, und daher das Studium desselben als eine kräftige Geistesnahrung empfehlen, wodurch unstreitig zur Belebung und Erhaltung des echten, in der Mathematik der Neuern sonst manchmal vermissten, geometrischen Geistes viel mit beigetragen werden kann."

Puis en 1850 dans une lettre à Schumacher :

„Es ist der Character der Mathematik der neueren Zeit (im Gegensatz gegen das Alterthum), dass durch unsere Zeichensprache und Namengebungen wir einen Hebel besitzen, wodurch die verwickeltsten Argumentationen auf einen gewissen Mechanismus reducirt werden.

An Reichtum hat dadurch die Wissenschaft unendlich gewonnen, an Schönheit und Solidität aber, wie das Geschäft gewöhnlich betrieben wird, eben so sehr verloren. Wie oft wird jener Hebel eben nur mechanisch angewandt, ... Ich fordere, man soll bei allem Gebrauch des Calculs, bei allen Begriffsverwendungen sich immer der ursprünglichen Bedingungen bewusst bleiben ..."

Dans une conférence donnée, dans une série de douze, aux USA en 1893, sur l'intuition de l'espace, Felix Klein disait :

"It is my opinion that in teaching it is not only admissible, but absolutely necessary, to be less abstract at the start, to have constant regard to the applications, and to refer to the refinements only gradually as the student becomes able to understand

them."... *"I am led to these remarks by the consciousness of a growing danger in the higher educational system in Germany, — the danger of a separation between abstract mathematical science and its scientific and technical applications. Such separation could only be deplored; for it would necessarily be followed by shallowness on the side of the applied sciences, and by isolation on the part of pure mathematics."*

Enfin André Weil, dans «S.S. Chern as Geometer and Friend», écrivit en 1978 :

"Obviously everything in differential geometry can be translated into the language of analysis, just as every thing in algebraic geometry can be expressed in the language of algebra. Sometimes mathematicians, following their personal inclination or perhaps misled by a false sense of rigor, have turned their mind wholly to the translation and lost sight of the original text. It cannot be denied that this has led occasionally to work of great value; nevertheless further progress has invariably involved going back to geometric concepts. The same has happened in our times with topology. Whether one considers analytic geometry at the hands of Lagrange, tensor calculus at those of Ricci, or more modern examples, it is always clear that a purely formal treatment of geometric topics would invariably have killed the subject if it had not been rescued by true geometers, Monge in one instance, Levi-Civita and above all Elie Cartan in another."

Dans ces textes, il ne s'agit pas de stigmatiser l'abstraction ni l'habileté dans les calculs, mais leur usage à l'état brut sans l'existence, en profondeur, d'une intuition, d'une pensée, d'une ligne directrice, d'une vision. Le calcul électronique présente un danger analogue sinon identique. Car on peut craindre que le mathématicien, qui utilise ces puissants moyens, ne se fie en dernier ressort qu'au seul résultat fourni par l'ordinateur sans que son intuition ne le lui confirme.

Ce cours de géométrie «pictoriale», «figurative», «illustrative», Hilbert le donna encore deux fois dans la suite, alors cependant que la diversité de ses enseignements est restée légendaire. Outre la motivation mentionnée précédemment, essentiellement tournée vers les étudiants, Hilbert désirait atteindre un public beaucoup plus large : il le dit dans sa préface, qu'il faut absolument lire : elle n'a pas encore pris une seule ride. Ajoutons qu'il admirait l'habileté des scientifiques des autres disciplines à présenter aux non-experts leur propre discipline et ses succès. Un très bref extrait de cette préface :

„ ... *zu einer gerechteren Würdigung der Mathematik in weiteren Kreisen des Publikums beizutragen. Denn im allgemeinen erfreut sich die Mathematik, wenn auch ihre Bedeutung anerkannt wird, keiner Beliebtheit. Das liegt an der verbreiteten Vorstellung, als sei die Mathematik eine Fortsetzung oder Steigerung der Rechenkunst. Dieser Vorstellung soll unser Buch entgegenwirken, ...*"

Le présent livre est dû à la plume du grand géomètre, décédé prématurément, que fut Stephan Cohn-Vossen. Le résultat est, répétons-le, est extraordinaire. Non seulement, à son époque, Hilbert a réussi à atteindre les futurs mathématiciens ainsi qu'une audience beaucoup plus large, mais ce livre continue aujourd'hui une carrière unique et permanente. Tous les collègues que j'ai interrogés aiment, admirent ce livre. Ils ne manquent guère une occasion d'en recommander la lecture à leurs étudiants. Ceci pour les gens du sérail. Mais il continue à atteindre un large public : à l'Université de Pennsylvanie, par exemple, il figure au catalogue de cinq bibliothèques en charge de disciplines différentes, et mieux, il a disparu dans quatre d'entre elles!

Comment expliquer ce succès, cette longévité ? Voici un premier ensemble de raisons, dont le lecteur aura la joie de vérifier le bien-fondé quand il en se plongeant dans l'ouvrage. En 1920 la géométrie était déjà un corpus de connaissances très large. Pour choisir le matériel à présenter, Hilbert a donc du faire un choix draconien. «Enseigner, c'est choisir» a-t-on dit. Ce à quoi Voltaire ajoutait d'ailleurs: «L'art d'ennuyer, c'est celui de vouloir tout dire». Mais de là à pouvoir, à savoir faire le choix, quelle courage, quelle lucidité!

Hilbert a beau dire dans sa préface qu'il propose une promenade et non une marche avec un but, le livre est très fortement structuré : sous des apparences désinvolte il y court des leitmotifs sous-jacents. Et c'est un des plus grands plaisirs que donne sa lecture que de retrouver un même objet, un même concept, dans des contextes apparemment étrangers les uns aux autres. Pour ne donner qu'un exemple, le cas des quadriques homofocales est particulièrement saisissant.

Il y a aussi dans cet ouvrage un mélange très équilibré de propriétés seulement énoncées sans la moindre allusion à une démonstration et d'endroits où plus d'une page est consacrée à expliquer l'essence de la démonstration. C'est peut-être finalement ce remarquable mélange qui explique le succès de l'ouvrage auprès de lecteurs aussi variés.

Ceci n'explique qu'en partie sa longévité. Le lecteur pourrait en effet penser que la géométrie a beaucoup évolué depuis soixante ans, et ce qui en constituait tant le corps que l'essence en 1920 a, en un certain sens, complètement disparu. De plus les mathématiques ont incroyablement progressé en abstraction, dans leur maîtrise de structures très générales et toutes essentielles. Dans cette nouvelle donne, la géométrie est-elle devenue inutile ou à tout le moins un peu fanée?

Ce quoi croyant, cher lecteur, ne tombez-vous pas encore une fois dans le piège récurrent deux fois cité plus haut ? Laissez-moi argumenter quelque peu, pour éventuellement vous contredire. Je signale en premier lieu que le titre „Anschauliche Geometrie" a été traduit en anglais par "Geometry and the Imagination". Hilbert ne pouvait récuser un tel titre; c'est lui le héros de l'anecdote suivante :

It seems that there was a mathematician at Göttingen who became a novelist. "Why did he do that?" people at Göttingen marvelled. "How can a man who was a mathematician write novels?" "But that is completely simple," Hilbert said. "He did not have enough imagination for mathematics, but he had enough for novels."

Le lecteur attend probablement de nous maintenant que nous tentions de définir ce qu'est la géométrie aujourd'hui. Pour ce faire nous avons consulté, et ce depuis quelque temps déjà, de nombreux géomètres de grand talent. Il nous semble que les trois meilleures réponses que nous puissions offrir sont les suivantes. Nous les présentons par ordre de précision. Dieudonné écrivit en 1981 :

«*En conclusion, peut-on dire que la Géométrie a perdu son identité? Au contraire, je pense qu'en éclatant au-delà de ses fontières traditionnelles, elle a révélé ses pouvoirs cachés, sa souplesse et sa faculté d'adaptation extraordinaire, devenant ainsi l'un des outils les plus universels et les plus utiles dans tous les secteurs des mathématiques.*»

André Weil continuait ainsi le texte cité plus haut :

"*The psychological aspects of true geometric intuition will perhaps never be cleared up. At one time it implied primarily the power of visualization in three-dimensional space. Now that higher-dimensional spaces have mostly driven out the more elementary problems, visualization can at best be partial or symbolic. Some degree of tactile imagination seems also to be involved. Whatever the truth of the matter, mathematics in our century would not have made such impressive progress without the geometric sense of Elie Cartan, Heinz Hopf, Chern, and a very few more. It seems safe to predict that such men will always be needed if mathematics is to go on as before.*"

Finalement il nous semble que la communication orale d'Eugenio Calabi qui suit est un parfait point d'orgue :

"*Geometry is any branch of mathematics in which you can trace your primary source of information or intuition back to a sensorial experience.*"

Nous voudrions terminer enfin en donnant la parole ou presque, par la plume interposée d'Otto Blumenthal, à Hilbert lui-même. On trouve en effet dans le centre du livre, une section captivante, naïvement intitulée, comme pour donner le change : «onze propriétés de la sphère». Ici Hilbert a résumé, au lieu de disperser comme pour le cas les quadriques homofocales. Et voici ce que dit Blumenthal dans son *Lebensgeschichte* de Hilbert, et qui nous semble la meilleure conclusion possible à notre texte :

„*Hier werden fast ohne Beweise, vielfach durch Demonstration am Modell, in reicher Fülle solche geometrischen Tatsachen aufgezeigt, die in tiefere Zusammenhänge einleiten können. Man nehme etwa als besonders bezeichnend den $32, Elf Eigenschaften der Kugel. Man verfolgt geradezu mit Spannung, welche Eigenschaften man da kennenlernen wird und zu welchen allgemeinen Fragenstellungen sie Anlaß geben. Wir Hilbertschüler aber sehen das freundliche, etwas schelmische Lächeln und hören die liebevolle Modulation der Stimme, mit der Hilbert an der Tafel gesagt hat: ,Elf Eigenschaften der Kugel ... also elf Eigenschaften der Kugel.'*"

Bures-sur-Yvette, im Januar 1996   *Marcel Berger*

Vorwort

Das folgende Buch ist ein ganz außergewöhnliches. Es ging aus einer Vorlesung hervor, die Hilbert erstmals in Göttingen im akademischen Jahr 1920/21 hielt. Sein erstes Anliegen scheint es gewesen zu sein, den Geist der Geometrie in der Fakultät wiederzubeleben. Auf die Lieblosigkeit gegenüber der Geometrie, zugunsten bloßer Fertigkeiten in der Algebra, der Differential- und Integralrechnung, haben die großen Mathematiker immer beunruhigt reagiert. Lesen wir unter anderem, was Gauß, Klein und später André Weil gesagt haben. In einer Rezension der gerade erschienenen „Géométrie descriptive" von Monge schrieb Gauß 1813:

„Es ist auch nicht zu läugnen, dass die Vorzüge der analytischen Behandlung vor der geometrischen, ihre Kürze, Einfachheit, ihr gleichförmiger Gang, und besonders ihre Allgemeinheit, sich gewöhnlich um so entschiedener zeigen, je schwieriger und verwickelter die Untersuchungen sind. Inzwischen ist es doch immer von hoher Wichtigkeit, dass auch die geometrische Methode fortwährend cultivirt werde ... Dem vorliegenden Werke über diese Wissenschaft müssen wir insbesondere das Lob einer grossen Klarheit, ... beilegen, und daher das Studium desselben als eine kräftige Geistesnahrung empfehlen, wodurch unstreitig zur Belebung und Erhaltung des echten, in der Mathematik der Neuern sonst manchmal vermissten, geometrischen Geistes viel mit beigetragen werden kann."

Dann 1850 in einem Brief an Schumacher:

„Es ist der Character der Mathematik der neueren Zeit (im Gegensatz gegen das Alterthum), dass durch unsere Zeichensprache und Namengebungen wir einen Hebel besitzen, wodurch die verwickeltsten Argumentationen auf einen gewissen Mechanismus reducirt werden.

An Reichtum hat dadurch die Wissenschaft unendlich gewonnen, an Schönheit und Solidität aber, wie das Geschäft gewöhnlich betrieben wird, eben so sehr verloren. Wie oft wird jener Hebel eben nur mechanisch angewandt, ... Ich fordere, man soll bei allem Gebrauch des Calculs, bei allen Begriffsverwendungen sich immer der ursprünglichen Bedingungen bewusst bleiben ..."

In einem von einer Reihe von zwölf Vorträgen über räumliche Intuition, die Felix Klein 1893 in den USA hielt, sagte er:

"It is my opinion that in teaching it is not only admissible, but absolutely necessary, to be less abstract at the start, to have constant regard to the applications, and to refer to the refinements only gradually as the student becomes able to understand them."... *"I am led to these remarks by the consciousness of a growing danger in the higher educational system in Germany, – the danger of a separation between abstract mathematical science and its scientific and technical applications. Such separation could only be deplored; for it would necessarily be followed by shallowness on the side of the applied sciences, and by isolation on the part of pure mathematics."*

Schließlich schrieb André Weil 1978 in „S.S. Chern as Geometer and Friend":

"Obviously everything in differential geometry can be translated into the language of analysis, just as every thing in algebraic geometry can be expressed in the language of algebra. Sometimes mathematicians, following their personal inclination or perhaps misled by a false sense of rigor, have turned their mind wholly to the translation and lost sight of the original text. It cannot be denied that this has led occasionally to work of great value; nevertheless further progress has invariably involved going back to geometric concepts. The same has happened in our times with topology. Whether one considers analytic geometry at the hands of Lagrange, tensor calculus at those of Ricci, or more modern examples, it is always clear that a purely formal treatment of geometric topics would invariably have killed the subject if it had not been rescued by true geometers, Monge in one instance, Levi-Civita and above all Elie Cartan in another."

In diesen Texten geht es nicht darum, die Abstraktion oder die Geschicklichkeit im Rechnen zu verunglimpfen, sondern deren rohen Gebrauch ohne in der Tiefe vorhandene Intuition, einen Gedanken, eine Leitlinie, eine Vision. Das elektronische Rechnen birgt eine ähnliche, wenn nicht dieselbe Gefahr; denn es steht zu befürchten, daß der Mathematiker, der sich dieser mächtigen Mittel bedient, sich letztlich nur auf das bloße Ergebnis des Computers verläßt, ohne daß seine Intuition es ihm bestätigt.

Diese Vorlesung über Geometrie, „bildlich", „figürlich", „illustrativ", hielt Hilbert später noch zweimal, während doch die Vielseitigkeit seines Unterrichts legendär geblieben ist. Außer dem schon genannten Anliegen, das sich im wesentlichen auf die Studenten richtet, wünschte Hilbert auch eine viel größere Öffentlichkeit zu erreichen. Er sagt dies in seinem Vorwort, das man unbedingt lesen muß – es hat noch kein einziges Altersfältchen. Hinzugesagt sei, daß er die Gewandtheit von Wissenschaftlern anderer Disziplinen bewunderte, Nichtfachleuten ihr eigenes Arbeitsgebiet und seine Erfolge darzustellen. Ein ganz kurzer Auszug aus diesem Vorwort:

„ ... zu einer gerechteren Würdigung der Mathematik in weiteren Kreisen des Publikums beizutragen. Denn im allgemeinen erfreut sich die Mathematik, wenn auch ihre Bedeutung anerkannt wird, keiner Beliebtheit. Das liegt an der verbreiteten Vorstellung, als sei die Mathematik eine Fortsetzung oder Steigerung der Rechenkunst. Dieser Vorstellung soll unser Buch entgegenwirken, ... "

Das vorliegende Buch verdanken wir der Feder des allzu früh verstorbenen großen Geometers Stephan Cohn-Vossen. Das Ergebnis ist, wir sagen es nochmals, außergewöhnlich. Nicht nur gelang es Hilbert seinerzeit, die künftigen Mathematiker wie auch eine viel breitere Hörerschaft zu erreichen, sondern dieses Buch geht bis heute fortwährend seinen einzigartigen Weg. Alle Kollegen, die ich fragte, lieben und bewundern dieses Buch. Sie lassen kaum eine Gelegenheit aus, es ihren Studenten zum Lesen zu empfehlen. Soweit zu den Leuten im Serail. Aber es findet nach wie vor eine weite Öffentlichkeit: an der Universität von Pennsylvania zum Beispiel ist es im Katalog von fünf verschiedenen Fachbibliotheken aufgeführt und – besser noch – aus vieren davon verschwunden!

Wie erklärt sich dieser Erfolg, diese Langlebigkeit? Hier ist erst einmal eine Reihe von Gründen, deren Zutreffen der Leser mit Vergnügen wird nachprüfen können, indem er sich in das Werk vertieft. Schon 1920 war die Geometrie ein sehr weites Wissensgebiet. Um den darzubietenden Stoff auszusuchen, mußte Hilbert also eine drakonische Auswahl treffen. „Lehren ist Wählen", hat man gesagt; dem fügte übrigens Voltaire hinzu: „Die Kunst des Langweilens ist die, alles sagen zu wollen." Aber von da aus, bis man die Wahl treffen kann, zu treffen weiß – welcher Mut, welche Klarheit!

Mag Hilbert auch in seinem Vorwort einen Spaziergang anbieten und nicht den Marsch auf ein Ziel, so ist doch das Buch sehr streng gegliedert: unter lässigem Anschein verbergen sich zugrundeliegende Leitmotive. Und zu den größten Freuden, die das Lesen bereitet, gehört es, ein und denselben Gegenstand, ein und denselben Begriff in Umfeldern, die scheinbar nichts miteinander zu tun haben, wiederzufinden. Um nur ein Beispiel zu nennen: der Fall der konfokalen Quadriken ist besonders verblüffend.

In diesem Werk liegt auch eine sehr ausgewogene Mischung vor von Eigenschaften, die ohne die mindeste Andeutung eines Beweises genannt werden, und von Stellen, wo mehr als eine Seite darauf verwandt wird, das Wesentliche eines Beweises zu erklären. Vielleicht erklärt letzten Endes diese bemerkenswerte Mischung den Erfolg des Buches bei so verschiedenen Lesern.

Das erklärt nur teilweise seine Langlebigkeit. Der Leser könnte in der Tat denken, die Geometrie habe sich seit sechzig Jahren viel weiterentwickelt und das, was 1920 sowohl ihren Bestand als auch ihr Wesen ausmachte, sei gewissermaßen völlig untergegangen. Darüberhinaus ist die Mathematik unglaublich fortgeschritten in Abstraktion, in der Beherrschung sehr allgemeiner und samt und sonders wesentlicher Strukturen. Ist mit diesen neu verteilten Karten die Geometrie unnötig geworden oder wenigstens ein bißchen verwelkt?

Wenn Sie das glauben, verehrter Leser, tappen Sie da nicht noch einmal in die Falle, die zweimal weiter oben genannt wurde? Lassen Sie mich ein wenig argumentieren, um Ihnen eventuell zu widersprechen. Ich weise zunächst darauf hin, daß der Titel „Anschauliche Geometrie" ins Englische als "Geometry and the Imagination" übersetzt wurde. Hilbert konnte solch einen Titel nicht zurückweisen; er ist der Held der folgenden Anekdote:

"It seems that there was a mathematician at Göttingen who became a novelist. "Why did he do that?" people at Göttingen marvelled. "How can a man who was a

mathematician write novels?" "But that is completely simple," Hilbert said. "He did not have enough imagination for mathematics, but he had enough for novels."

Der Leser erwartet jetzt wahrscheinlich von uns, daß wir zu definieren versuchen, was Geometrie heute ist. Zu diesem Zweck haben wir schon seit einiger Zeit viele Geometer großen Talents befragt. Die drei besten Antworten, die wir bieten können, scheinen uns folgende zu sein; wir zitieren in der Reihenfolge der Genauigkeit. Dieudonné schrieb 1981:

«En conclusion, peut-on dire que la Géométrie a perdu son identité? Au contraire, je pense qu'en éclatant au-delà de ses fontières traditionnelles, elle a révélé ses pouvoirs cachés, sa souplesse et sa faculté d'adaptation extraordinaire, devenant ainsi l'un des outils les plus universels et les plus utiles dans tous les secteurs des mathématiques.»

André Weil fuhr in dem oben zitierten Text so fort:

"The psychological aspects of true geometric intuition will perhaps never be cleared up. At one time it implied primarily the power of visualization in three-dimensional space. Now that higher-dimensional spaces have mostly driven out the more elementary problems, visualization can at best be partial or symbolic. Some degree of tactile imagination seems also to be involved. Whatever the truth of the matter, mathematics in our century would not have made such impressive progress without the geometric sense of Elie Cartan, Heinz Hopf, Chern, and a very few more. It seems safe to predict that such men will always be needed if mathematics is to go on as before."

Schließlich erscheint uns der folgende Ausspruch von Eugenio Calabi als ein vollkommener Schlußakkord:

"Geometry is any branch of mathematics in which you can trace your primary source of information or intuition back to a sensorial experience."

Abschließend möchten wir, jedenfalls vermittelst der Feder von Otto Blumenthal, zuletzt Hilbert selbst das Wort überlassen. In der Tat findet sich in der Mitte des Buches ein fesselnder Abschnitt, der wie zum Trug den naiven Titel trägt: „Elf Eigenschaften der Kugel". Hier hat Hilbert zusammengefaßt, statt wie im Falle der konfokalen Quadriken weit zu streuen. Und dies sagt Blumenthal in seiner Lebensgeschichte von Hilbert, und es erscheint uns als bestmöglicher Abschluß unseres Textes:

„Hier werden fast ohne Beweise, vielfach durch Demonstration am Modell, in reicher Fülle solche geometrischen Tatsachen aufgezeigt, die in tiefere Zusammenhänge einleiten können. Man nehme etwa als besonders bezeichnend den §32, Elf Eigenschaften der Kugel. Man verfolgt geradezu mit Spannung, welche Eigenschaf-

ten man da kennenlernen wird und zu welchen allgemeinen Fragenstellungen sie
Anlaß geben. Wir Hilbertschüler aber sehen das freundliche, etwas schelmische Lä-
cheln und hören die liebevolle Modulation der Stimme, mit der Hilbert an der Tafel
gesagt hat: ,Elf Eigenschaften der Kugel ... also elf Eigenschaften der Kugel.'"

Bures-sur-Yvette, im Januar 1996 *Marcel Berger*

Vorwort.

In der Mathematik wie in aller wissenschaftlichen Forschung treffen wir zweierlei Tendenzen an: die Tendenz zur Abstraktion — sie sucht die *logischen* Gesichtspunkte aus dem vielfältigen Material herauszuarbeiten und dieses in systematischen Zusammenhang zu bringen — und die andere Tendenz, die der Anschaulichkeit, die vielmehr auf ein lebendiges Erfassen der Gegenstände und ihre *inhaltlichen* Beziehungen ausgeht.

Was insbesondere die Geometrie betrifft, so hat bei ihr die abstrakte Tendenz zu den großartigen systematischen Lehrgebäuden der algebraischen Geometrie, der RIEMANNschen Geometrie und der Topologie geführt, in denen die Methoden der begrifflichen Überlegung, der Symbolik und des Kalküls in ausgiebigem Maße zur Verwendung gelangen. Dennoch kommt auch heute dem *anschaulichen* Erfassen in der Geometrie eine hervorragende Rolle zu, und zwar nicht nur als einer überlegenen Kraft des Forschens, sondern auch für die Auffassung und Würdigung der Forschungsergebnisse.

Wir wollen hier die Geometrie in ihrem gegenwärtigen Zustand von der Seite des Anschaulichen aus betrachten. An Hand der Anschauung können wir uns die mannigfachen geometrischen Tatsachen und Fragestellungen nahebringen, und darüber hinaus lassen sich in vielen Fällen auch die Untersuchungs- und Beweismethoden, die zur Erkenntnis der Tatsachen führen, in anschaulicher Form andeuten, ohne daß wir auf die Einzelheiten der begrifflichen Theorien und der Rechnung einzugehen brauchen. Z. B. läßt sich der Beweis dafür, daß eine Kugel mit noch so kleinem Loch stets verbogen werden kann, oder daß zwei verschiedene Ringflächen im allgemeinen nicht konform aufeinander abgebildet werden können, in einer solchen Form behandeln, daß auch derjenige einen Einblick in die Durchführbarkeit des Beweises erhält, der die Einzelheiten der analytischen Entwicklung nicht selbst verfolgen will.

Wegen der Vielseitigkeit der Geometrie und ihrer Beziehungen zu den verschiedensten Zweigen der Mathematik gewinnen wir auf diesem Wege auch einen Überblick über die Mathematik überhaupt und einen Eindruck von der Fülle ihrer Probleme und dem in ihr enthaltenen Reichtum an Gedanken. So erweist sich eine Vorführung der Geometrie in großen Zügen, an Hand der anschaulichen Betrachtungsweise, auch als geeignet, zu einer gerechteren Würdigung der Mathematik in weiteren Kreisen des Publikums beizutragen. Denn im allgemeinen erfreut sich die Mathematik, wenn auch ihre Bedeutung anerkannt wird, keiner Beliebtheit. Das liegt an der verbreiteten Vorstellung, als sei die Mathematik eine Fortsetzung oder Steigerung der Rechenkunst. Dieser Vorstellung soll unser Buch entgegenwirken, indem es an Stelle der Formeln vielmehr anschauliche Figuren bringt, die vom Leser leicht durch Modelle zu ergänzen sind. Das Buch soll dazu dienen, die Freude an der Mathematik zu mehren, indem es dem Leser erleichtert, in das Wesen der Mathematik einzudringen, ohne sich einem beschwerlichen Studium zu unterziehen.

Bei einer solchen Zielsetzung kann wegen der Fülle des Stoffes keine Rede von Systematik und Vollständigkeit sein, und auch die einzelnen Gegenstände konnten nicht erschöpfend behandelt werden. Ferner ist es unmöglich, in allen Abschnitten des Buches beim Leser das gleiche Maß mathematischer Vorkenntnisse vorauszusetzen. Während im allgemeinen die Darstellung völlig elementar ist, lassen sich manche schönen geometrischen Betrachtungen nur dem etwas Geschulten voll verständlich machen, wenn man ermüdende Längen vermeiden will.

Die Anhänge zu den einzelnen Kapiteln setzen alle eine gewisse Vorbildung voraus. Sie sind durchweg Ergänzungen, nicht Erklärungen des Textes.

Die verschiedenen Zweige der Geometrie stehen alle miteinander in enger und oft überraschender Wechselbeziehung. Das tritt in unserem Buche sehr häufig zutage. Bei der großen Mannigfaltigkeit des Stoffes war es trotzdem geboten, jedem einzelnen Kapitel eine gewisse Abgeschlossenheit zu geben und in den späteren Kapiteln nicht die vollständige Kenntnis der früheren vorauszusetzen; durch einige kleinere Wiederholungen hoffen wir erreicht zu haben, daß jedes Kapitel für sich, zuweilen sogar ein einzelner Abschnitt für sich dem Interesse und Verständnis des Lesers Genüge tut. Der Leser soll gleichsam in dem großen Garten der Geometrie spazieren geführt werden, und jeder soll sich einen Strauß pflücken können, wie er ihm gefällt.

Die Grundlage dieses Buches bildet eine vierstündige Vorlesung „Anschauliche Geometrie", die ich im Winter 1920/21 in Göttingen gehalten habe und die von W. ROSEMANN ausgearbeitet worden ist. Im wesentlichen ist der Aufbau und Inhalt ungeändert geblieben. Im einzelnen hat S. COHN-VOSSEN vieles umgearbeitet und manches ergänzt.

Alle Strichzeichnungen sind von K. H. NAUMANN und H. BÖDEKER (Göttingen) entworfen worden. Die Photographien hat W. JENTZSCH (Göttingen) aufgenommen; die photographierten Modelle gehören zur Modellsammlung des Göttinger Mathematischen Instituts. W. FENCHEL, H. LEWY, H. SCHWERDTFEGER, H. HEESCH und besonders A. SCHMIDT haben beim Lesen des Manuskripts und der Korrekturen viele wertvolle Anregungen gegeben. Für die Redaktion trägt S. COHN-VOSSEN die Verantwortung.

Göttingen, im Juni 1932.

DAVID HILBERT.

Inhaltsverzeichnis.

Viertes Kapitel.
Differentialgeometrie.

Fünftes Kapitel.
Kinematik.

Sechstes Kapitel.
Topologie.

Anhänge zum sechsten Kapitel.

Erstes Kapitel.

Die einfachsten Kurven und Flächen.

§ 1. Ebene Kurven.

Die einfachste Fläche ist die Ebene, die einfachsten Kurven sind die ebenen Kurven; unter ihnen die einfachste ist die Gerade. Die Gerade läßt sich definieren als kürzester Weg zwischen zwei Punkten, oder als Schnittkurve zweier Ebenen, oder als Rotationsachse.

Die nächst einfache Kurve ist der Kreis. Schon dieses Gebilde hat zu so vielen und tiefen Untersuchungen Anlaß gegeben, daß sie allein eine Vorlesung füllen würden. Wir definieren den Kreis als die Kurve, deren Punkte von einem gegebenen Punkt gleichen Abstand haben.

Wir erzeugen den Kreis durch die bekannte Zirkel- oder Fadenkonstruktion. Sie ergibt anschaulich: Der Kreis ist eine geschlossene, in ihrem ganzen Verlauf konvexe Kurve; daher läßt sich durch jeden seiner Punkte eine bestimmte Gerade — die Tangente — legen, die nur diesen einen Punkt — den Berührungspunkt — mit dem Kreise gemein hat und die sonst in dessen Äußerem verläuft (Abb. 1). Der Radius MB nach dem Berührungspunkt B muß die kürzeste Verbindung des Kreismittelpunktes M mit der

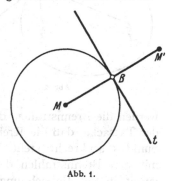

Abb. 1.

Tangente t sein. Denn deren Punkte liegen mit Ausnahme des Berührungspunktes im Äußeren des Kreises, sind also vom Mittelpunkt weiter entfernt als der Berührungspunkt. Hieraus folgt weiter, daß jener Radius auf der Tangente senkrecht steht. Zum Beweise spiegele ich den Mittelpunkt M an der Tangente t, d. h. ich fälle von M aus das Lot auf t und verlängere es um sich selbst bis M'; M' wird der Spiegelpunkt von M genannt. Da nun MB die kürzeste Verbindung zwischen M und t ist, so muß aus Symmetriegründen auch $M'B$ die kürzeste Verbindung zwischen M' und t sein. Folglich stellt der Streckenzug MBM' die kürzeste Verbindung zwischen M und M' dar, muß also bei B umgeknickt verlaufen, d. h. MB steht in der Tat auf t senkrecht.

Es liegt nahe, eine Verallgemeinerung der Kreiskonstruktion zu betrachten. Bei der Fadenkonstruktion des Kreises. habe ich nämlich

D. Hilbert, S. Cohn-Vossen, *Anschauliche Geometrie*, 2. Aufl.,
DOI 10.1007/978-3-642-19948-6_1, © Springer-Verlag Berlin Heidelberg 2011

um einen festen Punkt, den Kreismittelpunkt, einen geschlossenen
Faden zu legen und beim Zeichnen straff zu ziehen; eine ähnliche
Kurve werde ich erhalten, wenn ich den geschlossenen Faden um
zwei feste Punkte lege. Die so entstehende Kurve heißt Ellipse,
die beiden festen Punkte heißen deren Brennpunkte. Die Fadenkonstruktion kennzeichnet die Ellipse als die Kurve, deren Punkte
konstante Abstandssumme von zwei gegebenen Punkten haben. Läßt
man die beiden Punkte zusammenrücken, so erhält man den Kreis
als Grenzfall der Ellipse. Allen erwähnten Eigenschaften des Kreises
entsprechen einfache Eigenschaften der Ellipse. Sie ist geschlossen,
überall konvex und besitzt in jedem Punkte eine Tangente, die mit
Ausnahme des Berührungspunktes ganz im Äußeren der Ellipse verläuft. Den Radien des Kreises entsprechen bei der Ellipse die beiden
Verbindungslinien eines Kurvenpunktes mit den Brennpunkten. Sie

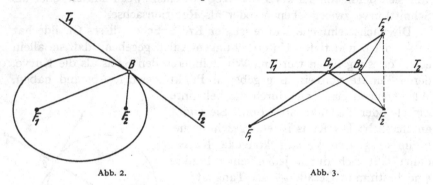

Abb. 2.   Abb. 3.

werden die Brennstrahlen des Ellipsenpunktes genannt. In Analogie zu
der Tatsache, daß die Kreistangente auf dem Radius des Berührungspunktes senkrecht steht, bildet die Ellipsentangente gleiche Winkel
mit den Brennstrahlen des Berührungspunktes. Meine Behauptung
lautet in der Bezeichnungsweise von Abb. 2: $\sphericalangle F_1 B T_1 = \sphericalangle F_2 B T_2$.
Zum Beweis (Abb. 3) spiegele ich F_2 an der Tangente und nenne den
Spiegelpunkt F_2'. Nun ist die Gerade $F_1 F_2'$, welche die Tangente in B_1
treffen möge, der kürzeste Weg zwischen F_1 und F_2'. Also ist $F_1 B_1 F_2$
der kürzeste Weg zwischen F_1 und F_2, der die Tangente trifft; denn
für jeden anderen Punkt B_2 ist $F_1 B_2 F_2 = F_1 B_2 F_2'$ länger als $F_1 B_1 F_2$
$= F_1 B_1 F_2'$. Andrerseits wird aber der kürzeste Weg zwischen F_1 und
F_2, der die Tangente trifft, von den Brennstrahlen des Berührungspunktes B gebildet. Denn jeder andere Punkt der Tangente hat, da
er im Ellipsenäußeren liegt, größere Entfernungssumme von den Brennpunkten als der Ellipsenpunkt B. B fällt also mit B_1 zusammen, und
hieraus folgt die Behauptung. Denn F_2 und F_2' liegen zu der Geraden $T_1 T_2$ symmetrisch, und $\sphericalangle F_1 B_1 T_1$ ist der Scheitelwinkel von
$\sphericalangle F_2' B_1 T_2$.

Diese Eigenschaft der Ellipsentangente erlaubt eine optische Anwendung, der die Namen Brennpunkt und Brennstrahl ihren Ursprung
verdanken. Denkt man sich nämlich in einem Brennpunkt eine Lichtquelle angebracht und die Ellipse als spiegelnd, so wird das Licht im
anderen Brennpunkt wieder vereinigt.

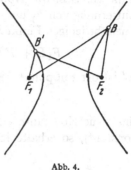

Nicht ganz so leicht ausführbar wie die
Ellipsenkonstruktion, aber im Prinzip nicht
schwieriger ist die Konstruktion einer Kurve,
deren Punkte von zwei festen Punkten konstante Abstands*differenz* haben. Diese Kurve
heißt Hyperbel, die festen Punkte heißen
deren Brennpunkte. Es soll also (Abb. 4) für
jeden Kurvenpunkt B oder B' die Beziehung
$F_1B - F_2B = \text{const} = a$ oder $F_2B' - F_1B' = a$
gelten. Demnach besteht die Hyperbel aus

Abb. 4.

zwei getrennten Ästen. Die Anschauung
zeigt, daß die Hyperbel überall konvex ist und in jedem Punkt eine
Tangente besitzt. Wir werden später (S. 8, Fußnote 2) beweisen, daß
auch hier die Tangente keinen weiteren Punkt außer dem Berührungspunkt mit der Kurve gemein hat. In analoger Weise wie bei der Ellipse
läßt sich zeigen, daß die Tangente den Winkel zwischen den Brennstrahlen des Berührungspunktes halbiert (vgl. Abb. 6).

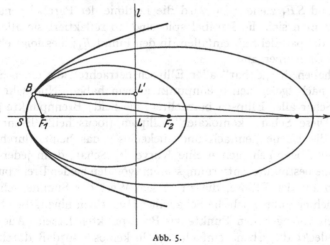

Abb. 5.

Aus der Ellipse kann man durch Grenzübergang eine weitere Kurve,
die Parabel erzeugen (Abb. 5). Dazu halte ich den einen Brennpunkt,
z. B. F_1, und den ihm nächstgelegenen Scheitel S der Ellipse fest (unter
den Scheiteln der Ellipse versteht man die Schnittpunkte der Kurve
mit der Verbindungslinie der Brennpunkte). Ich betrachte nun die
Ellipsen, die entstehen, wenn der zweite Brennpunkt F_2 sich auf der Ver-

längerung von SF_1 immer weiter von F_1 entfernt; diese Ellipsen streben gegen eine Grenzkurve, und das ist eben die Parabel. Aus dem Grenzübergang können wir eine einfache Definition der Parabel herleiten. Solange mein Zeichenstift bei der Fadenkonstruktion der Ellipse in der Nähe von S bleibt (Abb. 5), ist der nach F_2 laufende Faden bei großer Entfernung von F_1 und F_2 ungefähr parallel SF_1. Errichtet man also in einem beliebigen Punkt L von F_1F_2 das Lot l auf F_1F_2, so gilt angenähert

$$F_1B + BF_2 = F_1B + BL' + LF_2 = \text{const}$$

(L' ist der Fußpunkt des Lotes von B auf l). Wenn ich nun für

$$\text{,,const} - LF_2\text{``}$$

eine neue Konstante einführe (LF_2 ist ja für ein und dieselbe Kurve konstant), so erhalte ich:

$$F_1B + BL' = \text{const.}$$

Diese Beziehung gilt immer genauer, je größer die Entfernung F_1F_2 wird, und bei der Grenzkurve ist sie streng erfüllt. Somit ist die Parabel diejenige Kurve, deren Punkte konstante Entfernungssumme von einem festen Punkt und einer festen Geraden haben, oder, was auf dasselbe hinauskommt, die Kurve, für deren Punkte der Abstand von einem festen Punkt gleich dem von einer festen Geraden ist. Wir erhalten diese Gerade, indem wir zu l die Parallele auf der anderen Seite von S im Abstand SF_1 ziehen; sie wird die Leitlinie der Parabel genannt.

Denkt man sich die Parabel spiegelnd, so reflektiert sie alle Lichtstrahlen, die parallel SF_1 einfallen, in den Punkt F_1; dies folgt ebenfalls aus dem Grenzübergang.

Wir haben die „Schar" aller Ellipsen betrachtet, die einen Scheitel und den nächstgelegenen Brennpunkt gemein haben. Nunmehr wollen wir die Schar aller Ellipsen betrachten, die beide Brennpunkte gemein haben. Diese Schar „konfokaler" Ellipsen (focus heißt Brennpunkt) bedeckt die Ebene „einfach und lückenlos", das heißt, durch jeden Punkt der Ebene geht genau eine Kurve der Schar; denn jeder Punkt besitzt eine bestimmte Entfernungssumme von den beiden Brennpunkten, liegt also auf der Ellipse, die zu diesem Wert der Summe gehört[1].

Wir nehmen nun noch die Schar aller Hyperbeln hinzu, die ebenfalls die beiden vorgegebenen Punkte zu Brennpunkten haben. Auch diese Schar bedeckt die Ebene einfach und lückenlos[2], so daß durch jeden

---

[1] Die Strecke zwischen den Brennpunkten ist eine (ausgeartete) Ellipse. Man erhält sie, wenn man als Wert der Entfernungssumme den Abstand der Brennpunkte wählt.

[2] Die Gerade durch die Brennpunkte mit Ausnahme ihrer Verbindungsstrecke ist eine ausgeartete Hyperbel, ebenso die Mittelsenkrechte auf der Verbindungsstrecke der Brennpunkte; bei ihr hat die Entfernungsdifferenz den konstanten Wert Null.

Punkt der Ebene genau zwei Kurven des Systems konfokaler Ellipsen und Hyperbeln hindurchgehen (Abb. 6). In jedem vorgegebenen Punkt (außer in den Brennpunkten) halbieren die Tangenten der hindurchgehenden Hyperbel und Ellipse Winkel und Nebenwinkel der Brennstrahlen des Punktes, stehen also aufeinander senkrecht.

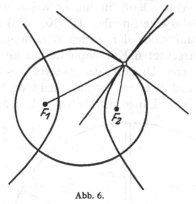

Die konfokalen Ellipsen und Hyperbeln bilden daher zwei „zueinander orthogonale Kurvenscharen" (zwei Scharen heißen orthogonal, wenn jede Kurve der einen Schar jede der anderen senkrecht schneidet; als Winkel zweier Kurven definiert man den Winkel ihrer Tangenten im Schnittpunkt). Um eine

Abb. 6.

Übersicht über dieses Kurvensystem zu gewinnen (Abb. 7), beginnen wir mit der Mittelsenkrechten von $F_1 F_2$ und durchlaufen dann zunächst die Schar der Hyperbeln. Diese werden immer flacher und gehen schließlich in die beiderseitige Verlängerung von $F_1 F_2$ über. Damit ist die Ebene vollständig ausgefüllt. Wir springen nun auf die Strecke $F_1 F_2$ selbst über, an die sich die zunächst sehr langgestreckten Ellipsen anschließen, die allmählich immer kreisähnlicher werden und sich gleichzeitig unbegrenzt vergrößern. Damit ist die Ebene zum zweiten Male ausgefüllt.

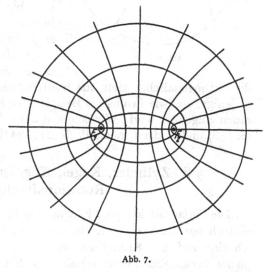

Ein anderes besonders einfaches Beispiel orthogonaler Kurvenscharen sind die konzentrischen Kreise und die Geraden durch den gemeinsamen Mittelpunkt. Man erhält diese Figur aus der vorigen durch Grenz-

Abb. 7.

übergang, indem man die Brennpunkte zusammenrücken läßt. Dabei gehen die Ellipsen in Kreise und die Hyperbeln in Geradenpaare über.

Die Niveaulinien und die Linien größter Steigung auf einer Landkarte sind ebenfalls orthogonale Scharen.

Schließlich sei noch eine andere Fadenkonstruktion erwähnt, die zu orthogonalen Scharen führt. Um eine konvexe Kurve, etwa um einen

Kreis, sei ein offener Faden geschlungen. Ich betrachte die Kurve, die der Endpunkt des Fadens beschreibt, wenn ich den Faden straff angespannt vom Kreis abwickele (Abb. 8). Die so erhaltene „Kreisevolvente" läuft in immer weiteren Windungen um den Kreis herum, ist also eine Spirale. Die Konstruktion ergibt anschaulich, daß die Kurve auf einer der beiden Kreistangenten senkrecht steht, die ich vom betrachteten Kurvenpunkt aus an den Kreis legen kann. Auch alle anderen Umläufe der Evolvente schneiden diese Tangente rechtwinklig; und zwar ist das zwischen zwei Umläufen liegende Tangentenstück von fester Länge, nämlich gleich dem Umfang des erzeugenden Kreises.

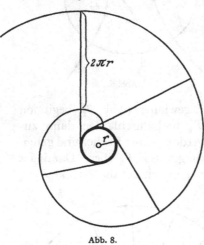

Abb. 8.

Ich kann nun noch beliebig viele weitere Evolventen desselben Kreises zeichnen, indem ich an einem anderen Peripheriepunkt mit der Abwickelung des Fadens beginne; die Gesamtheit dieser Evolventen kann aber auch durch Rotation um den Kreismittelpunkt aus einer von ihnen erzeugt werden. Die Schar der Evolventen bedeckt die Ebene mit Ausnahme des Kreisinneren einfach und lückenlos. Sie ist orthogonal zur Schar der in einem bestimmten Umlaufsinn gezogenen Kreishalbtangenten.

Auch bei einer beliebig vorgegebenen Schar gerader Linien besteht die Orthogonalschar stets aus Evolventen. Ihre erzeugende Kurve ist diejenige, die (wie in unserm Beispiel der Kreis) von den gegebenen Geraden eingehüllt wird. Wir kommen darauf in der Differentialgeometrie (S. 158) und in der Kinematik (S. 243, 244) zurück.

§ 2. Zylinder, Kegel, Kegelschnitte und deren Rotationsflächen.

Die einfachste krumme Fläche, den Kreiszylinder, kann ich aus den einfachsten Kurven — Kreis und Gerade — dadurch erzeugen, daß ich eine auf der Kreisebene senkrechte Gerade längs der Kreisperipherie verschiebe. Ferner erhalte ich den Kreiszylinder, wenn ich eine Gerade um eine zu ihr parallele Gerade als Achse rotieren lasse. Der Kreiszylinder ist also eine *Rotationsfläche*. Die Rotationsflächen sind eine wichtige Gattung von Flächen, die uns im praktischen Leben in jedem Glas, jeder Flasche usw. entgegentreten. Sie sind durch die Eigenschaft gekennzeichnet, daß man sie durch Rotation einer ebenen Kurve um eine in der Kurvenebene liegende Achse erzeugen kann.

Eine zur Achse senkrechte Ebene schneidet den Kreiszylinder in einem Kreis. Eine zur Achse schräge Ebene ergibt, wie die Anschauung lehrt, eine ellipsenähnliche Schnittkurve. Ich beweise nun, daß diese Kurve tatsächlich eine Ellipse ist. Ich nehme eine Kugel, die gerade in den Zylinder hineinpaßt, und verschiebe sie, bis sie die Schnittebene berührt (Abb. 9). Genau so verfahre ich mit einer zweiten Kugel auf der anderen Seite der Schnittebene. Die Kugeln berühren den Zylinder in zwei Kreisen und die Ebene in zwei Punkten F_1 und F_2. Einen beliebigen Punkt B der Schnittkurve verbinde ich nun mit F_1 und F_2 und betrachte die Zylindergerade durch B, die die beiden Berührungskreise der Kugeln in P_1 und P_2 schneiden möge. BF_1 und BP_1 sind nun Tangenten an eine und dieselbe Kugel durch einen festen Punkt B. Alle solche Tangenten sind gleich lang, wie aus der allseitigen Rotationssymmetrie der Kugel ersichtlich. Also ist $BF_1 = BP_1$. Ebenso folgt $BF_2 = BP_2$. Daher ist

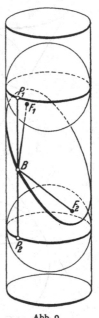

$$BF_1 + BF_2 = BP_1 + BP_2 = P_1P_2.$$

Die Entfernung P_1P_2 ist aber unabhängig von der Wahl des Kurvenpunktes B wegen der Rotationssymmetrie der Figur. Alle Punkte der Schnittkurve haben also von F_1 und F_2 dieselbe Entfernungssumme, das heißt, die Schnittkurve ist eine Ellipse mit den Brennpunkten F_1 und F_2.

Wir können diese Tatsache auch als Satz der Projektionslehre formulieren: Der Schatten eines Kreises auf einer zur Kreisebene geneigten Ebene ist eine Ellipse, wenn die Lichtstrahlen senkrecht zur Kreisebene einfallen.

Abb. 9.

Nächst dem Kreiszylinder ist die einfachste Rotationsfläche der Kreiskegel. Er entsteht durch Rotation einer Geraden um eine sie schneidende Achse. Einen Kreiskegel bilden daher auch alle Tangenten von einem festen Punkt an eine feste Kugel oder die Projektionsstrahlen durch einen Kreis von einem Punkt der Kreisachse aus.

Eine zur Kegelachse senkrechte Ebene schneidet den Kegel in einem Kreis; wenn ich die Ebene etwas neige, ergibt sich als Schnittkurve eine Ellipse. Der Beweis dafür wird genau wie beim Kreiszylinder mittels zweier berührenden Hilfskugeln geführt.

Neige ich die Schnittebene immer weiter gegen die Achse, so wird die Ellipse immer langgestreckter. Ist die Schnittebene schließlich einer Kegelerzeugenden parallel, so kann die Schnittkurve nicht mehr im Endlichen geschlossen sein. Ein dem früheren entsprechender Grenzübergang lehrt, daß dann die Schnittkurve eine Parabel ist.

Neige ich jetzt die Schnittebene noch stärker, so trifft sie auch den anderen, bisher nicht getroffenen Teil des Kegels; die Schnittkurve hat das Aussehen einer Hyperbel (Abb. 10). Um zu beweisen, daß sie wirklich eine Hyperbel ist, legt man in die beiden Teile des Kegels die Kugeln, die sowohl den Kegel als auch die Schnittebene berühren. (Die Kugeln liegen diesmal auf derselben Seite der Schnittebene, während sie im Fall der Ellipse zu verschiedenen Seiten liegen.) Der Beweis verläuft nun entsprechend wie S. 7. Es ist (Abb. 10)

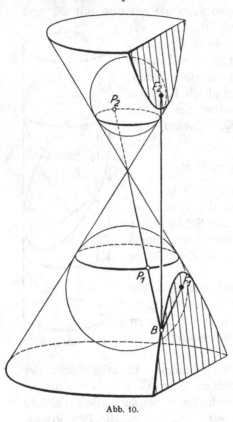

$$BF_1 = BP_1, \quad BF_2 = BP_2,$$
$$BF_1 - BF_2 = BP_1 - BP_2$$
$$= P_1 P_2 = \text{const.}$$

Wir haben also gefunden, daß jeder Schnitt eines Kegels mit einer Ebene, die nicht durch die Spitze des Kegels geht, entweder eine Ellipse oder eine Parabel oder eine Hyperbel ist[1]. Diese Kurven haben demnach eine innere Verwandtschaft und werden deshalb unter dem Namen *Kegelschnitte* zusammengefaßt[2]. Zu den drei erwähnten „eigentlichen" Kegelschnitten sind als „uneigentliche" noch deren Grenzfälle hinzuzunehmen, die man erhält, wenn man die Schnittebene durch die Kegelspitze legt oder den Kegel zum Zylinder ausarten läßt. Als entartete Kegelschnitte lassen sich also auffassen: der Punkt, eine „doppeltgezählte" Gerade, zwei

Abb. 10.

sich schneidende Geraden, zwei parallele Geraden und die leere Ebene. Die Kegelschnitte werden auch als *Kurven zweiter Ordnung* bezeichnet. Dieser Name ist ihnen deswegen gegeben worden, weil sie in cartesischen Koordinaten durch Gleichungen

---

[1] Der Kreis ist als ein Grenzfall der Ellipse aufzufassen (vgl. S. 2).

[2] Der Schatten eines Kreises auf einer beliebigen Ebene ist also ein Kegelschnitt, falls die Lichtquelle sich in einem beliebigen Punkt der Kreisachse befindet. Daß dabei auch Hyperbeln auftreten, kann man an dem Lichtkegel einer Autolampe erkennen; diese beleuchtet in der Fahrtebene das Innere eines Hyperbelzweiges. Da jede Hyperbeltangente als Schatten einer Kreistangente aufgefaßt werden kann, hat die Hyperbeltangente nur den Berührungspunkt mit der Hyperbel gemein, wie S. 3 behauptet war.

zweiten Grades dargestellt werden, eine Eigenschaft, die sich nicht unmittelbar anschaulich formulieren läßt. Sie hat allerdings die anschauliche Folge, daß die Kegelschnitte von keiner Geraden in mehr als zwei
Punkten geschnitten werden; es gibt aber noch viele andere Kurven
mit dieser Eigenschaft. In den Anhängen dieses Kapitels sollen zwei
weitere geometrische Erscheinungen dargestellt werden, die ebenso wie
die Brennpunktskonstruktion für alle nicht ausgearteten Kegelschnitte
kennzeichnend sind: Die Fußpunktkonstruktionen und die Eigenschaften der Leitlinien.

Nachdem wir durch Rotation einer Geraden den Zylinder und den
Kegel erzeugt haben, liegt es nahe, die Rotationsflächen zu betrachten,
die durch Rotation eines Kegelschnittes entstehen. Ich werde dabei
die Rotationsachse so wählen, daß der Kegelschnitt zu ihr symmetrisch
liegt; dann gehen nämlich die zu beiden Seiten der Achse liegenden
Kurventeile nach einer halben Umdrehung ineinander über, so daß ich
nur eine einzige Fläche erhalte,
während sonst ein komplizier-
teres Gebilde entstände.

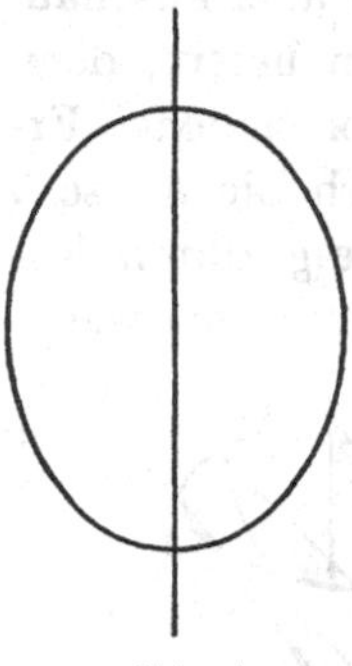

Da die Ellipse zwei Sym-
metrieachsen besitzt, führt sie
zu zwei verschiedenen Rotationsflächen; je nachdem die
Ellipse um die größere oder
die kleinere Achse rotiert,
erhalte ich ein verlänger-
tes (Abb. 11) oder ein ab-
geplattetes Rotationsellipsoid

Abb. 11.

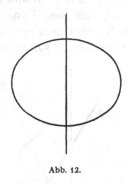

Abb. 12.

(Abb. 12). Für die letzte Fläche ist die Erde ein geläufiges Beispiel, für die erste näherungsweise das Hühnerei.

Der Übergangsfall zwischen den beiden Rotationsellipsoiden entsteht,
wenn man den Längenunterschied zwischen den Achsen der Ellipse
immer kleiner werden läßt. Dann wird aus der
Ellipse ein Kreis, und man erhält die Kugel.
Da der Kreis zu jedem seiner Durchmesser symmetrisch liegt, läßt sich die Kugel auf unendlich viele Arten durch Rotation erzeugen. Durch
diese Eigenschaft ist die Kugel gekennzeichnet.
Sie ist die einzige Fläche, die auf mehr als eine
Art durch Rotation erzeugt werden kann.

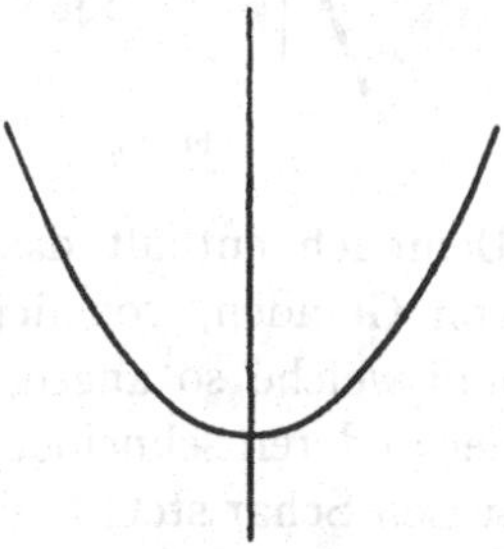

Die Parabel hat nur eine einzige Symmetrieachse und führt daher zu einer ein-
zigen Rotationsfläche, dem Rotationsparaboloid (Abb. 13).

Abb. 13.

Die Hyperbel dagegen führt zu zwei verschiedenen Rotationsflächen.
Je nachdem die Rotation um die Verbindungslinie der Brennpunkte

oder um deren Mittelsenkrechte erfolgt, erhalte ich das zweischalige
(Abb. 14) oder das einschalige Rotationshyperboloid (Abb. 15). Es
besteht nun die überraschende Tatsache, daß auf dem einschaligen

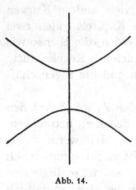

Rotationshyperboloid un-
endlich viele Geraden verlaufen. Man kann nämlich
diese Fläche auch dadurch
erzeugen, daß man eine
Gerade um eine andere zu
ihr windschiefe Gerade rotieren läßt (bisher hatten
wir nur Rotationsflächen
kennengelernt, deren Achse
mit der erzeugenden Kurve
in einer Ebene liegt). Der

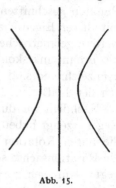

Abb. 14.

Abb. 15.

Beweis kann nur analytisch geführt werden. Man erkennt aber anschaulich, daß diese Konstruktion die Fläche auf zwei Weisen liefert; denn
betrachtet man eine Gerade g' (Abb. 16), welche zur ursprünglichen Erzeugenden g symmetrisch in bezug auf eine Ebene durch die Achse a
liegt, so muß die neue Gerade g' durch Ro-
tation wieder dieselbe Fläche erzeugen wie g.

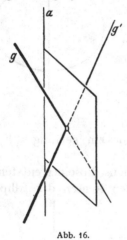

Abb. 16.

Abb. 17.

Demnach enthält das einschalige Rotationshyperboloid zwei Scharen
von Geraden, von denen jede Schar für sich die Fläche ganz bedeckt,
und welche so angeordnet sind, daß jede Gerade der einen Schar jede
der anderen schneidet (bzw. ihr parallel ist), während zwei Geraden derselben Schar stets zueinander windschief verlaufen (Abb. 17).

§ 3. Die Flächen zweiter Ordnung.

Die Flächen, die durch Rotation der Kegelschnitte entstehen, sind
besondere Typen einer größeren Klasse von Flächen, die aus analy-

tischen Gründen Flächen zweiter Ordnung genannt werden; es sind die Flächen, deren Punkte in cartesischen Raumkoordinaten eine Gleichung zweiten Grades erfüllen. Wie sich daraus leicht analytisch ergibt, haben diese Flächen die Eigenschaft, von jeder Ebene in einer Kurve zweiter Ordnung, das heißt einem (eigentlichen oder uneigentlichen) Kegelschnitt getroffen zu werden. Wenn ich ferner von irgendeinem Punkt aus an eine Fläche zweiter Ordnung alle Tangenten lege, so erhalte ich einen Kegel, der von jeder Ebene in einem Kegelschnitt getroffen wird. Der Kegel berührt überdies die Fläche in Punkten eines Kegelschnittes. Die Flächen zweiter Ordnung sind zugleich die einzigen, die eine dieser Eigenschaften haben[1]. Wir betrachten jetzt ihre verschiedenen Typen.

Aus dem Kreiszylinder entsteht durch Verallgemeinerung der elliptische Zylinder. Er wird durch eine Gerade beschrieben, die ich auf einer

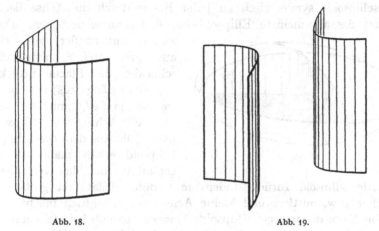

Abb. 18.   Abb. 19.

Ellipse senkrecht zur Kurvenebene wandern lasse. Auf dieselbe Weise ergeben sich aus der Parabel und Hyperbel der parabolische und der hyperbolische Zylinder (Abb. 18, 19).

Die entsprechende Verallgemeinerung des Kreiskegels ist der allgemeine Kegel zweiter Ordnung. Er besteht aus den Verbindungsgeraden eines beliebigen eigentlichen Kegelschnittes mit einem Punkt außerhalb der Kurvenebene. Es ist zu beachten, daß man hier nicht, wie bei den Zylindern, zu verschiedenen Flächentypen kommt, wenn man von einer Ellipse oder einer Parabel oder Hyperbel ausgeht; wie wir gesehen haben, kann eben eine veränderliche Ebene mit einem festen Kegel jeden der drei Kegelschnitte gemein haben, mit einem festen Zylinder dagegen nicht.

---

[1] Aus der zuerst genannten Eigenschaft folgt, daß eine Gerade, wenn sie nicht eine ganze Strecke lang in die Fläche fällt, höchstens zwei Punkte mit ihr gemein haben kann; doch gibt es außer den Flächen zweiter Ordnung noch viele andere Flächen, die dasselbe Verhalten den Geraden gegenüber zeigen, z. B. die Oberfläche eines Würfels.

Den Kegel und den elliptischen Zylinder kann ich aus den entsprechenden Rotationsflächen auch durch ein Deformationsverfahren erhalten, das man *Dilatation* nennt. Ich halte alle Punkte einer beliebigen durch die Rotationsachse der Fläche gehenden Ebene fest und denke mir alle übrigen Punkte des Raumes in derselben Richtung auf die feste Ebene zu oder von ihr weg bewegt, derart, daß die Abstände aller Punkte von der festen Ebene sich im selben Verhältnis ändern. Man kann beweisen, daß eine solche Transformation alle Kreise in Ellipsen (oder Kreise) verwandelt. Sie führt ferner Geraden wieder in Geraden über, Ebenen in Ebenen[1] und Kurven und Flächen zweiter Ordnung in ebensolche.

Durch Dilatation eines (verlängerten oder abgeplatteten) Rotationsellipsoids entsteht das allgemeinste Ellipsoid. Während die Rotationsellipsoide symmetrisch zu jeder Ebene durch die Achse liegen, besitzt das allgemeinste Ellipsoid nur drei Symmetrieebenen. Diese stehen aufeinander senkrecht; aus ihren drei Schnittgeraden schneidet die Fläche Strecken ungleicher Länge aus; man nennt sie die „große", „mittlere" und „kleine" Achse des Ellipsoids (Abb. 20). Aus dem dreiachsigen Ellipsoid erhält man das abgeplattete und das verlängerte Rotationsellipsoid zurück, indem man durch Dilatation große und mittlere bzw. mittlere und kleine Achse einander gleich macht.

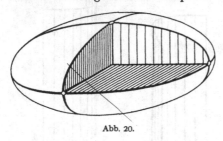

Abb. 20.

Die Form dreiachsiger Ellipsoide bemerkt man oft bei Steinen in der Meeresbrandung. Durch die abschleifende Arbeit des Wassers wird jeder beliebig geformte Stein allmählich immer mehr einem Ellipsoid ähnlich. Die mathematische Untersuchung dieser Erscheinung führt auf Fragen der Wahrscheinlichkeitsrechnung.

Das ein- und zweischalige Hyperboloid und das elliptische Paraboloid sind die allgemeinsten Flächen, die durch Dilatation der Rotationshyperboloide und des Rotationsparaboloids entstehen. Die beiden Hyperboloide besitzen drei Symmetrieebenen, das elliptische Paraboloid zwei.

Da jede Dilatation Geraden in Geraden überführt, hat das allgemeine einschalige Hyperboloid mit der zugehörigen Rotationsfläche die Eigenschaft gemeinsam, daß auf ihm zwei Scharen von Geraden verlaufen. Sie sind wie die Geraden des einschaligen Rotationshyperboloids derart angeordnet, daß jede Gerade der einen Schar jede der anderen schneidet,

---

[1] Die Gestaltänderung, die die Figuren einer Ebene bei einer Dilatation erleiden, ist dieselbe wie bei einer Parallelprojektion dieser Ebene auf eine gegen sie geneigte Ebene.

während je zwei Geraden derselben Schar sich nicht treffen, sondern zueinander windschief sind. Ich kann daher das einschalige Hyperboloid folgendermaßen konstruieren: Ich greife aus der einen Schar drei beliebige Geraden heraus (Abb. 21). Da sie zueinander windschief liegen, kann ich durch jeden Punkt P der einen Geraden eine und nur eine Gerade p legen, welche die beiden anderen Geraden trifft, nämlich die Schnittgerade der Ebenen, die durch P und die zweite Gerade bzw. durch P und die dritte Gerade gehen. p hat mit dem Hyperboloid drei Punkte

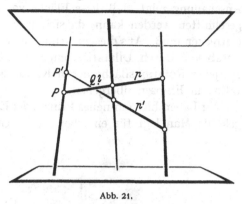

Abb. 21.

gemein, muß also ganz in ihm verlaufen, da das Hyperboloid als Fläche zweiter Ordnung von keiner Geraden in mehr als zwei Punkten geschnitten werden kann. Lasse ich nun P die ganze erste Gerade durchlaufen, so durchläuft die zugehörige Gerade p alle Geraden derjenigen Schar auf der Fläche, zu der die erste Gerade nicht gehört; greife ich dann aus dieser Schar wieder drei beliebige Geraden heraus, so erhalte ich aus diesen in derselben Weise die andere Schar, darunter natürlich die drei Ausgangsgeraden. Die Konstruktion ergibt, daß alle Geraden derselben Schar zueinander windschief liegen; denn hätten p und p' (Abb. 21) einen Schnittpunkt Q, so lägen die Ausgangsgeraden in der Ebene $PP'Q$, während sie nach Voraussetzung windschief sind.

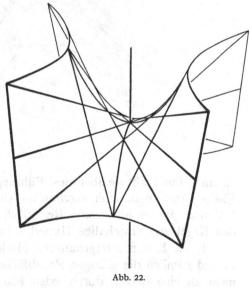

Abb. 22.

Drei windschiefe Geraden bestimmen auf diese Weise stets ein einschaliges Hyperboloid, außer in dem Fall, daß sie einer und derselben Ebene parallel sind (ohne selbst parallel zu sein). In diesem Fall bestimmen sie eine neue Fläche zweiten Grades, die nicht zu einer Rotationsfläche spezialisiert werden kann; sie wird hyperbolisches Paraboloid genannt. Die Fläche hat ungefähr die Gestalt eines Sattels (Abb. 22).

Sie besitzt zwei zueinander senkrechte Symmetrieebenen, von denen sie in Parabeln geschnitten wird. Wie die drei Ausgangsgeraden sind sämtliche Geraden beider Scharen je einer festen Ebene parallel. Die Anschauung zeigt, daß diese Fläche von keiner Ebene in einer Ellipse geschnitten werden kann, da sich jeder ebene Schnitt ins Unendliche erstrecken muß. Aus diesem Grunde ist es unmöglich, das hyperbolische Paraboloid durch Dilatation einer Rotationsfläche herzustellen; denn auf jeder Rotationsfläche liegen Kreise, und diese würden bei der Dilatation in Ellipsen übergehen.

Wir haben hier ein neues Prinzip der Erzeugung von Flächen kennengelernt: Man legt für eine bewegliche Gerade irgendeine Führung im

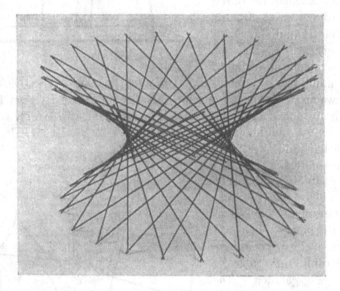

Abb. 23 a.

Raum fest und läßt sie über diese Führung hinwandern. Eine so erzeugte Fläche nennt man eine *Regelfläche*. Unter den neun Flächen zweiter Ordnung gibt es also sechs Regelflächen, nämlich die drei Zylinder, den Kegel, das einschalige Hyperboloid und das hyperbolische Paraboloid; die beiden letztgenannten Flächen haben eine Sonderstellung, es sind nämlich die einzigen Regelflächen außer der Ebene, bei denen mehr als eine Gerade durch jeden Flächenpunkt hindurchgeht.

Die drei übrigen Flächen zweiter Ordnung — Ellipsoid, elliptisches Paraboloid und zweischaliges Hyperboloid — können schon deshalb keine Geraden enthalten, weil sie sich nicht ohne Unterbrechung in zwei entgegengesetzten Richtungen ins Unendliche erstrecken.

Über die beiden Scharen von Geraden, die auf dem einschaligen Hyperboloid und auf dem hyperbolischen Paraboloid verlaufen, läßt sich ein überraschender Satz ableiten. Denken wir uns die Geraden der Fläche aus starrem Material und in jedem Schnittpunkt so aneinander befestigt, daß sie sich um die Schnittpunkte drehen, aber nicht aneinander gleiten können. Man sollte denken, daß die Geraden infolge dieser Befestigung ein starres Gerüst ergeben müßten. Tatsächlich ist aber das Gerüst beweglich (Abb. 23 a, b). Um die hierbei auftretende Gestaltänderung des Hyperboloids überblicken zu können, denken wir uns diejenige Symmetrieebene, die die Fläche in einer Ellipse trifft, horizontal festgehalten und suchen die Deformation des Gerüsts so auszuführen, daß diese Ebene stets Symmetrieebene bleibt. Da das Hyperboloid und das hyperbolische Paraboloid die einzigen Flächen sind, auf der durch jeden Punkt zwei in der Fläche enthaltene Geraden laufen, so muß das Stangenmodell des Hyperboloids bei der Deformation entweder stets ein Hyperboloid bleiben, oder ein hyperbolisches Paraboloid werden; es läßt sich zeigen, daß der letzte Fall nicht eintreten kann. Wir können nun versuchen, die Geraden des Gerüsts immer steiler gegen die Symmetrieebene aufzurichten. Dann erhalten wir immer stärker abgeplattete Flächen. Die Ellipse in der Symmetrieebene durchläuft das in § 1 geschilderte System konfokaler Ellipsen, die immer schmäler werden.

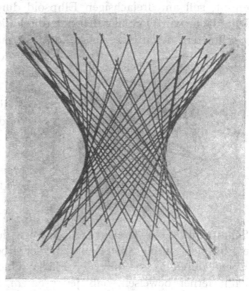

Abb. 23 b.

Im Grenzfall klappt das Gerüst in einer senkrecht aufgestellten Ebene zusammen, und die Stangen werden die Tangenten einer in dieser Ebene gelegenen Hyperbel. Die Ellipse in der horizontalen Ebene entartet in eine Doppelstrecke. Ebenso können wir auch die Ausgangslage des Modells in der umgekehrten Weise verändern, indem wir die Stangen immer mehr gegen die Horizontalebene neigen. Dabei wird die Einschnürung der Fläche immer schärfer ausgeprägt; im Grenzfall klappt das Gerüst in der horizontalen Symmetrieebene zusammen, und die Stangen umhüllen eine in dieser Ebene gelegene Ellipse. Die analytische Begründung für die Beweglichkeit des Stangenmodells wird in einem Anhang dieses Kapitels nachgeholt. — Beim hyperbolischen Paraboloid ist der Vorgang analog. Das Gerüst behält stets die Gestalt eines Paraboloids und klappt in beiden Grenzfällen in eine Ebene zusammen, in der die Geraden eine Parabel umhüllen.

Die Flächen zweiter Ordnung lassen sich noch unter einem neuen Gesichtspunkt in zwei Arten einteilen. Drei von ihnen, nämlich der hyperbolische und der parabolische Zylinder und das hyperbolische Paraboloid, werden durch keine Ebene in einem Kreise geschnitten, da sich auf diesen Flächen jeder ebene Schnitt ins Unendliche erstreckt. Auf den übrigen sechs Flächen dagegen liegen stets unendlich viele Kreise. Hiermit hängt es auch zusammen, daß diese Flächen sich im Gegensatz zu den drei erstgenannten zu Rotationsflächen spezialisieren lassen. Die Betrachtung, durch die sich die Existenz der Kreisschnitte ergibt, soll am dreiachsigen Ellipsoid durchgeführt werden (Abb. 24). Die Fläche wird von allen Ebenen durch die mittlere Achse b in Ellipsen geschnitten, deren eine Achse konstant, nämlich gleich b ist; gehe ich

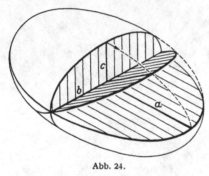

von der Ebene durch b und die kleine Achse c aus und drehe sie um b, bis sie in die Ebene durch b und die große Achse a übergeht, so ist die zweite Achse der Schnitt-ellipse zuerst kleiner und zuletzt größer als b. Dazwischen muß es notwendig einmal eine Lage der schneidenden Ebene geben, für welche die beiden Achsen der Ellipse gleich lang sind, wo also die

Abb. 24.

Schnittkurve ein Kreis wird. Infolge der Symmetrie des Ellipsoids ergibt sich durch Spiegelung an der Ebene (b, c) noch eine zweite Ebene durch b, die mit der Fläche einen Kreisschnitt bildet. Man kann ferner beweisen, daß jeder einem Kreisschnitt parallele ebene Schnitt des Ellipsoids wieder ein Kreisschnitt ist. Somit gibt es auf jedem Ellipsoid zwei Scharen paralleler Kreise (Abb. 25); beim Rotationsellipsoid fallen beide Scharen in eine zusammen.

Wie für das Ellipsoid läßt sich auch für die anderen Flächen zweiter Ordnung, die geschlossene ebene Schnitte besitzen, eine derartige Überlegung durchführen.

Für die beiden Scharen von Kreisschnitten gilt ein entsprechender Satz wie für die Geraden auf dem Hyperboloid. Werden alle Kreise in ihren Schnittpunkten so aneinander befestigt, daß sie, ohne gleiten zu können, umeinander drehbar sind, so erhält man kein starres, sondern ein bewegliches Gerüst (Abb. 25 a, b; Kreisscheiben aus Pappe, die in geeigneter Weise geschlitzt und ineinandergesteckt sind. Der Leser wird einsehen, daß dieses Modell nur unwesentlich in seiner Struktur von unserer Behauptung abweicht). Bei der Gestaltänderung des beweglichen Kreisschnittmodells entstehen andersgeartete Flächenscharen als bei den Stangenmodellen; die in den Symmetrieebenen liegenden Kegelschnitte durchlaufen im allgemeinen kein konfokales System. So läßt sich das bewegliche Kreisschnittmodell eines dreiachsigen Ellipsoides stets in Kugelgestalt bringen; in diesem Fall ist der Schnitt mit jeder Symmetrieebene ein Kreis, während in einer Schar konfokaler Ellipsen nie eine Ellipse in einen Kreis ausartet. Wie beim Stangenmodell reicht die Beweglichkeit auch beim Kreisschnittmodell so weit, daß man das Modell in eine Ebene zusammenklappen kann.

 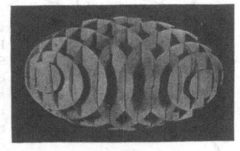

Abb. 25a.   Abb. 25b.

Die beiden Arten von Modellen sind trotz ihrer großen Verschiedenheit durch einen Übergangsfall miteinander verknüpft. Das bewegliche Stangenmodell des hyperbolischen Paraboloids läßt sich nämlich zugleich als Grenzfall eines Kreisschnittmodells auffassen, bei dem die Kreise unendlich großen Radius erhalten haben, d. h. zu Geraden geworden sind. Wenn man eine Schar von einschaligen Hyperboloiden hat, die einem hyperbolischen Paraboloid immer ähnlicher werden, so gehen sowohl die Kreise als auch die Geraden der Hyperboloide beide in das Geradensystem des Paraboloids über.

§ 4. Fadenkonstruktion des Ellipsoids und konfokale Flächen zweiter Ordnung.

Da die Flächen zweiter Ordnung im Raum eine analoge Rolle spielen wie die Kegelschnitte in der Ebene, so liegt die Frage nahe, ob man nicht die Fadenkonstruktion der Ellipse auf diese Flächen übertragen kann. Diese Frage wurde für das Ellipsoid im Jahre 1882 von STAUDE durch seine Fadenkonstruktion des Ellipsoids gelöst. Bei dieser Konstruktion (Abb. 26) geht man von einem festen Gerüst aus, das aus einer Ellipse und einer Hyperbel besteht. Die Ebene der Hyperbel steht senkrecht auf der Ebene der Ellipse und enthält deren große Achse. Die Hyperbel hat die Brennpunkte $F_1 F_2$ der Ellipse zu Scheiteln und deren Scheitel $S_1 S_2$ zu Brennpunkten; durch diese Angaben ist die Hyperbel eindeutig bestimmt.

Man befestigt nun an dem einen Scheitel der Ellipse, z. B. S_1, einen Faden, legt ihn zuerst von hinten um den nächstliegenden Ast der Hyperbel, dann von vorn über die Ellipse und befestigt das andere Ende des Fadens in F_2. Wird jetzt das zwischen der Ellipse und der Hyperbel befindliche Fadenstück in B straffgezogen, so erhält der Faden die Form des gebrochenen Streckenzuges S_1HBEF_2; dabei ist das Stück BHS_1 die kürzeste Linie, die von B über einen Punkt der Hyperbel nach S_1 läuft, und das Stück BEF_2 hat eine entsprechende Eigenschaft. *Läßt man nun den Punkt B seine Lage so verändern, daß der Faden immer gespannt bleibt, so wandert B auf einem Ellipsoid.* In der Anordnung von Abb. 26 durchläuft B im ganzen das vordere untere Viertel der Fläche; die übrigen Viertel ergeben sich je nach der Art, wie der Faden zwischen S_1 und F_2 um die Ellipse und die Hyperbel herumgeschlungen wird[1].

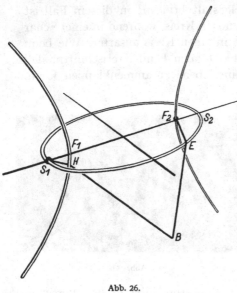

Abb. 26.

Das Gerüst der beiden Kegelschnitte spielt bei der Konstruktion des Ellipsoids eine analoge Rolle wie die Brennpunkte bei der Ellipse, man spricht von den Fokalkurven (Fokalellipse und Fokalhyperbel) des Ellipsoids. Allgemein sagt man von einer Fläche zweiter Ordnung, daß sie diese beiden Kegelschnitte zu Fokalkurven hat, wenn deren Ebenen Symmetrieebenen der Fläche sind und von der Fläche in Kegelschnitten durchsetzt werden, die mit den Fokalkurven konfokal liegen.

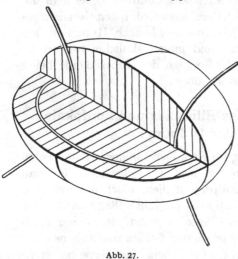

Abb. 27.

---

[1] Statt in S_1 und F_2 dürfen die Enden des Fadens auch in jedem anderen Punkt der Ellipse bzw. der Hyperbel festgemacht werden, außer wenn die gegenseitige Lage dieser Punkte das Spannen des Fadens in der beschriebenen Weise überhaupt unmöglich macht.

Da jeder dieser beiden Schnitte eine Ellipse oder Hyperbel sein muß, kommen vier Fälle in Betracht. Sind beide Schnitte Ellipsen, so haben wir ein Ellipsoid (Abb. 27); sind sie beide Hyperbeln, so ergibt sich ein zweischaliges Hyperboloid (Abb. 28). Wird die Ebene der Fokalhyperbel in einer Hyperbel, die Ebene der Fokalellipse in einer Ellipse geschnitten, so ist die Fläche ein einschaliges Hyperboloid (Abb. 29). Der vierte Fall — Ellipse in der Ebene der Fokalhyperbel und Hyperbel in der Ebene der Fokalellipse — scheidet aus. Denn die Ellipse und die Hyperbel müßten dann die Gerade $F_1 F_2$ (Abb. 30) in vier verschiedenen Punkten $E_1 E_2 H_1 H_2$ treffen, die Ebene der Fokalhyperbel hätte also mit der Fläche eine Ellipse und zwei nicht auf dieser gelegene Punkte $H_1 H_2$ gemein, was der Definition der Fläche zweiter Ordnung widerspricht.

Führt man die Fadenkonstruktion des Ellipsoids mit Fäden verschiedener Länge bei festgehaltenen Fokalkurven durch, so erhält man eine Schar

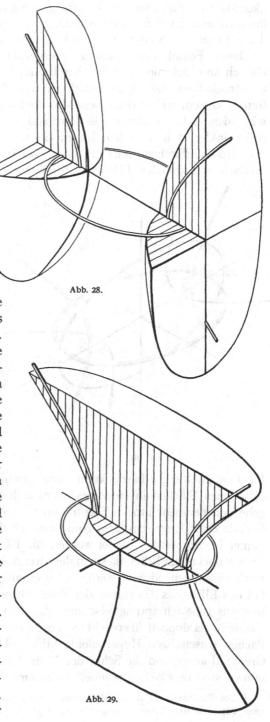

Abb. 28.

Abb. 29.

„konfokaler" Ellipsoide (d. h. mit gemeinsamen Fokalkurven), die in ihrer Gesamtheit den Raum einfach und lückenlos überdecken. Auch die Scharen der zweischaligen und der einschaligen Hyperboloide, die zu diesen Fokalkurven gehören, überdecken jede für sich den Raum einfach und lückenlos; durch jeden Raumpunkt geht also ein Ellipsoid, ein einschaliges und ein zweischaliges Hyperboloid hindurch (Abb. 31). Genau so nun, wie in der Ebene die konfokalen Kegelschnitte, durchschneiden sich im Raum die konfokalen Flächen zweiter Ordnung rechtwinklig, d. h. in jedem Raumpunkt stehen die Tangentialebenen der drei hindurchgehenden Flächen aufeinander senkrecht[1]. Solche dreifach orthogonalen Flächensysteme und vor allem die konfokalen Flächen zweiter Ordnung spielen bei zahlreichen mathematischen und physikalischen Betrachtungen eine Rolle; die Anwendung der „elliptischen Koordinaten", zu denen man bei der analytischen Darstellung dieser Flächen geführt wird, erweist sich für die Behandlung vieler, auch astronomischer Probleme als zweckmäßig.

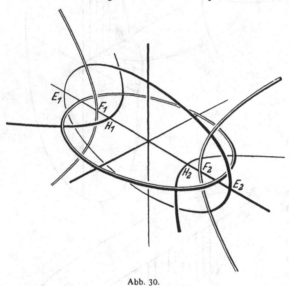

Abb. 30.

Einen Überblick über den Aufbau eines Systems von konfokalen Flächen zweiter Ordnung kann man gewinnen, wenn man die verschiedenen Flächen in einer bestimmten Reihenfolge durchläuft. Ich gehe von den sehr großen Ellipsoiden der Schar aus, die ungefähr die Gestalt einer Kugel besitzen. Nun lasse ich die große Achse allmählich immer kürzer werden; dabei werden die Ellipsoide immer flacher und einer Kugel unähnlicher, da sie in den drei Achsenrichtungen verschieden stark zusammengedrückt werden. So erhalte ich schließlich als Grenzfall des Ellipsoids das Innere der Fokalellipse, doppelt überdeckt. Von hier aus gehe ich sprungweise zum Äußeren der Ellipse über, welches ebenfalls als doppelt überdeckt vorzustellen ist und den Grenzfall eines flachen einschaligen Hyperboloids bildet. Durchlaufe ich von diesem Grenzfall ausgehend die Schar der Hyperboloide in der Weise, daß ich immer steilere Flächen nehme, so komme ich der Ebene der Fokal-

---

[1] Die Punkte der Fokalkurven spielen eine Ausnahmerolle; in ihnen werden zwei von den drei Ebenen unbestimmt. Vgl. den folgenden Absatz.

hyperbel von beiden Seiten her immer näher, und die Gürtelellipsen, die ebenfalls ein konfokales System durchlaufen, werden immer schmaler. Wenn die Gürtelellipse schließlich unendlich schmal, d. h. zur Doppelstrecke geworden ist, so schrumpft das einschalige Hyperboloid auf den doppelt bedeckten ebenen Streifen zwischen den Zweigen der Fokalhyperbel zusammen[1]. Jetzt gehe ich nochmals unstetig auf die andere Seite der Fokalhyperbel über, die ich mir wieder als doppelt überdeckt vorzustellen habe. Dies ist der Grenzfall eines flachen zweischaligen Hyperboloids. Lasse ich nun die beiden Schalen des Hyperboloids sich allmählich aufblähen, so nähern sie sich beide immer mehr von beiden Seiten her derjenigen Ebene, die im Mittelpunkt der Fokalkurven auf deren Ebenen senkrecht steht. In der Grenzlage erhalte ich also diese Ebene doppelt überdeckt. Hiermit ist das System der konfokalen Flächen vollständig durchlaufen, und unsere Betrachtung zeigt, in welcher Weise jede Schar für sich den Raum einfach und lückenlos durchzieht.

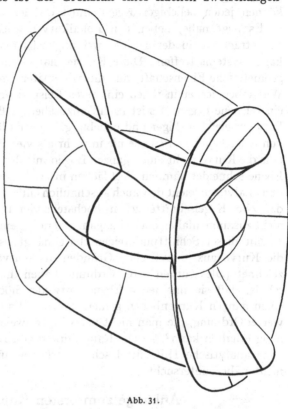

Abb. 31.

Die Beziehung der Fokalkurven zueinander und zu den zugehörigen Flächen zweiter Ordnung läßt sich noch durch eine weitere Eigenschaft kennzeichnen. Wenn ich von irgendeinem Punkt der Fokalhyperbel in Richtung seiner Tangente die Fokalellipse betrachte, so erscheint diese als ein Kreis, auf dessen Mittelpunkt ich blicke; die Fokalhyperbel ist also der geometrische Ort für die Spitzen der Kreiskegel, welche ich durch die Ellipse legen kann, und die Rotationsachse jedes solchen Kegels ist die Tangente der Fokalhyperbel in der Kegelspitze. Ebenfalls Kreiskegel, und zwar mit der gleichen Achse, sind die Tangentialkegel

---

[1] Das früher erwähnte bewegliche Stangenmodell durchläuft gerade dieses System von Hyperboloiden vollständig, einschließlich der ebenen Grenzlagen.

von einem beliebigen Punkt der Fokalhyperbel an alle zu den gegebenen Fokalkurven konfokalen Ellipsoide, in deren Äußeren der Punkt liegt. Allgemein gilt der Satz, daß eine jede Fläche des konfokalen Systems, betrachtet von einem Punkt einer Fokalkurve aus, welcher nicht von der Fläche eingeschlossen wird, als Kreis erscheint, auf dessen Mittelpunkt man blickt, falls die Blickrichtung tangential zur Fokalkurve genommen wird. (Die Berührungspunkte der Umrißkegel mit der Fläche liegen aber im allgemeinen keineswegs auf einem Kreis, sondern können jeden beliebigen Kegelschnitt erfüllen, auch eine Hyperbel[1].)

Es liegt nahe, neben den Fokalkurven auch die anderen Kurven zu betrachten, in denen sich zwei ungleichartige Flächen eines konfokalen Systems treffen. Diese Kurven haben eine einfache differentialgeometrische Eigenschaft, auf die wir später eingehen werden (S. 166). Wir haben ferner in ihnen ein erstes Beispiel für Kurven, die nicht in einer Ebene liegen. Es ist leicht einzusehen, daß eine Durchdringungskurve zweier beliebiger und beliebig gelegener Flächen zweiter Ordnung von einer beliebigen Ebene nie in mehr als vier Punkten getroffen wird, falls die Kurve nicht einen ganzen Bogen mit der Ebene gemein hat. Die Ebene schneidet nämlich die Flächen in zwei Kegelschnitten; man kann nun analytisch leicht den auch anschaulich einleuchtenden Satz beweisen, daß zwei Kegelschnitte sich in höchstens vier Punkten treffen, falls sie nicht zusammenfallen oder eine ganze Gerade gemein haben (vgl. S. 143).

Mit dieser Schnittpunkteigenschaft hängt es zusammen, daß man die Kurve aus analytischen Gründen als Kurve vierter Ordnung bezeichnet (Die Kurven n-ter Ordnung haben die entsprechende Eigenschaft, daß sie mit jeder Ebene entweder höchstens n Punkte oder einen ganzen Kurvenbogen gemein haben). Es gibt aber auch Kurven vierter Ordnung, die man nicht als Schnitt zweier Flächen zweiter Ordnung erhalten kann[2]. — Die Raumkurven höherer Ordnung lassen sich ohne analytische Hilfsmittel schwer erfassen und seien deshalb hier nicht näher untersucht.

Anhänge zum ersten Kapitel.

1. Fußpunktkonstruktionen der Kegelschnitte.

Eine Kurve K und ein Punkt F_1 seien gegeben (Abb. 32); ich fälle von F_1 aus die Lote auf alle Tangenten t von K. Dann beschreiben

---

[1] Eine weitere Eigenschaft des konfokalen Systems, die übrigens die soeben erwähnte als Grenzfall umfaßt, ist die folgende: Legt man von irgendeinem Raumpunkt P aus den Tangentialkegel an irgendeine Fläche des Systems, die P nicht umschließt, so werden die Symmetrieebenen dieses Kegels stets gebildet von den Tangentialebenen der drei durch P gehenden Flächen des Systems im Punkte P.

[2] Für die Schnittkurven zweier Flächen zweiter Ordnung läßt sich analytisch beweisen, daß noch unendlich viele weitere Flächen zweiter Ordnung durch sie hindurchgehen, darunter vier Kegel (von denen auch einige zusammenfallen oder zu Zylindern ausarten können).

die Fußpunkte dieser Lote eine zweite Kurve k, die man die Fußpunktkurve von K bezüglich F_1 nennt. Umgekehrt kann man K zurückgewinnen, wenn F_1 und k gegeben sind. Zu diesem Zweck hat man F_1 mit allen Punkten von k zu verbinden und auf den Verbindungslinien die Senkrechten t in den Punkten von k zu errichten. Die Geraden t umhüllen dann K. Diese zweite Konstruktion wollen wir eine Fußpunktkonstruktion nennen und sagen, daß K durch Fußpunktkonstruktion an k (bezüglich F_1) entsteht. Je nach der Wahl von F_1 können also durch Fußpunktkonstruktion an einer und derselben Kurve k sehr verschiedenartige Kurven K entstehen.

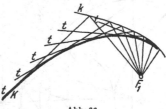

Abb. 32.

Wir zeigen: Die Fußpunktkonstruktion am Kreis und an der Geraden liefert stets Kegelschnitte. Liegt der Punkt F_1 innerhalb des Kreises vom Mittelpunkt M, so entsteht eine Ellipse, und F_1 ist der eine Brennpunkt; der zweite Brennpunkt F_2 ist der Spiegelpunkt von F_1 bezüglich M. Liegt F_1 außerhalb, so entsteht eine Hyperbel. Die Brennpunkte sind wieder F_1 und der Spiegelpunkt von F_1 bezüglich M. Nimmt man anstatt eines Kreises eine Gerade g, so entsteht eine Parabel. Der Brennpunkt ist F_1, die Leitlinie ist die Parallele h von g, die auf der anderen Seite von F_1 liegt und von g denselben Abstand wie F_1 hat.

Um zunächst die Behauptung für die Ellipse zu beweisen, ziehe ich (Abb. 33) durch F_1 eine beliebige Gerade, die den Kreis in C und C' treffen möge. Auf dieser Geraden bestimme ich die Punkte F und F', so daß $F_1 C = C F$ und $F_1 C' = C' F'$. Ferner errichte ich auf der Geraden $C C'$ in C und C' die Lote t und t'. F_2 sei wie in der Behauptung so gelegt, daß M Mittelpunkt

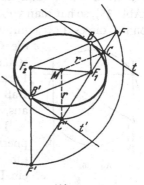

Abb. 33.

der Strecke $F_1 F_2$ ist. $F_2 F$ möge t in B schneiden, und $F_2 F'$ möge t' in B' schneiden. Dann ist $F_1 B = F B$, also $F_1 B + B F_2 = F F_2$. Da aber M und C die Mittelpunkte der Strecken $F_1 F_2$ und $F_1 F$ sind, so gilt $F F_2 = 2 C M$. Wenn wir den Kreisradius mit r bezeichnen, haben wir die Beziehung erhalten: $B F_1 + B F_2 = 2 r$. Der Punkt B liegt also auf der Ellipse mit den Brennpunkten F_1 und F_2 und der großen Achse $2 r$. Es bleibt nur noch zu zeigen, daß t diese Ellipse in B berührt. Dies folgt aus der auf S. 2 bewiesenen Winkeleigenschaft der Ellipsentangente. Nach unserer Konstruktion ist nämlich $\angle C B F_1 = \angle C B F$. — Für t' verläuft der Beweis ganz analog mit Hilfe der Punkte B', C' und F'.

Der Beweis für die Hyperbel folgt aus Abb. 34. Sie unterscheidet sich von Abb. 33 allein dadurch, daß F_1 außerhalb des Kreises angenommen ist. In diesem Fall durchlaufen B und B' die beiden verschiedenen Äste der Hyperbel. Es ist nämlich $FF_2 = 2r = BF_2 - BF_1$ und $F'F_2 = 2r = B'F_1 - B'F_2$.

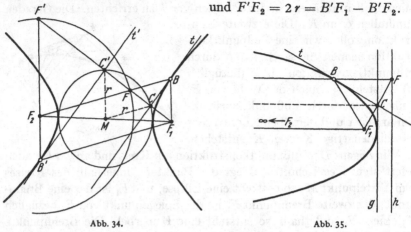

Abb. 34.   Abb. 35.

Für die Parabel ist der Beweis etwas abzuändern. Sind nämlich die Punkte C und F und die Gerade t analog dem Früheren konstruiert (Abb. 35), so hat man von F aus das Lot auf g zu fällen. B ist der Schnittpunkt dieses Lotes mit t. Dann ist $BF_1 = BF$. F durchläuft aber

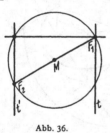

Abb. 36.

die Gerade h, die wie in der Behauptung konstruiert ist[1]. Also läuft B in der Tat auf einer Parabel mit F_1 als Brennpunkt und h als Leitlinie. Daß t die Parabel in B berührt, folgt wieder daraus, daß t den Winkel FBF_1 halbiert[2].

Läßt man den Punkt F_1 auf die Kreisperipherie fallen (Abb. 36), so drehen sich t und t' um die Punkte F_1 und F_2. Wir erhalten also ein Paar von Geradenbüscheln. Bekanntlich tritt dieser Ausartungsfall naturgemäß auf, wenn man die Kurven zweiter Ordnung als Tangentengebilde betrachtet.

2. Die Leitlinien der Kegelschnitte.

Im Text wurde die Parabel als der geometrische Ort aller Punkte definiert, für die der Abstand von einem festen Punkt F, dem Brennpunkt, gleich dem Abstand von einer festen Geraden g, der Leitlinie,

---

[1] Bei der Ellipsen- und Hyperbelkonstruktion durchläuft F einen um F_2 als Mittelpunkt geschlagenen Kreis, der doppelt so groß ist wie der ursprünglich gewählte und mit ihm F_1 zum Ähnlichkeitspunkt hat. Das folgt aus den Relationen $FF_2 = 2CM$ und $FF_1 = 2CF_1$.

[2] Natürlich läßt sich Abb. 35 aus Abb. 33 durch denselben Grenzübergang ableiten, durch den wir auf S. 3 die Parabel aus der Ellipse gewonnen haben.

ausfällt. Eine ähnliche Definition läßt sich auch für die Ellipse und Hyperbel aufstellen. Wir suchen den geometrischen Ort aller Punkte, für die der Abstand von einem festen Punkt F zum Abstand von einer festen Geraden g in einem konstanten Verhältnis v steht. Im Falle $v = 1$ erhalten wir die Parabel. Wir beweisen nun: Für $v < 1$ ist die gesuchte Kurve eine Ellipse, für $v > 1$ eine Hyperbel. F ist ein Brennpunkt des Kegelschnitts. Umgekehrt kann man zu jeder Ellipse und jeder Hyperbel zwei Geraden g_1 und g_2 finden, so daß jeder Kurvenpunkt konstantes Abstandsverhältnis von F_1 und g_1 bzw. von F_2 und g_2 hat.

Zum Beweis gehen wir von Abb. 37 aus. Ein Kreiskegel schneidet eine Ebene e in einer Ellipse k, für die wir die Behauptung prüfen wollen. Wie in Abb. 10 ist eine Kugel zu Hilfe genommen, die den Kegel in einem Kreis K und die Ebene in einem Punkt F berührt; F ist also ein Brennpunkt von k. Ferner sei f die Ebene von K und g die Schnittgerade von e und f. Von einem beliebigen Ellipsenpunkt B aus fällen wir das Lot BC auf g und das Lot BD auf f. Sodann verbinden wir B mit F und der Kegelspitze S; BS möge K

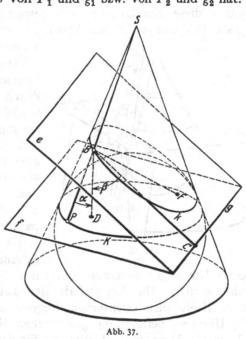

Abb. 37.

im Punkt P treffen. Zur Abkürzung setzen wir $\sphericalangle DBP = \alpha$ und $\sphericalangle DBC = \beta$. Dann ist $BC = \dfrac{BD}{\cos\beta}$ und $BP = \dfrac{BD}{\cos\alpha}$. Ferner ist $BF = BP$, da beide Strecken Tangenten an dieselbe Kugel vom selben Punkt B aus sind. Also ist

$$\frac{BF}{BC} = \frac{BP}{BC} = \frac{\cos\beta}{\cos\alpha}.$$

Nun sind aber die Winkel α und β von der Wahl von B unabhängig, denn α ist gleich dem halben Öffnungswinkel des Kegels, und β ist gleich dem Neigungswinkel der Ebene e zur Achse des Kegels. Setzen wir also $\dfrac{\cos\beta}{\cos\alpha} = v$, so haben wir für die Ellipse k die Behauptung bestätigt und für die Leitlinie g zugleich eine räumliche Konstruktion angegeben.

Falls e den Kegel nicht in einer Ellipse, sondern in einer Hyperbel h schneidet (Abb. 38), verläuft der Beweis genau so. Nur ist im ersten

Fall $\alpha < \beta$, im zweiten Fall $\alpha > \beta$. Für die Ellipse k ist also $v < 1$, für die Hyperbel h dagegen $v > 1$.

Nun beweist unsere Betrachtung zunächst nur die Existenz der Leitlinie für bestimmte Ellipsen und Hyperbeln, während in der Behauptung umgekehrt die Zahl v, der Punkt F und die Gerade g vorgegeben sind und die zugehörige Kurve gesucht wird. Aber offenbar hängt die Gestalt der gesuchten Kurve nur von dem Wert der Zahl v ab, und andererseits können wir unsere Konstruktion so einrichten, daß die Winkel α und β, also auch die Zahl v, beliebige Werte annehmen. Daher sind durch diese Konstruktion alle gestaltlichen Möglichkeiten für die gesuchte Kurve erfaßt, und diese Kurve muß in der Tat stets ein Kegelschnitt sein.

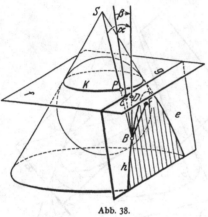

Abb. 38.

Die Parabel ist, wenn wir die Bezeichnungsweise beibehalten, durch $\alpha = \beta$, d. h. $v = 1$ gekennzeichnet, so daß wir auf die ursprüngliche Definition zurückfallen. Schneidet dagegen e den Kegel in einem Kreis, so versagt die Konstruktion, weil dann (und nur dann) die Ebenen e und f keine Schnittgerade g besitzen, sondern parallel sind. Jeder von einem Kreis verschiedene eigentliche Kegelschnitt läßt sich als Schnitt eines Kreiskegels auffassen und dann der angegebenen Konstruktion unterwerfen. Die Eigenschaft der Leitlinien kommt daher außer dem Kreis allen eigentlichen Kegelschnitten zu.

Übrigens beruhen die griechischen Namen der Kegelschnitte auf ihrer Beziehung zu den Leitlinien. Sie deuten an, daß v bei der Ellipse die Zahl 1 nicht erreicht ($\dot{\epsilon}\lambda\lambda\epsilon\dot{\iota}\pi\epsilon\iota\nu$), bei der Hyperbel übertrifft ($\dot{\upsilon}\pi\epsilon\varrho$-$\beta\dot{\alpha}\lambda\lambda\epsilon\iota\nu$) und bei der Parabel gerade erreicht ($\pi\alpha\varrho\alpha\beta\dot{\alpha}\lambda\lambda\epsilon\iota\nu$).

3. Das bewegliche Stangenmodell des Hyperboloids.

Wir wollen (unter Voraussetzung einiger Kenntnisse aus der analytischen Geometrie des Raumes) die S. 15 ausgesprochene Behauptung beweisen, daß das Stangenmodell des einschaligen Hyperboloids beweglich ist. Wir zeigen gleichzeitig, daß das Gerüst ein System konfokaler einschaliger Hyperboloide durchlaufen kann.

x_1, x_2, x_3 bzw. y_1, y_2, y_3 seien die cartesischen Raumkoordinaten der Punkte P bzw. Q. Wir betrachten die konfokalen Flächen zweiter Ordnung:

$$(1) \qquad \frac{x_1^2}{a_1 - \lambda} + \frac{x_2^2}{a_2 - \lambda} + \frac{x_3^2}{a_3 - \lambda} = \sum_1^3 \frac{x_i^2}{a_i - \lambda} = 1.$$

Wir denken uns einen solchen Wert λ gewählt, daß (1) ein einschaliges Hyperboloid bestimmt. P soll, wie durch (1) zum Ausdruck kommt, auf dieser Fläche liegen. Nun sei Q ein anderer Punkt derselben Fläche, der überdies mit P auf derselben in der Fläche verlaufenden Geraden liegt. Diese Forderung ist gleichbedeutend damit, daß die Gleichungen bestehen:

$$(2) \qquad \sum_1^3 \frac{y_i^2}{a_i - \lambda} = 1 ,$$

$$(3) \qquad \sum_1^3 \frac{x_i y_i}{a_i - \lambda} = 1 .$$

Denn der Mittelpunkt M der Strecke PQ muß jedenfalls auf der Fläche liegen. M hat die Koordinaten $\frac{1}{2}(x_i + y_i)$. Es muß also gelten

$$\sum \frac{1}{4} \frac{(x_i + y_i)^2}{a_i - \lambda} = \frac{1}{4} + \frac{1}{4} + \frac{1}{2} \sum \frac{x_i y_i}{a_i - \lambda} = 1 .$$

Das ist mit (3) äquivalent. Umgekehrt liegt die Gerade PQ ganz auf der Fläche, wenn die Gerade mit der Fläche die drei Punkte P, Q, M gemein hat, wenn also (1), (2) und (3) gilt.

Wir berechnen nun den Abstand $PQ = r$. Es ist

$$r^2 = \sum_1^3 (x_i - y_i)^2 = \sum x_i^2 + \sum y_i^2 - 2 \sum x_i y_i$$

$$= \sum (a_i - \lambda) \frac{x_i^2}{a_i - \lambda} + \sum (a_i - \lambda) \frac{y_i^2}{a_i - \lambda} - 2 \sum (a_i - \lambda) \frac{x_i y_i}{a_i - \lambda}$$

$$= \sum a_i \left[\frac{x_i^2}{a_i - \lambda} + \frac{y_i^2}{a_i - \lambda} - 2 \frac{x_i y_i}{a_i - \lambda} \right]$$

$$- \lambda \left[\sum \frac{x_i^2}{a_i - \lambda} + \sum \frac{y_i^2}{a_i - \lambda} - 2 \sum \frac{x_i y_i}{a_i - \lambda} \right] .$$

Infolge der Gleichungen (1), (2), (3) verschwindet der Ausdruck in der letzten eckigen Klammer. Wir erhalten also

$$(4) \qquad r^2 = \sum a_i \frac{(x_i - y_i)^2}{a_i - \lambda} .$$

Nun sei λ' ein Wert, der in (1) für λ eingesetzt wieder ein einschaliges Hyperboloid ergibt. Das ist dann und nur dann der Fall, wenn die Vorzeichen von $a_i - \lambda$ und $a_i - \lambda'$ für jedes i einander gleich sind. Demnach bestimmen die Formeln

$$(5) \qquad x_i' = x_i \sqrt{\frac{a_i - \lambda'}{a_i - \lambda}} \qquad (i = 1, 2, 3)$$

eine reelle affine Transformation. Offenbar verwandelt (5) die Fläche (1) in ein zu (1) konfokales einschaliges Hyperboloid, das (1') heißen möge. Sind $P'(x_i')$ und $Q'(y_i')$ die Bilder von P und Q vermöge (5), so liegt die Gerade $P'Q'$ ganz in (1'), da sie das Bild von PQ ist.

Unsere Behauptung wird bewiesen sein, wenn wir zeigen, daß der Abstand $P'Q' = r'$ gegenüber PQ unverändert geblieben ist; $r' = r$. Nun gilt für r' die zu (4) analoge Formel

(4')
$$r'^2 = \sum a_i \frac{(x_i' - y_i')^2}{a_i - \lambda'}.$$

Aus (5) folgt

$$\frac{(x_i' - y_i')^2}{a_i - \lambda'} = \frac{(x_i - y_i)^2}{a_i - \lambda} \qquad (i = 1, 2, 3),$$

also wegen (4), (4') in der Tat $r = r'$.

Denken wir uns λ fest, λ' veränderlich, so gibt (5) die Bahnkurven der Punkte des Stangenmodells, wenn dieses, wie wir immer angenommen haben, unter Festhaltung der Symmetrieebenen deformiert wird. Diese Kurven sind, wie eine kurze Rechnung zeigt, die Schnittkurven der mit (1) konfokalen Ellipsoide und zweischaligen Hyperboloide.

Zweites Kapitel.
Reguläre Punktsysteme.

Wir wollen in diesem Kapitel die metrischen Eigenschaften des Raums unter einem neuen Gesichtspunkt betrachten. Während wir uns nämlich bisher mit Kurven und Flächen, also mit kontinuierlichen Gebilden beschäftigt haben, wenden wir uns nun zu Systemen, die aus getrennten Elementen aufgebaut sind. Solche Systeme treten auch in den übrigen Gebieten der Mathematik oft auf, besonders in der Zahlen- und Funktionentheorie und in der Krystallographie[1].

§ 5. Ebene Punktgitter.

Ein besonders einfaches Gebilde, das aus diskreten Teilen besteht, ist das ebene quadratische Punktgitter (Abb. 39). Um es zu erzeugen, markieren wir uns in einer Ebene die vier Ecken eines Quadrats vom Inhalt Eins, verschieben das Quadrat parallel einer Seite um die Seitenlänge und zeichnen die beiden neu hinzugekommenen Eckpunkte ebenfalls auf. Dieses Verfahren denken wir uns nach derselben und dann nach der entgegengesetzten Seite unbegrenzt fortgesetzt. So erhalten wir in der Ebene einen Streifen, der aus zwei Reihen äquidistanter Punkte besteht. Diesen Streifen verschieben wir senkrecht zu sich selbst um eine Quadratseitenlänge, markieren die neu hinzugekommenen Punkte und denken uns auch dies Verfahren nach beiden Seiten unbegrenzt oft

---

[1] Soweit die folgenden Abschnitte die Krystallographie streifen, ist die Bezeichnungsweise nicht immer der üblichen krystallographischen Terminologie angepaßt. Im Rahmen der einfachen geometrischen Betrachtung, auf die wir uns beschränken, sind oft andere Namen kürzer und eindringlicher.

D. Hilbert, S. Cohn-Vossen, *Anschauliche Geometrie*, 2. Aufl.,
DOI 10.1007/978-3-642-19948-6_2, © Springer-Verlag Berlin Heidelberg 2011

wiederholt. Die Gesamtheit aller so markierten Punkte bildet das quadratische Punktgitter; man kann es auch definieren als die Menge aller Punkte mit ganzzahligen Koordinaten in einem ebenen cartesischen Koordinatensystem.

In diesem Gitter kann ich natürlich aus vier Punkten auch andere Figuren bilden als Quadrate, z. B. Parallelogramme. Man erkennt nun leicht, daß sich das Gitter ebenso wie aus dem Quadrat aus jedem solchen Parallelogramm erzeugen läßt, wenn das Parallelogramm nur außer seinen Ecken keinen Gitterpunkt mehr in seinem Innern und auf dem Rande enthält (andernfalls

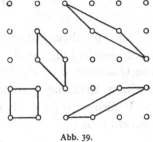

Abb. 39.

könnte ja das Verfahren nicht alle Gitterpunkte liefern). Die Betrachtung jedes solchen Parallelogramms zeigt nun, daß es gleichen Flächeninhalt hat wie das erzeugende Quadrat (vgl. Abb. 39); einen strengen Beweis dafür werden wir auf S. 30 kennenlernen.

Bereits dieses einfache Gitter hat Anlaß zu wichtigen mathematischen Untersuchungen gegeben, deren erste von GAUSS stammt. Er versuchte die Anzahl $f(r)$ der Gitterpunkte zu bestimmen, die auf einer Kreisscheibe vom Radius r liegen; dabei soll der Kreismittelpunkt ein Gitterpunkt sein und r eine ganze Zahl. GAUSS hat diese Anzahl für viele Werte von r empirisch bestimmt und fand z. B.:

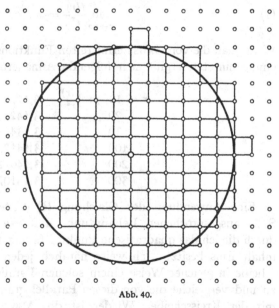

$r = 10$	$f(r) = 317,$
$r = 20$	$1257,$
$r = 30$	$2821,$
$r = 100$	$31417,$
$r = 200$	$125629,$
$r = 300$	$282697.$

Abb. 40.

Aus der Betrachtung der Funktion $f(r)$ ergibt sich nämlich eine Methode zur Bestimmung des Wertes von π. Da jedes Grundquadrat den Inhalt Eins hat, ist $f(r)$ gleich dem Inhalt der Fläche F, die von allen den Quadraten bedeckt wird, deren linke untere Ecke auf der Kreisscheibe liegt (Abb. 40). $f(r)$ unterscheidet sich also vom Inhalt $r^2\pi$ der Kreisscheibe höchstens um den Flächeninhalt $A(r)$ derjenigen (mitgerechneten oder fortgelassenen) Quadrate, die von der Peripherie geschnitten werden.

$$|f(r) - r^2\pi| \leq A(r),$$

$$\left|\frac{f(r)}{r^2} - \pi\right| \leq \frac{A(r)}{r^2}.$$

Um $A(r)$ abzuschätzen, genügt nun eine einfache Überlegung. Die Maximalentfernung zweier Punkte im Einheitsquadrat beträgt $\sqrt{2}$. Alle Quadrate, die von der Peripherie geschnitten werden, liegen also in einem Kreisring von der Breite $2\sqrt{2}$, dessen begrenzende Kreise die Radien $r + \sqrt{2}$ und $r - \sqrt{2}$ haben. Dieser Kreisring hat den Flächeninhalt

$$B(r) = \left[(r + \sqrt{2})^2 - (r - \sqrt{2})^2\right]\pi = 4\sqrt{2}\,\pi\,r.$$

Nun ist aber $A(r) < B(r)$, also

$$\left|\frac{f(r)}{r^2} - \pi\right| < \frac{4\sqrt{2}\,\pi}{r}.$$

Daraus ergibt sich durch Grenzübergang die Formel, die wir zum Ziel hatten:

(1) $$\lim_{r \to \infty} \frac{f(r)}{r^2} = \pi.$$

Wenn man die von GAUSS ermittelten Funktionswerte $f(r)$ in diese Gleichung einsetzt, ergibt sich folgende Annäherung an $\pi = 3{,}14159$:

$r =$	$\frac{f(r)}{r^2} =$
10	3,17,
20	3,1425,
30	3,134,
100	3,1417,
200	3,140725,
300	3,14107.

Eine Anwendung der Gleichung (1) besteht im Beweis der auf S. 29 ausgesprochenen Behauptung, daß jedes der Parallelogramme, durch die ich das quadratische Punktgitter erzeugen kann, den Flächeninhalt Eins besitzt. Ich weise nämlich jeden Gitterpunkt der Kreisscheibe in gleicher Weise einem solchen Parallelogramm als Eckpunkt zu und vergleiche die von diesen Parallelogrammen bedeckte Fläche F mit der Kreisscheibe. Wieder ist die Abweichung geringer als der Inhalt $B(r)$ eines Kreisrings mit den Radien $r + c$ und $r - c$, wo c die (von r unabhängige) Maximalentfernung zweier Punkte im Grundparallelogramm bedeutet. Ist dessen Inhalt a, so hat F den Inhalt $a \cdot f(r)$, und wir erhalten die Formel

$$|a f(r) - r^2\pi| < B(r) = 4rc\pi,$$

also
$$\left|\frac{a f(r)}{r^2} - \pi\right| < \frac{4 c \pi}{r},$$

$$\lim_{r \to \infty} \frac{f(r)}{r^2} = \frac{\pi}{a}.$$

Wir haben aber oben gezeigt, daß

$$\lim_{r \to \infty} \frac{f(r)}{r^2} = \pi.$$

Hieraus[1] folgt die Behauptung $a = 1$.

Wir wenden uns jetzt der Betrachtung allgemeiner „Einheitsgitter"
zu, d. h. Gittern, die von einem beliebigen Parallelogramm des Inhalts
Eins auf dieselbe Art erzeugt werden wie das quadratische Gitter vom
Quadrat. Wiederum können verschiedene Parallelogramme dasselbe
Gitter erzeugen, sie müssen dann aber alle den Inhalt Eins haben,
was man in gleicher
Weise wie beim quadra-
tischen Gitter beweist.

Für jedes solches
Einheitsgitter ist der
kleinste Abstand c
zweier Gitterpunkte eine
charakteristische Größe.
Es gibt Einheitsgitter
mit beliebig kleinem c,
z. B. solche, die von

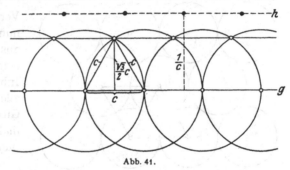

Abb. 41.

einem Rechteck mit den Seiten c und $1/c$ erzeugt werden. Dagegen
kann c offenbar nicht beliebig groß werden, weil das Gitter sonst
kein Einheitsgitter sein könnte. Also hat c eine obere Grenze. Wir
wollen sie bestimmen.

Sei in einem beliebigen Einheitsgitter ein Punktepaar mit dem
kleinsten vorkommenden Abstand c herausgegriffen (Abb. 41). Legt
man durch die beiden Punkte eine Gerade g, so müssen auf ihr nach
Definition des Gitters immer weitere Gitterpunkte im Abstand c liegen;
die zu g im Abstand $1/c$ gezogene Parallele h muß ebenfalls unendlich
viele Gitterpunkte enthalten, dagegen muß der Streifen zwischen den
Parallelen von Gitterpunkten frei sein, was beides daraus folgt, daß
das Gitter ein Einheitsgitter sein soll. Um alle Gitterpunkte von g
schlage ich nun Kreise mit dem Radius c. Sie überdecken in ihrer
Gesamtheit einen Streifen, der von der übrigen Ebene durch Kreisbögen
abgegrenzt wird. Jeder innere Punkt dieses Streifens ist von mindestens

---

[1] Bei diesem Beweis hätten wir statt der Kreisscheibe auch jedes andere Flächenstück verwenden können, dessen Rand sich durch einen im Verhältnis zum Gesamt-
flächeninhalt beliebig schmalen Flächenstreifen zudecken läßt.

einem Gitterpunkt um weniger als c entfernt, kann also nach Definition von c kein Gitterpunkt sein. Also ist $1/c$ größer oder gleich dem kürzesten Abstand der Grenzlinie des Streifens von g. Dieser Abstand ist offenbar die Höhe eines gleichseitigen Dreiecks mit der Seite c; also haben wir:

$$\frac{1}{c} \geqq \frac{c}{2}\sqrt{3},$$

$$c \leqq \sqrt{\frac{2}{\sqrt{3}}}.$$

Die Zahl $\sqrt{\dfrac{2}{\sqrt{3}}}$ ist die gesuchte obere Grenze für c. Dieser Extremwert wird auch tatsächlich in einem Gitter erreicht, nämlich, wie aus Abb. 41 ersichtlich, in einem Gitter, dessen erzeugendes Parallelogramm sich aus zwei gleichseitigen Dreiecken zusammensetzt.

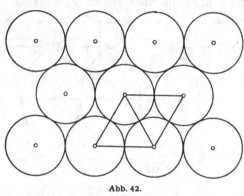

Abb. 42.

Durch Vergrößern oder Verkleinern können wir nun jedes beliebige Gitter aus einem Einheitsgitter erzeugen. Ist also a^2 der Inhalt eines Grundparallelogramms in einem Gitter und C der Minimalabstand zweier Gitterpunkte, so gilt:

$$C \leqq a\sqrt{\frac{2}{\sqrt{3}}}.$$

Wiederum steht das Gleichheitszeichen dann und nur dann, wenn das Gitter aus gleichseitigen Dreiecken aufgebaut ist. Bei *gegebenem* Minimalabstand besitzt also dieses Gitter das kleinstmögliche Grundparallelogramm. Nun ist aber, wie wir schon S. 30 gesehen haben, der Flächeninhalt großer Flächen annähernd gleich der Anzahl der Gitterpunkte im Innern multipliziert mit dem Flächeninhalt des Grundparallelogramms. Unter allen Gittern gegebenen Minimalabstands enthält also innerhalb einer gegebenen großen Fläche das Gitter der gleichseitigen Dreiecke die meisten Punkte.

Schlägt man um alle Punkte eines Gitters Kreise mit dem halben Minimalabstand des Gitters als Radius, so erhält man ein System von Kreisen, die sich teilweise berühren, aber nie überdecken. Man bezeichnet ein derart konstruiertes System als eine gitterförmige Kreislagerung. Eine gitterförmige Kreislagerung nennen wir um so dichter, je mehr von den Kreisen in einem vorgeschriebenen (hinreichend großen) Gebiet Platz haben. Demnach liefert das Dreiecksgitter die dichteste Kreislagerung (Abb. 42).

Als Maß für die Dichte einer Kreislagerung wählen wir die Gesamt-
fläche der eingelagerten Kreise geteilt durch den Inhalt des gegebenen
Gebiets. Bei hinreichend großen Gebieten nähert sich dieser Wert
offenbar dem Quotienten aus dem Flächeninhalt eines einzelnen Kreises
geteilt durch den Inhalt des Grundparallelogramms. Als Optimum der
Dichte liefert das Dreiecksgitter den Wert

$$D = \frac{1}{2\sqrt{3}}\,\pi = 0{,}289\,\pi\,.$$

§ 6. Ebene Punktgitter in der Zahlentheorie.

Bei vielen Problemen der Zahlentheorie spielen die Punktgitter eine
Rolle. Wir wollen dafür einige Beispiele geben. Um Längen der Darstellung zu vermeiden, müssen wir allerdings in diesem Paragraphen
etwas mehr mathematische Kenntnisse voraussetzen als sonst in diesem
Buche.

1. **Die LEIBNIZsche Reihe:** $\frac{\pi}{4} = 1 - \frac{1}{3} + \frac{1}{5} - \frac{1}{7} + - \cdots$. Wie
in § 5 bedeute $f(r)$ die Anzahl der Gitterpunkte des ebenen quadra-
tischen Einheitsgitters innerhalb eines Kreises vom Radius r mit
einem Gitterpunkt als Mittelpunkt. Wir wollen diesen Punkt zum
Nullpunkt eines cartesischen Koordinatensystems machen, in dem die
Gitterpunkte die Punkte mit ganzzahligen Koordinaten werden. Dann ist
$f(r)$ die Anzahl aller Paare von ganzen Zahlen x, y, für die $x^2 + y^2 \leq r^2$
gilt. Nun ist $x^2 + y^2$ stets eine ganze Zahl n. Ich erhalte also $f(r)$,
wenn ich für alle ganzen Zahlen $n \leq r^2$ zusehe, auf wieviel Arten
sie sich als Quadratsumme zweier ganzen Zahlen schreiben lassen,
und wenn ich dann diese Anzahlen von Zerlegungsmöglichkeiten addiere.
Nun gilt der zahlentheoretische Satz: Die Anzahl der Darstellungen
einer ganzen Zahl n als Quadratsumme zweier ganzen Zahlen ist gleich
dem vierfachen Überschuß der Anzahl der Teiler von n von der Form
$4k + 1$ über die Anzahl der Teiler von der Form $4k + 3$. Dabei sind
die Darstellungen wie $n = a^2 + b^2$, $n = b^2 + a^2$, $n = (-a)^2 + b^2$ usw.
alle als verschieden zu rechnen, wie ja diesen Zerlegungen auch verschiedene Punkte unseres Gitters entsprechen. Jede Zerlegung führt
also zu einem System von acht Zerlegungen (abgesehen von den Son-
derfällen $a = \pm b$, $a = 0$, $b = 0$). Als Beispiel des Satzes betrachten
wir die Zahl $n = 65$. Sie hat im ganzen die Teiler $1, 5, 13, 65$.
Alle diese Teiler haben die Form $4k + 1$, Teiler der Form $4k + 3$
treten nicht auf. Der betrachtete Überschuß ist also 4, und nach unserem
Satz muß sich 65 auf 16 verschiedene Arten als Quadratsumme schreiben
lassen (oder, was dasselbe ist, der Kreis um den Nullpunkt vom Radius
$\sqrt{65}$ muß durch 16 Gitterpunkte hindurchgehen). In der Tat ist
$65 = 1^2 + 8^2$ und $65 = 4^2 + 7^2$, und jede dieser Darstellungen ist
achtmal zu zählen.

Wir erhalten nach diesem Satz die Zahl $\frac{1}{4}(f(r) - 1)$, wenn wir für alle positiven ganzen Zahlen $n \leq r^2$ die Anzahl der Teiler von der Form $4k + 3$ von der Anzahl der Teiler von der Form $4k + 1$ abziehen und alle diese Differenzen addieren. Es ist aber viel einfacher, die Reihenfolge dieser Additionen und Subtraktionen zu ändern. Wir wollen zunächst die Gesamtanzahl aller Teiler $4k + 1$ aller Zahlen $n \leq r^2$ zusammenrechnen und davon die Gesamtanzahl der Teiler $4k + 3$ abziehen. Um die erste Anzahl zu bestimmen, schreiben wir die Zahlen der Form $4k + 1$ der Größe nach auf, also $1, 5, 9, 13, \ldots$ und lassen alle Zahlen fort, die r^2 übertreffen. Jede dieser Zahlen tritt als Teiler genau so oft auf, wie es Vielfache von ihr gibt, die r^2 nicht übertreffen. 1 ist also $[r^2]$ mal zu zählen, 5 dagegen $[r^2/5]$ mal, wenn wir mit $[a]$ allgemein die größte ganze Zahl bezeichnen, die a nicht übertrifft. Die gesuchte Gesamtanzahl der Teiler $4k + 1$ ist demnach $[r^2] + \left[\frac{r^2}{5}\right] + \left[\frac{r^2}{9}\right] + \left[\frac{r^2}{13}\right] + \cdots$. Nach Definition des Symbols $[a]$ bricht diese Reihe von selbst ab, sobald in der eckigen Klammer der Nenner den Zähler übertrifft. Dieselbe Betrachtung kann man für die Teiler $4k + 3$ anstellen und erhält so für deren Gesamtanzahl die Reihe $\left[\frac{r^2}{3}\right] + \left[\frac{r^2}{7}\right] + \left[\frac{r^2}{11}\right] + \cdots$. Wir haben diese zweite Summe von der ersten abzuziehen. Da beides endliche Summen sind, dürfen wir wieder die Reihenfolge beliebig umstellen, und das ist für den nachher vorzunehmenden Grenzübergang $r \to \infty$ zweckmäßig. Wir wollen unser Resultat in der Form aufstellen:

$$\frac{1}{4}(f(r) - 1) = [r^2] - \left[\frac{r^2}{3}\right] + \left[\frac{r^2}{5}\right] - \left[\frac{r^2}{7}\right] + \left[\frac{r^2}{9}\right] - \left[\frac{r^2}{11}\right] + \cdots.$$

Um besser zu übersehen, wann die Reihe abbricht, wollen wir r als ungerade ganze Zahl voraussetzen; dann hat die Reihe $\frac{r^2 + 1}{2}$ Glieder. Die Summanden haben abwechselndes Vorzeichen und nehmen nicht zu. Wenn wir daher die Reihe schon beim Glied $\left[\frac{r^2}{r}\right] = [r] = r$ abbrechen, ist der Fehler höchstens gleich diesem letzten Glied r, wir können also diesen Fehler in der Form ϑr schreiben, wo ϑ ein echter Bruch ist. Wenn wir in den übriggebliebenen $\frac{1}{2}(r + 1)$ Gliedern die eckigen Klammern weglassen, machen wir in jedem Glied einen Fehler, der Eins nicht erreicht, im ganzen also wieder einen Fehler, den wir in der Form $\vartheta' r$ schreiben können, wo ϑ' ein echter Bruch ist. Wir haben demnach die Abschätzung

$$\frac{1}{4}(f(r) - 1) = r^2 - \frac{r^2}{3} + \frac{r^2}{5} - \frac{r^2}{7} + \cdots \pm r \pm \vartheta r \pm \vartheta' r,$$

oder wenn wir durch r^2 dividieren:

$$\frac{1}{4}\left(\frac{f(r)}{r^2} - \frac{1}{r^2}\right) = 1 - \frac{1}{3} + \frac{1}{5} - \frac{1}{7} + \cdots \pm \frac{1}{r} \pm \frac{\vartheta + \vartheta'}{r}.$$

Wenn wir nun r (durch alle ungeraden ganzen Zahlen) unbegrenzt wachsen lassen, so strebt $f(r)/r^2$ gegen π, wie in § 5 bewiesen. Damit haben wir die LEIBNIZsche Reihe abgeleitet:

$$\tfrac{1}{4}\pi = 1 - \tfrac{1}{3} + \tfrac{1}{5} - \tfrac{1}{7} + \cdots.$$

2. Der kleinste Wert quadratischer Formen. Es sei

$$f(m, n) = a m^2 + 2 b m n + c n^2$$

eine quadratische Form mit reellen Koeffizienten a, b, c und der Determinante $D = ac - b^2 = 1$. Dann kann a nicht verschwinden. Wir wollen noch $a > 0$ voraussetzen. Dann ist bekanntlich $f(m, n)$ positiv definit, d. h. positiv für alle reellen Zahlenpaare m, n außer $m = n = 0$. Wir wollen zeigen: Es gibt zwei ganze Zahlen m, n, die nicht beide verschwinden und für die $f(m, n) \leqq \dfrac{2}{\sqrt{3}}$ ausfällt, wie auch die Koeffizienten a, b, c, abgesehen von den Bedingungen $ac - b^2 = 1$ und $a > 0$, gewählt sein mögen.

Diese Behauptung erweist sich als Konsequenz unserer Betrachtung über den Minimalabstand von Gitterpunkten im Einheitsgitter. Wir formen $f(m, n)$ in der üblichen Weise um unter Benutzung der Gleichung $D = 1$:

$$f(m, n) = \left(\sqrt{a}\, m + \frac{b}{\sqrt{a}}\, n\right)^2 + \left(\sqrt{\frac{1}{a}}\, n\right)^2.$$

Nun betrachten wir in einem cartesischen ebenen Koordinatensystem die Punkte mit den Koordinaten

$$x = \sqrt{a}\, m + \frac{b}{\sqrt{a}}\, n,$$

$$y = \sqrt{\frac{1}{a}}\, n,$$

wobei m, n alle ganzen Zahlen durchlaufen. Nach einfachen Sätzen der analytischen Geometrie müssen diese Punkte ein Einheitsgitter bilden. Denn sie entstehen aus dem quadratischen Einheitsgitter $x = m$, $y = n$, wenn man die Ebene der affinen Transformation

$$\check{x} = \sqrt{a}\, \xi + \frac{b}{\sqrt{a}}\, \eta,$$

$$y = \sqrt{\frac{1}{a}}\, \eta$$

von der Determinante Eins unterwirft. Nun wird aber $f(m, n) = x^2 + y^2$; $\sqrt{f(m, n)}$ stellt also, wenn m und n alle ganzen Zahlen durchlaufen, den Abstand des zugehörigen Gitterpunktes vom Nullpunkt dar. Nach dem zu Anfang erwähnten Satz gibt es einen Punkt P des Gitters, für den dieser Abstand nicht größer ausfällt als $\sqrt{\dfrac{2}{\sqrt{3}}}$. Für die zwei ganzen

Zahlen m, n, die zu P gehören, ist daher, wie wir es erreichen wollten,

$$f(m, n) \leqq \frac{2}{\sqrt{3}}.$$

Man kann dieses Ergebnis auf das Problem anwenden, reelle Zahlen durch rationale zu approximieren. Es sei α eine beliebige reelle Zahl; wir betrachten dann die Form

$$f(m, n) = \left(\frac{\alpha n - m}{\varepsilon}\right)^2 + \varepsilon^2 n^2 = \frac{1}{\varepsilon^2} m^2 - 2 \frac{\alpha}{\varepsilon^2} mn + \left(\frac{\alpha^2}{\varepsilon^2} + \varepsilon^2\right) n^2.$$

Diese Form hat die Determinante

$$D = \frac{1}{\varepsilon^2}\left(\frac{\alpha^2}{\varepsilon^2} + \varepsilon^2\right) - \frac{\alpha^2}{\varepsilon^4} = 1.$$

Dabei sei ε eine positive, sonst beliebige Zahl. Nach unserem Ergebnis gibt es stets zwei ganze Zahlen m, n, für die die Ungleichung gilt:

$$\left(\frac{\alpha n - m}{\varepsilon}\right)^2 + \varepsilon^2 n^2 \leqq \frac{2}{\sqrt{3}}.$$

Also gelten erst recht die beiden Abschätzungen

$$\left|\frac{\alpha n - m}{\varepsilon}\right| \leqq \sqrt{\frac{2}{\sqrt{3}}}, \qquad |\varepsilon n| \leqq \sqrt{\frac{2}{\sqrt{3}}}.$$

Daraus ergeben sich die Abschätzungen[1]:

$$\left|\alpha - \frac{m}{n}\right| \leqq \frac{\varepsilon}{|n|}\sqrt{\frac{2}{\sqrt{3}}}, \qquad |n| \leqq \frac{1}{\varepsilon}\sqrt{\frac{2}{\sqrt{3}}}.$$

Ist α nicht rational, so muß die linke Seite der ersten Ungleichung von Null verschieden sein. Wir müssen also notwendig unbegrenzt viele solche Zahlenpaare n, m erhalten, indem wir ε immer kleinere Werte erteilen; denn dann muß $\left|\alpha - \frac{m}{n}\right|$ unbegrenzt abnehmen. Wir erhalten auf diese Weise eine Folge rationaler Zahlen m/n, die die Irrationalzahl α beliebig genau approximieren. Andererseits können wir ε mit Hilfe der zweiten Ungleichung eliminieren. Auf diese Weise ergibt sich

$$\left|\alpha - \frac{m}{n}\right| \leqq \frac{2}{\sqrt{3}} \cdot \frac{1}{n^2}.$$

Wir haben also eine Folge von approximierenden Brüchen, bei der die Güte der Approximation dem Quadrat des Nenners proportional bleibt; bei der also eine verhältnismäßig gute Annäherung mit verhältnismäßig kleinen Nennern erzielt wird.

---

[1] Division durch n ist bei hinreichend kleinem ε erlaubt, da die Ungleichung $|\alpha n - m| \leqq \varepsilon \sqrt{\frac{2}{\sqrt{3}}}$ nicht bestehen könnte, wenn $n = 0$ wäre.

3. Der Satz von Minkowski. Es ist Minkowski gelungen, einen Satz über Punktgitter aufzustellen, der trotz seiner Einfachheit viele verschiedenartige Probleme der Zahlentheorie aufgeklärt hat, die mit anderen Methoden nicht bewältigt werden konnten. Der Deutlichkeit halber wollen wir hier den Satz nicht in voller Allgemeinheit aufstellen, sondern uns mit einem Spezialfall begnügen, der sich besonders leicht formulieren läßt und der trotzdem schon alles für die Methode Wesentliche enthält. Dieser Satz lautet:

Wenn man in ein beliebiges ebenes Einheitsgitter ein Quadrat von der Seitenlänge 2 legt, das einen Gitterpunkt zum Mittelpunkt hat, so liegt im Innern oder auf dem Rand dieses Quadrats sicher noch ein weiterer Gitterpunkt.

Zum Beweise denke ich mir in der Ebene des Gitters irgendein großes Gebiet abgegrenzt, z. B. Inneres und Rand eines Kreises von großem Radius r mit einem Gitterpunkt als Mittelpunkt. Um jeden in dieses Gebiet fallenden Gitterpunkt als Mittelpunkt lege ich ein Quadrat der Seitenlänge s (Abb. 43). Wir wollen nun fordern, daß diese Quadrate sich nirgends überdecken, wie groß r auch gewählt sei, und aus dieser Forderung eine Abschätzung für die Seitenlänge s

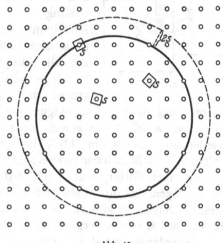

Abb. 43.

gewinnen. Da nach unserer früheren Bezeichnungsweise $f(r)$ Gitterpunkte im Gebiet liegen und die Quadrate sich nicht überdecken, so beträgt ihr Gesamtinhalt $s^2 f(r)$. Andererseits fallen diese Quadrate sicher ins Innere des konzentrischen Kreises von vergrößertem Radius $r + 2s$. Wir erhalten also die Abschätzung

$$s^2 f(r) \leqq \pi (r + 2s)^2$$

oder

$$s^2 \leqq \frac{\pi r^2}{f(r)} \left(1 + \frac{2s}{r}\right)^2.$$

Wenn wir nun s festhalten, aber r unbegrenzt wachsen lassen, so lehren unsere früheren Betrachtungen über $f(r)$, daß die rechte Seite der Ungleichung gegen Eins strebt. Wir erhalten also für s die Bedingung

$$s \leqq 1.$$

Da es nur die beiden Möglichkeiten gibt, daß die Quadrate sich überdecken oder sich nicht überdecken, so folgt für jedes positive noch so kleine ε, daß stets Überdeckungen auftreten müssen, wenn ich von Quadraten der Seitenlänge $1 + \varepsilon$ ausgehe. Dabei kann ich die Quadrate noch beliebig um ihre Mittelpunkte drehen, da über ihre gegenseitige Stellung nichts vorausgesetzt war. Ich will sie nun alle parallel orientiert denken. Greifen wir dann zwei sich überdeckende Quadrate a, b mit den Mittelpunkten A und B heraus (die nach unserer Voraussetzung Gitterpunkte sind), so muß auch der Mittelpunkt M der Strecke AB ins Innere beider Quadrate fallen (Abb. 44).

Zur Abkürzung wollen wir einmal alle Punkte, die wie M die Verbindungsstrecke zweier Gitterpunkte halbieren, als „Halbierungs-

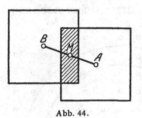

Abb. 44.

punkte" des Gitters bezeichnen. Dann können wir schließen: Jedes Quadrat a der Seitenlänge $1 + \varepsilon$, das einen Gitterpunkt zum Mittelpunkt hat, muß einen Halbierungspunkt in seinem Innern enthalten. Denn wenn wir um alle übrigen Gitterpunkte weitere Quadrate legen, die mit a gleichorientiert und kongruent sind, so müssen Überdeckungen auftreten, und da in dieser Figur alle Quadrate gleichberechtigt sind, muß auch a selbst von einem anderen Quadrat b teilweise überdeckt werden, also einen wie in Abb. 44 konstruierten Halbierungspunkt M enthalten. Nun läßt sich der Beweis leicht indirekt zu Ende führen. Könnte ich um einen Gitterpunkt A als Mittelpunkt ein Quadrat der Seitenlänge 2 legen, das im Innern und auf dem Rand keinen weiteren Gitterpunkt enthielte, so könnte ich dieses Quadrat parallel und konzentrisch zu sich selbst etwas vergrößern, so daß auch das größere Quadrat a' der Seitenlänge $2(1 + \varepsilon)$ keinen Gitterpunkt im Innern enthielte. Wenn ich andererseits dieses Quadrat wieder parallel und konzentrisch

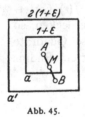

Abb. 45.

zu sich selbst auf die Hälfte verkleinere, erhalte ich ein Quadrat a der Seitenlänge $1 + \varepsilon$ mit dem Gitterpunkt A als Mittelpunkt, und dieses muß nach dem soeben Bewiesenen einen Halbierungspunkt M enthalten. Das ist ein Widerspruch. Denn verlängere ich AM um sich selbst bis B, so muß B ein Gitterpunkt sein, und aus der gegenseitigen Lage von a und a' würde folgen, daß dieser Gitterpunkt im Innern von a' läge (Abb. 45).

Eine besonders wirksame Anwendung findet der MINKOWSKIsche Satz bei dem schon im vorigen Abschnitt erwähnten Problem, reelle Zahlen durch rationale zu approximieren. Wir können ganz ähnlich vorgehen wie im vorigen Abschnitt, werden aber ein etwas schärferes Resultat erhalten. Mit Hilfe der gegebenen reellen Irrationalzahl α konstruieren wir das Gitter, dessen Punkte in einem cartesischen System die Koordinaten

$$x = \frac{\alpha n - m}{\varepsilon}, \qquad y = \varepsilon n$$

haben, wobei m, n alle ganzen Zahlen durchlaufen und ε eine positive, sonst beliebige Zahl ist. Wie oben erkennt man, daß dieses Gitter ein Einheitsgitter ist; in Abb. 46 ist ein erzeugendes Parallelogramm des Gitters gezeichnet unter der Annahme $0 < \alpha < 1$. Legen wir um den Nullpunkt als Mittelpunkt ein achsenparalleles Quadrat der Seitenlänge 2, so muß dieses nach dem MINKOWSKISCHEN Satz noch einen weiteren Gitterpunkt enthalten. Dieser ist durch zwei bestimmte Zahlen m, n gekennzeichnet, die nicht beide verschwinden. Andererseits sind die Koordinaten der Punkte im Innern und auf dem Rand des Quadrats durch die Un-gleichungen $|x| \leq 1$, $|y| \leq 1$ bestimmt. Die Zahlen m, n er-füllen also die Ungleichungen

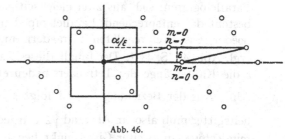

Abb. 46.

$$\frac{|\alpha n - m|}{\varepsilon} \leq 1, \quad |\varepsilon n| \leq 1$$

oder

$$\left| \alpha - \frac{m}{n} \right| \leq \frac{\varepsilon}{|n|}, \quad |n| \leq \frac{1}{\varepsilon}.$$

Dies gibt wieder eine Folge von Brüchen m/n, die α beliebig genau approximieren. Elimination von ε liefert

$$\left| \alpha - \frac{m}{n} \right| \leq \frac{1}{n^2}.$$

Der MINKOWSKISCHE Satz beweist also die Existenz einer Folge von Brüchen, die α noch besser annähern, als sich für die im vorigen Abschnitt konstruierte Folge beweisen ließ. Denn dort hatten wir nur die Approxi-mationen

$$\left| \alpha - \frac{m}{n} \right| \leq \frac{2}{\sqrt{3}} \frac{1}{n^2}$$

erhalten, die schwächer sind, weil $\dfrac{2}{\sqrt{3}} > 1$ ist.

Natürlich lassen sich die in diesem Paragraphen angegebenen Metho-den nicht nur in der Ebene, sondern auch in Räumen von beliebig vielen Dimensionen anwenden, wodurch sich viel allgemeinere zahlentheore-tische Resultate gewinnen lassen.

§ 7. Punktgitter in drei und mehr Dimensionen.

Ein räumliches Punktgitter entsteht, wenn ich auf ein Parallel-epiped nach drei Dimensionen hin dasselbe Verfahren anwende, durch das das ebene Punktgitter aus einem Parallelogramm erzeugt wird. Auch im Raum können Parallelepipede verschiedener Gestalt dasselbe Gitter erzeugen, müssen dann aber den gleichen Rauminhalt haben. Alle diese Parallelepipede müssen ferner acht Punkte des Gitters zu Ecken haben und in ihrem Innern von Gitterpunkten frei sein. Wir sprechen von einem Einheitsgitter, wenn ein erzeugendes Parallelepiped den Inhalt Eins hat.

Aus demselben Grund wie in der Ebene gibt es auch bei den räumlichen Einheitsgittern keine positive untere Grenze für den Minimalabstand zweier Gitterpunkte, wohl aber eine obere Grenze dieser Größe. Ihre Bestimmung wird auf dieselbe Weise wie bei den ebenen Punktgittern durchgeführt und soll deshalb übergangen werden. Die Rolle, die dabei in der Ebene das gleichseitige Dreieck spielt, übernimmt im Raum das reguläre Tetraeder. Während aber in der Ebene das erzeugende Parallelogramm sich aus zwei gleichseitigen Dreiecken zusammensetzt, besteht das entsprechende Parallelepiped im Raum, das reguläre Rhomboëder, aus zwei regulären Tetraedern und einem regulären Oktaeder (vgl. Abb. 49, S. 43)[1]. Der Inhalt dieses Parallelepipeds ist $c^3/\sqrt{2}$, wobei c die Kantenlänge des Tetraeders bedeutet. Jener Inhalt soll aber Eins sein. Aus der Beziehung $\dfrac{c^3}{\sqrt{2}} = 1$ folgt $c = \sqrt[6]{2}$. Im räumlichen Einheitsgitter muß also im Abstand $\sqrt[6]{2}$ von jedem Gitterpunkt immer noch mindestens ein zweiter Gitterpunkt liegen.

Analog wie in der Ebene löst unser Ergebnis gleichzeitig das Problem der dichtesten gitterförmigen Kugellagerung. Sie wird verwirklicht, wenn die Mittelpunkte das Rhomboëdergitter bilden. Wenn die Kugeln den Radius 1 haben, ist die Tetraederkantenlänge gleich 2, der Grundbereich hat also das Volumen

$$\frac{2^3}{\sqrt{2}} = 4\sqrt{2}.$$

Ein Raumgebiet vom Volumen J enthält demnach angenähert $\dfrac{J}{4\sqrt{2}}$ Gitterpunkte, also ebensoviel Einheitskugeln der angegebenen Lagerung; wie in der Ebene gilt diese Beziehung um so genauer, je größer J ist.

Wir wollen diese Kugellagerung näher beschreiben. Denken wir uns zunächst eine ebene Schicht von Einheitskugeln, so daß die Mittelpunkte das Gitter der dichtesten ebenen Kreislagerung bilden. Offenbar erhalten wir dann die dichteste ebene Kugellagerung. Wir nehmen nun eine zweite ebensolche Schicht und suchen sie so auf die erste zu legen, daß beide Schichten zwischen zwei parallelen Ebenen von möglichst kleinem Abstand Platz haben. Zu diesem Zweck müssen die Kugeln der zweiten Schicht gerade in die Einsenkungen der ersten Schicht gelegt werden. Dabei reicht aber der Platz nicht zur Ausfüllung jeder Einsenkung, sondern es muß immer abwechselnd eine übersprungen

---

[1] In der Ebene führt die dichteste Kreislagerung auf eine lückenlose Bedeckung der Ebene durch kongruente gleichseitige Dreiecke. Man sollte glauben, daß das analoge räumliche Problem zu einem Aufbau des Raumes aus kongruenten regulären Tetraedern führt. Es läßt sich aber beweisen, daß der Raum überhaupt nicht aus kongruenten regulären Tetraedern aufgebaut werden kann.

werden (vgl. Abb. 42, S. 32). Soll jetzt eine dritte Schicht in derselben Weise auf die ersten beiden gelegt werden, so ist die gegenseitige Lage der drei Schichten durch diese Vorschrift noch nicht eindeutig bestimmt.

Einerseits können wir die dritte Schicht so in die Einsenkungen der zweiten legen, daß die erste und dritte Schicht symmetrisch zur zweiten liegen (Abb. 47 a). Andererseits können wir die dritte Schicht aber auch in die Einsenkungen legen, die bei der erstgenannten Anordnung frei geblieben waren (Abb. 47 b, c); dann wird die erste Schicht in die zweite durch dieselbe Verschiebung übergeführt wie die zweite in die dritte. In diesem Fall liefert die fortgesetzte Wiederholung derselben Verschiebung nach beiden Seiten hin die Kugellagerung des Rhomboëdergitters. Während also in der Ebene das Optimum der Dichte nur von einer einzigen Kreislagerung erreicht wird, führt dasselbe Problem im Raum auf zwei ganz verschiedene Kugelanordnungen[1]. Die Mittelpunkte der Kugeln brauchen überhaupt keine über den ganzen Raum hin regelmäßige Figur zu bilden, da man ja von Schicht zu Schicht willkürlich zwischen beiden Möglichkeiten wechseln kann. Eine Eigenschaft ist aber für alle beschriebenen Anordnungen kennzeichnend: Jede Kugel wird von genau zwölf anderen Kugeln berührt, nämlich von sechs Kugeln derselben Schicht und von je drei der darüber- und darunterliegenden Schicht.

Abb. 47 a.

Abb. 47 b.

Abb. 47 c.

Die Frage der dichtesten gitterförmigen Kugellagerung ist auch noch im vier- und fünfdimensionalen Raum untersucht worden. Merkwürdigerweise zeigt es sich, daß das Punktgitter, das in höheren Dimensionen dem Dreiecks- bzw. Rhomboëdergitter entspricht, nicht mehr die dichteste Kugellagerung liefert. Die Ergebnisse sind in der folgenden Tabelle zusammengestellt:

---

[1] In der Natur kommen beide Lagerungen wirklich vor. Der erste Fall tritt bei den hexagonalen Krystallen vom Magnesiumtyp ein, der zweite bei den kubisch flächenzentrierten Krystallen Vgl. § 8.

	Kürzester Punktabstand c	Dichtigkeit der Kugellagerung
Ebene	$\sqrt{\dfrac{2}{\sqrt{3}}} = 1{,}075$	$0{,}289\,\pi = 0{,}907$
Gewöhnlicher Raum . . .	$\sqrt[6]{2} = 1{,}122$	$\dfrac{\sqrt{2}}{8}\cdot\dfrac{4}{3}\,\pi = 0{,}740$
Vierdimensionaler Raum .	$\sqrt[4]{2} = 1{,}189$	$\dfrac{\pi^2}{16} = 0{,}617$
Fünfdimensionaler Raum .	$\sqrt[10]{2} = 1{,}074$	$\dfrac{\sqrt{2}}{60}\,\pi^2 = 0{,}465$

(Das Volumen der Kugel vom Radius Eins beträgt im vierdimensionalen Raum $\pi^2/2$ und im fünfdimensionalen Raum $8\pi^2/15$).

Nun sind noch zahlreiche weitere regelmäßige Kugellagerungen von Interesse, deren Dichte hinter dem Optimum zurückbleibt. Als Beispiel sei die kubische Kugellagerung genannt, bei der die Mittelpunkte der Einheitskugeln dasjenige Gitter bilden, das von einem Würfel der Kantenlänge 2 erzeugt wird. Dabei wird jede Kugel von genau sechs Nachbarkugeln berührt; es ist also zu erwarten, daß die Dichte dieser Lagerung bedeutend hinter der Dichte des Rhomboëdergitters zurückbleibt, bei der jede Kugel von zwölf weiteren berührt wird. Um das zu beweisen, bringen wir das Würfelgitter in eine solche Lage, daß je ein Würfel gerade eine Kugel umschließt. Der Würfel der Kantenlänge 2 hat den Inhalt 8, also liegen in einem großen Raumstück vom Inhalt $8x$ asymptotisch stets x Kugeln. Da nun die Einheitskugel das Volumen $\tfrac{4}{3}\,\pi$ besitzt, so beträgt die Dichte der kubischen Lagerung

$$D = \frac{1}{8}\cdot\frac{4}{3}\,\pi = \frac{\pi}{6} = 0{,}524\,.$$

Weiter liegt es nahe, im Gegensatz zur dichtesten Lagerung umgekehrt nach der dünnsten im Raum möglichen regelmäßigen Kugellagerung zu fragen, bei der die Kugeln gerade noch festliegen. Hierbei muß jede Kugel von mindestens vier Kugeln berührt werden, deren Mittelpunkte nicht in einer Ebene und nicht auf einer Halbkugel liegen; denn sonst würde die Kugel durch ihre Nachbarn nicht festgehalten werden. Man kann nun vermuten, daß bei der dünnsten Lagerung jede Kugel genau von vier anderen berührt wird und daß deren Mittelpunkte die Ecken eines regulären Tetraeders bilden. Wir konstruieren im folgenden ein System von Punkten, die in dieser Weise angeordnet sind. Wir wollen aber erst nachher untersuchen, ob die so erhaltene Kugellagerung wirklich die dünnste ist.

Im kubischen Gitter seien noch die Mitten der Würfelflächen hinzugerechnet. Das entstandene Punktgebilde ist dann wieder ein Gitter (flächenzentriert kubisches Gitter), denn es entsteht durch Verschiebung der Parallelepipede $ABCDEFGH$ in Abb. 48 und 49. (Die beiden Figuren sind ein Beispiel für die früher erwähnte Tatsache, daß man ein

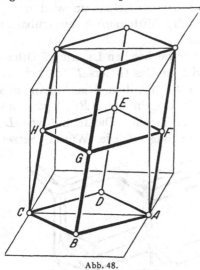

Abb. 48.

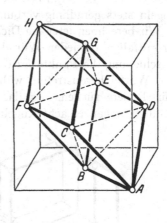

Abb. 49.

und dasselbe Gitter durch sehr verschiedenartige Grundbereiche erzeugen kann.) Aus Abb. 49 erkennt man, daß das Gitter gerade das der dichtesten Kugellagerung ist. In der Ebene ABD bestimmt nämlich das Parallelogramm $ABDE$ das gleichseitige Dreiecksgitter; die nächste Parallelebene, in der die Gitterpunkte liegen, ist CFG, und die Gitterpunkte dieser Ebene liegen gerade so über denen der ersten, daß reguläre Tetraeder entstehen, wie z. B. $ABCD$.

Zu diesem Gitter K nehme ich nun noch ein kongruentes Gitter L hinzu, das aus K durch Verschiebung in Richtung der Würfelhauptdiagonale AH um ein Viertel ihrer Länge entsteht (Abb. 50). Ich behaupte, daß die Punkte von K und L zusammen die Mittelpunkte der gesuchten „tetraedrischen" Kugellagerung darstellen; und zwar muß der Kugelradius gleich $\frac{1}{2}AA'$ sein, wenn A' der aus A entstandene Punkt von L ist. In der Tat: A' erweist

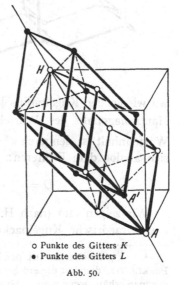

o Punkte des Gitters K
• Punkte des Gitters L

Abb. 50.

sich bei dieser Konstruktion als gleichweit entfernt von den Punkten, die in Abb. 49 $ABCD$ genannt sind; die Kugel um A' wird daher genau von den Kugeln jenes Tetraeders berührt. Entsprechendes muß aus Symmetriegründen für alle Kugeln aus L gelten; ebenso aber auch für alle Kugeln aus K (z. B. H in Abb. 50), denn die gegenseitige Lage von K und L unterscheidet sich nur durch den Richtungssinn der Verschiebung. Die Anordnung der Kugelmittelpunkte wird durch Abb. 51 und 52 veranschaulicht, wo die Mittelpunkte benachbarter Kugeln stets geradlinig verbunden sind[1].

Wir berechnen jetzt die Dichte der tetraedrischen Lagerung. Offenbar entfallen auf jeden Würfel vier Kugeln des Gitters L, da bei der Verschiebung die Punkte $EFGH$ (Abb. 49) mit ihren Kugeln ganz aus dem Würfel heraustreten, während die Kugeln um $ABCD$ ganz ins Würfelinnere rücken. Da das Gitter K dieselbe Dichte hat wie L, entfallen im ganzen acht Kugeln der Lagerung auf jeden Würfel. Setzen

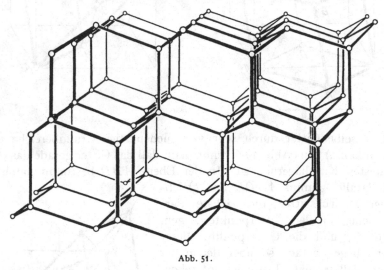

Abb. 51.

wir wieder den Kugelradius $\frac{1}{2} A A'$ gleich Eins und ist a die Kante, b die Hauptdiagonale des Würfels, so gilt: $b = 4 A A' = 8 = a \sqrt{3}$. Der Würfelinhalt ist demnach $a^3 = \dfrac{8^3}{3 \sqrt{3}}$. Für die gesuchte Dichte D ergibt sich analog dem Früheren:

$$D = \frac{8}{a^3} \cdot \frac{4}{3} \pi = \frac{\sqrt{3}}{16} \pi = 0{,}340 .$$

Wir zeigen nun (nach H. Heesch und F. Laves, Göttingen[2]), daß die tetraedrische Kugelpackung keineswegs die dünnste ist, sondern

---

[1] Der geometrische Ort der Kugelmittelpunkte bei dieser Lagerung ist kein Punktgitter, denn zu diesem geometrischen Ort gehört z. B. nicht der Punkt A'', den man erhält, wenn man in Abb. 50 $A A'$ über A' hinaus um sich selbst verlängert; wäre das Gebilde ein Gitter, so müßte es mit A und A' auch A'' enthalten. Man bezeichnet das Gebilde als ein Punktsystem. Die Punktsysteme sind durch allgemeinere Symmetrieeigenschaften gekennzeichnet als die Gitter. Ihre Definition wird in § 9 gegeben.

[2] Vgl. Z. f. Kristallographie, Bd. 82, S. 10, Abb. 7.

daß man durch eine einfache Abänderung zu einer noch wesentlich dünneren Packung gelangt, bei der ebenfalls jede Kugel von vier anderen berührt wird und alle Kugeln gleichberechtigt auftreten. Dabei bilden allerdings die Mittelpunkte der vier Kugeln, die eine und dieselbe Kugel berühren, nicht mehr die Ecken eines regulären, sondern die eines anderen Tetraeders mit gleichseitiger Basis und gleichschenkligen Seitenflächen.

Um diese Packung zu erhalten, gehe ich von einer Kugel K der tetraedrischen Packung aus und lege in deren Inneres vier kleinere kongruente Kugeln k_1 bis k_4, die K von innen gerade in den Punkten berühren, in denen K von außen von den Nachbarkugeln der tetraedrischen Packung berührt wird. Da diese vier Punkte die Ecken eines regulären Tetraeders bilden, so gilt das gleiche von den Mittelpunkten der kleineren Kugeln. Durch passende Wahl ihres Radius kann ich also erreichen, daß k_1 bis k_4 einander paarweise berühren, also jede dieser Kugeln von drei anderen berührt wird. Nun denke ich mir die entsprechende Konstruktion auch für alle anderen Kugeln der tetraedrischen Packung ausgeführt. Dann wird k_1 außer von k_2, k_3, k_4 noch von einer Kugel k_5 von außen berührt, nämlich an der Stelle, wo k_1 von innen K berührt; dort wird ja K von einer Kugel K' der tetraedrischen Packung berührt, und im selben

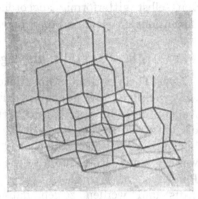

Abb. 52.

Punkt wird K' von innen von einer der kleineren Kugeln berührt; diese nennen wir k_5. Natürlich gilt das Entsprechende von allen k_1 kongruenten Kugeln unserer Konstruktion, so daß diese in der Tat eine Lagerung bilden, bei der jede Kugel noch festliegt. Um die Dichte d der so erhaltenen Lagerung mit der Dichte D der tetraedrischen Lagerung zu vergleichen, genügt es offenbar, das Gesamtvolumen von k_1 bis k_4 mit dem Volumen von K zu vergleichen. Ist also r der Radius von k_1, R der Radius von K, so erhält man:

$$\frac{d}{D} = \frac{4 \cdot \frac{4}{3}\pi r^3}{\frac{4}{3}\pi R^3} = 4\frac{r^3}{R^3}.$$

Aus der Konstruktion folgt nun elementar die Beziehung: $R = \left(\sqrt{\tfrac{3}{2}} + 1\right)r$, und hieraus ergibt sich $d = \dfrac{4}{\left(\sqrt{\tfrac{3}{2}} + 1\right)^3}\,D = 0{,}3633\,D$. Die Packung ist also bedeutend dünner als die tetraedrische. Man hat Gründe, anzunehmen, daß sie die dünnste ist. In der folgenden Tabelle sind die charakteristischen Konstanten der vier betrachteten Kugellagerungen zusammengestellt.

Dichteste Kugellagerung . .	$D = \dfrac{\sqrt{2}}{8} \cdot \dfrac{4}{3} \pi = 0{,}740$		12
Kubische Kugellagerung . .	$D = \dfrac{1}{8} \cdot \dfrac{4}{3} \pi = 0{,}513$	Jede Kugel wird von	6
Tetraedrische Kugellagerung	$D = \dfrac{3 \cdot \sqrt{3}}{64} \cdot \dfrac{4}{3} \pi = 0{,}340$		4
Dünnste (?) Kugellagerung .	$D = 0{,}123$		4

anderen berührt

Andersartige Untersuchungen werden nötig, wenn man die Forderung nach regelmäßiger Anordnung der Kreise oder Kugeln fallen läßt und z. B. nur verlangt, daß möglichst viele gleichgroße Kreise (Kugeln) in jedem hinreichend großen Gebiet der Ebene (des Raumes) enthalten sind. Für den Fall der Ebene ist bewiesen worden, daß die Kreise dann von selbst gitterförmig angeordnet sein müssen. Im drei- und mehrdimensionalen Raum ist die Frage noch nicht geklärt.

§ 8. Krystalle als regelmäßige Punktsysteme.

Die Theorie diskontinuierlicher regelmäßiger Punktgebilde findet eine wichtige Anwendung in der Krystallographie. Das regelmäßige Äußere und die Spaltbarkeit der Krystalle läßt erwarten, daß hier die einzelnen Atome oder Molekeln, als Punkte aufgefaßt, eine Figur bilden, die kongruent zu sich selbst über den ganzen Raum fortgesetzt werden kann. Eine durch solche Fortsetzung entstehende Figur heißt Punktsystem. Wir geben später eine exaktere Erklärung dieses Begriffs und werden zeigen, daß es nur endlich viele wesentlich verschiedene Punktsysteme gibt. Es entstehen nun zwei zum Teil mathematische, zum Teil physikalische Aufgaben. Zunächst ist für jede Krystallart das zugehörige Punktsystem anzugeben. Sodann ist das verschiedene physikalische Verhalten der Krystallarten auf geometrische Eigenschaften der zugehörigen Punktsysteme zurückzuführen.

Die ersten Versuche, auf diese Weise zu einer bestimmten Ansicht über die Krystallstruktur zu kommen, gehen auf BRAVAIS (1848) zurück. Eine feste empirische Grundlage erhielt seine Theorie aber erst, nachdem das LAUEsche Verfahren der Beugung der Röntgenstrahlen an den Krystallen (1913) es ermöglicht hatte, nicht nur das Vorhandensein der Krystallgitter, sondern sogar ihren genauen Aufbau empirisch festzustellen.

Die gröbste Vorstellung, die man sich von einem Atom bilden kann, besteht offenbar darin, daß man das Atom als einen Punkt mit ebensoviel „Beinchen" ansieht, als das Atom Valenzen hat; dabei nimmt man an, daß diese die Valenzen vorstellenden Beinchen so symmetrisch wie möglich im Raum angeordnet sind, solange kein Grund für eine Abweichung von der Symmetrie ersichtlich ist. Die Verbindung einzelner

Atome zu einer Molekel denkt man sich dann so, daß je zwei Beine
verschiedener Atome miteinander zusammenfallen.

Wasserstoff (H), Sauerstoff (O), Stickstoff (N) und Kohlenstoff (C)
sind z. B. ein- bzw. zwei-, drei- und vierwertig. Wir können uns also
diese Atome als je einen Punkt mit einem bzw. zwei, drei oder vier

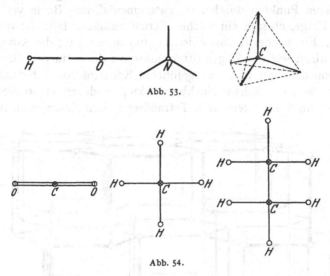

Abb. 53.

Abb. 54.

Beinen vorstellen (Abb. 53). Bei H, O und N verlangt die Symmetrie,
daß alle Beine in einer Ebene liegen. Aus demselben Grund werden wir
bei C erwarten, daß die vier Beine nach den Ecken eines regulären
Tetraeders gerichtet sind, in dessen Mittelpunkt sich das Atom befindet.

Als Beispiel von Molekeln betrachten wir Kohlendioxyd (CO_2),
Methan (CH_4), Äthan (C_2H_6).
Abb. 54 gibt ein Schema des Zusammenhangs der Atome („Struk-
turformel"), ohne Rücksicht auf
deren wahre räumliche Lagerung.
Eine mögliche und nach neueren
Untersuchungen wahrscheinliche
räumliche Anordnung der Atome
in den Molekeln des Methans und
des Äthans gibt Abb. 55 wieder
(VAN t'HOFF 1874). Beim Äthan-

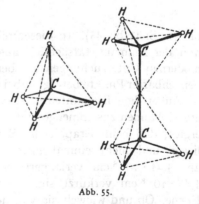

Abb. 55.

modell ist das eine Tetraeder gegen das andere noch drehbar zu denken um die Verbindungsgerade der beiden C-Atome als Achse.

Nun liegt die Frage nahe, ob sich auf dieselbe Art wie die Molekel
nicht auch ganze Krystalle durch immer weitere Angliederung von
Atomen erzeugen lassen. Die Möglichkeit eines solchen Aufbaus soll

zunächst in dem einfachsten Fall gezeigt werden, daß der Krystall nur aus einem einzigen Element besteht. Ich wähle dazu den Diamanten, der bekanntlich reiner Kohlenstoff ist. Die Aufgabe ist also, lauter C-Atome, die aus je einem Punkt mit vier Beinen bestehen, so ineinander-zuschachteln, daß in möglichst symmetrischer Weise jeder Punkt mit vier anderen Punkten durch zwei zusammenfallende Beine verbunden ist. Die Frage, ob sich ein solches Gerüst aufbauen läßt, ist rein geo-metrisch. Ein solches Gerüst existiert nun in der Tat; die Atome sind so anzuordnen wie die Kugelmittelpunkte bei der tetraedrischen Lage-rung; denn nach der in § 7 ausgeführten Konstruktion hat dann jeder Punkt grade vier nächste Nachbarpunkte, zu denen er so liegt wie der Mittelpunkt eines regulären Tetraeders zu den Ecken (vgl. Abb. 50

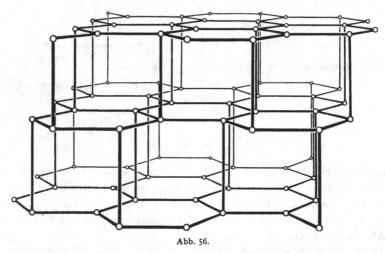

Abb. 56.

bis 52, S. 43 bis 45). In dieser rein geometrisch abgeleiteten Weise ist nun der Diamant tatsächlich aus seinen Atomen aufgebaut, wie die modernen Untersuchungen der beiden BRAGGS zeigen. Die Entfernung benachbarter Punkte beträgt dabei nach diesen Messungen $1,53 \cdot 10^{-8}$ cm*.

Außer dem Diamanten existiert noch ein zweiter Krystall, der nur aus C-Atomen zusammengesetzt ist, nämlich der Graphit. Die Messung ergibt, daß beim Graphit die Beine der C-Atome nicht symmetrisch liegen und nicht einmal gleich lang sind. Ein Bein ist nämlich auf $3,41 \cdot 10^{-8}$ cm verlängert, während die drei übrigen Beine auf $1,45 \cdot 10^{-8}$ cm verkürzt sind. Diese drei liegen annähernd in einer Ebene. Ob und wieweit sie von der ebenen Lage abweichen, ist experi-mentell nicht genügend geklärt, für die folgende Darstellung genügt die Annahme, daß sie genau in einer Ebene liegen. Dann läßt sich das Gerüst

---

* Auch der Wurtzitkrystall (ZnS) hat die Atomanordnung der tetraedrischen Kugelpackung. Die Zn- und die S-Atome bilden je eins der beiden Gitter, aus denen wir S. 43, Abb. 50 jenes Punktsystem aufgebaut haben.

des Graphits folgendermaßen beschreiben: Ich konstruiere ein ebenes System von regulären Sechsecken, deren Ecken von Atomen besetzt sind (Abb. 56). In dieser ebenen Anordnung sind je drei Valenzen jedes Atoms verbraucht. Damit nun die Schicht mit der darüber- und der darunterliegenden Schicht zusammenhängt, müssen die Beine der noch freien vierten Valenz abwechselnd nach oben und nach unten gerichtet sein. Dann sind in der Tat alle drei Schichten kongruent, und die Punkte der mittleren Schicht liegen abwechselnd mit einem Punkt der unteren und einem der oberen Schicht in einer Vertikalen. Auf dieselbe Weise läßt sich das Gerüst nach allen Seiten unbegrenzt fortsetzen.

Die beiden für den Diamanten und den Graphit aufgestellten Punktsysteme erklären einige Verschiedenheiten im physikalischen Verhalten beider Krystalle; z. B. die bei weitem größere Spaltbarkeit und Kompressibilität des Graphits. Die Erklärung anderer Unterschiede stößt dagegen auf bedeutende Schwierigkeiten.

Ein Beispiel für einen Krystall, der aus verschiedenen Atomen zusammengesetzt ist, gibt das Kochsalz (NaCl). Der Krystall des Kochsalzes ist ein Würfelgitter, dessen Ecken abwechselnd mit einem Cl-Atom und einem Na-Atom besetzt sind (Abb. 57). Die Entfernung

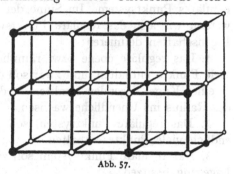

Abb. 57.

benachbarter Gitterpunkte beträgt $2 \cdot 10^{-8}$ cm, ist also größer als das kürzere und kleiner als das längere Bein des C-Atoms beim Graphit. Im Kochsalzkrystall besitzt jeder Gitterpunkt sechs Nachbarpunkte. Die Na- und Cl-Atome sind aber einwertig. Also entspricht der Krystall nicht der früher besprochenen Valenztheorie. Auch allgemein besteht kein unmittelbarer Zusammenhang zwischen den Valenzen der Atome, die einen Krystall aufbauen, und der Anzahl der Nachbarpunkte eines Punktes. Daß beim Diamanten beide Zahlen übereinstimmen, ist ein Sonderfall.

Besonders bemerkenswert ist, daß im Kochsalzgitter keine Punktepaare ausgezeichnet sind, die der NaCl-Molekel entsprechen könnten. Das Gitter setzt sich also unmittelbar aus den beiden Atomarten zusammen. Im Gegensatz dazu gibt es andere Krystalle, aus denen man ohne allzu große Willkür Molekeln oder wenigstens Komplexe von Atomen herausgreifen kann. Im Gitter des Kalkspats ($CaCO_3$) z. B. läßt sich der Atomkomplex CO_3 in der räumlichen Anordnung deutlich als zusammengehörig erkennen.

Während der Diamant die tetraedrische Kugellagerung verwirklicht, finden wir bei einer großen Anzahl Krystallen das „flächenzentriert kubische" Gitter, das derjenigen dichtesten Kugellagerung entspricht, bei der von Schicht zu Schicht immer derselbe Übergang gemacht wird (Abb. 47 b, c, S. 41). Die andere Art der dichtesten Kugelpackung, bei der das System der Lücken von Schritt zu Schritt immer abwechselt (Abb. 47 a, S. 41), tritt z. B. im Krystall des Magnesiums auf. Man nennt diese Anordnung die „hexagonal dichteste Kugelpackung".

§ 9. Reguläre Punktsysteme und diskontinuierliche Bewegungsgruppen.

Die Krystallographie führt uns auf die rein geometrische Frage, alle möglichen regelmäßigen Anordnungen von Objekten, z. B. Atomen, festzustellen. Da wir uns diese Objekte für viele Zwecke durch Punkte versinnbildlichen können, nennen wir eine derartige Anordnung ein reguläres Punktsystem. Im Sinne der vorangegangenen Überlegungen werden wir also das reguläre Punktsystem durch die folgenden drei Eigenschaften definieren:

1. Das reguläre ebene bzw. räumliche Punktsystem soll unendlich viele Punkte enthalten, und zwar soll die Zahl der in einem Kreis bzw. in einer Kugel liegenden Punkte mit der zweiten bzw. dritten Potenz des Radius ins Unendliche wachsen.

2. Das reguläre Punktsystem soll in jedem endlichen Gebiet nur endlich viele Punkte enthalten.

3. Das reguläre Punktsystem soll zu jedem seiner Punkte dieselbe Lagerung besitzen.

Die ersten zwei definierenden Eigenschaften sind ohne weiteres verständlich. Die dritte Eigenschaft läßt sich folgendermaßen näher erläutern: Ich ziehe von einem bestimmten Punkt des Systems aus die Verbindungslinien nach sämtlichen anderen Punkten des Systems und verfahre in der gleichen Weise mit irgendeinem anderen Punkt des Systems. Die dritte definierende Eigenschaft besagt dann, daß die beiden auf diese Weise entstandenen Streckengebilde einander kongruent sind, d. h. daß durch eine bestimmte Bewegung der Ebene oder des Raumes das eine Gebilde in das andere übergeführt werden kann. So könnte ich, wenn ich mich in einem bestimmten Punkt des Systems befände, nicht durch Messungen entscheiden, welcher Punkt des Systems das ist, da eben alle Punkte zueinander die gleiche Lage haben. Um die dritte Forderung zu erfüllen, brauche ich aber nicht erst die Verbindungslinien zu ziehen; ich brauche nur zu fordern, daß jeder Punkt des Systems in jeden anderen durch eine gewisse Bewegung der Ebene oder des Raumes derartig überführbar sein soll, daß sich an jeder Stelle, die vorher mit einem Systempunkt besetzt war, auch nach der Bewegung ein Systempunkt befindet und umgekehrt. Wir sagen von einer solchen Bewegung, daß sie das Punktsystem unverändert oder invariant läßt, und nennen jede derartige Bewegung eine *Deckbewegung* des Systems. Mit Hilfe dieses Begriffs kann ich die dritte definierende Eigenschaft folgendermaßen umformen:

3. Jeder Punkt des regulären Punktsystems soll in jeden anderen durch eine Deckbewegung des Systems überführbar sein.

Aus unserer Definition des regulären Punktsystems ergibt sich, daß die Punktgitter, die wir durch ihre Erzeugung aus dem Parallelogramm bzw. dem Parallelepiped definiert hatten, zu den Punktsystemen gehören. Die Einführung eines neuen, übergeordneten Begriffes ist dadurch gerechtfertigt, daß es Punktsysteme wie z. B. das Diamantgerüst gibt, die keine Punktgitter sind.

Wir wollen nun darangehen, die Gesamtheit aller verschiedenen regulären Punktsysteme aufzustellen. Es zeigt sich dabei, daß zu den Punktgittern nur noch Gebilde hinzukommen, die, ähnlich wie das Diamantgerüst, aus mehreren ineinandergeschobenen kongruenten und parallelgestellten Gittern bestehen. Zunächst erscheinen die Eigenschaften, durch die die Punktsysteme definiert sind, als so allgemein, daß man nicht glauben sollte, es ließe sich über diese Gebilde überhaupt eine geometrische Übersicht gewinnen. In Wahrheit aber ist diese Übersicht dennoch möglich; wir gelangen zu ihr, indem wir die Deckbewegungen des Systems ins Auge fassen.

Die Gesamtheit aller Deckbewegungen eines Punktsystems hat zwei charakteristische Eigenschaften, die ihre Untersuchung wesentlich erleichtern: erstens ergeben zwei Deckbewegungen hintereinander ausgeführt stets wieder eine Deckbewegung, und zweitens ist diejenige Bewegung, die irgendeine Deckbewegung des Systems rückgängig macht, stets selber eine Deckbewegung. Jede Gesamtheit von Abbildungen, die die entsprechenden beiden Eigenschaften besitzt, wird in der Mathematik eine *Gruppe* von Abbildungen genannt. Um die beiden Eigenschaften bequem rechnerisch verwerten zu können, wollen wir jede Abbildung mit einem Buchstaben, z. B. a, b bezeichnen; die Abbildung, die entsteht, wenn ich erst a und dann b ausführe, soll dann stets durch das Symbol ab gekennzeichnet sein. Die Abbildung, die a rückgängig macht, bezeichnen wir mit a^{-1}, sie wird auch die zu a *inverse* Abbildung genannt. Wenn wir beide Eigenschaften, durch die eine Gruppe definiert wird, kombinieren, werden wir z. B. auf die Abbildung aa^{-1} geführt. Diese Operation läßt offenbar alle Punkte ungeändert. Trotzdem ist es bequem, sie als einen Sonderfall einer Abbildung mitzuzählen. Wir nennen sie die identische Transformation oder die Identität und bezeichnen sie mit dem Buchstaben e. Bei der symbolischen Zusammensetzung der Abbildungen spielt e eine entsprechende Rolle wie die Eins beim Multiplizieren von Zahlen. Es ist stets $ae = ea = a$.

Wenn ich auf einen Punkt des Punktsystems alle möglichen Deckwegungen des Systems anwende, so besagt die dritte definierende Eigenschaft der Punktsysteme, daß ich dabei aus diesem einen Punkt sämtliche anderen Punkte des Systems erhalte. Aus der Definition der Deckbewegung folgt andererseits, daß dabei nie ein Systempunkt in einen Punkt übergehen kann, der dem System nicht angehört; denn sonst würde die Bewegung das System nicht invariant lassen. Gegenüber einer gegebenen Abbildungsgruppe nennt man allgemein einen Punkt zu einem anderen *äquivalent*, wenn der eine Punkt aus dem anderen durch eine Abbildung der Gruppe hervorgeht. Demnach besteht das Punktsystem aus der Gesamtheit aller zu einem festen Punkt äquivalenten Punkte gegenüber der Gruppe von Deckbewegungen. Nach der zweiten definierenden Eigenschaft der Punktsysteme gibt es also zu einem Punkt des Systems nur endlich viele äquivalente Punkte in jedem endlichen Gebiet. Man nennt nun allgemein eine Abbildungsgruppe *diskontinuierlich*, wenn es zu jedem Punkt in jedem endlichen Gebiet nur endlich viele gegenüber der Gruppe äquivalente Punkte gibt. Hiernach muß die Gruppe der Deckbewegungen eines Punktsystems stets diskontinuierlich sein. Zwar wäre es an sich zulässig, daß ein Punkt, der dem System nicht angehört, unendlich viele äquivalente Punkte in einem endlichen Gebiet hätte. Es ist aber anschaulich evident und auch leicht streng zu beweisen, daß dann auch Punkte des Systems selbst unendlich viele äquivalente Punkte in einem endlichen Gebiet haben müßten.

Wir haben also die Gruppen von Deckbewegungen eines Punktsystems ausschließlich unter den diskontinuierlichen Bewegungsgruppen der Ebene und des Raumes zu suchen und die Punktsysteme wiederum ausschließlich unter den Systemen der zu irgendeinem Punkt gegenüber einer solchen Gruppe äquivalenten Punkte. Auf diesem scheinbaren Umweg läßt sich nun die Untersuchung gerade am einfachsten durchführen. Es stellt sich nämlich heraus, daß es überhaupt nur endlich viele wesentlich verschiedene diskontinuierliche Bewegungsgruppen in der Ebene und im Raum gibt.

Untersucht man für diese endlich vielen Gruppen die Systeme der zu einem Punkt äquivalenten Punkte, so besitzen diese Systeme sicher die zweite und die dritte definierende Eigenschaft der Punktsysteme. Dagegen gibt es Gruppen, bei denen dann die erste Eigenschaft nicht besteht. Diese Gruppen werden wir also auszuscheiden haben. Die übrigbleibenden Gruppen und nur sie führen zu den Punktsystemen. Wegen der Bedeutung der Punktsysteme für die Krystallographie nennt man diejenigen diskontinuierlichen Bewegungsgruppen, die auf Punktsysteme führen, die krystallographischen Bewegungsgruppen.

Wir wenden uns nun zur Aufstellung der diskontinuierlichen Bewegungsgruppen. Wir wollen uns aber auf den Fall der Ebene beschränken; die analogen Untersuchungen im Raum sind so weitläufig, daß sie den Rahmen dieses Buches sprengen würden. Schon die ebenen diskontinuierlichen Bewegungsgruppen erfordern eine ziemlich umfangreiche Betrachtung. Wir wollen trotzdem diese Betrachtung vollständig durchführen, weil wir dabei die Methoden kennenlernen, die auch für den räumlichen Fall typisch sind.

§ 10. Ebene Bewegungen und ihre Zusammensetzung; Einteilung der ebenen diskontinuierlichen Bewegungsgruppen.

Eine Abbildung einer Ebene auf sich wird im folgenden als ebene Bewegung bezeichnet, wenn man die Endlage aus der Anfangslage durch eine *stetige* Bewegung der als starr gedachten Ebene erreichen kann, und zwar so, daß dabei die Bahnen aller Punkte der Ebene *in ihr selbst* verlaufen. Im übrigen soll aber eine ebene Bewegung nur durch Ausgangs- und Endlage gekennzeichnet sein, ohne Rücksicht darauf, wie im jeweils vorliegenden Falle der Übergang wirklich vollzogen wurde; natürlich kann er auf sehr verschiedene Art geschehen, auch so, daß die Bahnkurven teilweise die Ebene verlassen, oder daß Verzerrungen eintreten, die sich zum Schluß wieder aufheben. Wir fordern nur die *Möglichkeit* eines Übergangs, wie er zu Anfang beschrieben wurde. Es wird eine unserer ersten Aufgaben sein, für jede vorgelegte ebene Bewegung eine möglichst einfache Art des Übergangs zu finden.

Die einfachsten ebenen Bewegungen sind die Parallelverschiebungen oder Translationen, bei denen jeder Punkt in der gleichen Richtung und um die gleiche Strecke in der Ebene fortbewegt wird und jede Gerade zu sich selbst parallel bleibt.

Ein weiterer bekannter Typus ebener Bewegungen sind die Drehungen der Ebene um irgendeinen Punkt um einen bestimmten Winkel. Dabei wird die Richtung jeder Geraden um diesen Winkel gedreht[1], und außer dem Drehpunkt selbst bleibt kein Punkt der Ebene ungeändert.

Auch bei einer beliebigen andern von der Identität verschiedenen ebenen Bewegung kann es höchstens einen Punkt geben, der ungeändert bleibt. Wenn wir nämlich zwei Punkte der Ebene festhalten, so bleibt außer der identischen Abbildung nur eine einzige Abbildung der Ebene auf sich übrig, die durch starre Bewegung erzeugt werden kann; sie entsteht, wenn die Ebene um die Verbindungsgrade der beiden festgehaltenen Punkte um 180° gedreht wird. Dieser Übergang gehört nicht zu der eingangs beschriebenen Art. Auch läßt sich die Abbildung nicht durch einen solchen Übergang herstellen. Denn bei ihr wird ein rechtsherum umlaufener Kreis stets in einen linksherum umlaufenen Kreis verwandelt, während eine ebene Bewegung aus Stetigkeitsgründen nie einen Umlaufsinn umkehren kann. Aus dieser Überlegung ergibt

---

[1] Für Geraden, die durch den Drehpunkt gehen, ist das evident. Für jede andere Gerade folgt es daraus, daß sie eine durch den Drehpunkt gehende Parallele besitzt, und daß parallele Geraden bei jeder Bewegung parallel bleiben.

sich, daß eine ebene Bewegung durch die Abbildung zweier Punkte vollständig bestimmt ist. Denn zwei ebene Bewegungen, die beide irgend zwei Punkte in gleicher Weise abbilden, können sich nur durch eine ebene Bewegung unterscheiden, die zwei Punkte festläßt, d. h. gar nicht.

Die Übersicht über die ebenen Bewegungen wird nun außerordentlich durch die Tatsache vereinfacht, daß überhaupt jede solche Bewegung sich durch eine einzige Translation oder eine einzige Drehung erzeugen läßt. Um diese Behauptung zu beweisen, denke ich mir eine bestimmte ebene Bewegung b vorgegeben; wenn wir den trivialen Fall beiseite lassen, daß b die Identität ist, so kann ich einen Punkt A herausgreifen, der in einen anderen Punkt A' übergeht. B sei der Mittelpunkt der Strecke AA'.

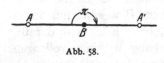

Abb. 58.

B kann entweder fest bleiben oder einen anderen Punkt B' zum Bildpunkt haben. Im ersten Fall (Abb. 58) ist meine Behauptung jedenfalls zutreffend. Dann ersetze ich nämlich die gegebene Bewegung b durch die Drehung um B um den Winkel π. Diese Drehung b' führt die Punkte A und B in dieselben Bildpunkte A' und B über wie b; da wir aber gesehen haben, daß eine ebene Bewegung durch zwei Punkte und ihre Bildpunkte schon gekennzeichnet ist, muß b' mit b übereinstimmen. Geht nun B in einen anderen Punkt B' über, so unterscheide ich wieder den Sonderfall, daß B' auf die Gerade AA' fällt, von dem allgemeineren Fall, daß AA' und BB' verschiedene Geraden sind. Im ersten Fall ist zu beachten, daß B' eindeutig bestimmt ist; der Abstand zwischen A und B muß ja bei der Bewegung b unge-

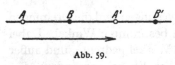

Abb. 59.

ändert bleiben. Da aber nach Konstruktion $AB = A'B$ ist, muß auch $A'B' = A'B$ sein. Dadurch und durch die Forderung $B' \neq B$ ist B' in der Tat eindeutig bestimmt (Abb. 59). Dann können wir aber b durch die Translation ersetzen, die A in A' überführt; denn diese Translation führt auch B in den vorgeschriebenen Bildpunkt B' über. Es bleibt also nur noch der letzte Fall zu erledigen. Dann errichte ich in B auf AB das

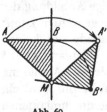

Abb. 60.

Lot und errichte ebenso in B' auf $A'B'$ das Lot (Abb. 60). Da die beiden Lote nach unserer Voraussetzung und Konstruktion weder parallel sind noch zusammenfallen, besitzen sie einen Schnittpunkt M. Ich behaupte, daß ich b durch diejenige Drehung um M ersetzen kann, die A in A' überführt. Zum Beweise habe ich zu zeigen, daß dabei auch B in B' übergeht; das kommt darauf hinaus, daß die Dreiecke AMB und $A'MB'$ kongruent sind. Nun ist aber einerseits $AMB \cong A'MB$, da beide Dreiecke bei B rechtwinklig sind und gleiche Katheten haben, und andrerseits ist $A'B'M \cong A'BM$, da die

Dreiecke bei B und B' rechtwinklig sind, die Hypotenuse $A'M$ gemein haben und da, wie bereits erwähnt, $A'B' = AB = A'B$ ist.

Unser Resultat wird formal noch einfacher, wenn wir die Translationen als Drehungen um den Winkel Null und einen unendlich fernen Mittelpunkt ansehen. Anschaulich läßt sich diese Auffassung leicht rechtfertigen. Wenn ich nämlich eine Reihe von Drehungen betrachte, bei denen die Drehwinkel unbegrenzt abnehmen und bei denen sich der Drehpunkt unbegrenzt in einer bestimmten Richtung entfernt, so läßt es sich einrichten, daß diese Bewegungen sich immer weniger von einer bestimmten Translation unterscheiden, wenigstens innerhalb eines festen endlichen Gebiets.

Nach dieser Auffassung ist jede ebene Bewegung eine Drehung um einen bestimmten Winkel, der bei den Translationen gleich Null zu setzen ist. Wenn ich demnach zwei Drehungen hintereinander ausführe, muß ich das Resultat auch durch eine einzige Drehung ersetzen können, zu der wieder ein bestimmter Drehwinkel gehört. Es gilt nun der einfache *Satz von der Additivität der Drehwinkel:*

Eine Drehung um den Winkel α und eine Drehung um den Winkel β ergeben zusammengesetzt stets eine Drehung um den Winkel $\alpha + \beta$.

Wir hatten nämlich zu Beginn erwähnt, daß der Drehwinkel an der Richtungsänderung einer beliebigen Geraden gemessen werden kann. Dieser Satz gilt auch für die Translationen in unserer neuen Definition, da die Translationen alle Richtungen ungeändert lassen. Danach ist der Satz evident. Aus ihm folgt z. B., daß zwei Drehungen um entgegengesetzt gleiche Winkel und um verschiedene Drehpunkte stets eine Translation ergeben. Denn der Drehwinkel der zusammengesetzten Bewegung ist Null, und die Identität kann nicht entstehen, da keiner der beiden Drehpunkte fest bleibt.

Nach diesen Vorbereitungen wenden wir uns wieder zu den diskontinuierlichen ebenen Bewegungsgruppen. Wir können sie nämlich jetzt in einfacher Weise einteilen. Wir haben nur anzugeben, was für Translationen vorkommen und welche Drehwinkel und Drehpunkte auftreten. Es erweist sich als zweckmäßig, die Translationen an erster Stelle zu berücksichtigen. Wir machen also die Fallunterscheidung:

I. Alle in der Gruppe vorkommenden Translationen haben parallele Richtungen.

II. Es gibt in der Gruppe zwei Translationen, deren Richtungen nicht parallel sind.

Der Fall *I* soll auch diejenigen Gruppen umfassen, die überhaupt keine Translationen enthalten.

Zur Unterteilung der beiden Fälle ziehen wir nunmehr die Drehungen heran. Wir unterscheiden: *1.* Gruppen, die keine Drehungen enthalten, *2.* Gruppen, die Drehungen enthalten.

Außer durch Aufstellung der in einer Gruppe vorhandenen Drehungen und Translationen kann man jede Gruppe auch durch eine einfache geometrische Figur kennzeichnen, den *Fundamentalbereich*. Als Fundamentalbereich einer Gruppe bezeichnet man jedes zusammenhängende Gebiet, das in seinem Innern kein Paar äquivalenter Punkte enthält und das sich nicht weiter vergrößern läßt, ohne diese Eigenschaft zu verlieren. Solche Fundamentalbereiche spielen bei allen diskontinuierlichen Abbildungsgruppen eine wichtige Rolle, nicht nur bei den Bewegungsgruppen. Im allgemeinen ist es keine einfache Aufgabe, einen Fundamentalbereich für eine gegebene Gruppe zu bestimmen, oder überhaupt die Existenz eines Fundamentalbereichs für eine Gattung von Gruppen zu beweisen. Für die ebenen diskontinuierlichen Bewegungsgruppen lassen sich aber in jedem Fall leicht Fundamentalbereiche konstruieren. Es zeigt sich, daß im Fall *I* jeder Fundamentalbereich sich ins Unendliche erstreckt, während im Fall *II* die Fundamentalbereiche stets endlich sind.

Wir wollen noch einige zwischen den Drehungen und Translationen einer Gruppe stets geltenden Beziehungen erwähnen, die wir mehrfach verwenden werden und die wir deshalb als Hilfssätze numerieren:

1. Hilfssatz: Kommt in einer Gruppe eine Drehung um einen Punkt P um den Winkel α vor und ist Q zu P äquivalent, so enthält die Gruppe auch eine Drehung um Q um denselben Winkel α.

Beweis: Nach Voraussetzung enthält die Gruppe eine Bewegung b, die P in Q überführt, sowie die Drehung d um P um α. Unter Anwendung der im vorigen Paragraphen erklärten Symbolik betrachten wir nun die Bewegung $b^{-1}db$, die nach den beiden Gruppenpostulaten ebenfalls der Gruppe angehört. Diese Bewegung muß eine Drehung um den Winkel α sein, denn ist β der Drehwinkel von b, so ist der Drehwinkel von $b^{-1}db$ nach dem Additionssatz der Drehwinkel: $-\beta + \alpha + \beta = \alpha$. Der Drehpunkt muß aber Q sein; denn Q wird durch b^{-1} in P übergeführt, P bleibt bei d fest, und P wird durch b wieder nach Q zurückgebracht.

2. Hilfssatz: Enthält eine Gruppe eine Drehung um den Winkel α und eine Translation t, so enthält sie auch die Translation t', deren Richtung mit der von t den Winkel α bildet und die der Größe nach mit t übereinstimmt.

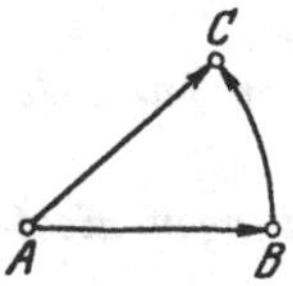

Abb. 61.

Beweis: d sei eine in der Gruppe vorkommende Drehung um α, ihr Drehpunkt sei A. A gehe durch t in B über, und B gehe durch d in C über (Abb. 61). Dann ist einfach $t' = d^{-1}td$. Die so definierte Bewegung gehört nämlich der Gruppe an und ist nach dem Additionssatz der Drehwinkel eine Translation. Wir haben nur noch zu zeigen, daß dabei A in C übergeht; in der Tat bleibt A während d^{-1} fest, geht durch t in B über und kommt von dort durch d nach C.

Nach diesem Satz können z. B. bei den Gruppen der Gattung I keine anderen Drehwinkel vorkommen als π, falls überhaupt Translationen in der Gruppe vorhanden sind. Denn sonst gäbe es mit jeder Translationsrichtung eine andere, die ihr nicht parallel ist.

§ 11. Die diskontinuierlichen ebenen Bewegungsgruppen mit unendlichem Fundamentalbereich.

Wir wollen zunächst den Fall I erledigen, der die einfachsten Gruppen liefert. Zunächst nehmen wir den Unterfall $I,1$; dann haben wir es also mit Gruppen zu tun, die keine Drehung enthalten. Wir gehen nun von einem beliebigen Punkt A aus (Abb. 62). Da in endlicher Entfernung von A nur endlich viele ihm äquivalente Punkte liegen, muß es auch einen solchen Punkt A_1 unter ihnen geben, der den kleinsten möglichen Abstand von A hat; es kann natürlich mehrere solcher Punkte kleinsten Abstands von A geben; ich denke mir einen herausgegriffen. Die Bewegung a in der Gruppe, die A in A_1 überführt, muß eine Translation sein, da ja nach Voraussetzung keine Drehungen in der Gruppe

Abb. 62.

vorkommen. Verlängere ich die Strecke AA_1 um sich selbst über A_1 hinaus bis A_2, so muß auch A_2 mit A äquivalent sein. A_2 entsteht nämlich aus A durch die Translation aa. Ebenso liegen auf der Geraden AA_1 noch weitere A äquivalente Punkte $A_3, A_4, \ldots$ in immer gleichem Abstand voneinander, die aus A entstehen, wenn ich a beliebig oft wiederhole. Ebenso liegen auch auf der anderen Seite von A auf der Geraden AA_1 noch unendlich viele äquidistante Punkte $A_{-1}, A_{-2}, \ldots$, die zu A äquivalent sind und die aus A entstehen, wenn ich a^{-1} einmal oder mehrmals anwende. Ich behaupte nun, daß diese Skala auf der Geraden AA_1 auch alle zu A äquivalenten Punkte vollständig erschöpft. Denn alle Translationen, die in der Gruppe vorkommen, müssen nach Voraussetzung zu AA_1 parallelgerichtet sein. Jeder beliebige zu A äquivalente Punkt muß also auf der Geraden AA_1 liegen. Fiele nun ein solcher Punkt A' nicht auf einen Teilpunkt der Skala, so müßte er ins Innere eines Intervalls $A_n A_{n+1}$ fallen (Abb. 63). Die Strecke $A_n A'$ wäre also kürzer als AA_1. Nun kann ich

Abb. 63.

aber durch eine in der Gruppe enthaltene Translation A_n in A überführen, und dabei ginge A' in einen Punkt A'' über, der näher an A läge als A_1. Das steht im Widerspruch damit, daß wir zu Beginn A_1 als einen zu A äquivalenten Punkt kleinsten Abstands von A ausgewählt hatten.

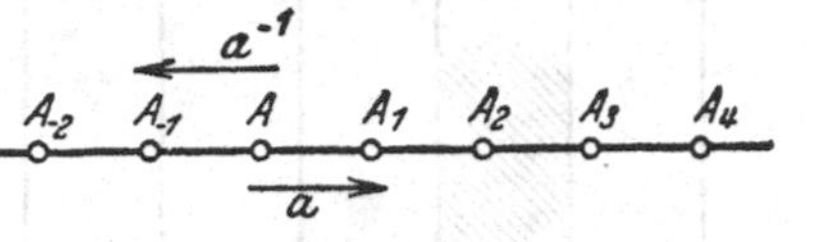

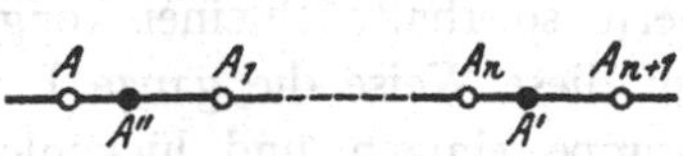

Wir haben durch diese Überlegung den Fall $I,1$ vollständig erledigt; denn wir haben zu einem beliebigen Punkt die sämtlichen äquivalenten gefunden und damit auch alle Bewegungen, die überhaupt in der Gruppe vorkommen. Es sind die Translationen a und a^{-1}, einmal oder mehrmals angewandt. Alle Gruppen der Gattung I, 1 sind also im wesentlichen identisch.

Um einen Fundamentalbereich aufzustellen, können wir einfach von einer Geraden ausgehen, die nicht parallel $A A_1$ ist, also etwa dem Lot auf dieser Strecke. Durch a wird diese Gerade auf eine ihr parallele Gerade abgebildet, und der Streifen zwischen den Parallelen ist offenbar ein Fundamentalbereich[1] (Abb. 64). Denn zwei innere Punkte dieses Streifens sind nie äquivalent. Da andererseits die beiden begrenzenden Geraden des Streifens einander äquivalent sind, so kann ich dem Streifen nirgends ein Stück anfügen, ohne daß das so vergrößerte Gebiet ein Paar von äquivalenten Punkten enthielte. Ich kann aber auf andere Weise den Fundamentalbereich noch beliebig abändern, ohne

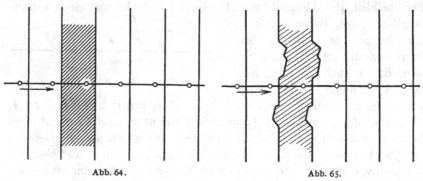

Abb. 64. Abb. 65.

daß er seine Eigenschaft verliert. Ich brauche nur auf der einen Seite ein Stück anzusetzen und auf der anderen Seite ein äquivalentes Stück fortzulassen (Abb. 65). Diese Art von Abänderung lassen auch die Fundamentalbereiche aller weiter zu betrachtenden Gruppen und überhaupt aller Abbildungsgruppen zu. Man wählt unter diesen vielen Möglichkeiten stets einen Fundamentalbereich von möglichst einfacher Gestalt aus.

Wenn ich den ganzen Fundamentalbereich der Translation a unterwerfe, so erhalte ich einen kongruenten angrenzenden Streifen. Ich kann auf diese Weise die ganze Ebene mit den Fundamentalbereichen der Gruppe einfach und lückenlos überdecken. Diese Erscheinung tritt auch bei allen anderen im folgenden zu betrachtenden Gruppen ein, und man kann allgemein beweisen, daß die Fundamentalbereiche beliebiger diskontinuierlicher Abbildungsgruppen sich stets einfach und

---

[1] Dabei hat man festzusetzen, daß etwa die Punkte der linken Grenzgeraden mit zum Fundamentalbereich gehören, die der rechten dagegen nicht; andernfalls würden entweder äquivalente Punkte zum Bereich gehören, oder derselbe wäre noch unvollständig.

lückenlos aneinanderschließen. Allerdings brauchen sie nicht immer die ganze Ebene zu erfüllen, wie wir in einem späteren Kapitel an einem Beispiel sehen werden (S. 228).

Die Gruppe *I, 1* führt nicht auf ein reguläres Punktsystem, da die einem festen Punkt äquivalenten Punkte eine gradlinige Skala bilden, also die erste definierende Forderung des Punktsystems unerfüllt lassen.

Trotzdem war die Betrachtung dieser Gruppen für das Studium der Punktsysteme nicht ohne Bedeutung. Wenn wir nämlich in einer beliebig kompliziert gebauten diskontinuierlichen Bewegungsgruppe die Gesamtheit aller Translationen betrachten, die irgendeiner in der Gruppe enthaltenen Translation parallelgerichtet sind, so bildet diese Gesamtheit von Translationen wieder eine Gruppe, denn beide Gruppenpostulate sind erfüllt; man bezeichnet eine Gruppe, die in einer umfassenderen Gruppe enthalten ist, als eine Untergruppe der umfassenderen Gruppe. Nun muß jede Untergruppe einer diskontinuierlichen Gruppe selbst diskontinuierlich sein. Wir können daher schließen, daß die herausgegriffene Gesamtheit von Translationen eine Gruppe *I, 1* ist und die von uns angegebene Struktur besitzt, einerlei von welcher umfassenderen Gruppe wir ausgehen. Diese und ähnliche Schlußweisen werden im folgenden wiederholt zur Anwendung kommen.

Wir betrachten nun den Fall *I, 2*, also Gruppen, die Drehungen enthalten, aber keine zwei Translationen in nichtparallelen Richtungen. Dann haben wir zu unterscheiden, ob die Gruppe überhaupt eine Translation enthält oder nicht. Beginnen wir mit der einfacheren Möglichkeit — wir wollen sie als *I, 2, α,* einordnen —, daß keine Translation vorhanden ist. Ich behaupte, daß dann alle Drehungen denselben Drehpunkt haben müssen. Denn gäbe es zwei Drehungen a, b mit den zwei verschiedenen Mittelpunkten A und B, so könnte die in der Gruppe enthaltene Bewegung $a^{-1}b^{-1}ab$ nach dem Additionssatz der Drehwinkel nur eine Translation oder die Identität sein. Wäre nun B' der Bildpunkt von B vermöge a (Abb. 66); dann wäre B' von B verschieden, weil B von A verschieden vorausgesetzt war und eine Drehung keinen Punkt außer dem Drehpunkt fest läßt. Wäre daher B'' das Bild von B' vermöge b, so

Abb. 66.

wäre auch B'' von B' verschieden. Nun kann man aber leicht sehen, daß B' vermöge $a^{-1}b^{-1}ab$ gerade in B'' überginge. Also wäre die Bewegung $a^{-1}b^{-1}ab$ nicht die Identität, sondern eine Translation, entgegen der Voraussetzung, daß in der Gruppe keine Translationen vorkommen.

Sei nun A der (einzige) Drehpunkt der Gruppe und Q irgendein anderer Punkt. Dann liegen alle zu Q äquivalenten Punkte auf dem durch Q gehenden Kreise um A. Wegen der Diskontinuität der Gruppe kann es also nur endlich viele zu Q äquivalente Punkte geben, und da

die Gesamtheit dieser Punkte durch jede in der Gruppe enthaltene
Drehung um A in sich übergeführt werden muß, so müssen die Punkte
äquidistant auf der Kreisperipherie liegen (Abb. 67). Ist Q_1 unter

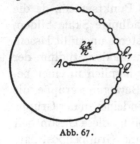

Abb. 67.

diesen Punkten einer der beiden zu Q benachbarten Punkten, so ist $\sphericalangle\,QAQ_1$ der kleinste
Drehwinkel, der in der Gruppe vorkommt, und
wenn die Anzahl der zu Q äquivalenten Punkte
(Q eingerechnet) n beträgt, so hat dieser Winkel notwendig den Wert $2\pi/n$, und alle in
der Gruppe enthaltenen Bewegungen bestehen
aus Drehungen um A um die positiven und
negativen Vielfachen dieses Winkels, von denen
es nur endlich viele geometrisch verschiedene gibt. Damit ist der
Fall $I, 2, \alpha$ erledigt. Als Fundamentalbereich eignet sich ein Winkelraum
mit der Spitze in A und der Öffnung $2\pi/n$ (Abb. 68). Der Fundamentalbereich ist also wieder unendlich, und die Gruppe führt auf kein
Punktsystem, da es zu jedem Punkt nur endlich viele äquivalente
gibt, also die erste Forderung S. 50 nicht erfüllt ist.

Die Gruppe besitzt für die übrigen diskontinuierlichen ebenen
Bewegungsgruppen eine ähnliche Bedeutung wie die vorher betrachtete.

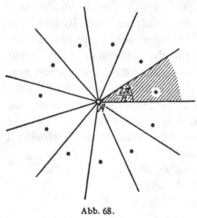

Abb. 68.

Kommt in einer beliebigen solchen
Gruppe eine Drehung um einen
Punkt A vor, so bildet die Gesamtheit der in der Gruppe enthaltenen Drehungen um A eine diskontinuierliche Untergruppe, muß
also den Typus $I, 2, \alpha$ haben. Daraus folgt, daß die Drehwinkel aller
dieser Drehungen aus den Vielfachen eines Winkels $2\pi/n$ bestehen müssen. Wir können also
den Punkt A durch die ganze Zahl
n charakterisieren und als n-zähli-
gen Drehpunkt bezeichnen.

Nun haben wir unter den Gruppen vom Typus I nur noch den Fall
$I, 2, \beta$ zu erledigen, daß also eine Drehung d und eine Translation t
vorhanden sind und daß alle weiteren Translationen zu t parallel sind.
Nach dem zweiten Hilfssatz (S. 56, 57) muß d den Drehwinkel π haben,
es gibt daher nach der soeben eingeführten Ausdrucksweise nur
2-zählige Drehpunkte. Sei A_1 ein solcher Punkt (Abb. 69). Die Gesamtheit
aller Translationen der Gruppe muß eine Gruppe vom Typ $I, 1$ bilden.
Wir betrachten die geradlinige Skala $A_1, A_2, \dots$ der zu A_1 äquivalenten
Punkte, die dieser Untergruppe entspricht. Nach dem ersten Hilfssatz
(S. 56) müssen alle diese Punkte 2-zählige Drehpunkte sein. Ich be-

haupte, daß außerdem die sämtlichen Mittelpunkte $B_1, B_2, \ldots$ der Strecken $A_n A_{n+1}$ 2-zählige Drehpunkte sind. Ist nämlich t die Translation, die A_1 in A_2 überführt und a_2 die Drehung um π um A_2, so wird durch $t a_2$ das Punktepaar $A_1 A_2$ in $A_2 A_1$ übergeführt; denn durch t geht $A_1 A_2$ in $A_2 A_3$ über, und $A_2 A_3$ wird durch a_2 in $A_2 A_1$ ver-

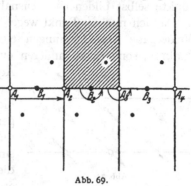

wandelt. Da die Drehung um B_1 um π ebenfalls $A_1 A_2$ in $A_2 A_1$ verwandelt, so muß $t a_2$ mit dieser Drehung identisch sein, also ist B_1 ein 2-zähliger Drehpunkt, und ebenso muß auch die ganze zu B_1 gehörige Skala, d. h. die Gesamtheit der Punkte B_n, aus 2-zähligen Drehpunkten bestehen. Außer diesen Drehpunkten A_n und B_n gibt es aber keine weiteren. Denn ist A irgendeiner der Punkte A_n und

Abb. 69.

ist C irgendein beliebiger von A verschiedener Drehpunkt der Gruppe (Abb. 70), so muß C jedenfalls 2-zählig sein. Sei c die zugehörige Drehung um π, dann betrachte ich die Bewegung ac, wo a die Drehung um A um π bedeute. Ist A' das Bild von A bei c, so ist C der Mittelpunkt der Strecke $A A'$, und die Bewegung ac führt ebenfalls A in A' über. Nach dem Additionssatz der Drehwinkel muß ac aber eine Translation sein, demnach ist A' einer der Punkte, die aus A durch die in der Gruppe enthaltenen Translationen hervorgehen, d. h. A' ist einer der Punkte $A_1, A_2, \ldots$, und C ist als Mittelpunkt von $A A'$ notwendig einer der Punkte A_n oder B_n.

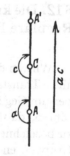

Damit haben wir einen vollständigen Überblick über die Gruppen $I, 2, \beta$. In Abb. 69 sind die beiden Klassen von Drehpunkten und ein geeigneter Fundamentalbereich eingezeichnet. Es ist zu beachten, daß keiner der Punkte A_n einem der Punkte B_n äquivalent sein kann, da durch jede Drehung und jede Translation der Gruppe jede der beiden Skalen in sich übergeht.

Abb. 70.

In Abb. 69 sind ferner einige einander äquivalente Punkte eingezeichnet, die von den Drehpunkten verschieden sind. Sie sind zickzackförmig angeordnet. Da sie in einem Streifen endlicher Breite Platz finden, erfüllen sie die erste Forderung nicht, die wir an die Punktsysteme gestellt haben; denn ihre Anzahl im Innern eines Kreises von wachsendem Radius nimmt offenbar nur proportional der ersten Potenz des Radius zu. Wie bei den ersten beiden Gruppen ist der Fundamentalbereich unendlich.

Die Systeme äquivalenter Punkte, die nicht Drehpunkte sind, kann man sich als zwei kongruente und parallelgestellte Skalen vorstellen;

ähnlich werden wir bei den komplizierteren Gruppen zu Systemen kongruenter parallelgestellter Gitter kommen. Offenbar ist das Auftreten verschiedener Skalen und Gitter durch das Vorhandensein von Drehungen bedingt. In der Tat wird in unserem Fall die eine Skala durch jede Gruppendrehung in die andere verwandelt; nur die Skalen der Drehpunkte selbst bilden eine Ausnahme.

Da sich nun der Punkt wegen seiner allseitigen Symmetrie nicht zur Wiedergabe von Drehungen eignet, ist es anschaulicher, nicht zu Punkten, sondern zu anderen einfachen Figuren die Gesamtheit aller

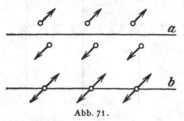

Abb. 71.

Äquivalenten aufzuzeichnen. Die einfachste Figur, die keine allseitige Symmetrie besitzt, besteht aus einem „Zeiger", d. h. einem Punkt mit einer hindurchgehenden Richtung. In Abb. 71 a, b sind Systeme äquivalenter Zeiger für die Gruppe I, 2, β gezeichnet; man erhält zwei verschiedene Typen von Figuren, je nachdem man den Zeiger eines Punktes allgemeiner Lage oder eines Drehpunktes zugrunde legt. Im ersten Fall erweist sich besonders der Vorteil, den die Einführung der Zeiger bringt: Die beiden Skalen sind durch verschiedene Zeigerrichtung voneinander unterschieden, während alle Zeiger derselben Skala gleichgerichtet sind.

§ 12. Die krystallographischen Bewegungsgruppen der Ebene. Reguläre Punkt- und Zeigersysteme. Aufbau der Ebene aus kongruenten Bereichen.

Wir wenden uns nun zum Fall II, also zu Gruppen, die zwei nichtparallele Translationen enthalten. Es stellt sich heraus, daß alle diese Gruppen im Gegensatz zu den Gruppen vom Typus I stets auf Punktsysteme führen, daß wir sie also gemäß S. 52 als krystallographische Gruppen zu bezeichnen haben. Damit steht es im Zusammenhang, daß alle diese Gruppen endliche Fundamentalbereiche besitzen. Bei der Betrachtung dieser Gruppen stoßen wir in erster Linie wieder auf die ebenen Punktgitter. Wie wir schon erwähnten, bilden die Figuren äquivalenter Punkte und Zeiger stets entweder ein solches Punktgitter oder lassen sich als Systeme aus mehreren parallelgestellten kongruenten Gittern auffassen.

Wir hatten auf S. 55 den Fall II in zwei Unterfälle eingeteilt. Wir wollen zuerst den einfacheren Unterfall II, 1 behandeln, in dem die Gruppe keine Drehungen enthält, dagegen zwei nichtparallele Translationen. In diesem Fall zeigt es sich nun, daß die zu einem Punkt äquivalenten Punkte stets ein ebenes Punktgitter bilden.

Zum Beweis gehe ich von einem beliebigen Punkt P aus und suche eine solche Translation t der Gruppe, die P in einen möglichst nahen äquivalenten Punkt Q überführt (Abb. 72). Dann liefern die zu t parallelen Translationen eine Skala weiterer zu P äquivalenter Punkte auf der Geraden PQ. Nun gibt es nach Voraussetzung noch Translationen, die nicht zu PQ parallel sind, also gibt es noch außerhalb der Geraden PQ äquivalente Punkte zu P; unter diesen suche ich mir wieder einen möglichst nahe bei P gelegenen Punkt R heraus, und t' sei die Translation aus unserer Gruppe, die P in R überführt. Dann ist jedenfalls $PR \geqq PQ$. Ist S der Punkt, in den Q durch t' übergeht, so bilden die Punkte $PQRS$ ein Parallelogramm, und es ist ersichtlich, daß das durch dieses Parallelogramm erzeugte Gitter aus lauter äquivalenten Punkten besteht. Denn alle diese Punkte entstehen aus P, indem ich erst t (oder t^{-1}) und dann t' (oder t'^{-1}) je eine bestimmte Anzahl von Malen anwende. Ich behaupte nun, daß es keine weiteren zu P äquivalenten Punkte mehr geben kann, daß also auch alle in der Gruppe vorkommenden Translationen sich aus t und t' zusammensetzen lassen. Denn im entgegengesetzten Falle enthielte die Gruppe eine Translation u, die P in einen Punkt U überführte, der nicht zum Gitter gehörte. Dann könnte ich ein bestimmtes zu $PQRS$ kongruentes Gitterparallelogramm $P'Q'R'S'$ (Abb. 72) ausfindig machen, das U enthielte. Von den

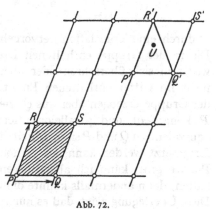

Abb. 72.

beiden kongruenten Dreiecken $P'Q'R'$ und $S'Q'R'$ müßte eines, etwa das erste, U enthalten. Nun müßte aber in der Gruppe die Translation $P' \to U$ vorkommen, die sich ja aus der Gruppentranslation $P' \to P$ und u zusammensetzen läßt. Das führt zu einem Widerspruch. Denn da nach unserer früheren Betrachtung $PR \geqq PQ$ sein muß, so ist im Dreieck $P'Q'R'$ der Punkt R' am weitesten von P' entfernt. Die Translation $P' \to U$ wäre also kürzer als die Translation t', die P in R, also P' in R' überführte. Deshalb müßte die Translation $P' \to U$ zu t parallel sein, und U müßte auf der Strecke $P'Q'$ liegen. Dann wäre aber die Translation $P' \to U$ auch kürzer als t, während doch t als eine der kürzesten in der Gruppe vorkommenden Translationen ausgewählt war. Entsprechend verläuft der Beweis, wenn man annimmt, U läge im Dreieck $S'Q'R'$. Dann hat man statt der Translation $P' \to U$ die Translation $S' \to U$ zu betrachten, was in gleicher Weise zu einem Widerspruch führt.

Die zueinander äquivalenten Punkte der Gruppen $II, 1$ bilden also stets Punktgitter, und wendet man die Gruppe auf einen Zeiger anstatt auf einen Punkt an, so erhält man ein Gitter aus parallelgestellten Zeigern (Abb. 73).

Wenn wir uns jetzt zur letzten noch übrigen Kategorie *II*, *2* wenden, wo also auch Drehungen zugelassen sind, so haben wir auf das soeben abgeleitete Ergebnis in jedem Fall zurückzugreifen. Denn auch die Gruppen *II*, *2* enthalten wie *II*, *1* zwei nichtparallele Translationen. Die Gesamtheit der in einer Gruppe *II*, *2* enthaltenen Translationen muß daher notwendig eine Untergruppe vom Typ *II*, *1* sein. Wenn man also unter den Punkten, die in einer Gruppe *II*, *2* zu einem beliebigen Punkt *P* äquivalent sind, nur diejenige Gesamtheit betrachtet, die aus *P* durch eine Translation hervorgehen, so erhält man ein Punktgitter.

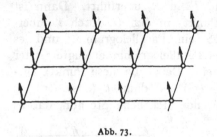

Abb. 73.

Die in der Gruppe enthaltenen Drehungen müssen dieses Gitter entweder in sich überführen oder aber einen Punkt des Gitters in einen nicht im Gitter enthaltenen Punkt *Q* verwandeln. Die Translationen der Gruppe erzeugen aber aus *Q* wieder ein Gitter, das zum Gitter von *P* kongruent und parallelorientiert ist und dessen Punkte sämtlich äquivalent zu *Q* und *P* sind. Durch dieses Verfahren, das offenbar so lange fortgesetzt werden kann, als es noch unverbrauchte zu *P* äquivalente Punkte gibt, kann ich aber nur endlich viele verschiedene Gitter erhalten, denn andernfalls könnte die Gruppe nicht diskontinuierlich sein. Diese Überlegung zeigt, daß es nur verhältnismäßig wenige Gruppen *II*, *2* geben kann und daß die zugehörigen Punktsysteme stets aus parallelgestellten kongruenten Gittern bestehen.

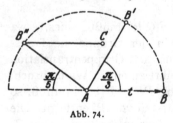

Abb. 74.

Wir teilen die Gruppen *II*, *2* nach den bei ihnen vorkommenden Drehwinkeln ein. Alle diese Drehwinkel müssen die Form $2\pi/n$ haben, wo *n* eine ganze Zahl ist; denn die Drehungen um einen Punkt, die in der Gruppe vorkommen, bilden eine diskontinuierliche Untergruppe vom Typ *I*, *2*, α. Ich behaupte nun, daß *n* keine anderen von 1 verschiedenen Werte annehmen kann als 2, 3, 4, 6. Zum Beweis betrachte ich einen *n*-zähligen Drehpunkt *A* der Gruppe (Abb. 74) und wähle in der Gruppe eine möglichst kurze Translation *t* aus, die *A* in *B* überführen möge. Durch Drehung um *A* um $2\pi/n$ werde *B* nach *B'* gebracht. Nach Hilfssatz 2, S. 56 enthält dann die Gruppe auch die Translation *t'*, die *A* in *B'* überführt. Wir betrachten nun die Bewegung $t^{-1}t'$, die offenbar *B* nach *B'* bringt. Nach dem Additionssatz der Drehwinkel ist $t^{-1}t'$ eine Translation, und da *t* als eine möglichst kurze

Translation der Gruppe ausgewählt war, so folgt $BB' \geqq AB$. Daher ist $\sphericalangle BAB' = \frac{2\pi}{n} \geqq \frac{\pi}{3}$, also $n \leqq 6$. Wir haben nun noch den Fall $n = 5$ auszuschließen. Zu diesem Zweck gehen wir indirekt vor und nehmen A als 5-zähligen Drehpunkt (Abb. 74) an. Durch Drehung um A um $2 \cdot \frac{2\pi}{5}$ gehe B in B'' über. Dann enthielte die Gruppe die Translation t'', die A in B'' überführt. Dann würde aber die Translation $t''t$ ersichtlich A in C überführen, und da C näher an A liegt als B, so gäbe es im Widerspruch zur Voraussetzung eine kürzere Translation als t in der Gruppe.

Somit können in den Gruppen II, 2 in der Tat nur 2-, 3-, 4- und 6-zählige Drehpunkte auftreten. Ist φ der kleinste in einer solchen Gruppe auftretende Drehwinkel, so haben wir die vier Unterfälle zu diskutieren:

$$II, 2, \alpha: \quad \varphi = \pi,$$

$$II, 2, \beta: \quad \varphi = \frac{2\pi}{3},$$

$$II, 2, \gamma: \quad \varphi = \frac{\pi}{2},$$

$$II, 2, \delta: \quad \varphi = \frac{\pi}{3}.$$

Es zeigt sich, daß zu jedem dieser vier Fälle genau eine Gruppe gehört.

$II, 2, \alpha$: Es muß in der Gruppe wenigstens einen 2-zähligen Drehpunkt A geben. Die Untergruppe der in der Gruppe enthaltenen Translationen liefert zu A als äquivalente weitere 2-zählige Drehpunkte die Punkte eines Gitters; $ABCD$ sei eines seiner erzeugenden Parallelogramme (Abb. 75). Wir können nun auf die Betrachtungen zurückgreifen, die wir über die Gruppen I, 2, β angestellt hatten (S. 60, 61). Danach muß der Mittelpunkt der Verbindungsstrecke irgend zweier Punkte des Gitters

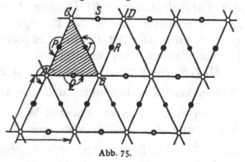

Abb. 75.

ebenfalls 2-zähliger Drehpunkt sein, und umgekehrt muß jeder 2-zählige Drehpunkt eine solche Verbindungsstrecke halbieren. Wir betrachten nun den Mittelpunkt Q von AB, den Mittelpunkt P von AC und den Mittelpunkt T von BC und AD. Alle diese Punkte sind paarweise inäquivalent. Sie sind nach dem soeben Gesagten sämtlich 2-zählige Drehpunkte und mit ihren zugehörigen Gittern erschöpfen sie auch alle 2-zähligen Drehpunkte, die in der Gruppe vorkommen. Wir haben also vier verschiedene Klassen von 2-zähligen Drehpunkten. Die Drehungen um diese Punkte und die Translationen des Gitters $ABCD$ erschöpfen alle Transformationen der Gruppe, da nach unserer Annahme keine anderen als 2-zählige Drehpunkte vorkommen können. Als Fundamentalbereich können wir offenbar das Dreieck ABC verwenden.

In Abb. 76 und 77 sind die Figuren aus äquivalenten Zeigern gezeichnet, die man erhält, je nachdem man von einem Punkt allgemeiner Lage (Abb. 76) oder einem Drehpunkt (Abb. 77) ausgeht. Im ersten Fall erhalten wir zwei ineinandergestellte Gitter, die durch entgegengesetzte Zeigerrichtung unterschieden sind. Im zweiten Fall rücken die Gitter in eins zusammen, da in jedem Drehpunkt zwei Zeiger ansetzen. Betrachtet man statt der Zeiger nur die Punkte, so liefern beide Figuren je ein reguläres Punktsystem; aber dann unterscheidet sich das System Abb. 77 nicht mehr von dem zu Abb. 72 gehörigen System, dem ebenen

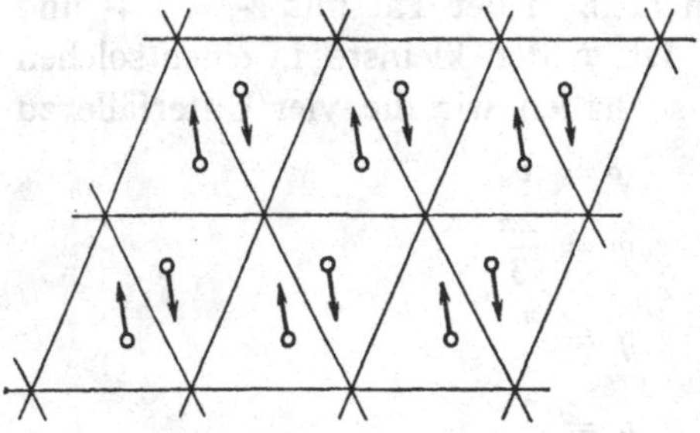

Abb. 76. 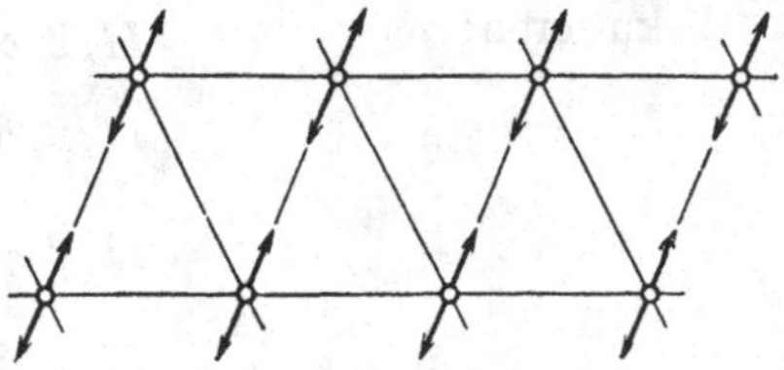   Abb. 77.

allgemeinen Punktgitter. Wenn wir umgekehrt zum ebenen allgemeinen Punktgitter die zugehörige Gruppe von Deckbewegungen suchen, so ergibt sich nicht etwa *II, 1*, sondern stets *II, 2, α*, da wir ja in Abb. 75 das Parallelogramm $ABCD$ ganz beliebig wählen dürfen und das zugehörige Gitter durch die Bewegungen der Gruppe in sich übergeführt wird. Die Betrachtung der Zeiger statt der Punkte führt also hier zu klareren Unterscheidungen.

II, 2, β. Nach unserer Annahme ist $2\pi/3$ der kleinste vorkommende Drehwinkel. Ich behaupte, daß die Drehungen um $\pm \frac{2\pi}{3}$ auch die einzigen sind. Denn von anderen Winkeln käme nur π in Frage; nach dem Additionssatz würde aber eine Drehung um π und eine Drehung um $-\frac{2\pi}{3}$ eine Drehung um $\pi/3$ ergeben, und ein solcher Drehwinkel darf in der Gruppe nicht vorkommen. Es gibt daher in der Tat ausschließlich 3-zählige Drehpunkte in der Gruppe.

Sei A ein 3-zähliger Drehpunkt (Abb. 78) und $A \to B$ eine möglichst kurze in der Gruppe enthaltene Translation. Geht B durch Drehung um A um $2\pi/3$ in C über, so ist nach Hilfssatz 2 auch die Translation $A \to C$ in der Gruppe enthalten. Das Gitter der Untergruppe der Translationen muß sich aus dem Parallelogramm $ABCD$ erzeugen lassen, da in seinem Innern nach unserer Konstruktion keine anderen Gitterpunkte mehr liegen können. Die Diagonale AD zerlegt $ABCD$ in zwei gleichseitige Dreiecke. Das Translationsgitter der Gruppe muß also

das der dichtesten Kreislagerung sein und kann nicht wie im Fall *II, 2, α*
beliebig angenommen werden (ebenso werden wir auch in den folgenden
beiden Fällen sehen, daß die zugehörigen Translationsgitter spezielle
Gestalt haben müssen). Die Drehung (*d*) $AB \rightarrow AC$ und hierauf die
Translation (*t*) $A \rightarrow B$ führen zusammengesetzt (*dt*) AB in BD über
(Abb. 78). *dt* muß also eine Drehung *d′* um den Mittelpunkt *M* des
Dreiecks ABD sein mit $2\pi/3$ als Drehwinkel.

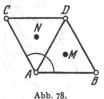

Abb. 78.

M ist also ebenfalls 3-zähliger Drehpunkt der Gruppe.
Ferner wird AC durch $d'' = td'$ über BD nach DA
befördert, also ist *d″* die Drehung um $-2\pi/3$ um
den Mittelpunkt *N* des Dreiecks ACD; demnach ist
auch *N* 3-zähliger Drehpunkt. Ebenso wie *A* führen
auch *M* und *N* zu Gittern, deren sämtliche Punkte
3-zählige Drehpunkte sind. Ich behaupte, damit sind alle Drehungen
der Gruppe erschöpft. Zum Beweise genügt es zu zeigen, daß zwei
3-zählige Drehpunkte *E* und *F* nie einen kürzeren Abstand haben
können als AM. Nun ergeben die Drehungen $d^{-1}d'$ offenbar *t*. Ebenso
erzeugen zwei entgegengesetzte Drehungen um *E* und *F* eine Translation,
und deren Länge müßte sich zum Abstand *EF* verhalten wie die Länge
von *t* zum Abstand *AM*. Da nach Voraussetzung keine Translation der
Gruppe kürzer ist als *t*, kann somit auch *EF* nicht kürzer sein als
AM. Es gibt daher in der Tat
keine anderen Drehpunkte als die
Punkte der zu *A*, *M*, *N* gehörigen
drei Gitter. Da die Drehungen um
A jedes dieser Gitter in sich überführen und nicht ein Gitter ins andere, so sind die Punkte *A*, *M*, *N*
inäquivalent. Die Gruppe *II, 2, β*
besitzt demnach drei verschiedene Klassen von Drehpunkten
(Abb. 79). Die Punkte jeder Klasse

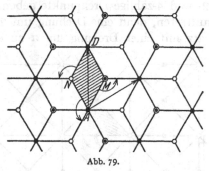

Abb. 79.

lassen sich als Mittelpunkte eines Systems regulärer Sechsecke auffassen, die die Ebene einfach und lückenlos überdecken und deren
Ecken abwechselnd mit den Drehpunkten der anderen beiden Klassen
besetzt sind. Man erhält auf diese Weise drei Systeme regulärer Sechsecke, die in bestimmter Weise übereinanderliegen. Übrigens läßt sich
diese Figur als eine Orthogonalprojektion dreier übereinanderliegender
Schichten des Graphitgerüstes (Abb. 56, S. 48) auffassen.

Als Fundamentalbereich ist in Abb. 79 der Rhombus $AMND$
gewählt[1], ferner sind in dieser Figur zwei Translationen eingetragen,
aus denen sich das Translationsgitter der Gruppe erzeugen läßt.

---

[1] Dasselbe System aneinandergrenzender Rhomben wird im Aufbau der
Bienenwabe verwandt.

Betrachtet man ein System äquivalenter Zeiger, die nicht von einem Drehpunkt ausgehen (Abb. 80), so erhält man drei ineinandergestellte Gitter, von denen jedes durch eine bestimmte Zeigerstellung gekennzeichnet ist. Erzeugende Parallelogramme dieser Gitter sind nicht eingetragen, weil die Figur sonst unübersichtlich würde.

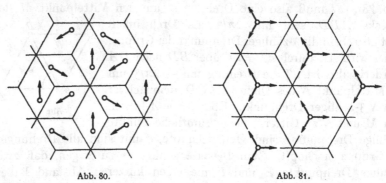

Abb. 80.   Abb. 81.

Geht man von einem Drehpunkt aus (Abb. 81), so fallen die drei Gitter in eins zusammen, da von jedem Punkt drei Zeiger ausgehen müssen.

II, 2, γ. Der kleinste Drehwinkel der Gruppe ist $\pi/2$. Es kann also 2- und 4-zählige Drehpunkte geben. Andere Drehwinkel können nicht auftreten, denn eine Drehung um $2\pi/3$ ließe sich nach dem Additionssatz mit einer Drehung um π zu einer Drehung um $\pi/3$ zusammen-

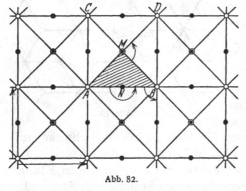

setzen, im Widerspruch damit, daß kein kleinerer Drehwinkel als $\pi/2$ vorkommen soll.

Wir führen nun die Untersuchung ähnlich wie im vorigen Fall. Sei A irgendein 4-zähliger Drehpunkt (Abb. 82) und $A \rightarrow B$ eine möglichst kurze Translation der Gruppe. Geht B durch Drehung um A um $\pi/2$ in C über, so ist auch $A \rightarrow C$ eine in der Gruppe vorkommende

Abb. 82.

Translation. Das Translationsgitter der Gruppe muß sich also aus dem Quadrat $ABCD$ erzeugen lassen, da dieses Gitterpunkte zu Ecken hat und keine weiteren Gitterpunkte mehr enthalten kann. Wie im vorigen Fall ist also das Translationsgitter nicht beliebig, sondern hat eine besondere symmetrische Gestalt. Wenn wir nun zu den Translationen nur noch die Drehungen um π, aber nicht die um $\pi/2$ hinzunehmen, so erhalten wir eine Untergruppe, und diese muß den Typus *II, 2, α* haben. Die Mittelpunkte der Quadrate, z. B. M, sowie die

Mittelpunkte der Quadratseiten, z. B. N, bilden zusammen mit den Quadratecken das vollständige System der Drehpunkte in der Untergruppe. Ausschließlich unter diesen Punkten haben wir aber auch die 2- und 4-zähligen Drehpunkte der vollen Gruppe zu suchen, da diese Punkte ja in der Untergruppe als 2-zählig mitberücksichtigt sein müssen.

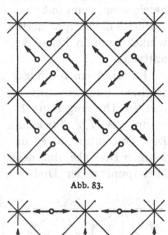

Abb. 83.

Betrachten wir nun die Drehung (d) $AB \rightarrow AC$ und die Translation (t) $A \rightarrow B$, so führt $d' = dt$ offenbar AB in BD über, d' ist daher die Drehung um M um $\pi/2$, und demnach sind die Quadratmittelpunkte sämtlich 4-zählige und nicht nur 2-zählige Drehpunkte. Ebenso wie im vorigen Fall können wir schließen, daß keine anderen 4-zähligen Drehpunkte mehr vorkommen. $d^{-1}d'$ ist nämlich die kürzeste in der Gruppe enthaltene Translation t, also können zwei 4-zählige Drehpunkte keinen kürzeren Abstand haben als AM, wir können daher zu den Gittern von A und M keine 4-zähligen Drehpunkte mehr hinzufügen. Da diese beiden Gitter durch jede der bisher betrachteten Bewegungen in sich und nicht ineinander übergeführt werden, sind A und M inäquivalent. Dagegen erkennt man, daß alle 2-zähligen Drehpunkte äquivalent sind. Wir haben also eine einzige Klasse 2-zähliger Drehpunkte, bestehend aus zwei ineinandergeschobenen Quadratgittern, und zwei Klassen 4-zähliger Drehpunkte, aus je einem Gitter bestehend. Als Fundamentalbereich läßt sich das Dreieck AMB verwenden.

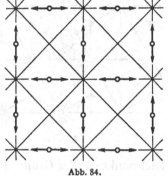

Abb. 84.

Das Zeigersystem, das zu einem Punkt allgemeiner Lage gehört (Abb. 83), besteht aus vier Quadratgittern, jedes

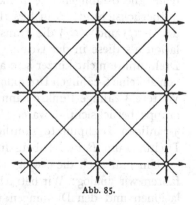

Abb. 85.

durch eine bestimmte Zeigerrichtung gekennzeichnet. Ein 2-zähliger Drehpunkt (Abb. 84) liefert zwei Gitter verschiedener Zeigerrichtung, ein 4-zähliger Drehpunkt nur ein einziges (Abb. 85). Wenn dabei wie in dieser Figur die Pfeile paarweise aufeinanderzeigen, können wir die Figur als regelmäßige ebene Anordnung gleichartiger 4-wertiger Atome deuten.

II, 2, δ. In diesem Fall ist die Mannigfaltigkeit der Drehungen am größten. Denn da 6-zählige Drehpunkte zugelassen sind, können auch 2- und 3-zählige vorkommen. Dagegen sind 4-zählige Drehpunkte ausgeschlossen, denn mit einer Drehung um $\pi/2$ und einer Drehung um $\pi/3$ enthielte die Gruppe notwendig eine Drehung um $\pi/6$, und dieser Drehwinkel kann in keiner krystallographischen ebenen Bewegungsgruppe auftreten.

Es sei A ein 6-zähliger Drehpunkt der Gruppe (Abb. 86). Wir betrachten nun zunächst die Untergruppe, die aus den Translationen und den Drehungen um $2\pi/3$ besteht. Die Struktur dieser Untergruppe ist uns aus *II, 2, β* bekannt. In ihr tritt A als 3-zähliger Drehpunkt auf. Das Translationsgitter dieser Untergruppe ist das Gitter der gleichseitigen Dreiecke, und neben den Ecken, z. B. A, B, C, treten auch die Mittelpunkte der Dreiecke, z. B. M, als 3-zählige Drehpunkte auf.

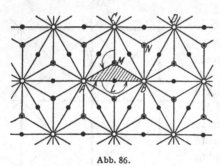

Abb. 86.

Daraus können wir aber schließen, daß auch in der ganzen Gruppe selbst die Translationen das gleiche Gitter bilden, da diese ja alle in der Untergruppe berücksichtigt sind. In der ganzen Gruppe ist nun A nicht 3-, sondern 6-zähliger Drehpunkt, daher müssen auch alle Gitterpunkte des Gitters von A 6-zählig sein. Wenn es noch andere 6-zählige Drehpunkte in der Gruppe gibt, können es nur die Dreiecksmitten sein, denn alle 6-zähligen Drehpunkte sind in der Untergruppe als 3-zählig mitberücksichtigt. Nun bewirken die beiden Drehungen um A und C um $+\pi/3$ und $-\pi/3$ die Translation $A \to B$. Da es keine kürzere Translation als diese in der Gruppe gibt, kann auch der Abstand 6-zähliger Drehpunkte nicht kürzer sein als AC; folglich gibt es außer dem Gitter von A keine 6-zähligen Drehpunkte, und die Dreiecksmitten sind 3-zählig. Weitere 3-zählige Punkte kann es nicht geben, da sie alle in der Untergruppe berücksichtigt waren. Im Gegensatz zum Fall *II, 2, β* sind die 3-zähligen Drehpunkte sämtlich äquivalent, da z. B. M durch eine Drehung um B in N übergeführt wird.

Um nun noch die etwaigen 2-zähligen Drehpunkte aufzufinden, verfahren wir analog: Wir betrachten die Untergruppe, die aus den Translationen und den Drehungen um π besteht. Aus den Betrachtungen über den Fall *II, 2, α* ergibt sich, daß die Ecken des erzeugenden Gitterparallelogramms sowie deren Mittelpunkte und Seitenmittelpunkte, d. h. die Mittelpunkte der Seiten aller gleichseitigen Dreiecke, Drehungen um π gestatten. Die Ecken der Dreiecke haben wir schon als 6-zählige Drehpunkte berücksichtigt. Es bleiben also genau die Seitenmitten der

Dreiecke als Gesamtheit der 2-zähligen Drehpunkte übrig. Man erkennt, daß sie alle äquivalent sind. Es gibt also je eine Klasse 2-, 3- und 6-zähliger Drehpunkte. *AMB* ist ein Fundamentalbereich der Gruppe.

Das Zeigersystem eines Punktes allgemeiner Lage besteht aus sechs ineinandergeschobenen Gittern, von denen jedes durch eine Zeiger-

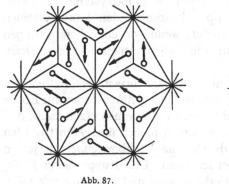

Abb. 87.

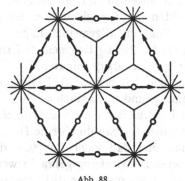

Abb. 88.

richtung gekennzeichnet ist. In Abb. 87 ist jedes dieser Gitter durch je drei parallele Zeiger vertreten, die je ein gleichseitiges Dreieck bilden. Geht man von einem 2-zähligen Drehpunkt aus (Abb. 88), so fallen die Gitter paarweise zu drei Gittern zusammen. Diese Figur gibt eine mögliche regelmäßige ebene Anordnung eines Komplexes aus zweierlei Atomen, von denen die eine Art 6-wertig und die andere Art 2-wertig ist.

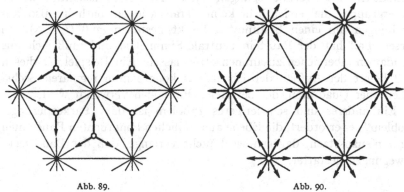

Abb. 89.   Abb. 90.

Wenn wir alle Zeiger um $\pi/2$ drehen, kommen wir auf eine Anordnung, bei der 2- und 3-wertige Atome verknüpft sind. Das Zeigersystem der 3-zähligen Drehpunkte (Abb. 89) besteht aus zwei Gittern. Bei der in der Figur angenommenen Zeigerstellung ergibt sich eine Anordnung aus 3- und 6-wertigen Atomen. Das Zeigersystem der 6-zähligen Drehpunkte (Abb. 90) bildet ein einziges Gitter, das wir in der gezeichneten Zeigerstellung als regelmäßige ebene Anordnung 6-wertiger gleichartiger Atome auffassen können.

Die Aufgabe, die wir uns in § 9 gestellt haben, ist nunmehr vollständig gelöst. Wir haben die sämtlichen überhaupt möglichen krystallographischen Bewegungsgruppen der Ebene aufgestellt und dabei gefunden, daß es nur fünf solche Gruppen gibt. Die allgemeinsten Punkt- und Zeigersysteme erhalten wir, wenn wir in jeder Gruppe von einem Punkt allgemeiner Lage ausgehen. Denn die Punktsysteme aus Drehpunkten der komplizierteren Gruppen kehren in den Punktsystemen aus Punkten allgemeiner Lage wieder, wenn wir einfachere Gruppen zugrunde legen. Dagegen liefern die Zeigersysteme bei den Drehpunkten neuartige Figuren.

Zugleich haben wir die Lösung eines mit dem vorigen verwandten Problems gefunden, nämlich auf welche verschiedenen Arten man die Ebene aus kongruenten endlichen Bereichen derart zusammensetzen kann, daß der ganze Aufbau durch eine Deckbewegung in sich übergeführt werden kann, und daß jeder Baustein durch eine Deckbewegung mit jedem anderen zur Deckung gebracht werden kann. Die Gruppe dieser Deckbewegungen muß eine diskontinuierliche sein, und zwar eine krystallographische, weil die Anzahl der Bausteine innerhalb eines Kreises mit dem Quadrat des Radius ins Unendliche wächst. Es gibt daher nur zwei Möglichkeiten. Entweder läßt keine von der Identität verschiedene Deckbewegung einen Baustein ungeändert; dann muß der Baustein einen Fundamentalbereich bilden. Oder es gibt Bausteine, die durch eine Deckbewegung in sich übergehen; dann bildet die Gesamtheit der Deckbewegungen dieser Art eine diskontinuierliche Untergruppe, die ersichtlich keine Translationen enthält, also aus Drehungen um einen bestimmten Punkt bestehen muß (*I, 2, α*). In diesem Fall hat der Baustein zentrale Symmetrie und muß sich aus Fundamentalbereichen zusammensetzen lassen. Ein Beispiel für diesen Fall liefert der Aufbau der Ebene aus kongruenten regulären Sechsecken oder Quadraten, der bei vielen Fußböden verwandt wird.

Ein anderes und schwierigeres Problem ist das „Parkettierungsproblem"; es erfordert, die Ebene aus endlichen kongruenten Bausteinen zusammenzusetzen, dagegen wird nicht verlangt, daß der Bau Deckbewegungen gestattet.

§ 13. Die krystallographischen Klassen und Gruppen räumlicher Bewegungen. Gruppen und Punktsysteme mit spiegelbildlicher Symmetrie.

Auch im Raum gibt es nur endlich viele krystallographische Bewegungsgruppen; ihre Anzahl ist aber weit größer als in der Ebene. Um diese Gruppen bestimmen zu können, muß man, wie in der Ebene, zunächst die einzelnen Bewegungen geometrisch kennzeichnen. Man kann auch im Raum jede beliebige Bewegung durch eine Bewegung von bestimmtem einfachen Typus ersetzen. Betrachtet man zunächst Bewegungen, die einen Punkt fest lassen, so läßt sich beweisen, daß dann auch eine durch diesen Punkt gehende Gerade Punkt für Punkt fest bleiben muß und daß die Bewegung durch eine Drehung um einen bestimmten Winkel um diese Gerade als Achse ersetzt werden kann. Räumliche Bewegungen, die keinen Punkt fest lassen, sind z. B. die Translationen.

Man kann nun zeigen, daß jede beliebige Bewegung des Raumes sich aus einer bestimmten Drehung und einer bestimmten Translation in der Richtung der Drehungsachse zusammensetzen läßt; man kann auch die Drehungen und Translationen selbst als solche zusammengesetzte Bewegungen ansehen, indem man annimmt, daß der eine Bestandteil der Bewegung sich auf die Identität reduziert. Denkt man sich nun bei der allgemeinsten Bewegung die Drehung und die Translation zu gleicher Zeit und mit konstanter Geschwindigkeit ausgeführt, so erhält man eine schraubenförmige Fortbewegung des Raumes. Die allgemeinste Bewegung des Raumes wird deshalb als Schraubung bezeichnet, wobei man die Translationen und Drehungen als Grenzfälle von Schraubungen auffassen kann. Bei manchen Problemen ist es übrigens auch zweckmäßig, die Translationen ähnlich wie im Fall der Ebene als Drehungen mit verschwindend kleinem Drehwinkel um eine unendlich ferne Achse anzusehen.

Bei der Zusammensetzung zweier Schraubungen im Raum gilt kein so einfaches allgemeines Gesetz, wie es in der Ebene der Additionssatz der Winkel bei Zusammensetzung von Drehungen darstellt. Es gibt aber zwei speziellere Sätze, die für die Zwecke der räumlichen Krystallographie ausreichen; zunächst ergeben nämlich zwei Translationen zusammengesetzt stets wieder eine Translation, und zweitens unterscheiden sich Schraubungen um parallele Achsen und gleiche Drehungswinkel nur um eine Translation. Als Drehungswinkel einer Schraubung ist dabei der Winkel der Drehung anzusehen, die den einen Bestandteil der Schraubung bildet.

Nach dem ersten Gesetz bilden die in einer räumlichen Bewegungsgruppe enthaltenen Translationen stets eine Untergruppe. Wie in der Ebene ist die Struktur dieser Untergruppe maßgebend dafür, ob eine diskontinuierliche räumliche Bewegungsgruppe krystallographisch ist, d. h. auf ein räumliches Punktsystem führt, oder nicht. Sind nämlich alle Translationen der Gruppe einer festen Ebene parallel, so besitzt die Gruppe stets unendliche Fundamentalbereiche und kann auf kein Punktsystem führen. Besitzt dagegen die Gruppe drei Translationen, deren Richtungen nicht sämtlich einer und derselben Ebene parallel sind, so ist sie eine krystallographische Gruppe. Die zu einem Punkt P äquivalenten Punkte bezüglich der Untergruppe der Translationen bilden dann stets ein räumliches Punktgitter. Wenn es außerdem in der Gruppe noch eine Schraubung gibt, die P in einen dem Gitter nicht angehörenden Punkt Q überführt, so bestimmt die Untergruppe der Translationen auch zu Q ein Gitter aus lauter zu Q und P äquivalenten Punkten. Wegen der Diskontinuität der Gruppe kann es nur endlich viele solche Gitter geben; diese Einschränkung führt wie in der Ebene zur Übersicht aller möglichen Fälle. Zugleich ergibt sich, daß die regulären Punktsysteme im Raum sich aus endlich vielen kongruenten parallel ineinandergeschobenen räumlichen Punktgittern zusammensetzen lassen. Ein Beispiel dafür haben wir im System der Kugelmittelpunkte bei der tetraedrischen Lagerung schon kennengelernt.

Der zweite erwähnte Satz über die Schraubungen mit parallelen Achsen führt nun zu einem wichtigen geometrischen Verfahren, um die von einer Translation verschiedenen Bewegungen einer Gruppe zusammenzufassen. Zu diesem Zweck zeichne ich irgendeinen beliebigen Raumpunkt M aus. Zur Achse a jeder in der Gruppe vorkommenden Schraubung ziehe ich durch M die Parallele a_0, und jeder in der Gruppe vorkommenden Schraubung s um die Achse a ordne ich die Drehung s_0 um die Achse a_0 zu, die denselben Drehwinkel besitzt wie s. Dann können sich s und s_0 nur durch eine Translation unterscheiden. Nach diesem Verfahren entspricht jeder von einer Translation verschiedenen Bewegung der Gruppe G eine andere Bewegung, die den Punkt M fest läßt. Um die Zuordnung zu vervollständigen, lasse ich ferner allen Translationen aus G die Identität entsprechen. Auf diese Weise ist der Gruppe G ein System G_M von Abbildungen zugeordnet, die sämtlich M fest lassen. Ich behaupte, daß G_M eine Gruppe ist. Sind nämlich die Drehungen s_0 und t_0 aus G_M den Schraubungen s und t aus G zugeordnet, so läßt sich aus dem Gesetz über Schraubungen um parallele Achsen leicht schließen, daß $s_0 t_0$ gerade diejenige Drehung aus G_M ist, die $s t$ zugeordnet werden muß. Daher erfüllt das System G_M in der Tat die beiden Gruppenpostulate, daß mit s_0 und t_0 stets auch $s_0 t_0$ sowie s_0^{-1} dem System angehören.

Durch die Struktur der Gruppe G_M ist G keineswegs eindeutig bestimmt; man kann aus der Struktur von G_M nichts über die in G enthaltenen Translationen schließen, z. B. allen Gruppen G, die nur aus Translationen bestehen, entspricht eine und dieselbe Gruppe G_M, die nur aus der Identität besteht. G_M liefert also eine Zusammenfassung von Gruppen, die sich nur durch ihre Translationen unterscheiden. Man nennt die Gesamtheit aller räumlichen Bewegungsgruppen, die auf eine und dieselbe Gruppe G_M führen, eine *Klasse räumlicher Bewegungsgruppen*. Wenn einer Klasse eine krystallographische Gruppe angehört, nennt man diese Klasse eine *krystallographische Klasse*. Dieser Begriff ist sowohl für die praktische Krystallographie als auch für die geometrische Bestimmung der Raumgruppen von großer Bedeutung.

Es ist nämlich viel leichter, zuerst alle möglichen krystallographischen Klassen aufzustellen und erst nachher für jede Klasse zu untersuchen, was für Gruppen ihr angehören können.

Da alle Bewegungen aus G_M den Punkt M fest lassen, führen sie auch die Oberfläche einer um M als Mittelpunkt geschlagenen Kugel in sich über, und man kann daher die Gruppen G_M als Bewegungsgruppen der Kugeloberfläche ansehen. Es tritt nun die große Vereinfachung ein, daß G_M stets diskontinuierlich sein muß, wenn G diskontinuierlich ist. Da die Diskontinuität von G etwas ganz anderes bedeutet als die Diskontinuität von G_M, so ist der genannte Satz keineswegs selbstverständlich. Er läßt sich aber bei den krystallographischen Gruppen leicht beweisen, indem man die zugehörigen Translationsgitter in Betracht zieht. Dieser Beweis soll hier übergangen werden.

Um alle krystallographischen Klassen von räumlichen Bewegungsgruppen zu finden, haben wir demnach nur noch die diskontinuierlichen Bewegungsgruppen der Kugel zu untersuchen. Es tritt aber noch eine zweite Vereinfachung ein. Wie in der Ebene, so kann man auch im Raum schließen, daß in einer krystallographischen Bewegungsgruppe keine anderen Drehwinkel vorkommen können als die Vielfachen von $\pi, \frac{2}{3}\pi, \frac{1}{2}\pi, \frac{1}{3}\pi$. Wie es also in der Ebene nur 2-, 3-, 4- und 6-zählige Drehpunkte in den Gruppen gibt, so kann es (bei analoger Bezeichnungsweise) in den räumlichen krystallographischen Bewegungsgruppen nur 2-, 3-, 4- und 6-zählige Achsen geben. Das gleiche muß aber auch für die Gruppen G_M der krystallographischen Klassen gelten. Nach dieser Einschränkung bleiben nur elf Krystallklassen übrig; sie mögen hier aufgezählt werden.

Wir nehmen zunächst die Fälle, daß nur eine einzige n-zählige Achse in G_M vorhanden ist. Diese Klassen werden in der Krystallographie mit C_n bezeichnet. Wir haben die fünf Klassen (Abb. 91):

1. C_1 (Identität, Klasse der Translationsgruppen),
2. C_2,
3. C_3,
4. C_4,
5. C_6.

Wir nehmen jetzt an, daß mehrere Achsen vorhanden sind, von denen höchstens eine mehr als 2-zählig ist. Diese ausgewählte n-zählige

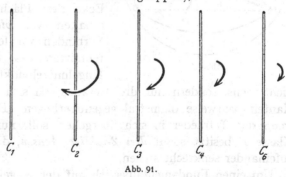

Abb. 91.

Achse wird als Hauptachse bezeichnet, die 2-zähligen Achsen als Nebenachsen. Dann läßt sich aus den Gruppenpostulaten leicht schließen, daß es genau n Nebenachsen geben muß, und daß sie alle auf der

Hauptachse senkrecht stehen und miteinander gleiche Winkel bilden müssen. Die zugehörigen Gruppen und Klassen werden mit dem Symbol D_n (Diëder) bezeichnet. Es gibt vier solche Klassen (Abb. 92):

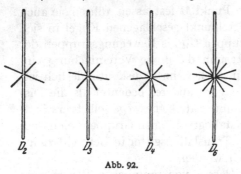

Abb. 92.

6. D_2, (3 gleichberechtigte Achsen).

7. D_3,

8. D_4,

9. D_6.

Man kann übrigens leicht einsehen, daß für $n = 3$ die Nebenachsen alle äquivalent sind, während sie sich in den übrigen Fällen abwechselnd auf zwei Klassen verteilen.

Es bleibt nur noch die Möglichkeit, daß es mehrere Achsen gibt, die mehr als 2-zählig sind. Eine nähere Betrachtung lehrt dann, daß die äquivalenten Punkte auf der Kugel entweder die Ecken eines regulären Tetraeders (T) oder die eines regulären Oktaeders (O) bilden müssen. Aus den Symmetrieeigenschaften dieser Polyeder folgt von selbst die Achsenverteilung; man erhält alle Achsen, indem man die Ecken, die Mittelpunkte der Flächen und die Mittelpunkte der Kanten mit dem Kugelmittelpunkt verbindet. Auf diese Weise liefert das Tetraeder die Klasse

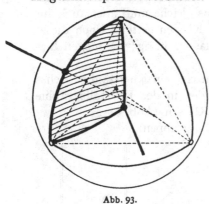

Abb. 93.

10. T (Abb. 93).

Verbindet man im Tetraeder den Kugelmittelpunkt mit einer Ecke, so geht diese Gerade auch durch den Mittelpunkt der gegenüberliegenden Fläche. Da diese ein gleichseitiges Dreieck ist und andererseits in jeder Ecke drei Flächen zusammenstoßen, erhalten wir *vier 3-zählige Achsen*. Verbinden wir ferner die sechs Kantenmitten des Tetraeders mit dem Kugelmittelpunkt, so erhalten wir nicht sechs, sondern nur drei Geraden, da sich die Mittelpunkte der Kanten paarweise diametral gegenüberliegen. Diese Achsen können, wenn das Tetraeder in sich übergehen soll, nur 2-zählig sein. Die Klasse T besitzt somit *drei 2-zählige Achsen*, die übrigens paarweise aufeinander senkrecht stehen.

Um einen Fundamentalbereich auf der Kugel zu erhalten, können wir von einem sphärischen Dreieck ausgehen, das einer Fläche des Tetraeders entspricht. Ein solches Dreieck ist noch kein Fundamentalbereich, da es durch Drehung um eine 3-zählige Achse in sich selbst

übergeht. Dagegen läßt sich das Dreieck offenbar aus drei Fundamentalbereichen aufbauen (Abb. 93).

Die Untersuchung der letzten Klasse,

11. *O* (Abb. 94),

verläuft analog. Die sechs Ecken des Oktaeders liegen einander paarweise gegenüber, und in jeder Ecke stoßen vier Flächen zusammen.
Wir erhalten also *drei 4-zählige Achsen*. Ebenso liegen die acht Flächen
des Oktaeders einander paarweise gegenüber; da sie sämtlich gleichseitige Dreiecke sind, liefern sie *vier 3-zählige Achsen*. Da endlich das
Oktaeder zwölf Kanten besitzt und da diese einander paarweise gegenüberliegen, gibt es in der Klasse *O sechs 2-zählige Achsen*. Als Fundamentalbereich können wir wieder
den dritten Teil eines sphärischen
Dreiecks verwenden, das einer Ok-
taederfläche entspricht (Abb. 94).

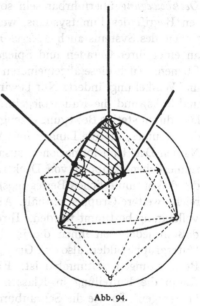

Die elf Klassen, die wir aufgestellt haben, führen zu insgesamt
fünfundsechzig räumlichen krystallographischen Bewegungsgruppen.
Die Übersicht über diese vielen
Gruppen wird also durch die Einteilung in Klassen außerordentlich
erleichtert. Man kann nun den
Klassenbegriff auch schon in der
Ebene in genau derselben Weise
einführen. Dann erhält man diskontinuierliche Bewegungsgruppen
der Kreisperipherie, und zwar sind
das einfach die Identität und die
Drehungen um Vielfache von

Abb. 94.

π, $2\pi/3$, $\pi/2$, $\pi/3$. Wir haben also nur fünf Klassen und in jeder Klasse
nur eine krystallographische Bewegungsgruppe; bei den ebenen krystallographischen Bewegungsgruppen bringt demnach die Klasseneinteilung
noch keinen Vorteil.

Wie in der Ebene, so führen auch im Raum die krystallographischen
Bewegungsgruppen zu Punktsystemen, und sie stehen ferner im Zusammenhang mit dem Problem, den Raum aus kongruenten endlichen
Bausteinen aufzubauen, so daß der Bau Deckbewegungen gestattet, die
jeden Stein in jeden anderen überführen können. Dieses Problem ist
noch nicht gelöst.

Für die Krystallchemie ist es zweckmäßig, neben den Punktsystemen
auch Zeigersysteme zu betrachten. Im Raum kommt man aber nicht
mit einem einzigen Zeiger aus, da diese Figur noch um die Zeigerrichtung drehbar ist. Eine Figur mit vollbestimmter Orientierung er-

hält man erst, wenn man einen Punkt mit zwei Zeigern verschiedener Länge und Richtung ausstattet.

Vergleicht man nun die empirisch bestimmten Krystallstrukturen mit dem geometrisch bestimmten Vorrat aller Zeigersysteme, so ergibt sich das überraschende Resultat, daß die Natur nicht nur diesen geometrischen Vorrat vollständig verbraucht, sondern daß es sogar noch viele Krystallstrukturen gibt, die durch unseren Begriff des regulären Punktsystems nicht erfaßt werden, obwohl alle Elemente gleichberechtigt sind. Wir haben nämlich in der dritten definierenden Eigenschaft der Punktsysteme die Gleichberechtigung aller Punkte dadurch gekennzeichnet, daß jeder Punkt des Systems in jeden anderen durch eine *Deckbewegung* überführbar sein soll. Man kommt zu einem allgemeineren Begriff des Punktsystems, wenn man unter den Decktransformationen des Systems auch *Spiegelungen* zuläßt; Spiegelungen der Ebene an einer ihrer Geraden und Spiegelungen des Raumes an einer seiner Ebenen. Auch diese allgemeineren Transformationen lassen alle Längen und Winkel ungeändert. Nur bewirken sie eine Vertauschung von rechts und links, und die Raumspiegelungen können nicht aus der Ausgangslage durch stetige Bewegung erzeugt werden. Faßt man alle Abbildungen des Raumes, die die Längen und Winkel ungeändert lassen, unter dem Namen Decktransformationen zusammen, so erhält man in den diskontinuierlichen Gruppen von Decktransformationen eine Gesamtheit, die die diskontinuierlichen Bewegungsgruppen mit umfaßt, aber noch zahlreiche weitere Gruppen enthält. Auch diese allgemeineren Gruppen sind vollständig bestimmt worden. Ihre Übersicht wird dadurch erleichtert, daß in jeder von ihnen die in ihr vorkommenden Bewegungen eine Untergruppe bilden, also eine Gruppe, deren Typus durch unsere früheren Betrachtungen bestimmbar ist. Ebenso läßt sich in der Ebene und im Raum die Einteilung in Klassen auf die Gruppen mit Spiegelungen übertragen. So wie die Schraubungen um parallele Achsen und gleiche Winkel unterscheiden sich nämlich auch die Spiegelungen an parallelen Ebenen bzw. Geraden nur durch eine Translation. Über die Gesamtheit von Klassen und Gruppen, die man auf diese Weise erhält, gibt die folgende kleine Tabelle eine Übersicht.

	Ebene		Raum	
	Krystallographische Gruppen	Krystallographische Klassen	Krystallographische Gruppen	Krystallographische Klassen
Bewegungen	5	5	65	11
Durch Spiegelung dazu . . .	12	5	165	21
Im ganzen	17	10	230	32

Erst die Hinzunahme der Spiegelungen liefert wirklich die vollständige Mannigfaltigkeit der in der Natur vorkommenden Krystallstrukturen. Geht man zu den Zeigersystemen über, so hat man in der Ebene und im Raum jeweils noch einen Zeiger hinzuzufügen; denn ein Zeiger in der Ebene gestattet noch eine Spiegelung an der Geraden, die den Zeiger enthält, und ebenso läßt im Raum die Figur aus zwei Zeigern verschiedener Länge noch eine Spiegelung an der Ebene der Zeiger zu. Im Raum hat man also drei Zeiger verschiedener Länge zugrunde zu legen, die von einem Punkt ausgehen und nicht in einer und derselben Ebene liegen.

Man kann die diskontinuierlichen Gruppen von Decktransformationen nicht nur geometrisch, sondern auch auf arithmetisch-algebra- ischem Wege bestimmen. Man wird dann im Fall der Ebene auf merkwürdige Relationen zwischen komplexen Zahlen geführt; im Raum hat man hyperkomplexe Zahlensysteme zugrunde zu legen.

Es wäre eine interessante Aufgabe, die hier angestellten Überlegungen auch auf mehrdimensionale Räume auszudehnen. Für die diskontinuierlichen Deckgruppen der mehrdimensionalen Kugeln liegen einige Ergebnisse vor, da man die Analoga der regulären Polyeder in den Räumen beliebiger Dimensionszahlen kennt; mit diesen mehrdimensionalen Gebilden werden wir uns noch im nächsten Kapitel beschäftigen. Ferner hat BIEBERBACH bewiesen, daß es für jedes n nur endlich viele diskontinuierliche krystallographische n-dimensionale Gruppen gibt, und daß in jeder solchen Gruppe n linear unabhängige Translationen vorkommen.

§ 14. Die regulären Polyeder.

Bei der Aufstellung der krystallographischen Klassen sind wir auf das reguläre Tetraeder und Oktaeder geführt worden. Wir wollen jetzt eine allgemeine Definition des regulären Polyeders geben und feststellen, welche weiteren regulären Polyeder außer dem Tetraeder und dem Oktaeder noch möglich sind.

Wir werden von einem regulären Polyeder verlangen, daß alle seine Ecken, alle seine Kanten und alle seine Flächen unter sich gleichberechtigt sind. Ferner wollen wir fordern, daß sämtliche Flächen reguläre Polygone sind.

Ein solches Polyeder muß zunächst frei von einspringenden Ecken und einspringenden Kanten sein. Denn da nicht alle Ecken und nicht alle Kanten einspringend sein können, so wären nicht alle Ecken oder nicht alle Kanten gleichberechtigt, wenn einspringende Ecken oder Kanten vorkämen. Daraus folgt, daß die Summe der Polygonwinkel, die in einer Ecke zusammenstoßen, kleiner sein muß als 2π. Denn sonst würden alle diese Polygone in eine Ebene fallen, oder es müßten einspringende Kanten von dieser Ecke auslaufen. Da ferner mindestens drei Polygone in einer Ecke zusammenstoßen müssen und da aus der Regularität die Gleichheit sämtlicher Polygonwinkel folgt, so müssen alle diese Winkel einen kleineren Wert haben als $2\pi/3$. Nun ist aber der Winkel im regulären Sechseck gerade $2\pi/3$, und bei wachsendem n wird der Winkel im regulären n-Eck immer größer. Also kommen nur reguläre Drei-, Vier- und Fünfecke als Grenzflächen eines regulären Polyeders in Frage. Da das reguläre Viereck, das Quadrat, lauter rechte Winkel hat, können nicht mehr als drei Quadrate in einer Ecke zusammenstoßen, ohne daß die Winkelsumme 2π erreicht; erst recht können nicht mehr als drei Fünfecke aneinanderstoßen. Nun ist die Gestalt eines regulären Polyeders vollständig bestimmt, wenn man die Anzahl der in einer Ecke zusammenstoßenden Flächen und deren Eckenzahl kennt. Demnach kann es höchstens je ein reguläres Polyeder geben, das von Quadraten oder von regulären Fünfecken begrenzt wird. Dagegen können drei, vier oder fünf gleichseitige Dreiecke in einer Ecke D zusammenstoßen, da erst sechs Dreiecke die Winkelsumme 2π ergeben. Das gleichseitige Dreieck kann also bei drei verschiedenen Polyedern als Grenzfläche auftreten, und wir haben insgesamt fünf Möglichkeiten für reguläre Polyeder gefunden. Diese Möglichkeiten lassen sich nun auch alle verwirklichen. Schon PLATO hat alle fünf regulären Polyeder gekannt und ihnen in seiner Ideenlehre große Bedeutung zugeschrieben. Sie werden deshalb auch die platonischen Körper genannt. Wir stellen die wichtigsten Angaben über die fünf regulären Polyeder in der folgenden Tabelle zusammen und geben in Abb. 95—99 deren Bilder in Parallelprojektion.

Name des Polyeders	Art der begrenzenden Polygone	Anzahl der			
		Ecken	Kanten	Flächen	in einer Ecke zusammen- stoßenden Flächen
Tetraeder (Abb. 95)	Dreieck	4	6	4	3
Oktaeder (Abb. 96)	,,	6	12	8	4
Ikosaeder (Abb. 97)	,,	12	30	20	5
Würfel (Hexaeder) (Abb. 98)	Viereck	8	12	6	3
Dodekaeder (Abb. 99) . . .	Fünfeck	20	30	12	3

Die regulären Polyeder stehen alle zur Kugel in einer ähnlichen Beziehung, wie wir für das Tetraeder und das Oktaeder schon im vorigen Paragraphen angegeben haben. Sie lassen sich alle in eine Kugel einbeschreiben, und jedes dieser Polyeder führt zu einer diskontinuierlichen Bewegungsgruppe der Kugel, bei der die Ecken des Polyeders ein System äquivalenter Punkte bilden. Wenn wir nun in allen Ecken des Polyeders die Tangentialebenen an die Kugel legen, so müssen diese Ebenen ein zweites Polyeder begrenzen, das bei den Bewegungen der Gruppe ebenfalls in sich selbst übergeht; wir werden erwarten, daß das neugefundene Polyeder ebenfalls regulär ist, und nach dieser Konstruktion müssen einander die fünf Polyeder paarweise entsprechen. Führt man

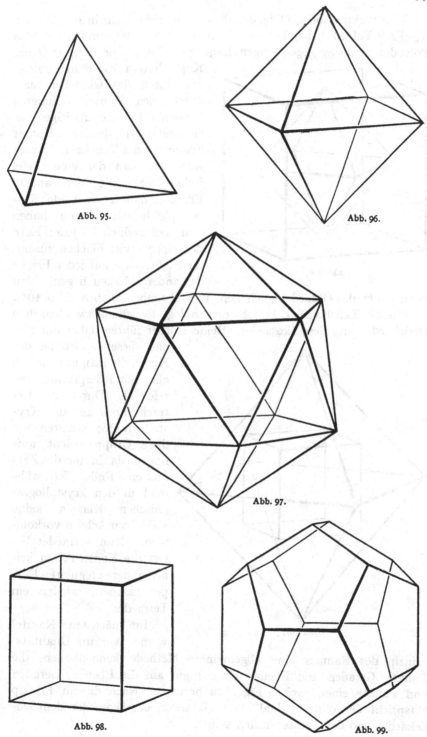

Abb. 95.

Abb. 96.

Abb. 97.

Abb. 98.

Abb. 99.

die Konstruktion beim Oktaeder durch, so erhält man in der Tat ein
reguläres Polyeder, nämlich den Würfel; in Abb. 100 sind die beiden
Polyeder in dieser gegenseitigen Lage gezeichnet. Die Gruppe *O* der

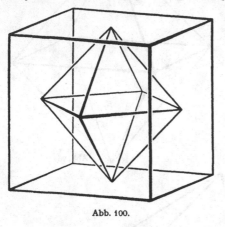

Kugel hätten wir daher ebenso
wie durch das Oktaeder auch
durch den Würfel definieren
können. Die gegenseitige Beziehung der beiden Körper
kommt in der Tabelle darin zum
Ausdruck, daß der eine soviel
Ecken hat wie der andere
Flächen, daß ferner beide Körper gleich viele Kanten haben
und daß endlich in jeder Ecke
des einen soviel Flächen zusammenstoßen, wie auf jeder Fläche
des anderen Ecken liegen. Man

Abb. 100.

kann daher das Oktaeder auch dem Würfel umbeschreiben (Abb. 101).

Wie die Tabelle zeigt, besteht die analoge Beziehung zwischen dem
Dodekaeder und dem Ikosaeder. Beide Körper führen daher auf eine

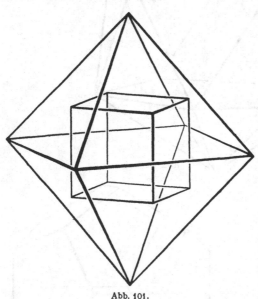

und dieselbe Gruppe der
Kugel, die man gewöhnlich
als Ikosaedergruppe be-
zeichnet. Durch die Be-
trachtungen aus der Kry-
stallographie konnten wir
diese Gruppe nicht auf-
finden, da in ihr die Zahl
fünf eine Rolle spielt, während in den krystallogra-
phischen Klassen keine
5-zähligen Achsen vorkom-
men. Beim Tetraeder lie-
fert die Konstruktion keinen anderen regulären Körper, sondern wieder ein
Tetraeder.

Im nächsten Kapitel
werden wir im Dualitäts-

Abb. 101.

prinzip des Raumes eine allgemeinere Methode kennenlernen, die
Punkte, Geraden und Ebenen einer Figur auf die Ebenen, Geraden
und Punkte einer zweiten Figur zu beziehen. Nach diesem Prinzip
entspricht der Würfel „dual“ dem Oktaeder, das Ikosaeder dem Dodekaeder und das Tetraeder sich selbst.

Eine nähere Betrachtung lehrt, daß die Tetraedergruppe eine Untergruppe der Oktaedergruppe ist; ähnlich hatten wir auch bei den diskontinuierlichen Bewegungsgruppen der Ebene die einen als Untergruppen anderer erkannt. Die Beziehung zwischen den Gruppen T und O hat die anschauliche Konsequenz, daß ich in einen Würfel ein reguläres Tetraeder einbeschreiben kann, so daß dessen Ecken Würfelecken sind und die Kanten des Tetraeders Diagonalen der Würfelflächen werden. Man kann zwei verschiedene derartige Tetraeder in den Würfel hineinstellen (Abb. 102).

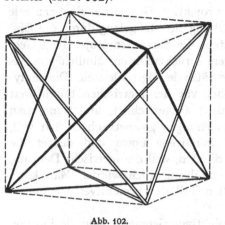

Abb. 102.

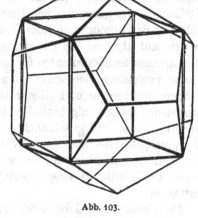

Abb. 103.

Ebenso erweist sich nun die Oktaedergruppe als Untergruppe der Ikosaedergruppe. Aus diesem Grunde kann man einen Würfel in ein Dodekaeder in gleicher Weise hineinstellen wie ein Tetraeder in einen Würfel (Abb. 103). Die nähere Betrachtung zeigt, daß es fünf solche Würfel in jedem Dodekaeder gibt; je eine Kante jedes Würfels liegt auf jeder Fläche des Dodekaeders, und je zwei Würfel stoßen in jeder Ecke zusammen.

Drittes Kapitel.

Konfigurationen.

Wir werden in diesem Kapitel geometrische Tatsachen kennenlernen, zu deren Formulierung und Beweis wir keine Strecken und Winkel auszumessen oder zu vergleichen brauchen. Man könnte meinen, daß sich ohne Längen- und Winkelmessung gar keine wesentlichen Eigenschaften einer Figur mehr bestimmen ließen und nur noch ungenaue Aussagen übrigblieben. In der Tat hat man lange Zeit nur die metrische Seite der Geometrie erforscht. Erst bei der wissenschaftlichen Begrün-

D. Hilbert, S. Cohn-Vossen, *Anschauliche Geometrie*, 2. Aufl.,
DOI 10.1007/978-3-642-19948-6_3, © Springer-Verlag Berlin Heidelberg 2011

dung der perspektivischen Malerei wurde man auf Fragen von der Art geführt, wie wir sie im folgenden behandeln wollen. Projiziert man nämlich eine ebene Figur von einem Punkt aus in eine andere Ebene, so werden die Längen und Winkel verändert; auch können parallele Geraden in nichtparallele Geraden übergehen. Trotzdem müssen wesentliche Eigenschaften der Figur erhalten bleiben, da wir die Projektion sonst nicht als richtiges Bild empfinden würden.

So führte das Verfahren des Projizierens zu einer neuen Theorie, die ihres Ursprungs wegen projektive Geometrie genannt wurde. Seit dem 19. Jahrhundert nimmt die projektive Geometrie eine zentrale Stellung in der geometrischen Forschung ein. Es gelang durch die Einführung der homogenen Koordinaten, die Sätze der projektiven Geometrie auf algebraische Gleichungen zurückzuführen, ähnlich wie das die cartesischen Koordinaten für die Sätze der Metrik leisten. Die analytische projektive Geometrie ist aber vor der metrischen durch weit größere Symmetrie und Allgemeinheit ausgezeichnet, und wenn man umgekehrt höhere algebraische Beziehungen geometrisch deuten will, so bringt man sie gewöhnlich in homogene Form und deutet die Veränderlichen als homogene Koordinaten, weil die metrische Deutung in einem cartesischen System zu unübersichtlich würde. Man kann sogar die Metrik als einen speziellen Teil der projektiven Geometrie auffassen.

Die elementaren Gebilde der projektiven Geometrie sind die Punkte, die Geraden und die Ebenen. Die elementaren Aussagen der projektiven Geometrie betreffen die einfachste mögliche Beziehung zwischen diesen drei Gebilden, nämlich ihre vereinigte Lage oder *Incidenz*. Unter Incidenz faßt man die folgenden Relationen zusammen: Ein Punkt liegt auf einer Geraden, ein Punkt liegt in einer Ebene, eine Gerade liegt in einer Ebene. Äquivalent damit sind offenbar die drei Aussagen, daß eine Gerade durch einen Punkt geht, daß eine Ebene durch einen Punkt geht und daß eine Ebene durch eine Gerade geht. Um nun diese drei Paare von Aussagen auf eine symmetrische Form zu bringen, hat man den Begriff der Incidenz eingeführt: Eine Gerade ist incident mit einem Punkt, eine Ebene ist incident mit einem Punkt, eine Ebene ist incident mit einer Geraden.

Die Aussagen über Incidenz sind die bei weitem wichtigsten der projektiven Geometrie. Es werden jedoch noch zwei weitere Grundvorstellungen verwendet, die sich nicht aus dem Incidenzbegriff ableiten lassen. So muß man zwei verschiedene Arten unterscheiden, wie vier Punkte auf einer Geraden angeordnet werden können; ferner braucht man den Begriff der Stetigkeit, durch den die Gesamtheit aller Punkte einer Geraden mit der Gesamtheit aller Zahlen verknüpft wird. Mit dieser Aufzählung sind die Grundbegriffe der projektiven Geometrie erschöpft.

Wir wollen ein besonders instruktives Teilgebiet der projektiven Geometrie betrachten: die Konfigurationen. Dabei werden sich auch Ausblicke auf verschiedene andere geometrische Fragen eröffnen. Es sei erwähnt, daß eine Zeitlang die Konfigurationen als das wichtigste Gebiet der ganzen Geometrie angesehen wurden[1].

§ 15. Vorbemerkungen über ebene Konfigurationen.

Eine ebene Konfiguration ist ein System von p Punkten und g Geraden, die in einer Ebene derart liegen, daß jeder Punkt des Systems mit der gleichen Anzahl γ von Geraden des Systems incident ist und daß ebenso jede Gerade des Systems mit der gleichen Anzahl π von Punkten des Systems incidiert. Eine solche Konfiguration wird mit dem Symbol $(p_\gamma g_\pi)$ bezeichnet. Die vier Zahlen p, g, π, γ sind nicht ganz willkürlich. Nach unserer Forderung gehen nämlich durch alle p Punkte insgesamt γp Geraden des Systems. Hierbei wird jede Gerade π mal gezählt, da sie ja durch π Punkte geht. Die Anzahl g der Geraden ist somit gleich $\gamma p/\pi$. Wir sehen also, daß für jede Konfiguration die Beziehung bestehen muß:

$$p\gamma = g\pi.$$

Ein Punkt und eine hindurchgehende Gerade bilden die einfachste Konfiguration, ihr Symbol ist $(1_1 1_1)$. Das Dreieck ist die nächste einfache Konfiguartion $(3_2 3_2)$. Ziehen wir in der Ebene vier Geraden, von denen keine zwei parallel sind und keine drei durch einen Punkt gehen, so erhalten wir sechs Schnittpunkte $ABCDEF$ (Abb. 104). Die bekannte Figur des vollständigen Vierseits, die sich so ergibt, ist also eine Konfiguration $(6_2 4_3)$. Die Gleichung $6 \cdot 2 = 3 \cdot 4$ bestätigt unsere allgemeine Formel. Bei dieser Konfiguration sind im Gegensatz zu

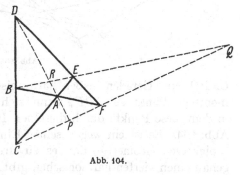

Abb. 104.

den ersten beiden trivialen Fällen nicht alle Verbindungsgeraden von Konfigurationspunkten auch Konfigurationsgeraden; ebenso brauchen im allgemeinen nicht alle Schnittpunkte von Konfigurationsgeraden auch Konfigurationspunkte zu sein.

Um alle Verbindungsgeraden von Konfigurationspunkten in Abb. 104 zu erhalten, haben wir noch die drei Diagonalen AD, BE, CF zu ziehen. Dabei treten die Ecken PQR des Diagonaldreiecks als neue Schnittpunkte auf. Es wäre denkbar, daß man durch Ziehen weiterer Verbin-

---

[1] Eine ausführliche Darstellung dieses Gebiets gibt das Buch von F. LEVI, Geometrische Konfigurationen (Leipzig 1929).

dungsgeraden und Hinzufügen weiterer Schnittpunkte zu einer Konfiguration käme, bei der analog wie beim Dreieck die Verbindungsgeraden zweier Konfigurationspunkte stets Konfigurationsgeraden und die Schnittpunkte zweier Konfigurationsgeraden stets Konfigurationspunkte sind. Es läßt sich aber zeigen, daß außer dem Dreieck eine solche Konfiguration überhaupt nicht existiert. Wenn wir im Vierseit unbegrenzt Verbindungsgeraden ziehen und die neuentstehenden Schnittpunkte hinzurechnen, so läßt sich sogar zeigen, daß schließlich in beliebiger Nähe jedes Punktes der Ebene solche Schnittpunkte zu liegen kommen. Man nennt die so entstehende Figur ein MÖBIUSsches Netz. Man kann sie zur Definition der projektiven Koordinaten verwenden.

Späterer Anwendung wegen erinnern wir an die Bedeutung des Vierseits für die Konstruktion harmonischer Punkte. Vier Punkte

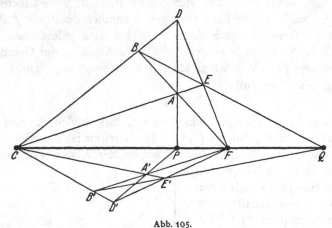

Abb. 105.

$CPFQ$ einer Geraden heißen harmonisch, oder Q heißt der vierte harmonische Punkt zu CPF, wenn sich ein Vierseit konstruieren läßt, in dem diese Punkte durch dieselben Incidenzen bestimmt sind wie in Abb. 104. Es ist ein wegen seiner Einfachheit grundlegender Satz der projektiven Geometrie, daß es zu drei Punkten einer Geraden stets genau einen vierten harmonischen gibt. Wenn man also wie in Abb. 105 die Punkte CPF in zweierlei verschiedenen Weisen zu Vierseiten ergänzt, so müssen nach diesem Satz[1] beide Konstruktionen auf denselben Punkt Q führen.

Wir wollen im folgenden hauptsächlich diejenigen Konfigurationen betrachten, bei denen ebenso viele Punkte vorkommen wie Geraden, für die also gilt: $p = g$. Wegen der Relation $p\gamma = \pi g$ ist dann auch $\gamma = \pi$, so daß die symbolische Bezeichnung der Konfiguration stets die Form $(p_\gamma p_\gamma)$ hat. Wir wollen dafür die kürzere Bezeichnung (p_γ) ein-

---

[1] Er ist eine unmittelbare Folge des in § 19 besprochenen DESARGUESschen Satzes.

führen. Wir wollen ferner stets die naheliegende Forderung stellen, daß die Konfiguration zusammenhängend ist und nicht in getrennte Figuren zerlegt werden kann.

Die Fälle $\gamma = 1$ und $\gamma = 2$ sind von geringer Bedeutung. Für $\gamma = 1$ ergibt sich nur die triviale Konfiguration eines Punktes mit einer hindurchgehenden Geraden. Denn gäbe es mehrere Punkte in einer solchen Konfiguration, so müßte sie zerfallen, da keine Konfigurationsgerade mehr als einen Punkt enthalten darf. Der Fall $\gamma = 2$ wird durch die ebenen geschlossenen Polygone verwirklicht, und da in einer Konfiguration (p_2) durch jeden Punkt zwei Geraden gehen und auf jeder Geraden zwei Punkte liegen sollen, so erkennt man, daß jede Konfiguration (p_2) auch notwendig aus den Ecken und Seiten eines p-Ecks bestehen muß.

Der Fall $\gamma = 3$ führt dagegen zu vielen interessanten Konfigurationen. In diesem Fall muß die Anzahl p der auftretenden Punkte (und Geraden) mindestens sieben betragen. Denn durch einen Punkt der Konfiguration gehen drei Geraden, und auf jeder von ihnen müssen noch zwei weitere Konfigurationspunkte liegen. Wir werden im folgenden nur die Fälle $7 \leqq p \leqq 10$ ausführlicher behandeln.

§ 16. Die Konfigurationen (7_3) und (8_3).

Um eine Konfiguration (p_γ) aufzustellen, gehen wir am einfachsten folgenden Weg: Wir numerieren die p Punkte mit den Zahlen 1 bis p, und genau so die p Geraden mit den Zahlen (1) bis (p); sodann stellen wir ein rechteckiges Schema von $p\gamma$ Punkten auf, bei welchem in jeder Kolonne die γ Punkte untereinanderstehen sollen, die auf einer Geraden liegen; so ergeben sich p Kolonnen, die den p Geraden entsprechen.

Wir erhalten also für die Konfiguration (7_3) das Schema:

$$
\overbrace{\begin{array}{ccccccc}
(1) & (2) & (3) & (4) & (5) & (6) & (7)
\end{array}}^{p}
$$

$$
\gamma \left\{\begin{array}{ccccccc}
\cdot & \cdot & \cdot & \cdot & \cdot & \cdot & \cdot \\
\cdot & \cdot & \cdot & \cdot & \cdot & \cdot & \cdot \\
\cdot & \cdot & \cdot & \cdot & \cdot & \cdot & \cdot
\end{array}\right.
$$

Bei der Ausfüllung des Schemas müssen wir folgende drei Forderungen berücksichtigen: Erstens darf jede Kolonne nur verschiedene Ziffern enthalten, da sonst auf einer Geraden weniger als drei Punkte liegen würden; zweitens dürfen zwei Kolonnen nie in zwei Ziffern übereinstimmen, da sonst die betreffenden Geraden zusammenfallen müßten. Schließlich muß jede Ziffer im Ganzen dreimal vorkommen, da durch jeden Punkt drei Geraden hindurchgehen sollen. Diese drei Bedingungen sind jedenfalls notwendig, wenn ein Schema geometrisch realisierbar sein soll. Dagegen sind sie nicht hinreichend, wie wir bald an Beispielen sehen werden. Zur Verwirklichung eines Schemas gehören nämlich noch geo-

metrische oder algebraische Betrachtungen, die sich nicht ohne weiteres
auf die arithmetische Aufstellung übertragen lassen. Wenn aber ein
Schema überhaupt eine Konfiguration darstellt, so können wir mehrere
Änderungen an dem Schema vornehmen, durch welche die Konfiguration nicht beeinflußt wird. So können wir in jeder Kolonne die vertikale
Reihenfolge der Ziffern ändern, können die Reihenfolge der Kolonnen
vertauschen, was nur einer Umnumerierung der Geraden gleichkommt,
und können schließlich auch die Punkte beliebig umnumerieren. Da
alle diese Änderungen die Konfiguration nicht beeinflussen, werden wir
alle Schemata, die sich nur durch solche Veränderungen unterscheiden,
als identisch ansehen.

Von diesem Standpunkt aus läßt sich ein, aber auch nur ein Schema
(7_3) aufstellen. Die Punkte, die auf der ersten Geraden liegen, bezeichnen wir mit 1, 2, 3. Durch den Punkt 1 gehen dann noch zwei weitere
Geraden, welche die Punkte 2 und 3 nicht mehr enthalten dürfen. Ich
bezeichne die auf der zweiten Geraden liegenden Punkte mit 4 und 5,
die auf der dritten mit 6 und 7. Damit haben wir alle vorkommenden
Punkte numeriert und das Schema bis jetzt folgendermaßen ausgefüllt:

$$
\begin{matrix}
1 & 1 & 1 & \cdot & \cdot & \cdot & \cdot \\
2 & 4 & 6 & \cdot & \cdot & \cdot & \cdot \\
3 & 5 & 7 & \cdot & \cdot & \cdot & \cdot
\end{matrix}
$$

In den folgenden Kolonnen müssen die Ziffern 2 und 3 noch je zweimal, und zwar in verschiedenen Kolonnen vorkommen; wir schreiben sie
deshalb in die oberste Reihe:

$$
\begin{matrix}
1 & 1 & 1 & 2 & 2 & 3 & 3 \\
2 & 4 & 6 & \cdot & \cdot & \cdot & \cdot \\
3 & 5 & 7 & \cdot & \cdot & \cdot & \cdot
\end{matrix}
$$

Zur Ausfüllung der acht noch freien Stellen dürfen wir nur noch die
Ziffern 4, 5, 6, 7 benutzen, da die Ziffern 1, 2 und 3 schon verbraucht sind. Die Ziffer 4 muß noch zweimal vorkommen. Da sie
nicht beide Male unter derselben Ziffer stehen darf, können wir sie an
folgende Stellen schreiben:

$$
\begin{matrix}
2 & 2 & 3 & 3 \\
4 & \cdot & 4 & \cdot \\
\cdot & \cdot & \cdot & \cdot
\end{matrix}
$$

Jede andere mögliche Anordnung ist von dieser nur unwesentlich verschieden. Ebenso muß 5 noch zweimal auftreten und darf nicht mehr
mit 4 untereinanderstehen. Also dürfen wir ansetzen:

$$
\begin{matrix}
2 & 2 & 3 & 3 \\
4 & 5 & 4 & 5 \\
\cdot & \cdot & \cdot & \cdot
\end{matrix}
$$

An den ersten beiden der vier noch freien Plätze müssen die Ziffern 6 und 7 stehen, da alle übrigen Ziffern verbraucht sind und nicht beide Male die gleiche Ziffer unter derselben Ziffer 2 stehen darf. Da eine Vertauschung der Ziffern 6 und 7 keine wesentliche Änderung wäre, dürfen wir schreiben:

$$\begin{matrix} 4 & 5 & 4 & 5 \\ 6 & 7 & \cdot & \cdot \end{matrix}$$

Für die letzten Felder ergibt sich jetzt zwangsläufig die Besetzung 7 6, so daß wir für die Konfiguration (7_3) in der Tat genau eine Möglichkeit erhalten:

(1)	(2)	(3)	(4)	(5)	(6)	(7)
1	1	1	2	2	3	3
2	4	6	4	5	4	5
3	5	7	6	7	7	6

Wie wir schon erwähnten, folgt aus der Existenz dieses Schemas noch nicht, daß es eine Konfiguration (7_3) wirklich gibt. Gerade in unserem Fall stellt sich nun die Unmöglichkeit der Konfiguration heraus. Wenn wir nämlich nach den Methoden der analytischen Geometrie die Gleichungen der Geraden des Schemas aufzustellen suchen, so kommen wir auf ein Gleichungssystem, das einen Widerspruch enthält. Die Unmöglichkeit der Konfiguration läßt sich auch an

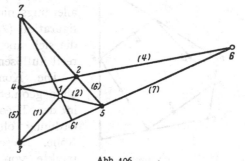

Abb. 106.

schaulich einsehen. Ich zeichne zuerst (Abb. 106) die Geraden (1) und (2) des Schemas, nenne ihren Schnittpunkt 1, wie es das Schema vorschreibt, und nehme auf der Geraden (1) die Punkte 2 und 3 und auf der Geraden (2) die Punkte 4 und 5 willkürlich an. Sodann ziehe ich die Geraden (4) und (7), die durch die Punktepaare 24 und 35 festgelegt sind, und habe ihren Schnittpunkt 6 zu nennen. Ebenso sind durch die Punktepaare 25 und 34 die Geraden (5) und (6) und ihr Schnittpunkt 7 bestimmt. Hiermit sind alle Konfigurationspunkte festgelegt. Es zeigt sich nun aber, daß die drei Punkte 1, 6, 7, welche auf der letzten noch fehlenden Geraden (3) liegen sollen, nicht in eine Gerade fallen, so daß ich durch den Schnitt der Geraden (17) und (7) noch einen weiteren Punkt 6' erhalte. Man könnte zunächst meinen, das läge an der ungeeigneten Wahl der Punkte 2, 3, 4, 5. Wir erkennen aber in unserer Figur die harmonische Konstruktion von Abb. 104 wieder. 6' ist also der vierte harmonische Punkt zu den drei Punkten 3, 5, 6, kann daher nach einem elementaren Satz der projektiven Geometrie mit keinem dieser Punkte zusammenfallen.

Wir wenden uns jetzt zu der Konfiguration (8_3). Auf demselben Wege wie oben läßt sich zeigen, daß es auch hier im wesentlichen nur ein Schema gibt:

(1)	(2)	(3)	(4)	(5)	(6)	(7)	(8)
1	1	1	2	2	3	3	4
2	4	6	3	7	4	5	5
5	8	7	6	8	7	8	6

Diese Konfiguration kann man sich als zwei Vierecke 1234 und 5678 deuten, die einander zu gleicher Zeit ein- und umbeschrieben sind (Abb. 107). Es liegt nämlich auf der Geraden 12 der Punkt 5, auf 23 der Punkt 6, auf 34 der Punkt 7 und auf 41 der Punkt 8; genau so sind auch die Seiten 56, 67, 78, 85 mit den Punkten 4, 1, 2, 3 incident. Es leuchtet ein, daß eine derartige Konfiguration sich nicht zeichnen läßt.

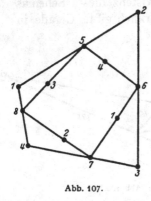

Abb. 107.

Die analytische Betrachtung des Schemas führt auf ein System von Gleichungen, die allerdings nicht wie die Gleichungen der Konfiguration (7_3) einen Widerspruch enthalten, die sich aber nur komplex und niemals rein reell auflösen lassen.

Die Konfiguration ist trotzdem nicht ohne geometrisches Interesse, sondern spielt in der Theorie der ebenen Kurven dritter Ordnung ohne Doppelpunkt eine wichtige Rolle. Diese Kurven besitzen neun Wendepunkte, von denen aber höchstens drei reell sein können. Ferner läßt sich algebraisch zeigen, daß jede Gerade, die zwei dieser Wendepunkte verbindet, auch durch einen dritten Wendepunkt gehen muß. Vier Wendepunkte können dagegen nie auf einer Geraden liegen, weil eine Kurve dritter Ordnung von keiner Geraden in mehr als drei Punkten getroffen wird. Die Geraden durch die Wendepunkte bilden nun eine Konfiguration, und zwar ist $p = 9$, $\pi = 3$. Ferner ist $\gamma = 4$; denn greift man einen Wendepunkt heraus, so müssen die acht übrigen paarweise mit ihm auf einer Geraden liegen, so daß in der Tat durch jeden Punkt vier Geraden gehen. Für g ergibt sich aus der Formel $g = \dfrac{p\gamma}{\pi}$ der Wert 12. Die Konfiguration ist also vom Typ $(9_4 12_3)$. Sucht man das Schema einer solchen Konfiguration, so ergibt sich bis auf unwesentliche Abänderungen nur eine Möglichkeit:

(1)	(2)	(3)	(4)	(5)	(6)	(7)	(8)	(9)	(10)	(11)	(12)
1	1	1	2	2	3	3	4	1	2	5	6
2	4	6	3	7	4	5	5	3	4	7	8
5	8	7	6	8	7	8	6	9	9	9	9

Läßt man nun in dieser Konfiguration den Punkt 9 und die durch ihn gehenden Geraden (9), (10), (11), (12) fort, so bleibt genau unser Schema (8_3) übrig. Ebenso kommt man auf die Konfiguration (8_3), wenn man einen beliebigen anderen der neun Punkte und die vier durchgehenden Geraden fortläßt. Denn alle Punkte der Konfiguration $(9_4 12_3)$ erweisen sich als gleichberechtigt.

§ 17. Die Konfigurationen (9_3).

Während wir in den Fällen $p = 7$ und $p = 8$ nur je ein Konfigurationsschema erhalten haben und eine reelle Verwirklichung dieser Schemata sich als unmöglich erwies, lassen sich im Fall $p = 9$ drei wesentlich verschiedene Schemata aufstellen, und alle drei können wir durch reelle Punkte und Geraden verwirklichen.

Bei weitem die wichtigste dieser Konfigurationen, überhaupt die wichtigste Konfiguration der Geometrie, ist die, welche BRIANCHON-PASCALsche Konfiguration genannt wird. Wir wollen für sie der Kürze halber das Symbol $(9_3)_1$ einführen und die zwei anderen Konfigurationen (9_3) mit $(9_3)_2$ und $(9_3)_3$ bezeichnen.

Das Schema von $(9_3)_1$ läßt sich folgendermaßen schreiben:

(1)	(2)	(3)	(4)	(5)	(6)	(7)	(8)	(9)
1	1	1	2	2	3	3	4	5
2	4	6	4	7	6	5	6	7
3	5	7	8	9	8	9	9	8

Um eine solche Konfiguration zu zeichnen, nehmen wir zunächst die Punkte 8 und 9 willkürlich an (Abb. 108) und ziehen willkürlich die Geraden (4), (6), (9)
durch 8 sowie die Geraden
(5), (7), (8) durch 9. Von
den neun Schnittpunkten,
die so entstehen, gehören
sechs der Konfiguration an,
wir bezeichnen sie gemäß
dem Schema mit 2, 3, 4, 5,
6, 7. Durch diese Punkte
sind die noch fehlenden Geraden (1), (2), (3) festgelegt.
Wir ziehen zunächst (1)
durch 23 und (2) durch 45.

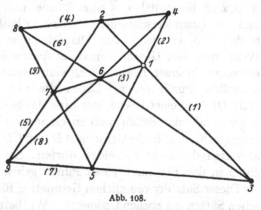

Abb. 108.

Den Schnittpunkt dieser Geraden haben wir mit 1 zu bezeichnen. Die noch fehlende Gerade (3) ist durch 67 festgelegt. Das Schema fordert, daß diese Gerade durch 1 geht. Wir finden nun, daß diese Incidenz von selbst erfüllt ist, trotz der ganz willkürlichen Wahl der Punkte 8 und 9 und der beiden Geradentripel durch diese Punkte.

Der geometrische Grund dieser überraschenden Erscheinung liegt in den Sätzen von BRIANCHON, die wir nunmehr behandeln wollen. Wir gehen vom einschaligen Hyperboloid aus. Wie wir im ersten Kapitel gesehen haben, verlaufen auf ihm zwei Scharen von Geraden, so daß jede Gerade der einen Schar jede Gerade der anderen Schar schneidet, während zwei Geraden derselben Schar einander niemals treffen. Wir nehmen nun (Abb. 109) drei Geraden der einen Schar (doppelt ausgezogen) und drei Geraden der anderen Schar (einfach stark ausgezogen) heraus und bilden aus ihnen das räumliche Sechseck $ABCDEFA$. Wir gehen, um es zu erhalten, zunächst auf einer Geraden der ersten Schar von A nach B. Durch B geht eine bestimmte Gerade der zweiten Schar, auf der wir nun bis zu einem Punkt C weitergehen. In C verfolgen wir wieder die hindurchgehende Gerade der ersten Schar bis zu einem Punkt D, gehen von dort auf einer Geraden der zweiten Schar bis zu E und schließlich auf einer Geraden der ersten Schar bis zu demjenigen Punkt F dieser Geraden, in dem sie von der durch A gehenden Geraden der zweiten Schar getroffen wird. Die Seiten des Sechsecks gehören also abwechselnd der einen und der anderen Geradenschar an.

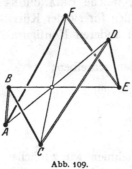

Abb. 109.

Wir beweisen nun, daß sich die Diagonalen AD, BE und CF dieses Sechsecks in einem Punkt schneiden. Betrachten wir zunächst AD und BE. Da die Sechseckseiten AB und DE zu verschiedenen Geradenscharen der Fläche gehören, schneiden sie einander. Die vier Punkte A, B, D, E liegen daher in einer Ebene, und daraus folgt, daß auch AD und BE einander schneiden. Genau so läßt sich zeigen, daß auch die beiden anderen Paare von Diagonalen einen Schnittpunkt besitzen. Wenn nun drei Geraden einander paarweise schneiden, so liegen sie entweder in einer Ebene oder, wenn nicht, so müssen sie alle durch denselben Punkt gehen. Lägen die drei Diagonalen des Sechsecks $ABCDEF$ in einer Ebene, so würde das Sechseck selbst in dieser Ebene liegen, und seine Seiten müßten einander paarweise schneiden; das ist unmöglich, da z. B. die Geraden AB und CD derselben Schar angehören, also einander nicht schneiden dürfen. Somit müssen die drei Diagonalen in der Tat durch einen Punkt gehen.

Dieser Satz der räumlichen Geometrie führt uns zu den BRIANCHONschen Sätzen der ebenen Geometrie. Wir betrachten dazu das einschalige Hyperboloid von einem Punkt P aus, von dem wir zunächst annehmen wollen, daß er nicht auf der Fläche liegt. Das Hyperboloid besitzt dann einen Kegelschnitt als Umriß, und zwar kann dieser Kegelschnitt eine Hyperbel (Abb. 110) oder auch eine Ellipse sein (Abb. 111). Das Gebiet auf der einen Seite des Umrisses erscheint dabei unbedeckt, während die andere Seite doppelt bedeckt erscheint. Die beiden Blätter des Bildes hängen längs des Umrißkegelschnitts zusammen. Die Geraden, die auf der Fläche verlaufen, erscheinen im Bilde teils verdeckt, teils unverdeckt, sie treten also von dem einen Blatt ins andere und müssen daher den Umriß treffen. Andererseits können sie diese Kurve nicht schneiden, da ja deren eine Seite unbedeckt bleibt. Demnach müssen die Geraden als Tangenten des Umrisses erscheinen. Unser räumliches Sechseck verwandelt sich also in ein ebenes Sechseck, dessen Seiten einen Kegelschnitt berühren; wir werden dadurch auf den Satz der ebenen Geometrie geführt:

Die Diagonalen eines Sechsecks, das einem Kegelschnitt umbeschrieben ist, schneiden sich in einem Punkte.

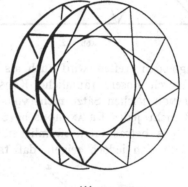

Abb. 110.   Abb. 111.

Bewiesen haben wir den Satz allerdings erst für solche Kegelschnitte, die als Umrisse eines einschaligen Hyperboloids auftreten, also zunächst nur für gewisse Hyperbeln und Ellipsen. Der Umrißkegelschnitt kann aber auch eine Parabel sein; die Sehstrahlen, die den Umriß liefern, bilden nämlich den Tangentialkegel der Fläche von P aus, also einen Kegel zweiter Ordnung (S. 11), wenn wir daher die Bildebene so legen, daß sie einer Erzeugenden dieses Kegels parallel läuft, wird das Bild der Fläche in dieser Ebene von einer Parabel umrissen; denn der Umriß ist die Schnittkurve der Bildebene mit dem Kegel, und das ist in diesem Falle eine Parabel (S. 11, 12, 7).

Wir wollen nunmehr den Augenpunkt P in die Fläche selbst verlegen. Dann sehen wir diejenigen beiden Geraden der Fläche, die durch P gehen, als zwei Punkte; alle übrigen Geraden der Fläche erscheinen uns auch weiterhin als Geraden. Da jede Gerade der einen Schar die durch den Augenpunkt gehende Gerade der anderen Schar schneidet, so sehen wir jene eine Schar als ein Strahlenbüschel, als dessen Spitze uns die durch P gehende Gerade g der anderen Schar erscheint. Ebenso sehen wir auch die zweite Schar als ein Strahlenbüschel. Seine Spitze ist von der des anderen Büschels verschieden, da sie das Bild einer von g verschiedenen durch P gehenden Geraden ist. Somit können wir aus dem Satz über das räumliche Sechseck die Folgerung ziehen:

Die Diagonalen eines ebenen Sechsecks, dessen Seiten abwechselnd durch je zwei feste Punkte gehen, schneiden sich in einem Punkt.

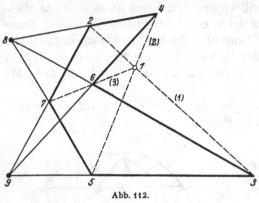
Abb. 112.

Diese Sätze über die Tangentensechsecke einer der drei Kegelschnitttypen oder eines in ein Punktepaar entarteten Kegelschnitts werden nach ihrem Entdecker die Sätze von BRIANCHON genannt. Der Punkt, in dem sich die drei Diagonalen treffen, wird auch als BRIANCHONscher Punkt bezeichnet.

Durch unsere räumliche Konstruktion haben wir allerdings die BRIANCHONSCHEN Sätze nicht vollständig bewiesen. Es wäre denkbar, daß nicht jedes BRIANCHONSCHE Sechseck durch Projektion eines der von uns betrachteten räumlichen Sechsecke erzeugt werden könnte. Es läßt sich jedoch zeigen, daß tatsächlich jedes ebene Sechseck, das die Voraussetzung eines der BRIANCHONSCHEN Sätze erfüllt, sich zu einer räumlichen Figur ergänzen läßt, wie wir sie betrachtet haben.

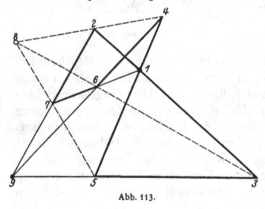
Abb. 113.

Der letzte BRIANCHONSCHE Satz steht nun in engem Zusammenhang mit der Konfiguration $(9_3)_1$ und gibt uns die Erklärung dafür, daß bei der Konstruktion dieses Gebildes die letzte Incidenz stets von selbst erfüllt ist. In der Bezeichnung von Abb. 112 und 108 bilden nämlich die Punkte 246357 ein Sechseck, dessen Seiten abwechselnd durch die Punkte 8 und 9 laufen, und die Geraden (1), (2), (3) sind die Diagonalen 23, 45, 67 dieses Sechsecks. (3) muß daher durch den Schnittpunkt 1 der Geraden (1) und (2) gehen, und 1 ist der BRIANCHONSCHE Punkt des Sechsecks.

Bei unserer Konstruktion haben die Punkte der Konfiguration $(9_3)_1$ eine verschiedene Bedeutung; 246357 bilden das Sechseck, 8 und 9

sind die beiden Punkte, durch die seine Seiten gehen, und 1 ist der BRIAN-
CHONsche Punkt. Diese Asymmetrie liegt aber nicht im Wesen der Konfiguration, sondern nur an unserer Willkür. Wir können nämlich auch
einen der beiden Punkte 8 und 9 als BRIANCHONschen Punkt ansehen;
es genügt, das für den
Punkt 8 zu veranschau-
lichen (Abb. 113), da wir
aus Abb. 112 sehen, daß 8
und 9 gleichberechtigt sind.
Ebenso können wir jeden
der Punkte 246357 zum
BRIANCHONschen Punkt
machen; wegen der Gleich-
berechtigung dieser Punkte
genügt es wiederum, dies
am Punkt 2 aufzuzeigen
(Abb. 114).

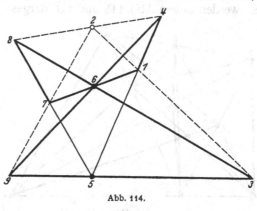

Abb. 114.

Wegen dieser inneren Symmetrie wird $(9_3)_1$ als *reguläre* Konfiguration
bezeichnet. Ähnlich wie bei den Punktsystemen und den Polyedern
kommt man bei den Konfigurationen auf den Begriff der Regularität
durch das Studium gewisser Abbildungen einer Konfiguration auf sich
selbst, die man Automorphismen nennt und die eine analoge Rolle
spielen wie die Decktransformationen bei den Punktsystemen und
Polyedern. Man erhält einen Automorphismus einer Konfiguration,

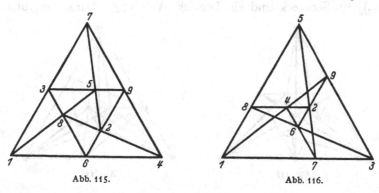

Abb. 115. Abb. 116.

wenn man ihre Punkte unter sich und ihre Geraden unter sich so
vertauschen kann, daß bei dieser Vertauschung keine Incidenz verlorengeht oder neu hinzukommt. Es ist leicht zu erkennen, daß die
Automorphismen eine Gruppe bilden. Regulär heißt nun eine Konfiguration, wenn diese Gruppe „transitiv" ist, d. h. so viele Abbildungen
enthält, daß man jeden beliebigen Punkt der Konfiguration durch einen
Automorphismus in jeden beliebigen anderen Punkt der Konfiguration
überführen kann.

Zum Studium der Automorphismen genügt das abstrakte Schema der Konfiguration; man kann in diesem Sinne zeigen, daß die Konfigurationsschemata (7_3) und (8_3) regulär sind. Ebenso $(9_4\,12_3)$ (S. 90).

Wenden wir uns nun zu den beiden anderen Konfigurationen (9_3). Sie werden in den Abb. 115 und 116 dargestellt. Um zu erkennen, worin

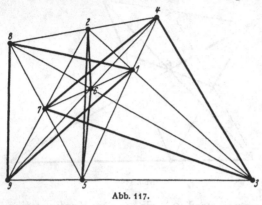

Abb. 117.

die drei Konfigurationen sich unterscheiden, können wir folgendermaßen vorgehen: Da bei jeder Konfiguration (p_3) jeder Punkt mit genau sechs anderen durch Konfigurationsgeraden verbunden ist, muß es im Fall $p = 9$ zu jedem Konfigurationspunkt zwei weitere geben, die mit ihm nicht verbunden sind. So sind bei $(9_3)_1$ die Punkte 8 und 9 nicht mit 1 verbunden. Da 8 und 9 auch untereinander nicht verbunden sind, so schließen sich 1 8 9 zu einem Dreieck unverbundener Punkte zusammen. Ebenso bilden 2 5 6 und 3 4 7 solche Dreiecke (Abb. 117). Wenn wir nun dasselbe Verfahren auf $(9_3)_2$ und $(9_3)_3$ anwenden und die Strecken zwischen unverbundenen Punkten wieder zu Polygonen zusammensetzen, so ergibt sich für $(9_3)_2$ ein Neuneck (Abb. 118) und für $(9_3)_3$ ein Sechseck und ein Dreieck (Abb. 119). Daraus ergibt sich

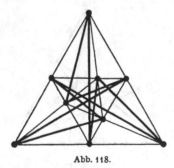

Abb. 118.

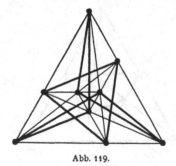

Abb. 119.

zunächst, daß die drei Abb. 108, 115 und 116 wirklich verschiedene Konfigurationen darstellen und sich nicht bloß durch andere Lage der Punkte unterscheiden. Ferner können wir schließen, daß $(9_3)_3$ sicher nicht regulär ist. Denn ein Automorphismus kann einen Punkt des Sechsecks offenbar nur in einen Punkt des Sechsecks und niemals in einen Punkt des Dreiecks überführen. Dagegen läßt bei $(9_3)_2$ die regelmäßige Anordnung der unverbundenen Punkte vermuten, daß diese Konfiguration regulär ist; die genauere Betrachtung des Schemas bestätigt das.

Wenn wir analog wie $(9_3)_1$ auch die beiden anderen Konfigurationen schrittweise zu konstruieren versuchen, so stellt sich heraus, daß in diesen Fällen die letzte Incidenz nicht von selbst erfüllt ist, sondern nur dann, wenn wir schon bei früheren Schritten spezielle Anordnungen treffen. Hierin liegt der Grund, warum $(9_3)_2$ und $(9_3)_3$ keine so prinzipielle Bedeutung haben wie $(9_3)_1$.

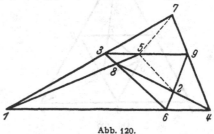

Diese Konfigurationen bringen keinen allgemeinen projektivgeometrischen Satz zum Ausdruck. Abb. 120 gibt ein Beispiel, in dem die letzte Gerade von $(9_3)_2$ sich nicht zeichnen läßt.

Abb. 120.

Die Hilfskonstruktionen, die bei $(9_3)_2$ und $(9_3)_3$ nötig sind, zeichnen sich aber durch eine Besonderheit aus. Sie lassen sich nämlich mit alleiniger Hilfe des Lineals durchführen, so daß alle drei Konfigurationen (9_3) mit dem Lineal allein konstruierbar sind. Analytisch drückt sich das darin aus, daß alle Elemente der Konfiguration sich durch sukzessive Auflösung linearer Gleichungen bestimmen lassen, deren Koeffizienten rationale Ausdrücke in den jeweils schon berechneten Bestimmungsgrößen der Konfiguration sind. Nun sind zwar die Gleichungen gerader Linien stets linear. Um aber das Gleichungssystem einer Konfiguration zu gewinnen, müssen wir einige der Koeffizienten durch Elimination aus anderen Gleichungen berechnen, da ja einige Konfigurationsgeraden durch die früher konstruierten festgelegt sind. Im allgemeinen werden diese Eliminationen auf Gleichungen höheren Grades führen.

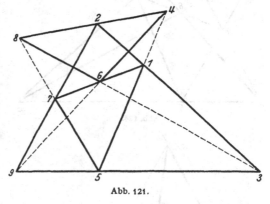

Abb. 121.

Das muß z. B. bei (8_3) eintreten, da wir sonst nicht auf komplexe Elemente stoßen würden. Demgegenüber erweisen sich bei den Konfigurationen (9_3) alle Hilfsgleichungen als linear, und daraus folgt eben, daß diese drei Konfigurationen sämtlich im Reellen konstruiert werden können, und zwar mit dem Lineal allein.

Wir können uns die Elemente der Konfigurationen (9_3) auf mannigfache Weise angeordnet denken. So lassen sie sich in allen drei Fällen als je drei Dreiecke auffassen, von denen das erste dem zweiten, das zweite dem dritten und das dritte dem ersten einbeschrieben ist. Ein solches System von Dreiecken bilden z. B. 157, 239, 468 in Abb. 121,

258, 369, 147 in Abb. 122 und 147, 258, 369 in Abb. 123. In ähnlicher Weise hatten wir (8₃) als System zweier wechselseitig umbeschriebener

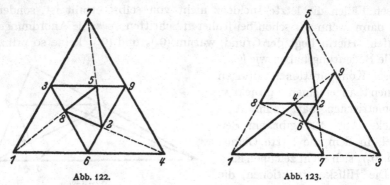

Abb. 122. Abb. 123.

Vierecke gedeutet (Abb. 107, S. 90). Ferner kann man alle Konfigurationen (9₃) als Neunecke auffassen, die sich selbst ein- und umbeschrieben sind. Solche Neunecke sind 261594872 in Abb. 124,

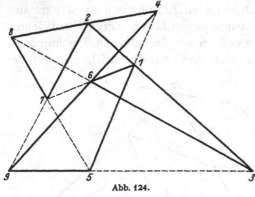

Abb. 124.

1627384951 in Abb. 125 und 1473695281 in Abb. 126. Mit Hilfe geeigneter Automorphismen lassen sich in der Konfiguration (9₃)₁ noch mehrere andere Neunecke der gleichen Eigenschaft auffinden.

Die Aufstellung von p-Ecken, die sich selbst gleichzeitig ein und um-

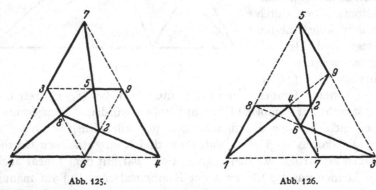

Abb. 125. Abb. 126.

beschrieben sind, muß stets auf Konfigurationen (p₃) führen; denn auf jeder Polygonseite liegt außer den beiden Ecken, die sie verbindet, noch ein weiterer Eckpunkt des Polygons, und ebenso muß jeder Eckpunkt auf drei Polygonseiten liegen. Wir haben dabei nur die Annahme gemacht, daß alle Seiten und Ecken des Polygons gleichberechtigt sind. Andernfalls könnten auf einer Polygonseite zwei oder mehr weitere Polygonecken liegen; dann müßte aber eine andere Polygonseite dafür leer ausgehen.

Auch (7_3) und (8_3) lassen sich als derartige p-Ecke deuten. In der Bezeichnungsweise unserer Schemata sind das Siebeneck $1245 7361$ und das Achteck 126534871 sich selbst ein- und umbeschrieben.

Um eine weitere wichtige Eigenschaft der Konfigurationen kennenzulernen, müssen wir uns mit dem Dualitätsprinzip beschäftigen. Dieses Prinzip verleiht der projektiven Geometrie ihre besondere Übersichtlichkeit und Symmetrie. Es läßt sich anschaulich aus der Methode des Projizierens herleiten, die wir schon bei der Aufstellung der BRIANCHONschen Sätze verwandt haben.

§ 18. Perspektive, unendlich ferne Elemente und ebenes Dualitätsprinzip.

Wenn wir auf einer vertikalen Tafel das Bild einer ebenen Landschaft zeichnen (Abb. 127), so erscheint das Bild der Ebene von einer Geraden h, dem Horizont, begrenzt, und zwei in der Ebene verlaufende

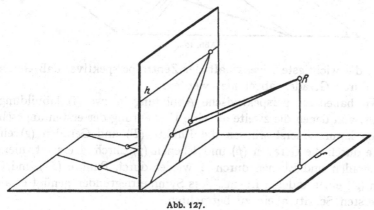

Abb. 127.

parallele Geraden, die nicht außerdem noch der Bildtafel parallel sind, erscheinen im Bild als zwei Geraden, die sich auf dem Horizont treffen. Ihr Treffpunkt wird in der Theorie des Zeichnens der Fluchtpunkt der Parallelen genannt.

Bei der Abbildung durch Zentralperspektive bleiben also die Parallelen gewöhnlich nicht parallel. Ferner sehen wir, daß diese Abbildung nicht umkehrbar eindeutig ist. In der Bildtafel wird durch die Punkte des Horizonts kein Punkt der Ebene dargestellt. Umgekehrt gibt es in der Ebene Punkte, die nicht abgebildet werden. Es sind das die

Punkte der Geraden f (Abb. 127), die senkrecht unter dem Betrachter R der Bildtafel parallel läuft.

Diese Erscheinung läßt sich einfacher beschreiben, wenn wir von den Punkten zu ihren Sehstrahlen übergehen. Jedem Punkt P der Ebene e (Abb. 128) entspricht dann eine Gerade $AP = p$, die den Punkt mit dem Augenpunkt A verbindet. Das Bild von P auf einer beliebigen Tafel t ist dann der Punkt P', in dem die Gerade p die Tafel trifft; durch die Angabe von p ist die Abbildung also bestimmt. Durchläuft P eine Kurve in e, so durchläuft p einen Kegel mit der Spitze A. Das Bild der Kurve auf t ist der Schnitt von t mit dem Kegel. Durchläuft P insbesondere eine Gerade g in e, so geht der Kegel in die Ebene γ über, die durch A und g geht. Während also den Punkten von e Geraden durch A entsprechen, führen die Geraden von e auf Ebenen durch A. Das Bild von g in t ist der Schnitt von t mit γ, also wieder eine Gerade g'.

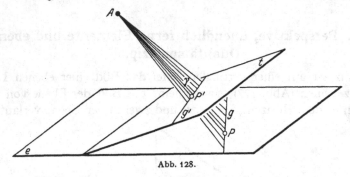

Abb. 128.

Es ist die wichtigste Eigenschaft der Zentralperspektive, daß Geraden stets durch Geraden abgebildet werden.

Wir haben die perspektivische Abbildung in zwei Teilabbildungen zerlegt, von denen die zweite als eine Umkehrung der ersten angesehen werden kann. Zuerst wurden die Punkte (P) und Geraden (g) einer Ebene durch die Geraden (p) und Ebenen (γ) durch A ersetzt, hierauf die Geraden und Ebenen durch A wieder durch Punkte (P') und Geraden (g') einer anderen Ebene. Aus Symmetriegründen genügt es also, den ersten Schritt allein zu betrachten.

Diese Abbildung $e \to A$ ist nur in der angegebenen Richtung vollständig erklärt, in der Richtung $A \to e$ dagegen nicht. Unter den Geraden durch A nehmen bei der Abbildung diejenigen eine Sonderstellung ein, die e parallel sind. Sie entsprechen keinem Punkt von e, während die übrigen Geraden durch A zu einem bestimmten Punkt von e gehören, nämlich zu dem Punkt, in dem sie e treffen. Die Parallelen p_u zu e durch A erfüllen eine bestimmte Ebene γ_u, nämlich die Parallelebene zu e durch A (vgl. Abb. 129). Unter allen durch A gehenden Ebenen ist es wiederum die Ebene γ_u, die bei der Abbildung $A \to e$ ausgezeichnet ist. Während nämlich die anderen durch A gehenden

Ebenen einer bestimmten Geraden g in e zugeordnet sind, in der sie e treffen, entspricht der Ebene γ_u keine solche Gerade, da sie e nicht trifft.

Es ist nun zweckmäßig, diese Ausnahmefälle auf begrifflichem Wege zu beseitigen, indem man der Ebene e noch weitere Punkte P_u als „unendlich ferne" Punkte zurechnet. Diese Punkte sind dadurch definiert, daß sie bei der Abbildung $A \rightarrow e$ die Bilder der Strahlen p_u sein sollen. Ihre Gesamtheit haben wir als das Bild der Ebene γ_u anzusehen. Wenn wir die Ausnahmestellung dieser Ebene gegenüber den anderen Ebenen durch A aufheben wollen, müssen wir ihr Bild als Gerade bezeichnen. Wir sagen daher, daß die unendlich fernen Punkte von e eine Gerade g_u, die unendlich ferne Gerade von e erfüllen[1]. Nachdem wir die Ebene e in dieser Weise ergänzt haben, ist offenbar die Abbildung der Punkte und Geraden von e auf die Geraden und Ebenen durch A umkehrbar eindeutig und vollständig erklärt.

Die Zweckmäßigkeit dieser Definitionen zeigt sich, wenn wir nun die Zentralperspektive von e auf eine beliebige andere Ebene t betrachten. Auch der Ebene t haben wir in gleicher Weise wie e unendlich ferne Punkte zuzurechnen, die die unendlich ferne Gerade der Ebene t bilden. Wenn aber t nicht zufällig parallel zu e ist, entspricht bei der Abbildung $A \rightarrow t$ der unendlich fernen Geraden l_u von t nicht γ_u, sondern irgendeine andere Ebene λ durch A. λ trifft e in einer Geraden l. Bei der perspektivischen Abbildung $e \rightarrow t$ entsprechen also den Punkten der unendlich fernen Geraden der einen Ebene die Punkte einer gewöhnlichen Geraden in der anderen Ebene. Erst durch die Einführung der unendlich fernen Punkte wird die Zentralperspektive zu einer Abbildung, die die Punkte und Geraden einer Ebene umkehrbar eindeutig auf die Punkte und Geraden der Bildebene abbildet, und dabei erscheinen die unendlich fernen Punkte mit den endlichen als gleichberechtigt.

Wir wollen nun untersuchen, wie der Begriff der Incidenz zwischen Punkt und Gerade durch Hinzunahme der unendlich fernen Elemente erweitert werden muß. Wir gehen wieder von der Abbildung $e \rightarrow A$ aus. Ein *endlicher* Punkt P ist mit einer *endlichen* Geraden g in e dann und nur dann incident, wenn die zugehörigen p und γ incident sind. Wir verallgemeinern das auf *beliebige* Punkte und Geraden von e. Ein unendlich ferner Punkt P_u ist dann mit einer Geraden g incident zu nennen, wenn der Strahl p_u mit γ incident ist. Fällt γ mit γ_u zusammen, ist also g die unendlich ferne Gerade von e, so liefert das nichts Neues. Ist dagegen g eine endliche Gerade, so schneiden sich γ und γ_u in einer bestimmten Geraden p_u; jede endliche Gerade besitzt daher genau einen unendlich fernen Punkt: ihren Schnittpunkt mit g_u. Ist g' eine Parallele zu g,

---

[1] Die Bezeichnung „unendlich fern" rührt daher, daß der Sehstrahl eines Punktes von e sich stets einem Strahl p_u nähert, wenn der Punkt sich in e in bestimmter Richtung unbegrenzt entfernt.

so ist das damit äquivalent, daß die zu g' gehörende Ebene γ' durch p_u geht (Abb. 129). Zwei Geraden sind also dann und nur dann parallel, wenn sie denselben unendlich fernen Punkt besitzen; das ist der Sinn der bisweilen gebrauchten, jedoch ohne weitere Erläuterung sinnlosen Redeweise: Parallelen schneiden sich im Unendlichen. Zugleich er-

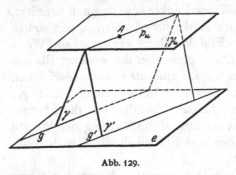

Abb. 129.

kennen wir den Grund der zu Beginn dieses Abschnitts er-wähnten Tatsache, daß zwei Parallelen in ihrem auf dem Horizont gelegenen Fluchtpunkt zusammenzulaufen scheinen.

Als Beispiel dafür, wie sich die geometrischen Begriffe durch die Einführung der un-endlich fernen Elemente ver-einfachen, erwähnen wir die Kegelschnitte. Da sie, wie im ersten Kapitel bewiesen, durch Schnitt einer Ebene mit einem Kreiskegel entstehen, so können sie alle als per-spektive Bilder eines Kreises angesehen werden. Je nachdem kein oder ein oder zwei Projektionsstrahlen zur Bildebene parallel liefen, ergab sich eine Ellipse oder eine Parabel oder eine Hyperbel. Dafür

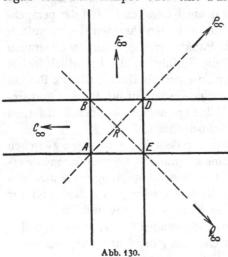

Abb. 130.

können wir jetzt sagen: Ein Kegelschnitt ist eine Ellipse, Parabel oder Hyperbel, je nachdem er die unendlich ferne Gerade entweder gar nicht trifft oder sie in einem Punkte berührt oder sie in zwei Punk-ten schneidet. Bei Zentralpro-jektion auf eine andere Ebene entsteht dann ein Kegelschnitt, der den Horizont nicht trifft, berührt oder schneidet. Wel-cher Art dieser Kegelschnitt ist, hängt von der Stellung der Bildebene ab.

Auch sonst ist die Zentral-projektion ein wichtiges Hilfsmittel, um aus speziellen Figuren viel allgemeinere herzustellen; so kann die Figur des vollständigen Vier-seits (S. 85) stets aus der nebenstehenden einfachen Abb. 130 ab-geleitet werden.

Die Bedeutung der unendlich fernen Elemente besteht aber vor allem darin, daß durch sie die axiomatische Grundlegung der ebenen Geometrie abgeändert und wesentlich vereinfacht werden kann. Beschränkt man sich nämlich auf die endlichen Punkte der Ebene, so wird die Incidenz zwischen Punkten und Geraden durch die folgenden Axiome eingeschränkt:

1. Zwei voneinander verschiedene Punkte bestimmen stets eine mit ihnen incidente Gerade.

2. Zwei verschiedene Punkte bestimmen nur eine mit ihnen incidente Gerade.

Aus dem zweiten Axiom wird gefolgert: Zwei Geraden einer Ebene haben einen oder keinen Punkt gemeinsam. Denn hätten sie zwei oder mehr Punkte gemein, so müßten sie in eine einzige Gerade zusammenfallen.

Der Fall, daß zwei Geraden einer Ebene keinen Punkt gemeinsam haben, wird durch das euklidische Axiom der Parallelen erläutert und eingeschränkt:

Wenn in einer Ebene eine beliebige Gerade a und ein beliebiger Punkt A außerhalb a gegeben ist, so gibt es in der Ebene eine einzige Gerade b, die durch A läuft und a nicht schneidet; die Gerade b wird die Parallele zu a durch A genannt.

Wenn wir nun nicht bloß die endlichen Punkte betrachten, sondern die Ebene durch Hinzunahme der unendlich fernen Geraden zur „projektiven Ebene" erweitern, so können wir statt der erwähnten drei Axiome die beiden folgenden Axiome zugrundelegen:

1. Zwei voneinander verschiedene Punkte bestimmen eine und nur eine Gerade.

2. Zwei voneinander verschiedene Geraden bestimmen einen und nur einen Punkt.

Auf diese beiden Axiome ist die Incidenz von Punkten und Geraden in der projektiven Ebene zurückzuführen. Dabei sind die unendlich fernen Punkte und die unendlich ferne Gerade in keiner Weise von den anderen Punkten und Geraden unterschieden. Wenn wir die projektive Ebene durch ein Gebilde realisieren wollen, in dem die Gleichberechtigung aller Punkte und aller Geraden auch anschaulich zu erkennen ist, so können wir wieder auf das Bündel der Geraden und Ebenen durch einen festen Punkt zurückgreifen, indem wir die Geraden als „Punkte" und die Ebenen als „Geraden" ansehen. An diesem Modell ist die Gültigkeit der beiden genannten Axiome am leichtesten einzusehen.

Dieses Axiomenpaar hat nun die rein formale Eigenschaft, unverändert zu bleiben, wenn man das Wort Gerade durch Punkt und das Wort Punkt durch Gerade ersetzt. Durch nähere Untersuchung ergibt sich, daß auch in den übrigen Axiomen der ebenen projektiven Geometrie diese beiden Worte vertauschbar sind, ohne daß der Inhalt des Axiomensystems sich ändert. Dann müssen die beiden Worte aber auch in allen aus diesen Axiomen abgeleiteten Lehrsätzen auswechselbar sein. Die Vertauschbarkeit der Punkte mit den Geraden wird als das Prinzip der *Dualität* in der projektiven Ebene bezeichnet. Nach diesem Prinzip gehört zu jedem Lehrsatz ein zweiter, dem ersten dual entsprechender Satz, und ebenso gehört zu jeder Figur eine dual entsprechende Figur. Dabei entsprechen den Punkten einer Kurve eine Reihe von Geraden, die im allgemeinen eine zweite Kurve als Tangenten einhüllen. Eine nähere Betrachtung lehrt, daß die Geradenschar, die den Punkten eines Kegelschnittes dual entspricht, stets wieder einen Kegelschnitt einhüllt.

Nach dem Dualitätsprinzip können wir nun aus den Brianchonschen Sätzen eine Reihe weiterer Sätze herleiten, die nach ihrem Entdecker die Sätze von Pascal genannt werden. Um die Dualität der beiden Satzgruppen deutlich hervortreten zu lassen, sollen sie in genau entsprechender Form nebeneinandergeschrieben werden:

Sätze von Brianchon.	Sätze von Pascal.
1, 2, 3. Es sei ein Sechseck aus sechs Geraden gebildet, die Tangenten eines Kegelschnittes sind (Sechseck, das einem Kegelschnitt umbeschrieben ist). Dann schneiden sich die Verbindungslinien gegenüberliegender Ecken in einem Punkt.	**1, 2, 3.** Es sei ein Sechseck aus sechs Punkten gebildet, die auf einem Kegelschnitt liegen (Sechseck, das einem Kegelschnitt einbeschrieben ist). Dann liegen die drei Schnittpunkte gegenüberliegender Seiten auf einer Geraden.
4. Es seien sechs Gerade gegeben, von denen drei mit einem Punkt A und drei mit einem Punkt B incident sind. Ich greife sechs Schnittpunkte heraus, so daß sie mit den zugehörigen Verbindungslinien ein Sechseck bilden, dessen Seiten abwechselnd durch A und B gehen. Dann schneiden sich die Verbindungslinien gegenüberliegender Ecken in einem Punkt (Brianchonscher Punkt des Sechsecks).	**4.** Es seien sechs Punkte gegeben, von denen drei mit einer Geraden a und drei mit einer Geraden b incident sind. Ich greife sechs Verbindungsgeraden heraus, so daß sie mit den zugehörigen Schnittpunkten ein Sechseck bilden, dessen Ecken abwechselnd auf a und b liegen. Dann liegen die Schnittpunkte gegenüberliegender Seiten auf einer Geraden (Pascalsche Gerade des Sechsecks).

Die Figur, die zum letzten Satz von Pascal gehört, muß offenbar der Konfiguration $(9_3)_1$ dual entsprechen. Nun ist allgemein die duale Figur zu einer Konfiguration $(p_\gamma g_\pi)$ wieder eine Konfiguration, und zwar vom Typus $(g_\pi p_\gamma)$. Die speziellen Konfigurationen, die wir mit (p_γ) bezeichnen, und nur diese Konfigurationen besitzen als duale Figur wieder eine Konfiguration desselben Typus. Nun wäre es denkbar, daß die Konfiguration des Pascalschen Satzes, also die duale Figur zu $(9_3)_1$ eine der beiden anderen Konfigurationen (9_3) wäre. Es zeigt sich jedoch (Abb. 131), daß auch der Pascalsche Satz durch $(9_3)_1$ dargestellt wird. Deswegen hatten wir diese Konfiguration von vornherein als die BRIANCHON-PASCALsche bezeichnet. $(9_3)_1$ ist also „dual invariant". Ebenso wie den BRIANCHONschen Punkt können wir auch die PASCALsche Gerade ganz beliebig in der Konfiguration wählen.

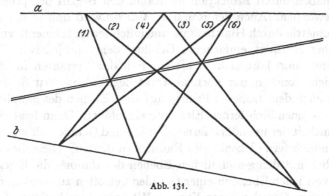

Abb. 131.

Aus dem letzten PASCALschen Satz läßt sich mit Hilfe des Unendlichfernen ein Spezialfall ableiten, der ohne Zuhilfenahme dieses Begriffes in gar keinem erkennbaren Zusammenhang mit dem ursprünglichen Lehrsatz stehen würde. Wenn wir nämlich die PASCALsche Gerade ins Unendlichferne legen, erhalten wir den Lehrsatz (Abb. 132): Wenn die Ecken eines Sechsecks abwechselnd auf zwei Geraden liegen, und außerdem zwei Paare gegenüberliegender Seiten parallel sind, so muß auch das dritte Seitenpaar parallel sein.

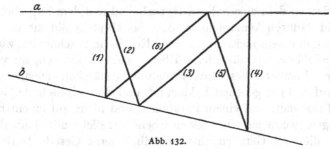

Abb. 132.

Dieser Spezialfall des PASCALschen Satzes wird als der Satz von PAPPUS bezeichnet.

Nachdem wir gesehen haben, daß $(9_3)_1$ dual invariant ist, läßt sich leicht schließen, daß auch $(9_3)_2$ und $(9_3)_3$ dual invariant sein müssen. Denn sonst gäbe es nur die eine Möglichkeit, daß $(9_3)_2$ durch Anwendung des Dualitätsprinzips in $(9_3)_3$ überginge. Nun ist aber $(9_3)_2$ regulär, $(9_3)_3$ nicht. Also kann die eine dieser Figuren nicht zur anderen dual sein.

Wir gehen jetzt zu den Konfigurationen (10_3) über. Zum Verständnis der wichtigsten unter diesen Konfigurationen, der von DESARGUES, müssen wir die Einführung der unendlich fernen Elemente und das Dualitätsprinzip von der Ebene auf den Raum übertragen.

§ 19. Unendlich ferne Elemente und Dualitätsprinzip im Raum. DESARGUESscher Satz und DESARGUESsche Konfiguration (10_3).

Wir haben durch Projektion im Raum den Begriff der projektiven Ebene gewonnen. Auch der Raum als Ganzes wird nun in der projektiven Geometrie durch Hinzunahme unendlich ferner Elemente zu einem in mancher Hinsicht einfacheren Gebilde, dem „projektiven Raum", umgestaltet, nur läßt sich in diesem Fall das Verfahren nicht mehr anschaulich, sondern nur noch abstrakt begründen. Wir denken uns zunächst nach dem früheren Prinzip auf allen Ebenen des gewöhnlichen Raumes die unendlich fernen Elemente eingeführt. Dann liegt es nahe, die Gesamtheit der unendlich fernen Punkte und Geraden als eine Ebene, die „unendlich ferne Ebene" des Raumes zu deuten. Diese Gesamtheit hat nämlich mit den gewöhnlichen Ebenen des Raumes die Eigenschaft gemein, von jeder Ebene in einer Geraden getroffen zu werden, der unendlich fernen Geraden jener Ebene. Mit jeder gewöhnlichen Geraden hat die unendlich ferne Ebene wie jede andere Ebene, die die Gerade nicht enthält, genau einen Punkt gemein, den unendlich fernen Punkt der Geraden. Ferner können zwei Ebenen dann und nur dann parallel sein, wenn sie dieselbe unendlich ferne Gerade besitzen[1].

Viele Erscheinungen der räumlichen Geometrie werden durch diese Auffassung vereinfacht. So können wir die Parallelprojektion als einen Spezialfall der Zentralprojektion ansehen, bei dem das Projektionszentrum ein unendlich ferner Punkt ist. Ferner läßt sich z. B. der Unterschied zwischen dem einschaligen Hyperboloid und dem hyperbolischen Paraboloid dadurch kennzeichnen, daß das Hyperboloid die unendlich ferne Ebene in einem nichtausgearteten Kegelschnitt schneidet, während das Paraboloid die unendlich ferne Ebene in einem Geradenpaar von Erzeugenden schneidet. Diese Unterscheidung ist nämlich gleichbedeutend mit der auf S. 13 gegebenen Erklärung, daß drei windschiefe Geraden dann und nur dann auf einem Paraboloid und nicht auf einem Hyperboloid liegen, wenn sie einer festen Ebene parallel sind; denn das besagt, daß die drei Geraden eine unendlich ferne Gerade treffen, die auf der Fläche liegen muß, weil sie drei Punkte mit ihr gemein hat.

Im projektiven Raum sind alle Ebenen offenbar als projektive Ebenen anzusehen, in ihnen gilt also das ebene Dualitätsprinzip. Im Raum als Ganzem herrscht aber noch ein davon verschiedenes Dualitätsprinzip.

Um es zu erhalten, stellen wir analog wie in der Ebene die Axiomgruppe zusammen, durch die im projektiven Raum die Incidenz zwischen den Punkten, Geraden und Ebenen geregelt wird, wenn wir zwischen

---

[1] Denn die Parallelität einerseits, die Gemeinsamkeit der unendlich fernen Geraden andererseits sind beide mit der Eigenschaft gleichbedeutend, daß sich zu jeder Geraden der einen Ebene eine Parallele in der anderen Ebene ziehen läßt.

den endlichen und den unendlich fernen Gebilden keinen Unterschied machen. Diese Axiome lassen sich folgendermaßen formulieren:

1. Zwei Ebenen bestimmen eine und nur eine Gerade; drei Ebenen, die nicht durch eine Gerade gehen, bestimmen einen und nur einen Punkt.

2. Zwei sich schneidende Geraden bestimmen einen und nur einen Punkt und eine und nur eine Ebene.

3. Zwei Punkte bestimmen eine und nur eine Gerade; drei Punkte, die nicht in einer Geraden liegen, bestimmen eine und nur eine Ebene.

Dieses Axiomensystem bleibt ungeändert, wenn man die Worte Punkt und Ebene miteinander vertauscht (das erste Axiom wird dabei mit dem dritten vertauscht, und das zweite bleibt ungeändert). Ebenso bleiben auch die übrigen Axiome der räumlichen projektiven Geometrie

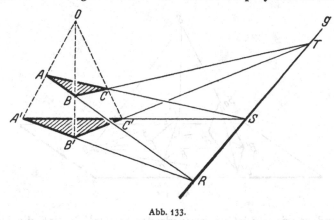

Abb. 133.

bei dieser Vertauschung in ihrem Gesamtinhalt ungeändert, so daß also im Raum Ebene und Punkt einander dual entsprechen, während die Gerade sich selbst entspricht. Der Gesamtheit der Punkte einer Fläche entspricht dual das System der Tangentialebenen einer anderen Fläche. Wie die Kegelschnitte der Ebene, so sind im Raum die Flächen zweiten Grades zu sich selbst dual.

Der einfachste und zugleich wichtigste Satz der räumlichen projektiven Geometrie wird nach DESARGUES benannt. Der DESARGUESsche Satz lautet (Abb. 133):

Es seien zwei im Raum liegende Dreiecke ABC und $A'B'C'$ gegeben. Diese Dreiecke mögen so angeordnet sein, daß die Verbindungslinien entsprechender Ecken durch einen einzigen Punkt O gehen. Dann schneiden sich zunächst die drei Paare von entsprechenden Dreiecksseiten in drei Punkten RST, und zweitens liegen diese Schnittpunkte auf einer Geraden.

Der erste Teil des Satzes ist einfach zu beweisen. Die beiden sich schneidenden Geraden AA' und BB' bestimmen nach dem zweiten räumlichen Axiom eine Ebene. In dieser Ebene verlaufen aber auch die Geraden AB und $A'B'$, so daß sie nach dem zweiten ebenen Axiom einen Schnittpunkt R besitzen. Es bleibt dahingestellt, ob R im Endlichen oder Unendlichen liegt. Die Existenz der anderen beiden Punkte S und T wird ebenso bewiesen.

Der zweite Teil des Satzes ist in dem Fall leicht einzusehen, daß die Dreiecke in verschiedenen Ebenen liegen. Dann bestimmen diese Ebenen eine — endliche oder unendlich ferne — Schnittgerade (räumliches Axiom 1). Von jedem Paar entsprechender Dreieckseiten verläuft die eine in der einen Ebene, die andere in der anderen Ebene. Da sich nun die beiden Seiten schneiden, muß ihr Schnittpunkt auf der Geraden liegen, die beide Ebenen gemeinsam haben. Im allgemeinen Fall ist der DESARGUESsche Satz hiermit bewiesen.

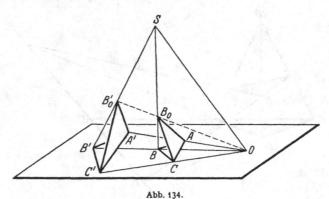

Abb. 134.

Besonders wichtig ist aber gerade der Spezialfall, daß die Dreiecke in einer Ebene liegen. Dann läßt sich der Beweis ähnlich wie der des BRIANCHONSCHEN Satzes durch Projektion aus dem Raum erbringen. Wir haben nur zu zeigen, daß jede ebene DESARGUESsche Figur sich als Projektion einer räumlichen DESARGUESschen Figur auffassen läßt. Zu diesem Zwecke verbinden wir alle Punkte und Geraden der ebenen DESARGUESschen Figur mit einem außerhalb der Ebene gelegenen Punkt S (Abb. 134). Ferner legen wir durch die Gerade AC eine Ebene, die BS in dem von S verschiedenen Punkt B_0 treffen möge. Sodann ziehen wir die Gerade OB_0. Diese Gerade liegt mit $B'S$ in einer Ebene, also besitzen die beiden Geraden einen Schnittpunkt B'_0. Dann bilden aber die Dreiecke AB_0C und $A'B'_0C'$ eine räumliche DESARGUESsche Figur, da die Verbindungslinien entsprechender Ecken alle durch O gehen. Aus der Schnittgeraden der Ebenen jener beiden Dreiecke entsteht durch Projektion von S aus eine Gerade in der Zeichenebene, auf der sich die Paare entsprechender Seiten der ursprünglich betrachteten Dreiecke ABC und $A'B'C'$ schneiden müssen. Damit ist der DESARGUESsche Satz vollständig bewiesen.

Sowohl das ebene wie auch das räumliche Dualitätsprinzip führen auf interessante Umformungen des DESARGUESschen Satzes. Zunächst sieht man leicht ein, daß von diesem Satz auch die Umkehrung richtig ist; aus der Existenz der DESARGUESschen Geraden, auf der sich Paare entsprechender Dreieckseiten schneiden, folgt die Existenz des DES-ARGUESschen Punktes, durch den die Verbindungslinien entsprechender Ecken laufen. Falls nun die Dreiecke in einer Ebene liegen, erweist sich die Umkehrung als identisch mit dem Satz, der nach dem ebenen Dualitätsprinzip aus dem DESARGUESschen Satz hervorgeht. Die folgende Gegenüberstellung möge das erläutern:

Es seien drei Punktepaare AA', BB', CC' gegeben, so daß die Verbindungslinien jedes Paares durch einen Punkt gehen. Dann müssen die drei Schnittpunkte der Geraden AB und $A'B'$, BC und $B'C'$, CA und $C'A'$ auf einer Geraden liegen.	Es seien drei Geradenpaare aa', bb', cc' gegeben, so daß die Schnittpunkte jedes Paares auf einer Geraden liegen. Dann müssen die drei Verbindungslinien der Punkte (ab) und $(a'b')$, (bc) und $(b'c')$, (ca) und $(c'a')$ durch einen Punkt gehen.

Wir betrachten nun die Figur, die aus den Ecken und Seiten zweier in einer Ebene gelegener DESARGUESscher Dreiecke, den Verbindungslinien entsprechender Eckenpaare, den Schnittpunkten entsprechender Seitenpaare, dem DESARGUESschen Punkt O und der DESARGUESschen Geraden g (Abb. 135) besteht. Eine einfache Abzählung ergibt, daß diese

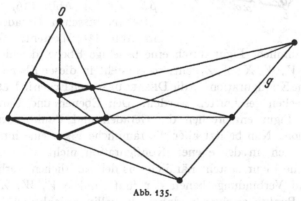

Abb. 135.

Figur eine Konfiguration (10_3) ist. Sie wird als DESARGUESsche Konfiguration bezeichnet. Sie hat mit der PASCALschen Konfiguration die Eigenschaft gemeinsam, daß bei schrittweiser Konstruktion die letzte Incidenz stets von selbst erfüllt ist. Ferner ist die Konfiguration von DESARGUES ebenso wie die von PASCAL dual invariant. Denn sie stellt sowohl den DESARGUESschen Satz als auch seine Umkehrung dar, und diese ist zum Satz selbst das duale Gegenstück.

Nunmehr wenden wir auf den räumlichen Fall des DESARGUESschen Satzes das *räumliche* Dualitätsprinzip an. Dann erhalten wir folgende Gegenüberstellung:

Es seien drei Punktepaare AA', BB', CC' gegeben, so daß die Verbindungslinien jedes Paares durch einen Punkt gehen. Dann müssen die drei Schnittpunkte der Geraden AB und $A'B'$, BC und $B'C'$, CA und $C'A'$ auf einer Geraden liegen.	Es seien drei Ebenenpaare $\alpha\alpha'$, $\beta\beta'$, $\gamma\gamma'$ gegeben, so daß die Schnittgeraden jedes Paares in einer Ebene liegen. Dann müssen die drei Verbindungsebenen der Geraden $(\alpha\beta)$ und $(\alpha'\beta')$, $(\beta\gamma)$ und $(\beta'\gamma')$, $(\gamma\alpha)$ und $(\gamma'\alpha')$ durch eine Gerade gehen.

Der auf der rechten Seite aufgestellte Satz wird durch Abb. 136 veranschaulicht. An Stelle zweier Dreiecke treten bei diesem Satz zwei körperliche Ecken, die von den Ebenen α, β, γ und α', β', γ' gebildet werden. Ähnlich wie in der Ebene wollen wir nun die räumliche Figur betrachten, die aus den beiden DESARGUESschen Ecken, den Verbindungsebenen entsprechender Kanten, den Schnittgeraden entsprechender Seitenflächen, der „DESARGUESschen Ebene" ($\alpha\alpha'$, $\beta\beta'$, $\gamma\gamma'$ in Abb. 136) und der „DESARGUESschen Geraden" (VW in Abb. 136) besteht. Schneiden

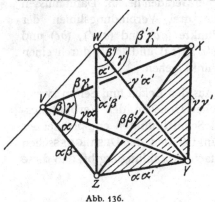

Abb. 136.

wir diese räumliche Figur durch eine beliebige Ebene, die nicht durch die Punkte V, W, X, Y, Z geht, so entsteht in dieser Ebene eine DESARGUESsche Konfiguration, da die DESARGUESschen Ecken in DESARGUESschen Dreiecken geschnitten werden. Den Ebenen und Geraden der räumlichen Figur entsprechen die Geraden und Punkte der ebenen Konfiguration. Nun besitzt aber die räumliche Figur eine innere Symmetrie, die sich an der ebenen Konfiguration nicht aufweisen läßt. Die räumliche Figur besteht nämlich aus den sämtlichen Verbindungsgeraden und Verbindungsebenen der fünf Punkte V, W, X, Y, Z. Diese fünf Punkte erscheinen dabei als völlig gleichberechtigt. Umgekehrt führt jedes räumliche Fünfeck auf die räumliche DESARGUESsche Figur, wenn man zwei Ecken willkürlich herausgreift[1]. Da nun in der räumlichen Figur alle Geraden und Ebenen gleichberechtigt sind, müssen es auch die Punkte und Geraden der ebenen DESARGUESschen Konfigu-

---

[1] Nur müssen die fünf Punkte allgemeine Lage haben, d. h. es dürfen nicht vier unter ihnen in einer Ebene, also auch nicht drei unter ihnen auf einer Geraden liegen.

ration sein. Dadurch ist bewiesen, daß die DESARGUESsche Konfiguration regulär ist und daß wir den DESARGUESschen Punkt oder die DESARGUESsche Gerade ganz beliebig in der Konfiguration wählen dürfen[1].

Wir wollen jetzt die DESARGUESsche Konfiguration als ein Paar von einander ein- und umbeschriebenen Fünfecken darstellen. Dazu müssen wir zunächst überhaupt Fünfecke aufsuchen, die in der Konfiguration liegen. Wir verlangen also, daß alle Ecken und Seiten des Polygons Konfigurationselemente sind und daß nicht drei aufeinanderfolgende Ecken auf einer Geraden liegen. Die Aufgabe vereinfacht sich nun wesentlich, wenn wir auf das Raumfünfeck zurückgehen. Den Ecken des ebenen Polygons entsprechen die Kanten des räumlichen. Da zwei konsekutive Ecken des ebenen Polygons auf einer Konfigurationsgeraden liegen sollen, so fallen die entsprechenden Kanten in eine Ebene, sind also incident. Damit nicht drei konsekutive Ecken in eine Gerade fallen, haben wir nur zu vermeiden, daß die entsprechenden Kanten in eine Ebene fallen; das tritt dann und nur dann ein, wenn drei aufeinanderfolgende Kanten ein Dreieck bilden. Wenn wir nun die Grundpunkte $VWXYZ$ des Raumfünfecks in irgendeiner Reihenfolge durchlaufen, z. B. der hingeschriebenen, so erhalten wir einen geschlossenen Kantenzug, wie wir ihn brauchen; er liefert in der Konfiguration ein Fünfeck der verlangten Art. Die Kanten des Raumfünfecks, die bei dieser Durchlaufung unbenutzt geblieben sind, schließen sich aber zu einem zweiten räumlichen Polygon der gleichen Art zusammen. Durch jeden Grundpunkt des Raumfünfecks gehen nämlich zwei solche Kanten, da im ganzen vier Kanten von jedem Grundpunkt auslaufen und zwei bei der ersten Durchlaufung verbraucht waren. Dem zweiten Kantenzug entspricht in der Konfiguration ein zweites Fünfeck, und eine einfache Abzählung ergibt, daß dieses dem ersten einbeschrieben sein muß. Aus Symmetriegründen muß auch das erste dem zweiten einbeschrieben sein. In Abb. 137a, b ist die Beziehung zwischen dem räumlichen Schema und dem ebenen Fünfeckpaar zum Ausdruck gebracht.

Nun lassen sich noch andersartige Systeme von fünf Kanten des Raumfünfecks ausfindig machen, die einem ebenen in der Konfiguration ent-

---

[1] Als vollständiges räumliches n-Eck bezeichnet man das System aller Verbindungsgeraden und -ebenen von n Punkten allgemeiner Lage im Raum. Ebenso wie für $n = 5$ erhält man auch für beliebiges n stets eine Konfiguration, wenn man das vollständige n-Eck mit einer Ebene zum Schnitt bringt, die durch keinen Eckpunkt geht. Alle diese Konfigurationen sind regulär. Sie sind vom Typus $p = \dfrac{n(n-1)}{2}$, $\gamma = n - 2$, $g = \dfrac{n(n-1)(n-2)}{6}$, $\pi = 3$. Eine Konfiguration vom speziellen Typ $p = g$ ergibt sich also nur für den Fall $n = 5$. Zu weiteren regulären Konfigurationen gelangt man, wenn man von n-Ecken allgemeiner Lage in höherdimensionalen Räumen ausgeht. Alle diese Konfigurationen werden „polyedral" genannt.

haltenen Fünfeck entsprechen. Ein Beispiel gibt Abb. 138. Man kann
aber nachprüfen, daß sich dann die fünf übrigen Kanten auf keine Weise
cyclisch so anordnen lassen, daß zwei konsekutive immer incident sind
und drei konsekutive nie ein Dreieck bilden. Die zuerst angegebene
Konstruktion erschöpft daher alle Möglichkeiten. Da nun jeder Per-

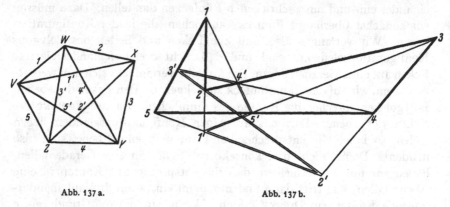

Abb. 137 a.   Abb. 137 b.

mutation der Grundpunkte ein Automorphismus der Konfiguration
entspricht und da die Zerlegung des Raumfünfecks in zwei Kantenzüge
durch die Reihenfolge der Grundpunkte im ersten Kantenzug fest
bestimmt ist, so sehen wir, daß es, von Automorphismen abgesehen, nur
eine Möglichkeit der Zerlegung der DESARGUESschen Konfiguration in
zwei wechselseitig einbeschriebene Fünfecke gibt.

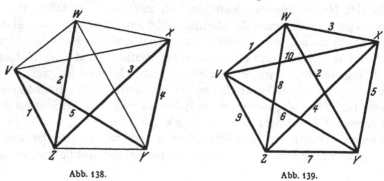

Abb. 138.   Abb. 139.

   In ähnlicher Weise läßt sich die Frage erledigen, ob und auf wie viele
Arten sich die DESARGUESsche Konfiguration als ein Zehneck auffassen
läßt, das sich selbst ein- und umbeschrieben ist. Man findet, daß der
entsprechende räumliche Kantenzug dann stets so angeordnet werden
kann, wie in Abb. 139 angegeben. Es gibt also eine und, abgesehen von
Automorphismen, auch nur eine Art, die DESARGUESsche Konfiguration
als ein sich selbst ein- und umbeschriebenes Zehneck zu deuten (Abb. 140).
Diese Figur verrät eine gewisse Regelmäßigkeit. Ich muß nämlich bei

der Durchlaufung des Zehnecks immer abwechselnd eine und drei Ecken überspringen, wenn ich zu der auf einer Seite liegenden weiteren Ecke gelangen will (Ecke 5 auf Seite 23, 8 auf 34, 7 auf 45, 10 auf 56 usw.). An dem räumlichen Schema erkennt man noch eine andere Eigenschaft dieses Zehnecks. Seine Seiten bilden nämlich, abwechselnd genommen, zwei einander einbeschriebene Fünfecke.

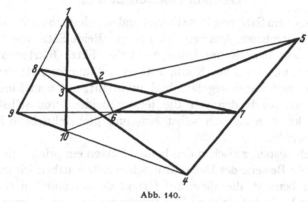

Abb. 140.

Die DESARGUESsche Konfiguration ist nicht die einzige Konfiguration (10_3). Für das Schema einer solchen Konfiguration ergeben sich vielmehr noch neun andere Möglichkeiten. Eins dieser Schemata ist ebenso wie die Konfiguration (7_3) weder im Reellen noch im Komplexen realisierbar, da seine Gleichungen einen Widerspruch enthalten. Die acht übrigen dagegen sind ebenso wie die Konfigurationen (9_3) sämtlich mit dem Lineal allein konstruierbar. Im Gegensatz zur DESARGUESschen Konfiguration ist aber bei den acht übrigen realisierbaren Konfigurationen (10_3) die letzte Incidenz nicht von selbst erfüllt. Sie stellen daher keinen allgemeinen geometrischen Satz dar

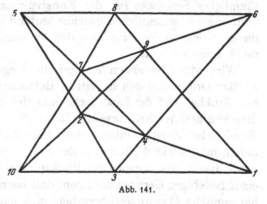

Abb. 141.

und sind dementsprechend weniger wichtig als die Konfiguration von DESARGUES. Eine dieser Konfigurationen ist in Abb. 141 gezeichnet. In der angegebenen Reihenfolge der Punkte durchlaufen, stellt diese Konfiguration wieder ein sich selbst ein- und umbeschriebenes Zehneck dar. In dieser Figur brauche ich aber jedesmal nur eine Ecke zu überspringen, um die auf jeder Seite gelegene weitere Ecke des Polygons zu erhalten. In dieser Vorschrift erscheinen alle Ecken als gleichberechtigt und die Seiten als vertauschbar mit den Ecken; man kann daraus schließen, daß die Konfiguration regulär und dual invariant sein muß.

§ 20. Gegenüberstellung des PASCALschen und des DESARGUESschen Satzes.

Zwischen dem Satz von DESARGUES und dem letzten Satz von PASCAL haben wir weitgehende Analogien gefunden. Beide Sätze wurden durch Projektion aus dem Raum bewiesen, beide Sätze führten auf Konfigurationen, und zwar auf Konfigurationen ähnlicher Art; denn beide Konfigurationen waren regulär, dual invariant, mit dem Lineal allein konstruierbar, bei beiden war die letzte Incidenz von selbst erfüllt, und beide konnten als sich selbst ein- und umbeschriebene Polygone aufgefaßt werden.

Dennoch besteht zwischen den beiden Sätzen ein prinzipieller Unterschied. Beim Beweise des DESARGUESschen Satzes haben wir eine räumliche Figur benutzt, die allein auf Grund der angeführten räumlichen Axiome der Verknüpfung ohne Voraussetzung weiterer Axiome konstruiert werden kann. Dagegen ergab sich die BRIANCHON-PASCALsche Konfiguration durch Betrachtung einer Fläche zweiter Ordnung. Scheinbar bildet zwar den Kernpunkt des Beweises eine reine Incidenzbetrachtung zwischen den Punkten, Geraden und Ebenen eines räumlichen Sechsecks, aber eine nähere Untersuchung lehrt, daß die Konstruktion derartiger räumlicher Sechsecke mit der Konstruktion einer Regelfläche zweiter Ordnung im wesentlichen gleichbedeutend ist und daß die Möglichkeit dieser Konstruktion sich aus den Axiomen der Verknüpfung allein nicht erweisen läßt.

Wir hatten im ersten Kapitel die Kegelschnitte und die Flächen zweiter Ordnung durch metrische Betrachtungen eingeführt. Es wäre also denkbar, daß der PASCALsche Satz sich nicht ohne Vergleichung von Strecken und Winkeln beweisen ließe. Man kann aber die Kurven und Regelflächen zweiter Ordnung auch ohne metrische Hilfsmittel erzeugen, indem man allein die Methode des Projizierens benutzt. Mit dieser Methode lassen sich nämlich die Punkte einer Geraden so auf die Punkte einer beliebigen Geraden abbilden, daß harmonische Quadrupel stets in harmonische Quadrupel übergehen und daß drei beliebig vorgegebene Punkte der einen Geraden auf drei beliebig vorgegebene Punkte der anderen Geraden abgebildet werden. Man sagt dann, daß die eine Gerade auf die andere projektiv abgebildet ist. Die Konstruktion einer solchen Abbildung erfordert allein die ebenen und räumlichen Axiome der Verknüpfung. Dagegen läßt sich mit deren alleiniger Hilfe nicht schließen, daß die Abbildung durch die beiden genannten Forderungen — Invarianz der harmonischen Lage und Vorgabe der Abbildung dreier

Punkte — eindeutig für alle Punkte der Geraden bestimmt ist. Zu diesem Zweck bedarf es eines Stetigkeitsaxioms, das wir weiter unten sogleich formulieren werden. Ist aber die Eindeutigkeit der projektiven Abbildung im angegebenen Sinne bewiesen, so läßt sich die allgemeinste Regelfläche zweiter Ordnung als die Fläche definieren, die von einer variablen Geraden überstrichen wird, die entsprechende Punkte zweier fester windschiefer projektiv bezogener Geraden verbindet. Aus der Eindeutigkeit der projektiven Abbildung folgt dann, daß auf einer solchen Fläche noch eine zweite Schar von Geraden verläuft. Sind die projektiv aufeinander bezogenen Geraden nicht windschief, sondern incident, so läuft die Verbindungsgerade entsprechender Punkte in einer Ebene und umhüllt eine Kurve zweiter Ordnung. Alle in der projektiven Geometrie wesentlichen Eigenschaften der Kurven zweiter Ordnung lassen sich aus dieser Definition ableiten.

Zur völligen Erfassung des Stetigkeitsbegriffes braucht man zwei verschiedene Axiome; beim Eindeutigkeitsbeweis der projektiven Abbildung kommt aber nur eines von ihnen, das *archimedische* Axiom, zur Anwendung. In arithmetischer Fassung lautet dieses Axiom: Es seien mir zwei beliebige positive Zahlen a und A gegeben, von denen a noch so klein und A noch so groß sein möge; ich kann dann trotzdem a so oft zu sich selbst addieren, daß die Summe nach endlich vielen Schritten größer wird als A:

$$a + a + a + \cdots + a > A.$$

Dieses Axiom ist notwendig, wenn ich eine Entfernung durch eine andere Länge ausmessen will, es bildet also in dieser Form eine wesentliche Grundlage der Metrik. Von metrischen Begriffen unabhängig ist folgende Fassung des Axioms. Es seien mir zwei parallele Geraden gegeben (Abb. 142); ferner sollen auf einer dieser Geraden zwei ver-

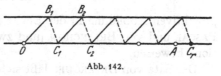

Abb. 142.

schiedene Punkte O und A liegen. Wir ziehen nun von dem Punkte O nach einem beliebigen Punkt B_1 der anderen Geraden die Verbindungsgerade, und B_1 verbinden wir wiederum geradlinig mit einem Punkt C_1 der ersten Geraden, der zwischen O und A liegt. Dann ziehen wir durch C_1 die Parallele zu OB_1, welche die andere Gerade in B_2 treffen möge; von B_2 ziehen wir wieder die Parallele zu B_1C_1, die die erste Gerade in C_2 treffen möge. Wenn wir so immer weitere Parallelen zu OB_1 und B_1C_1 ziehen, so besagt das archimedische Axiom, daß wir schließlich nach endlich vielen Schritten zu einem Punkt C_r kommen, der nicht mehr zwischen O und A liegt. In dieser Formulierung haben wir die Vorstellung verwendet, daß ein Punkt einer Geraden zwischen zwei anderen Punkten dieser Geraden liegt. Aussagen dieser

Art werden durch eine andere Axiomgruppe, die Axiome der Anordnung, präzisiert, auf die wir hier nicht eingehen wollen. Den Parallelenbegriff dagegen haben wir nur verwendet, um das Axiom kürzer und anschaulicher formulieren zu können; es genügt in der projektiven Geometrie, die Möglichkeit einer Konstruktion zu fordern, wie sie durch Abb. 143 angedeutet ist. Diese Figur ergibt sich aus Abb. 142 durch Zentralprojektion auf eine andere Ebene.

Die ebenen und räumlichen Axiome der Verknüpfung, die Anordnungsaxiome und das archimedische Axiom genügen, um die Eindeutigkeit der projektiven Abbildung zu beweisen; allerdings ist dieser Beweis außerordentlich langwierig und mühsam. Aus der Eindeutigkeit der

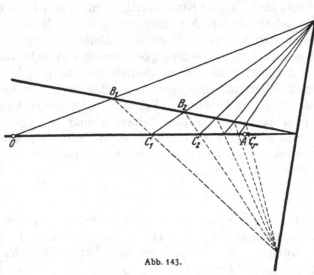

Abb. 143.

projektiven Abbildung in der Ebene läßt sich dann der letzte Satz von PASCAL und von BRIANCHON (und zwar ohne räumliche Hilfskonstruktion) beweisen.

Der Satz von DESARGUES läßt sich im Raum allein mit den Axiomen der Verknüpfung beweisen; wenn ich dagegen die ebene Fassung des Satzes beweisen will, ohne in den Raum herauszugehen, kann ich nicht ohne die Axiome der Kongruenz auskommen, auch wenn ich das archimedische Axiom und die Anordnungsaxiome voraussetze. Dagegen genügen zum Beweise die ebenen Verknüpfungs- und Anordnungsaxiome sowie die Kongruenzaxiome; das archimedische Axiom ist entbehrlich.

Bei Fortlassung der räumlichen Verknüpfungsaxiome verhält sich der letzte PASCALsche Satz wie der DESARGUESsche. Man braucht dann zum Beweis die ebenen Axiome der Verknüpfung, Anordnung und Kongruenz. Trotzdem läßt sich ein wesentlicher Unterschied beider Sätze auch in der Ebene ohne räumliche Hilfsbetrachtungen feststellen. Setzt man nämlich in der Ebene die Verknüpfungsaxiome und die Gültigkeit des DESARGUESschen Satzes voraus, so läßt sich der PASCALsche Satz nicht beweisen. Dagegen läßt sich der DESARGUESsche Satz beweisen, wenn man die ebenen Verknüpfungsaxiome und den PASCALschen Satz voraussetzt. Wir wollen den Beweis für den Spezialfall führen, daß die DESARGUESsche Gerade die unendlich ferne Gerade der Ebene ist. Diese Annahme dient wie bei der Aufstellung des Archimedischen Axioms nur dazu, den Beweis kürzer und anschaulicher zu formulieren. Wir setzen also voraus (Abb. 144):

Die drei Geraden AA', BB', CC' gehen alle durch einen Punkt O. Ferner ist $AB \| A'B'$, $AC \| A'C'$. Es ist mit Hilfe des letzten PASCALschen Satzes zu beweisen, daß dann auch gilt: $BC \| B'C'$.

Zum Beweise ziehe ich durch A die Parallele zu OB, die $A'C'$ in L und OC in M treffen möge. Ferner möge die Verbindungsgerade LB' die Gerade AB in N treffen. Auf diese Figur wende ich nun dreimal den Satz von PASCAL an, und zwar in der speziellen Form, die S. 105 als Satz von PAPPUS erwähnt war. Ein PASCALsches Sechseck ist zunächst $ONALA'B'$, da je drei dieser Punkte abwechselnd auf je einer Geraden liegen. Nun ist $NA \| A'B$ nach Voraussetzung und $AL \| B'O$ nach Konstruktion. Nach dem Satz von PAPPUS ist daher auch das dritte Paar gegenüberliegender Seiten dieses Sechsecks parallel, also $ON \| AC$.

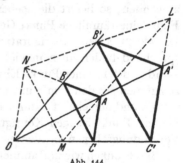

Abb. 144.
(Aus „HILBERT, Grundlagen der Geometrie" 7. Aufl., S. 111. Teubner 1930.)

Ich betrachte nunmehr das PASCALsche Sechseck $ONMACB$. In ihm ist $ON \| AC$, wie eben bewiesen, und $MA \| BO$ nach Voraussetzung. Nach dem Satz von PAPPUS ist daher $NM \| CB$. Zum Schluß betrachten wir das PASCALsche Sechseck $ONMLC'B'$. In ihm ist $ON \| LC'$ und $ML \| B'O$. Daraus folgt wie oben: $NM \| C'B'$. Da aber beim vorigen Schritt auch bewiesen war: $NM \| CB$, so folgt die Behauptung: $BC \| B'C'$.

Nun lassen sich in der Ebene alle Schnittpunktsätze aus den Sätzen von DESARGUES und PASCAL ableiten. Da wir jetzt den Satz von DESARGUES als eine Folge des PASCALschen erkannt haben, so können wir sagen, daß der Satz von PASCAL der einzig wesentliche Schnittpunktsatz der Ebene ist, daß also die Konfiguration $(9_3)_1$ die wichtigste Figur der ebenen Geometrie darstellt.

§ 21. Vorbemerkungen über räumliche Konfigurationen.

Man kann den Konfigurationsbegriff von der Ebene auf den Raum verallgemeinern. Ein System von Punkten und Ebenen wird als eine räumliche Konfiguration bezeichnet, wenn jeder Punkt mit gleich vielen

Ebenen und jede Ebene mit gleich vielen Punkten incident ist. Ein einfaches Beispiel einer solchen Konfiguration liefert der räumliche Desarguessche Satz. Als Konfigurationspunkte definieren wir dabei dieselben zehn Punkte wie bei der entsprechenden ebenen Figur. Als Konfigurationsebenen nehmen wir die zwei Ebenen der beiden Dreiecke und die drei Ebenen, durch die die Dreiecke vom Desarguesschen Punkt aus projiziert werden. Dann gehen durch jeden Punkt drei Ebenen, und in jeder Ebene liegen sechs Punkte. Aus demselben Grund wie bei den ebenen Konfigurationen erfüllen die vier für diese Konfiguration charakteristischen Zahlen die Gleichung $5 \cdot 6 = 10 \cdot 3$.

Neben den Konfigurationen aus Punkten und Ebenen kann man aber im Raum auch Konfigurationen betrachten, die wie in der Ebene aus Punkten und Geraden bestehen, wobei jeder Punkt mit gleich viel Geraden und jede Gerade mit gleich viel Punkten incidiert. Diese beiden verschiedenen Auffassungen kann man oft auf eine und dieselbe Figur anwenden; so liefert die soeben betrachtete räumliche Desarguessche Figur eine räumliche Punkt-Geraden-Konfiguration, die mit der ebenen Desarguesschen Konfiguration im wesentlichen identisch ist. Entsprechend bilden auch in vielen allgemeineren Fällen gewisse Schnittgeraden der in einer Punkt-Ebenen-Konfiguration auftretenden Ebenen zusammen mit den Konfigurationspunkten eine Punkt-Geraden-Konfiguration, und umgekehrt kann man oft eine Punkt-Geraden-Konfiguration in eine Punkt-Ebenen-Konfiguration verwandeln, indem man gewisse Verbindungsebenen incidenter Konfigurationsgeraden hinzunimmt.

Beschränken wir uns ähnlich wie in der Ebene zunächst auf den Fall, daß die Anzahl der Punkte und Ebenen gleich ist, daß wir also eine Punkt-Ebenen-Konfiguration von p Punkten und p Ebenen vor uns haben. Ist dann jeder Punkt mit n Ebenen incident, so muß aus demselben Grund wie in der Ebene auch jede Konfigurationsebene mit n Punkten incident sein; wir wollen solche Konfigurationen mit (p_n) bezeichnen.

Um die trivialen Fälle auszuschließen, müssen wir annehmen, daß n mindestens 4 ist. Für $p \leqq 7$ ist eine Konfiguration (p_4) nicht möglich. Für $p = 8$ dagegen lassen sich bereits fünf verschiedene Schemata aufstellen, die sämtlich geometrisch verwirklicht werden können. Eine dieser Konfigurationen (8_4), die sog. Möbiussche Konfiguration, ist geometrisch wichtig, da ihre letzte Incidenz von selbst erfüllt ist, sie also einen geometrischen Satz enthält. Diese Konfiguration besteht aus zwei Tetraedern, die einander zugleich ein- und umbeschrieben sind.

Wenn wir zu höheren Konfigurationen übergehen, wird die Zahl der Möglichkeiten immer größer, so daß sich bald keine Übersicht mehr behalten läßt. So gibt es z. B. bereits sechsundzwanzig geometrisch realisierbare Konfigurationen (9_4). Wir wollen daher nur zwei besonders wichtige räumliche Konfigurationen näher betrachten, die auch bei andersartigen mathematischen Problemen eine Rolle spielen. Es sind dies die Reyesche Konfiguration und die Schläflische Doppelsechs.

§ 22. Die Reyesche Konfiguration.

Die Reyesche Konfiguration besteht aus zwölf Punkten und zwölf Ebenen. Sie enthält einen projektiv-geometrischen Satz, so daß die letzte Incidenz stets von selbst erfüllt ist, wie wir auch die Lage der Punkte und Ebenen annehmen. Um aber eine anschauliche Vorstellung

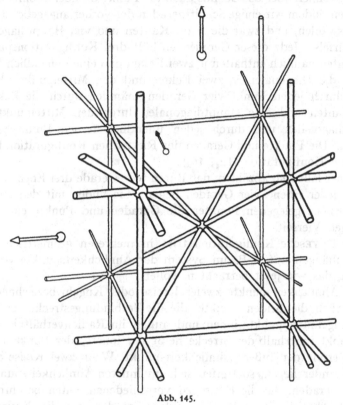

Abb. 145.

von der Reyeschen Konfiguration zu gewinnen, wollen wir zunächst den einzelnen Konfigurationspunkten eine spezielle symmetrische Anordnung geben.

Als Konfigurationspunkte nehmen wir die acht Eckpunkte eines Würfels, ferner den Würfelmittelpunkt, und schließlich die drei unendlich fernen Punkte, in denen sich je vier parallele Würfelkanten treffen (Abb. 145). Als Konfigurationsebenen nehmen wir die sechs Würfelebenen und die sechs Diagonalebenen, die durch je zwei gegenüberliegende Kanten laufen. In dem so entstandenen Gebilde liegen auf jeder Ebene sechs Punkte; nämlich auf den Würfelebenen vier Eckpunkte und zwei unendlich ferne Punkte und auf den Diagonalebenen der Mittelpunkt des Würfels, vier Eckpunkte und ein unendlich ferner Punkt. Andererseits schneiden sich auch in jedem Punkt sechs Ebenen; nämlich im Würfelmittelpunkt die sechs Diagonalebenen, in jeder Würfelecke drei Diagonalebenen und drei Würfelebenen, in den unendlich fernen Punkten vier Würfelebenen und zwei Diagonalebenen. Wir haben also durch unsere Konstruktion in der Tat eine Punkt-Ebenen-Konfiguration gewonnen, und zwar ist ihr Symbol (12_6).

Wir können aber das Gebilde auch als Punkt-Geraden-Konfiguration auffassen, indem wir einige Schnittgeraden der vorher angegebenen Ebenen auswählen, und zwar die zwölf Kanten und vier Hauptdiagonalen des Würfels. Jede dieser Geraden enthält drei Konfigurationspunkte; die Kanten nämlich enthalten je zwei Ecken und einen unendlich fernen Punkt, die Diagonalen je zwei Ecken und den Mittelpunkt. Ferner gehen durch jeden Punkt vier Geraden; nämlich durch die Ecken je drei Kanten und eine Hauptdiagonale, durch den Mittelpunkt vier Hauptdiagonalen und durch jeden unendlich fernen Punkt je vier Kanten. Die Punkte und Geraden der REYEschen Konfiguration bilden also eine Konfiguration $(12_4, 16_3)$.

Ferner läßt sich abzählen, daß durch jede Gerade drei Ebenen gehen und in jeder Ebene vier Geraden liegen. Sie bilden mit den sechs in dieser Ebene gelegenen Punkten die Geraden und Punkte eines vollständigen Vierseits.

Die REYEsche Konfiguration tritt in mehreren geometrischen Zusammenhängen auf, z. B. im System der Ähnlichkeitspunkte von vier Kugeln, das wir jetzt betrachten wollen.

Als Ähnlichkeitspunkte zweier Kreise oder Kugeln bezeichnet man bekanntlich die beiden Punkte, die die Verbindungsstrecke der Kreis- oder Kugelmittelpunkte innen und außen im Radienverhältnis teilen. Der Punkt innerhalb der Strecke heißt der innere, der Punkt auf der Verlängerung der äußere Ähnlichkeitspunkt. Wenn zwei Kreise außerhalb einander liegen, so treffen sich im inneren Ähnlichkeitspunkt die beiden Geraden, die die Kreise zu verschiedenen Seiten berühren, im äußeren Ähnlichkeitspunkt die beiden Geraden, die die Kreise von derselben Seite her berühren (Abb. 146). Durch Rotation dieser Figur um die Mittellinie ergibt sich eine analoge Tangenteneigenschaft für die Ähnlichkeitspunkte zweier Kugeln. (Doch gibt es viele gemeinsame Tangenten der beiden Kugeln, die durch keinen Ähnlichkeitspunkt gehen). Wir wollen mit (ik) den äußeren, mit $(ik)'$ den inneren Ähnlichkeitspunkt zweier Kreise oder Kugeln i, k bezeichnen.

Wir betrachten nun drei Kreise oder Kugeln 1, 2, 3. Sie besitzen drei innere und drei äußere, also sechs Ähnlichkeitspunkte; wir denken uns die Mittelpunkte auf einem Dreieck und nicht in einer Geraden angeordnet, so daß keine zwei Ähnlichkeitspunkte zusammenfallen

und nicht alle sechs auf einer Geraden liegen können. Nach einem
Satz von MONGE liegen dann stets die drei äußeren Ähnlichkeitspunkte (12), (23) und (31) auf einer Geraden (Abb. 147) sowie jeder
äußere Ähnlichkeitspunkt mit den beiden inneren Ähnlichkeitspunkten, die nicht mit ihm zusammengehören, z. B. (12)', (23)' und (31)*.
Alle Ähnlichkeits-
punkte liegen dem-
nach auf vier Ge-
raden, die man die
Ähnlichkeitsachsen
von 1, 2, 3 nennt.
Man kann den Satz
von MONGE da-
hin zusammenfassen,
daß die Ähnlichkeits-
punkte und -achsen

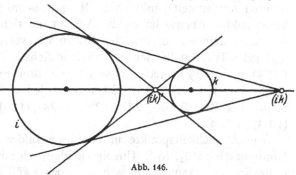

Abb. 146.

die sechs Punkte und vier Geraden eines vollständigen Vierseits bilden,
in dem die Mittelpunkte von 1, 2, 3 das Diagonaldreieck darstellen.
Wir wollen auch für die Ähnlichkeitsachsen Symbole einführen; wir
bezeichnen mit (123) die Verbindungsgerade der äußeren Ähnlichkeitspunkte, mit (1'23) die Achse, auf der (23), (12)' und (13)' liegen usw.

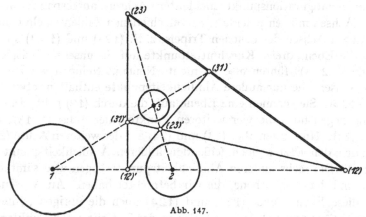

Abb. 147.

Nach dieser Vorbereitung wenden wir uns zu vier Kugeln 1, 2, 3, 4,
deren Mittelpunkte nicht alle in einer Ebene liegen, so daß also auch

---

* Beweis: Sind r_1, r_2, r_3 die Radien von 1, 2, 3, so werden die Seiten des von den
Mittelpunkten gebildeten Dreiecks durch die äußeren Ähnlichkeitspunkte in den
Verhältnissen $-\dfrac{r_1}{r_2}$, $-\dfrac{r_2}{r_3}$, $-\dfrac{r_3}{r_1}$ geteilt. Da das Produkt dieser Verhältnisse -1
beträgt, liegen die äußeren Ähnlichkeitspunkte nach dem Satz von MENELAUS
auf einer Geraden. Ersetzt man zwei äußere Ähnlichkeitspunkte durch die entsprechenden inneren, so ändern zwei der Teilungsverhältnisse ihr Vorzeichen. Das
Produkt bleibt also -1, d. h. wir haben wieder drei Punkte einer Geraden erhalten.

nicht drei Mittelpunkte in eine Gerade fallen können (vgl. Abb. 148, S. 124). Ich behaupte, daß die Gesamtheit der Ähnlichkeitspunkte und -achsen dieser Kugeln die Punkte und Geraden einer REYEschen Konfiguration bilden. Da ich die Ziffern 1, 2, 3, 4 zu sechs verschiedenen Paaren zusammenfassen kann und jedes Paar einen äußeren und einen inneren Ähnlichkeitspunkt darstellt, gibt es im ganzen zwölf Ähnlichkeitspunkte. Ebenso haben die Achsen die richtige Anzahl sechzehn. Ich kann nämlich aus den vier Ziffern vier verschiedene Tripel bilden, und jedes Tripel stellt vier verschiedene Achsen dar, z. B. (123), (1′23), (12′3) und (123′). Jede Achse ist mit drei Punkten incident, z. B. (123) mit (12), (23), (13). Ebenso ist jeder Punkt mit vier Achsen incident, z. B. (12) mit (123), (123′), (124), (124)′ oder (12)′ mit (1′23), (12′3), (1′24), (12′4).

Die Ähnlichkeitspunkte und -achsen bilden also in der Tat eine Konfiguration $(12_4, 16_3)$. Um sie als identisch mit der REYEschen Konfiguration zu erkennen, müssen wir noch zwölf geeignete Ebenen ausfindig machen. Wir nehmen zunächst die vier Ebenen, in denen je drei Kugelmittelpunkte liegen; in jeder dieser Ebenen bilden die mit ihr incidenten Punkte und Achsen wie in der REYEschen Konfiguration ein Vierseit. Um nun noch acht weitere solche Ebenen zu finden, nehmen wir einfach sämtliche noch fehlenden Ebenen, die von irgend zwei in einem Konfigurationspunkt incidenten Achsen aufgespannt werden. Diese Achsen müssen jedenfalls zu verschiedenen Zahlentripeln gehören, denn zwei Achsen des gleichen Tripels, z. B. (123) und (1′23) spannen stets die Ebene dreier Kugelmittelpunkte auf (in unserem Beispiel die Ebene 1, 2, 3), führen also zu nichts Neuem. Nehmen wir zunächst zwei Achsen, die nur äußere Ähnlichkeitspunkte enthalten, etwa (123) und (124). Sie spannen eine Ebene auf, die durch (12) geht. In dieser Ebene liegen noch die vier weiteren Punkte jener Achsen: (13), (23), (14), (24). Nun liegen aber (23) und (24) auf der weiteren Achse (234), die auch den letzten noch fehlenden äußeren Ähnlichkeitspunkt (34) enthält. Die sechs äußeren Ähnlichkeitspunkte liegen also sämtlich in einer und derselben Ebene, die wir betrachtet haben. An Achsen enthält diese Ebene außer (123) und (124) auch die übrigen „äußeren" Achsen (134) und (234); sie ist also in der Tat mit sechs Punkten und vier Geraden incident. Wir nehmen jetzt den Fall einer äußeren und einer inneren Achse, die zu verschiedenen Zahlentripeln gehören und incident sind; da sie sich nur in einem äußeren Ähnlichkeitspunkt treffen können und da alle Ziffern gleichberechtigt auftreten, dürfen wir (123) und (124′) wählen. Auf diesen Achsen liegen außer dem Schnittpunkt (12) noch (13), (23), (14)′, (24)′. Wie oben schließen wir, daß noch die Achsen (134′) und (234′) und der Punkt (34)′ auf dieser Ebene liegen. Wir finden also, daß die drei inneren Ähnlichkeitspunkte, die die Kugel 4 mit den übrigen Kugeln bestimmt, mit den drei äußeren

Ähnlichkeitspunkten des Tripels 1, 2, 3 in einer Ebene liegen. Es muß vier Ebenen dieser Art geben. In unserer Betrachtung fehlt noch der Fall, daß wir von zwei inneren incidenten Achsen ausgehen; nun liegen zwar auf der soeben betrachteten Ebene drei paarweise incidente innere Achsen; sie haben aber stets einen inneren Ähnlichkeitspunkt gemein. Wir gehen daher nunmehr von zwei Achsen, z. B. $(123')$ und $(124')$ aus, die sich in einem äußeren Ähnlichkeitspunkt — in diesem Fall (12) — schneiden. In der von ihnen bestimmten Ebene liegen außer dem Schnittpunkt (12) noch die Punkte $(13)'$, $(23)'$, $(14)'$, $(24)'$. In dieser Ebene liegen also auch die Achsen $(1'34)$ und $(2'34)$ sowie der Punkt (34). Diese Ebene enthält demnach vier innere Achsen; sie trifft von den Kanten des Tetraeders 1, 2, 3, 4 die Gegenkanten 1, 2 und 3, 4 in den äußeren, die übrigen vier Kanten in inneren Ähnlichkeitspunkten. Es muß drei Ebenen dieser Art geben, da jedes Tetraeder drei Paare gegenüberliegender Kanten enthält. Wir haben also durch unser Verfahren im ganzen $1 + 4 + 3 = 8$ Ebenen erhalten.

Der Übersicht halber wollen wir noch die beiden Schemata aufstellen, die die Incidenz zwischen den Punkten und Ebenen und zwischen den Achsen und Ebenen angeben. Die Seitenflächen des Tetraeders sind mit I, II, III, IV bezeichnet, wobei I dem Punkt 1 gegenüberliegt. Die Ebene der äußeren Ähnlichkeitspunkte ist e_a genannt, die vier Ebenen mit je drei äußeren und drei inneren Ähnlichkeitspunkten sind je nach der ausgezeichneten Ziffer e_1 bis e_4 genannt, die drei übrigen Ebenen sind entsprechend der Kantenpaarung des Tetraeders mit $(12, 34)$, $(13, 24)$, $(14, 23)$ bezeichnet. Bei der Bezeichnung der Punkte und Geraden sind die Klammern der Kürze halber fortgelassen.

	Ebenen											
	I	II	III	IV	e_a	e_1	e_2	e_3	e_4	$(12,34)$	$(13,24)$	$(14,23)$
Punkte	23	13	12	12	12	23	13	12	12	12	13	14
	24	14	14	13	13	24	14	14	13	34	24	23
	34	34	24	23	14	34	34	24	23	13'	12'	12'
	23'	13'	12'	12'	23	12'	12'	13'	14'	14'	14'	13'
	24'	14'	14'	13'	24	13'	23'	23'	24'	23'	23'	24'
	34'	34'	24'	23'	34	14'	24'	34'	34'	24'	34'	34'

	Ebenen											
	I	II	III	IV	e_a	e_1	e_2	e_3	e_4	$(12,34)$	$(13,24)$	$(14,23)$
Geraden	234	134	124	123	123	234	134	124	123	123'	12'3	1'23
	2'34	1'34	1'24	1'23	124	1'23	12'3	123'	124'	124'	1'24	12'4
	23'4	13'4	12'4	12'3	134	1'24	12'4	13'4	134'	1'34	134'	13'4
	234'	134'	124'	123'	234	1'34	2'34	23'4	234'	2'34	23'4	234'

In Abb. 148 ist die Konfiguration dargestellt[1]. Daß es dieselbe Konfiguration ist wie Abb. 145, erkennt man anschaulich, wenn man sich (12), (12)′ und (34) in paarweise senkrechten Richtungen ins Unendliche gerückt denkt; dann werden das die drei unendlich fernen Konfigurations-

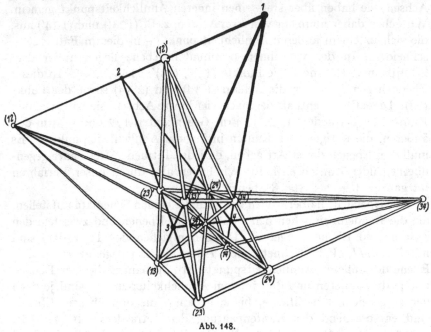

Abb. 148.

punkte von Abb. 145. Die acht Punkte (13), (14), (23), (24), (13)′, (14)′, (23)′, (24)′ werden die Würfelecken, und (34)′ wird der Würfelmittelpunkt. In diesem Falle rücken aber auch die Punkte 1 und 2 ins Unendliche. Um auch zu Abb. 145 vier zugehörige Kugeln zu bestimmen, muß man daher die Definition des Ähnlichkeitspunktes durch Hinzunahme von Grenzfällen erweitern. Zuächst hat man als äußeren Ähnlichkeitspunkt gleich großer Kreise oder Kugeln den unendlich fernen Punkt auf der Mittellinie anzusehen (Abb. 149). Betrachtet

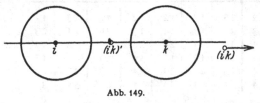

Abb. 149.

man ferner eine Kugel k und eine Ebene e (Abb. 150), so hat man als Ähnlichkeitspunkte dieser beiden Gebilde die beiden Endpunkte (ke) und $(ke)′$ des auf e senkrechten Durchmessers von k zu wählen. Schneidet e näm-

---

[1] Faßt man Abb. 148 als *ebene* Figur auf, so stellt sie eine ebene Konfiguration $(12_4\ 16_3)$ dar, die aus den Ähnlichkeitspunkten und Achsen vierer in einer Ebene gelegener Kreise besteht. Die Mittelpunkte sind wieder 1, 2, 3, 4, die Radien kann man ebenso groß wie im räumlichen Fall wählen.

lich die Verlängerung dieses Durchmessers in P und ersetzt man e durch eine Schar immer größerer Kugeln K, die e in P berühren, so erkennt man, daß die Ähnlichkeitspunkte von k und K gegen (ke) und $(ke)'$ rücken. Für zwei Ebenen e und f endlich, die sich in einer Geraden g schneiden (Abb. 151), hat man als Ähnlichkeitspunkte die unendlich fernen Punkte anzusehen, deren Richtungen auf g senkrecht stehen und die beiden von e und f gebildeten Winkel halbieren. Man kann auch diese De-finition durch Grenzübergang rechtfertigen, indem man g durch den Schnittkreis zweier immer größerer, jedoch stets paarweise kongruenter Kugeln ersetzt, die e und f in einem festen Punkt von g berühren.

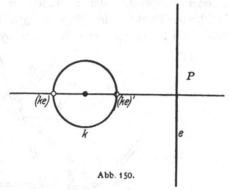

Abb. 150.

Mit Hilfe dieser Definitionen kann ich die REYEsche Kon-figuration auch in der ur-sprünglich betrachteten Gestalt als System von Ähnlichkeits-punkten auffassen. Um die Mittelpunkte der vorderen und hinteren Würfelfläche (Abb. 145) schlage ich die Kugeln 3 und 4. Ihre Radien wähle ich gleich groß, und zwar so groß, daß jede Kugel durch die vier Ecken der zugehörigen Fläche geht. Senkrecht zu den Diagonalen dieser Flächen lege ich in beliebigem Abstand die Ebenen 1 und 2. Dann erscheinen die Konfigurationspunkte als Ähnlichkeitspunkte von 1, 2, 3, 4 in der zu Abb. 148 analogen Verteilung.

Es liegt nahe, statt dieses Ausartungs-falles vier gleich große Kugeln zugrunde zu legen, deren Mitten ein reguläres Tetraeder bilden. Die äußeren Ähnlichkeitspunkte müssen dann in die unendlich fernen Punkte der sechs Tetraederkanten fallen, die un-endlich ferne Ebene gehört also der Kon-figuration an, als Ebene e_a in unserer Be-

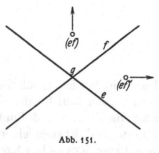

Abb. 151.

zeichnung. Die inneren Ähnlichkeitspunkte sind die Tetraederkanten-mitten. Diese sechs Punkte bilden (Abb. 152) die Ecken eines regulären Oktaeders. Seine Seitenflächen sind sämtlich Konfigurationsebenen; es sind nämlich die Tetraederflächen I, II, III, IV und die in unserem Schema mit e_1, e_2, e_3, e_4 bezeichneten Ebenen. Die noch fehlenden drei Ebenen sind die drei Symmetrieebenen des Oktaeders. Die Geraden der Konfiguration sind die vier unendlich fernen Geraden der Tetraeder-flächen (äußere Ähnlichkeitsachsen) und die zwölf Oktaederkanten (innere Ähnlichkeitsachsen).

Wir haben schon im ersten Kapitel auf die Verwandtschaft zwischen Würfel und Oktaeder hingewiesen. Nach den Ausführungen von § 19 können wir sagen, daß Würfel und Oktaeder einander dual entsprechen. Ebenso läßt es sich nun allgemeiner zeigen, daß die Punkte und Ebenen von Abb. 152 zu den Ebenen und Punkten von Abb. 145 dual sind; die Ecken und Flächen des Würfels entsprechen den Flächen und Ecken des Oktaeders, der Würfelmittelpunkt und die sechs mit ihr incidenten Ebenen entsprechen der unendlich fernen Ebene und den sechs mit ihr incidenten Punkten der Oktaederfigur, die drei unendlich fernen Punkte beim Würfel entsprechen den drei Symmetrieebenen des Oktaeders[1].

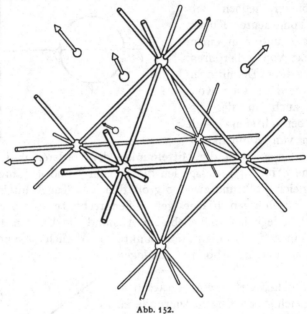

Abb. 152.

Damit ist bewiesen, daß die REYEsche Konfiguration dual invariant ist. Nun werden zwar bei der dualen Zuordnung zwischen Würfel und Oktaeder die Ebenen und Punkte einer REYEschen Konfiguration auf die Punkte und Ebenen einer anderen von der ersten ganz verschieden gestalteten REYEschen Konfiguration abgebildet; im Sinne der projektiven Geometrie sind aber alle REYEschen Konfigurationen als identisch anzusehen[2].

Wir wollen nun auch die andere wichtige Symmetrieeigenschaft, die wir bei den ebenen Konfigurationen kennengelernt haben, an der

[1] Diese Zuordnung entsteht durch Polarenverwandtschaft an der dem Würfel einbeschriebenen Kugel.

[2] Eine projektive Verallgemeinerung der Oktaederfigur erhält man, wenn man von irgendeinem projektiven Koordinatensystem im Raume ausgeht. Die Einheitspunkte der sechs Koordinatenachsen sowie deren Schnittpunkte mit der Einheitsebene sind stets die Punkte einer REYEschen Konfiguration.

REYESchen Konfiguration nachweisen; wir wollen zeigen, daß diese Konfiguration regulär ist. Aus dem Bisherigen läßt sich das keineswegs vermuten, denn inbezug auf das System der Ähnlichkeitspunkte zerfallen die Ebenen in vier verschiedene Klassen, und bei der Verwirklichung der Konfiguration durch Würfel und Oktaeder spielen sowohl die Punkte als auch die Ebenen verschiedenartige Rollen. Wir wollen nun im folgenden Abschnitt eine Herleitung der REYESchen Konfiguration geben, bei der die Gleichberechtigung aller Elemente evident ist. Zu diesem Zweck müssen wir uns näher mit den regulären Körpern des drei- und des vierdimensionalen Raums vertraut machen. Wie man nämlich die Körper in die Ebene projizieren kann, so lassen sich die Gebilde des vierdimensionalen Raums in den dreidimensionalen Raum projizieren, und eins dieser Gebilde liefert bei geeigneter Projektionsmethode die REYESche Konfiguration als Bild.

§ 23. Reguläre Körper und Zelle und ihre Projektionen.

Im ersten Kapitel haben wir die fünf regulären Körper des dreidimensionalen Raumes zusammengestellt. Unter ihnen nimmt das Tetraeder eine Sonderstellung ein, weil es zu sich selbst dual ist, während sich die übrigen vier Körper paarweise dual entsprechen; das Oktaeder dem Würfel und das Dodekaeder dem Ikosaeder. Vielleicht hängt mit dieser Besonderheit des Tetraeders eine zweite Erscheinung zusammen, wodurch sich dieser Körper von den vier anderen unterscheidet. Diese nämlich sind als „zentrisch symmetrisch" zu bezeichnen, weil paarweise die Ecken unter sich, die Kanten unter sich und die Flächen unter sich symmetrisch zum Mittelpunkt liegen; verbindet man z. B. eine Würfelecke mit dem Mittelpunkt des Würfels, so trifft die Verbindungslinie den Würfel in einer weiteren Ecke. Dagegen ist das Tetraeder nicht zentrisch symmetrisch; die Verbindungslinie einer Ecke mit dem Mittelpunkt trifft das Tetraeder zum zweitenmal in der Mitte einer Seitenfläche.

Durch entsprechende Untersuchungen, wie wir sie im ersten Kapitel angestellt haben, kann man nachweisen, daß im vierdimensionalen Raum ebenfalls nur endlich viele reguläre Körper, und zwar sechs, möglich sind[1]. An diesen Gebilden treten natürlich außer den Ecken, Kanten und Flächen auch noch Raumstücke als Begrenzungsstücke auf. Genau wie wir im dreidimensionalen Raum forderten, daß die begrenzenden Flächen reguläre Polygone sein sollten, haben wir im vierdimensionalen Raum zu verlangen, daß die begrenzenden Räume des Gebildes reguläre Polyeder sind. Wir bezeichnen ein derartiges Gebilde als „Zell", und zwar als n-Zell, wenn es von n Polyedern begrenzt wird. Wir stellen in

---

[1] Man vergleiche z. B. das Buch von H. DE VRIES: Die vierte Dimension, Leipzig und Berlin, 1926.

der folgenden Tabelle die wichtigsten Angaben über die regulären Zelle des vierdimensionalen Raums zusammen.

4-dimensionaler Raum.

	Zahl und Art der begrenzenden Polyeder	Zahl der Ecken	Dualität
1. 5-Zell	5 Tetraeder	5	sich selbst dual
2. 8-Zell	8 Würfel	16	einander dual
3. 16-Zell	16 Tetraeder	8	
4. 24-Zell	24 Oktaeder	24	sich selbst dual
5. 120-Zell	120 Dodekaeder	600	einander dual
6. 600-Zell	600 Tetraeder	120	

Die Dualitätsverhältnisse, wie sie in der letzten Spalte angegeben sind, folgen ohne weiteres aus der Betrachtung der Tabelle. Im vierdimensionalen Raum sind nämlich die Punkte zu den Räumen sowie die Geraden zu den Ebenen dual.

Aus der Tabelle sehen wir, daß das Tetraeder dem 5-Zell entspricht; ferner entsprechen Würfel, Oktaeder, Dodekaeder und Ikosaeder der Reihe nach dem 8-, 16-, 120- und 600-Zell. Das 24-Zell nimmt eine Sonderstellung ein. Es ist nämlich nicht nur sich selbst dual, sondern auch zentrisch symmetrisch, während das andere selbstduale Zell, das 5-Zell, ebenso wie das ihm entsprechende reguläre Tetraeder des dreidimensionalen Raums keine zentrische Symmetrie besitzt.

Dieselben Untersuchungen sind auch auf Räume noch höherer Dimensionenzahl ausgedehnt worden. Es tritt aber in diesen Fällen eine größere Einfachheit und Regelmäßigkeit zutage, da in allen diesen Räumen nur drei reguläre Körper möglich sind. Wir stellen die wichtigsten Angaben wieder in Tabellenform zusammen:

n-dimensionaler Raum. $n \geqq 5$.

	Zahl und Art der begrenzenden Zelle von $n-1$ Dimensionen		Zahl der Ecken	Dualität
1. $(n+1)$-Zell	$n+1$	n-Zelle	$n+1$	sich selbst dual
2. $2n$-Zell	$2n$	$(2n-2)$-Zelle	2^n	einander dual
3. 2^n-Zell	2^n	n-Zelle	$2n$	

Im dreidimensionalen Raum entspricht diesen drei Arten von Zellen das Tetraeder, der Würfel und das Oktaeder ($n+1=4$, $2n=6$, $2^n=8$), im vierdimensionalen Raum das 5-, 8-, 16-Zell. Dodekaeder und Ikosaeder sowie andererseits das 24-, 120- und 600-Zell haben also kein Analogon in Räumen höherer Dimensionenzahl.

Wir wollen nun die Projektionen der regulären Körper in den um eine Dimension niedrigeren Raum betrachten. Wir beginnen mit den Projektionen der regulären Polyeder des dreidimensionalen Raums auf eine Ebene. Je nach Wahl des Projektionszentrums und der Bildebene fallen diese Projektionen natürlich ganz verschieden aus. In den Abb. 95 bis 99, S. 81 hatten wir Parallelprojektion gewählt, also das Projektionszentrum ins Unendliche gerückt. Dieses Verfahren hat den Vorteil, daß Parallelen parallel bleiben. Es hat aber den Nachteil, daß die Flächen einander teilweise überschneiden. Diesen Nachteil können

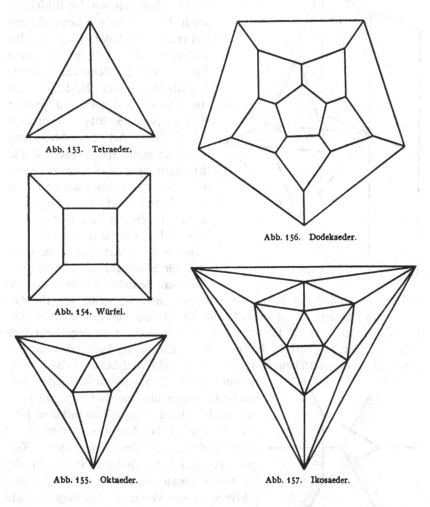

Abb. 153. Tetraeder.

Abb. 156. Dodekaeder.

Abb. 154. Würfel.

Abb. 155. Oktaeder.

Abb. 157. Ikosaeder.

wir beseitigen, wenn wir das Projektionszentrum sehr nahe an eine Seitenfläche heranrücken. Der Symmetrie halber wollen wir es senkrecht dicht über die Mitte einer Seitenfläche legen und diese Fläche als Bildebene wählen. Dann ergeben sich für die fünf regulären Körper die in Abb. 153 bis 157 gezeichneten Bilder. Wir erhalten diese Ansichten, wenn wir eine Fläche des Polyeders entfernen und durch das so entstandene Loch ins Innere sehen.

Wenn wir das Zentrum auf die Begrenzung selbst legen, erscheinen die durchs Zentrum gehenden Seitenflächen als Geraden, das Bild wird also stark unsymmetrisch.

Lassen wir nun das Zentrum ins Innere des Körpers rücken, so tritt bei der Abbildung eine wesentliche Änderung ein; die Abbildung muß

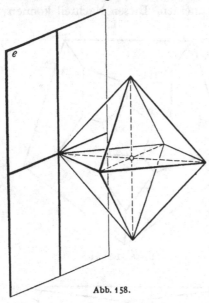

Abb. 158.

sich dann durchs Unendliche hindurchziehen, wie wir die Bildebene auch legen. Jede Ebene durchs Zentrum schneidet nämlich das Polyeder. Das gilt insbesondere für die durchs Zentrum gehende Parallelebene der Bildtafel, die die unendlich fernen Bildpunkte liefert (vgl. S. 101). Trotzdem führt diese Art der Abbildung auf eine geometrisch interessante Erscheinung, und zwar wenn wir das Projektionszentrum in den Mittelpunkt des Polyeders legen. In diesem und nur in diesem Fall ergibt sich nämlich eine symmetrische Einteilung im Bündel der Sehstrahlen. Wir können das Strahlenbündel, wie S. 103 erwähnt, als Modell der projektiven Ebene ansehen, wenn wir die Geraden des Bündels als „Punkte" und die Ebenen des Bündels als „Geraden" deuten. Somit führen die regulären Körper zu regulären Einteilungen der projektiven Ebene. Diese Einteilung kann aber nur bei zentrisch symmetrischen Körpern die projektive Ebene einfach über-

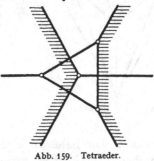

Abb. 159.   Tetraeder.

decken; beim Tetraeder liefert jeder Sehstrahl zwei verschiedene Bilder, je nach seinen beiden Durchstoßpunkten mit dem Körper; die projektive Ebene erscheint daher doppelt überdeckt. Bei allen anderen Körpern dagegen liefert jedes Paar diametraler Elemente genau einen Bestandteil der projektiven Ebene. Wenn wir das Strahlenbündel mit einer Ebene zum Schnitt bringen, also eine Projektion im eigentlichen Sinne betrachten, können wir die Symmetrie nicht vollständig aufrechterhalten. Besonders einfach wird aber das Bild, wenn wir eine Projektionsebene wählen, die durch eine Ecke geht und dort auf der Verbindungslinie der Ecke mit dem Mittelpunkt des Körpers senkrecht steht (Abb. 158 fürs Oktaeder). Die fünf so entstehenden Figuren sind in Abb. 159 bis 163 dargestellt. Jedesmal ist eins der durchs Unendliche gehenden Gebiete durch Schraffur hervorgehoben. Beim Tetraeder ist die Bildebene doppelt überdeckt. In allen übrigen Figuren stellt jedes Polygon der Ebene genau zwei Diametralflächen des Körpers dar.

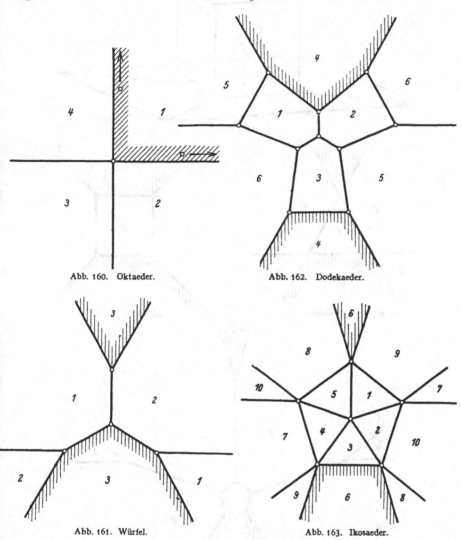

Abb. 160. Oktaeder.

Abb. 162. Dodekaeder.

Abb. 161. Würfel.

Abb. 163. Ikosaeder.

Eine weitere Reihe einfacher Figuren erhält man, wenn man bei den symmetrischen Körpern (Abb. 164 für den Würfel) die Bildebene in eine Seitenfläche legt (beim Tetraeder entsteht dadurch keine neue Figur). In Abb. 165 bis 168 sind diese Ansichten dargestellt[1].

---

[1] Die Projektion des Oktaeders entspricht in diesem Fall der Einteilung der Ebene in vier Dreiecke durch ein projektives Koordinatensystem.

Wir können nun analoge Projektionsmethoden anwenden, um die Zelle des vierdimensionalen Raums durch Körper des dreidimensionalen

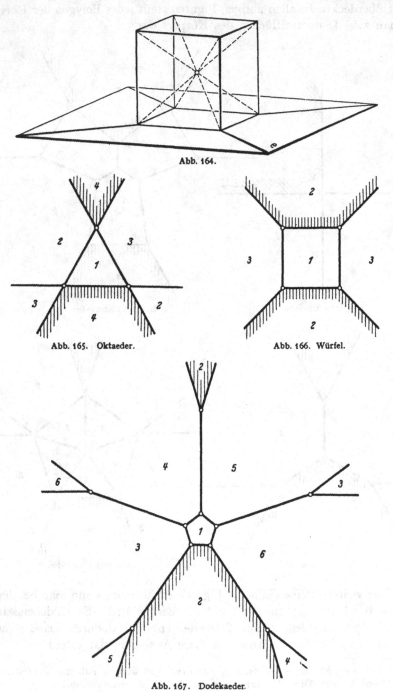

Abb. 164.

Abb. 165. Oktaeder.   Abb. 166. Würfel.

Abb. 167. Dodekaeder.

Raums abzubilden. Als ungeeignet erweist sich dabei die Parallelprojektion, weil dann die begrenzenden Polyeder des Zells durch Polyeder

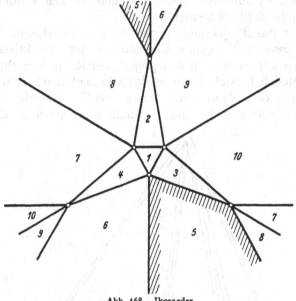

Abb. 168. Ikosaeder.

im Raum dargestellt werden, die einander teilweise überdecken und durchdringen müssen. Dagegen erhalten wir übersichtliche Bilder, wenn wir das Verfahren anwenden, das in den Abb. 153 bis 157 benutzt war. Die begrenzenden Polyeder des Zells werden durch ein

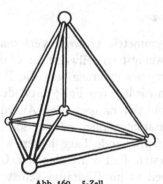

Abb. 169. 5-Zell.

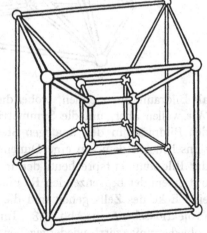

Abb. 170. 8-Zell.

System von Polyedern dargestellt, von denen eins ausgezeichnet ist und durch die anderen lückenlos und einfach ausgefüllt wird. Wenn wir diese Modelle wiederum in die Ebene projizieren, so erhalten wir Bilder, wie sie in Abb. 169 bis 172 dargestellt sind. In Abb. 172 kann

man mit einiger Mühe feststellen, daß das große Oktaeder von 23
kleineren Oktaedern (von viererlei Gestalt) ausgefüllt ist, so daß im
ganzen 24 Körper auftreten. Beim 120- und 600-Zell würden die Figuren zu unübersichtlich werden.

Wenn wir das Projektionszentrum in den Mittelpunkt des Zells
legen, so müssen wir reguläre Einteilungen des projektiven Raums
erhalten. Wir können uns für den projektiven Raum kein ebenso sym-
metrisches Modell herstellen, wie es das Strahlenbündel für die projektive Ebene ist; denn dann hätten wir ein vierdimensionales Gebilde zu
betrachten. Wir müssen also einen bestimmten dreidimensionalen Raum

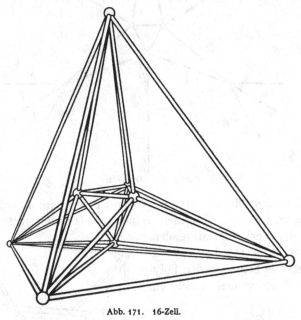

Abb. 171.   16-Zell.

als Bildraum auszeichnen, wobei die Symmetrie teilweise verlorengeht.
Wir wollen aber, um die Symmetrie wenigstens teilweise zu erhalten,
den Bildraum in den analogen Stellungen annehmen wie die Projektionsebene in dem um eine Dimension niedrigeren Fall; entweder soll
der Bildraum entsprechend der in Abb. 164 dargestellten Anordnung
mit einem der begrenzenden Räume zusammenfallen, oder er soll durch
eine Ecke des Zells gehen und die entsprechende Lage haben wie die
Projektionsebene in Abb. 158. Im ersten Fall wird eins der Grenz-
polyeder unverzerrt wiedergegeben, weil es im Bildraum selbst liegt,
im zweiten Fall herrscht zentrische Symmetrie in bezug auf die ausgezeichnete Ecke, die ihr eigenes Bild ist. Wir betrachten hier zunächst die je zwei Abbilder des 16- und des 8-Zells (Abb. 173 und 174)[1].

---

[1] Das 5-Zell ist für diese Abbildungsweise nicht geeignet, weil es keine zentrische
Symmetrie besitzt.

Der Raum ist dabei in acht bzw. vier Teile geteilt, und jedes Teilgebiet entspricht zwei diametral angeordneten Grenzkörpern des Zells. In Abb. 173 a haben die Raumteile, die sich durchs Unendliche erstrecken, zweierlei Gestalt. Vier dieser Gebiete besitzen eine ganz im Endlichen

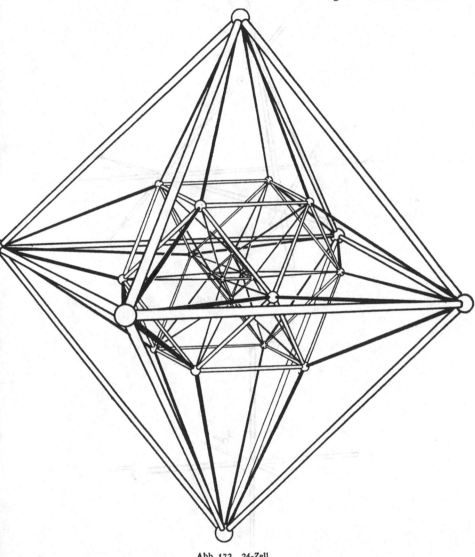

Abb. 172. 24-Zell.

liegende Seitenfläche (z. B. 1, 3, 4), von der aus sie durchs Unendliche bis zur gegenüberliegenden Spitze (z. B. 2) reichen, drei weitere Gebiete dagegen haben zwei gegenüberliegende endliche Kanten (z. B. 1, 2 und 3, 4), während alle Seitenflächen durchs Unendliche laufen. In Abb. 173 b ist die unendlich ferne Ebene selbst eine begrenzende

Ebene. Wir sehen, daß das 16-Zell auf bekannte Einteilungen führt; nämlich auf die Oktantenteilung des Raums durch ein projektives oder

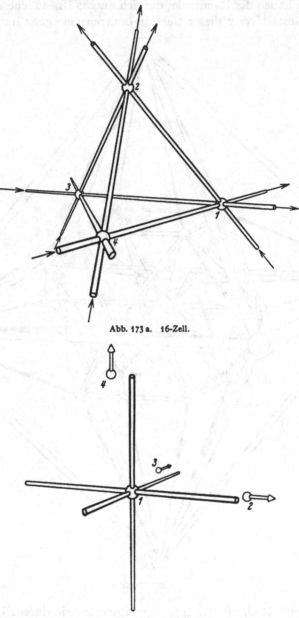

Abb. 173 a.   16-Zell.

Abb. 173 b.   16-Zell.

cartesisches Koordinatensystem. Beim 8-Zell, in der Darstellung von Abb. 174 a, haben die drei Raumteile, die durchs Unendliche gehen, alle dieselbe Gestalt. In Abb. 174 b sind durch die Pfeile die Kanten desjenigen Gebiets hervorgehoben, das dem endlichen Würfel von Abb. 174a entspricht. Zu den Kanten dieses Gebiets gehören auch die endlichen von 1 auslaufenden Kanten außer 1,6.

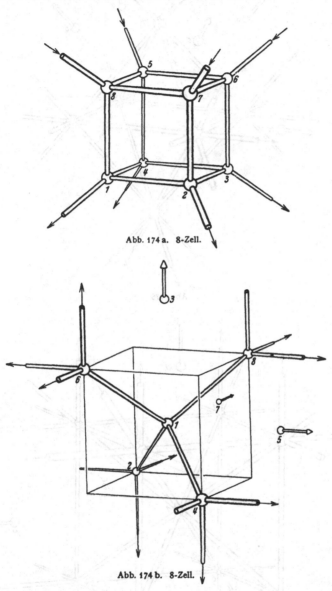

Abb. 174a. 8-Zell.

Abb. 174b. 8-Zell.

In den Abb. 175 und 176 sind nun dieselben beiden Projektions-methoden auf das 24-Zell angewandt. Wir erhalten also eine Einteilung des Raums in zwölf Oktaeder, von denen alle bis auf das mittlere von Abb. 175 durchs Unendliche gehen. In diesen Figuren erkennen wir aber die beiden symmetrischen Anordnungen der REYEschen Konfi-

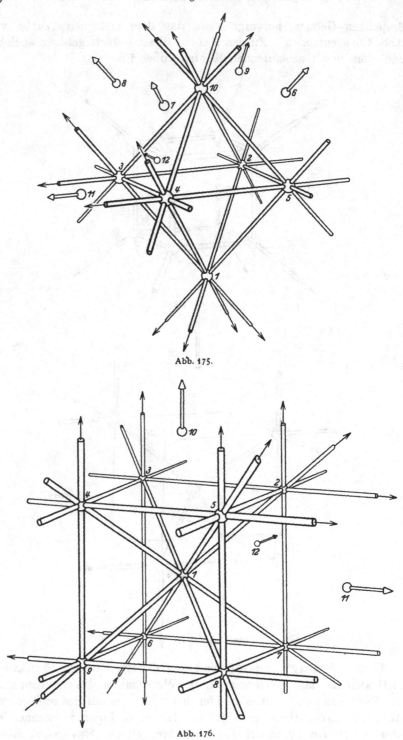

Abb. 175.

Abb. 176.

guration wieder, die wir im vorigen Abschnitt behandelt haben[1]. An dem im Endlichen gelegenen Oktaeder in Abb. 175 sehen wir, daß die Ebenen der Konfiguration sowohl die Begrenzung als auch die Symmetrieebenen der zwölf Oktaeder bilden. Eine nähere Betrachtung läßt den inneren Grund dafür erkennen; durch ein vollständiges Vierseit wird nämlich die projektive Ebene in drei Vierecke und vier Dreiecke zerlegt (Abb. 177; Vierecke 1, 2, 3, Dreiecke *I, II, III, IV*). In der REYEschen Konfiguration wird jede Ebene durch die Konfigurationsgeraden in dieser Weise eingeteilt; da nun die Grenzflächen der Oktaeder Dreiecke sind, während die Symmetrieebenen das

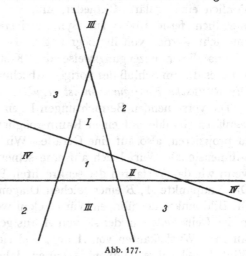

Abb. 177.

Oktaeder in Vierecken schneiden, so erkennt man, daß jede Ebene der Konfiguration Symmetrieebene in drei Oktaedern und gemeinsame Grenzfläche in 2 · 4 Oktaedern ist, während sie eins der zwölf Oktaeder nicht trifft; so ist in Abb. 175 die unendlich ferne Ebene Konfigurationsebene, und eins der Oktaeder liegt im Endlichen[2].

---

[1] Dort hatten wir die eine Figur aus der anderen durch Polarenverwandtschaft an der Kugel erhalten. Jetzt erkennen wir in ihnen Projektionen eines und desselben vierdimensionalen Gebildes, die durch Verlegung des dreidimensionalen Projektionsraumes ineinander überführt werden können.

[2] Wie das Oktaeder drei Symmetrieebenen besitzt, die durch den Mittelpunkt gehen und die Fläche in einem Quadrat schneiden, so gibt es zwölf dreidimensionale Symmetrieräume des 24-Zells. Sie gehen durch den Mittelpunkt des Zells und schneiden es in je einem Kuboktaeder (Abb. 178; eins dieser Kuboktaeder ist auch in Abb. 172 hervorgehoben). Bei der von uns betrachteten Projektion müssen sich

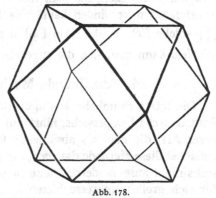

Abb. 178.

diese Symmetrieräume wie jeder Raum durchs Zentrum in Ebenen verwandeln. Das sind nun gerade die Ebenen der REYEschen Konfiguration. Den drei Vierecken und vier Dreiecken entsprechen die diametralen Paare von 2 · 3 Quadraten und 2 · 4 gleichseitigen Dreiecken des Kuboktaeders.

Abb. 176 ist insofern einfacher als Abb. 175, als nur zwei Arten von Oktaedern vorkommen (sechs Oktaeder haben dieselbe Gestalt wie 1, 2, 3, 4, 5, 10, die sechs übrigen sind kongruent zu 2, 5, 6, 9, 10, 11), während in Abb. 175 die Oktaeder dreierlei Gestalt haben. Eins ist nämlich ein reguläres Oktaeder, und von den übrigen haben drei die unendlich ferne Ebene zur Symmetrieebene (z. B. 1, 6, 7, 8, 9, 10), und acht werden von ihr begrenzt (z. B. 3, 4, 7, 8, 10, 11).

Aus dieser Erzeugungsweise der Konfiguration ergibt sich ohne weiteres die am Schluß des vorigen Abschnitts aufgestellte Behauptung: *Die* REYE*sche Konfiguration ist regulär.*

Die vorstehenden Betrachtungen legen es nahe, die n-dimensionalen regulären Gebilde auf einen Raum möglichst niedriger Dimensionszahl zu projizieren, also auf eine Gerade. Wir wollen untersuchen, wie der n-dimensionale Würfel sich auf eine seiner Hauptdiagonalen projiziert, wenn wir das Verfahren der senkrechten Parallelprojektion verwenden. Die Endpunkte A, B einer solchen Diagonale sind ihre eigenen Bilder. Die Bildpunkte der übrigen Würfelecken wollen wir C_1, C_2,... nennen, in der Reihenfolge, in der sie von A aus gerechnet auf AB liegen. Nun laufen n Würfelkanten von A aus, und sie alle bilden mit AB gleiche Winkel. Alle ihre Endpunkte haben daher notwendig den Punkt C_1 zum Bilde auf AB. Ferner ist jede beliebige Würfelkante einer der von A ausgehenden Kanten parallel, der Abstand konsekutiver Punkte C_k, C_{k+1} ist daher stets gleich AC_1, also konstant. Demnach wird die Hauptdiagonale in gleiche Abschnitte geteilt. Man kann zeigen, daß es gerade n Abschnitte sind und daß der Punkt C_k für jedes k zwischen 1 und $n-1$ Bild von $\binom{n}{k}$ Würfelecken ist, wobei $\binom{n}{k}$ das bekannte Symbol der Binomialkoeffizienten ist. C_k ist nämlich das Bild aller und nur der Ecken, die man mit A durch k und nicht weniger als k Würfelkanten verbinden kann. Es läßt sich abzählen, daß es gerade $\binom{n}{k}$ solche Ecken gibt. Am Fall des Quadrats und des gewöhnlichen Würfels kann man sich die angegebenen Tatsachen leicht klarmachen.

§ 24. Abzählende Methoden der Geometrie.

Die letzte räumliche Konfiguration, die wir betrachten wollen, die SCHLÄFLISCHE Doppelsechs, führt auf eine geometrische Methode besonderer Art, die man als abzählende Geometrie bezeichnet. Wir wollen zunächst diese Methode darlegen, um die Untersuchung über die Doppelsechs nicht auseinanderreißen zu müssen, und weil jene Methoden auch für sich großes Interesse bieten.

Es gibt in der Ebene unendlich viele Geraden und unendlich viele Kreise. Um zunächst die Mannigfaltigkeit aller Geraden der Ebene zu charakterisieren, denken wir uns ein cartesisches Koordinatensystem in der Ebene fest gewählt. Dann ist im allgemeinen eine Gerade durch die beiden gerichteten Strecken, die sie von den Koordinatenachsen abschneidet, vollständig bestimmt. Wir können also — abgesehen von einer sogleich zu erwähnenden Ausnahme — die Gerade durch Angabe zweier Zahlen analytisch festlegen. Diejenigen Geraden, die einer Achse parallel sind, können wir auch noch durch dieses Verfahren mit erfassen, indem wir einen der Achsenabschnitte als unendlich groß vorgeben. Dagegen entziehen sich unserer Bestimmungsweise alle und nur die Geraden, die durch den Anfangspunkt des Koordinatensystems gehen; alle diese Geraden führen auf eine und dieselbe Angabe, daß nämlich beide Abschnitte Null sind.

Man sagt nun, daß die nicht durch den Anfangspunkt gehenden Geraden eine zweiparametrige Schar bilden, und bringt damit zum Ausdruck, daß jedes Exemplar der Schar durch zwei Zahlen (die „Parameter" der Schar) festgelegt ist und daß einer stetigen Änderung der Parameter eine stetige Änderung des zugehörigen Gebildes entspricht. Die Geraden, die durch den Anfangspunkt gehen, bilden nach dieser Definition eine einparametrige Schar, denn man kann sie durch den Winkel festlegen, den sie mit einer der Achsen bilden. Man nimmt nun an, daß eine zweiparametrige Mannigfaltigkeit, grob gesprochen, nicht wesentlich vermehrt wird, wenn man ihr noch eine einparametrige Schar hinzufügt, die sich der ersten Schar stetig einlagert. In diesem Sinne nennt man die Gesamtheit *aller* Geraden der Ebene ebenfalls eine zweiparametrige Schar. Wir werden die Zweckmäßigkeit dieser Betrachtungsweise bald einsehen.

Wir können die Geraden der Ebene noch auf viele andere Arten bestimmen, z. B. durch den Winkel, den sie mit einer beliebig festgelegten Geraden bilden, und durch einen Punkt, durch den sie hindurchgehen. Da zur Festlegung eines Punkts der Ebene zwei Koordinaten nötig sind, brauchen wir im ganzen drei Parameter, wenn wir eine Gerade auf die angegebene Art kennzeichnen wollen. Nun können wir aber auf der Geraden den bestimmenden Punkt willkürlich wählen, und die Punkte einer Geraden bilden ersichtlich eine einparametrige Schar. Eine analoge Erscheinung bemerken wir, wenn wir eine Gerade durch zwei auf ihr liegende Punkte bestimmen. Dann brauchen wir vier Parameter, dafür bestimmt aber eine zweiparametrige Schar von Punktepaaren dieselbe Gerade. Um die wahre Parameterzahl zu erhalten, werden wir also im letzten Beispiel zwei, im vorhergehenden Beispiel einen Parameter abzuziehen haben, und finden dann in Übereinstimmung mit der zuerst verfolgten Methode, daß die Geraden der Ebene eine zweiparametrige Schar bilden. Dieses hier nur angedeutete Verfahren läßt sich analytisch präzisieren, und es läßt sich dann beweisen, daß die Anzahl der Parameter einer Schar geometrischer Gebilde unabhängig davon ist, auf welche Art man die Parameter wählt. Mit Hilfe des Symbols ∞ lassen sich derartige Überlegungen kürzer schreiben. Wir sagen, daß es in der Ebene

∞^2 Geraden gibt, daß es auf einer Geraden ∞^1 Punkte und ∞^2 Punkt-paare gibt. Die Abzählung erhält dann Analogie zur Division von Zahl-potenzen; wir haben die „Anzahl" ∞^4 aller Punktepaare der Ebene durch die „Anzahl" ∞^2 der Punktepaare einer Geraden zu „dividieren", um die richtige „Anzahl" ∞^2 aller Geraden der Ebene zu erhalten.

Wir wenden das Verfahren an, um die Mannigfaltigkeit aller Kreise der Ebene zu kennzeichnen. Ein Kreis ist durch Mittelpunkt und Radius, also durch drei Zahlenangaben bestimmt, und umgekehrt gehört zu jedem Kreis nur ein einziges solches Zahlentripel. Demnach gibt es ∞^3 Kreise in der Ebene. Da die Schar aller Geraden nur zweiparametrig ist und jede Gerade als Grenzfall von Kreisen aufgefaßt werden kann, ist die Schar aller Kreise *und* Geraden der Ebene ebenfalls dreiparametrig. Da-mit steht in Einklang, daß durch drei Punkte der Ebene stets ein Kreis oder eine Gerade gelegt werden kann. Denn es gibt in der Ebene ∞^6 Punktetripel, und je ∞^3 Punktetripel bestimmen dieselbe Kurve. Analog kann man zeigen, daß es in einer n-parametrigen Schar ebener Kurven stets eine Kurve gibt, die durch n ganz beliebig gewählte Punkte der Ebene hindurchgeht, daß aber durch $n + 1$ beliebige Punkte der Ebene im allgemeinen keine Kurve der Schar geht. Der Satz gilt jedoch nur, wenn man in der Schar auch alle Grenzfälle mitzählt; ebenso wie zwischen den Kreisen und Punktetripeln eine eindeutige Zuordnung erst möglich wird, wenn wir zu den Kreisen auch die Geraden als deren Grenzfälle mit-rechnen. Streng formulieren lassen sich diese Aussagen nur mit analy-tischen und algebraischen Mitteln, insbesondere müssen auch die imagi-nären Gebilde mitberücksichtigt werden.

Wir wollen die Anzahl der verschiedenen Kegelschnitte abzählen. Eine Ellipse ist durch ihre beiden Brennpunkte (vier Parameter) und die konstante Abstandssumme von diesen Punkten, also durch fünf Parameter bestimmt, und zu jeder Ellipse gehört nur ein einziges System solcher fünf Angaben. Also gibt es ∞^5 Ellipsen in der Ebene. Ebenso zeigt man, daß es ∞^5 Hyperbeln in der Ebene gibt. Die Ellipsen lassen sich auch durch ihre beiden Achsenlängen, ihren Mittelpunkt und die Richtung der großen Achse festlegen, das sind, in Einklang mit der allgemeinen Theorie, wiederum fünf Parameter. Hieraus folgt, daß die Schar aller Parabeln einer Ebene vierparametrig ist, denn nach der Konstruktion von S. 3 ergeben sich die Parabeln als Grenzfälle der Ellipsen, wobei stets eine einparametrige Schar von Ellipsen dieselbe Parabel bestimmt und jede Ellipse nur endlich vielen, nämlich zwei, solchen Scharen angehört.

Gibt man die beiden Ellipsenachsen gleich lang vor, so entsteht ein Kreis. Hier liegt ein Trugschluß nahe. Setzen wir fest, daß beide Achsen gleich lang sein sollen, so bleiben vier Zahlenangaben übrig. Also könnte man denken, daß es ∞^4 Kreise gäbe und nicht ∞^3, wie wir eben abgezählt haben. Der Widerspruch klärt sich dadurch auf, daß bei Gleichheit der Achsen auch noch die Angabe der Achsenrichtungen überflüssig wird, da jedes beliebige Paar senkrechter Kreisdurchmesser als Grenzfall von Ellipsenachsen aufgefaßt werden kann.

Nach dem Früheren werden wir nicht erwarten können, daß durch fünf beliebige Punkte der Ebene stets eine Ellipse gelegt werden kann; der Satz könnte höchstens gelten, wenn man zu den Ellipsen auch noch die Parabeln und Kreise als Grenzfälle rechnet. Es zeigt sich aber, daß man auch noch die Hyperbeln hinzunehmen muß. Die Gesamtheit aller Kegelschnitte der Ebene, also alle Hyperbeln, Parabeln, Ellipsen, Kreise, Geradenpaare und (doppelt zählende) Geraden, bilden im Sinne der abzählenden Geometrie eine einzige Schar. Nach dem Früheren muß diese Schar fünfparametrig sein, da jeder der unter den Kegelschnitten vorkommenden Typen einer von fünf oder weniger Parametern bestimmten Schar angehört. Für die Gesamtheit aller Kegelschnitte gilt nun in der Tat der Satz, daß durch fünf beliebige Punkte der Ebene ein Kegelschnitt geht. Eine nähere Betrachtung, die aber nicht abzählender Natur ist, lehrt, daß der Kegelschnitt eindeutig bestimmt ist, wenn nicht vier der gegebenen Punkte auf einer Geraden liegen. In diesem Ausnahmefall ist die Bestimmung ersichtlich vieldeutig; denn durch vier Punkte einer Geraden g und einen fünften Punkt P kann ich ∞^1 Geradenpaare g, h, also ∞^1 Kegelschnitte spezieller Art legen, indem ich h als beliebige durch P gehende Gerade wähle. Liegt auch noch P auf g, so gibt es sogar ∞^2 Geradenpaare, denn dann ist h ganz beliebig wählbar.

Wir wollen jetzt die abzählenden Methoden auf räumliche Gebilde anwenden. Wenn wir eine Ebene durch ihre drei Achsenabschnitte in einem festen räumlichen Koordinatensystem bestimmen, sehen wir, daß es im Raum ∞^3 Ebenen gibt; denn die Ebenen durch den Anfangspunkt des Systems, die allein sich dieser Bestimmungsweise entziehen, bilden eine nur zweiparametrige Schar. Wir bestätigen durch Abzählung den elementaren Satz, daß durch drei beliebige Raumpunkte eine Ebene geht; in der Tat gibt es im Raum ∞^9 Punktetripel, in jeder Ebene dagegen ∞^6, so daß die Punktetripel des Raums „∞^9/∞^6", d. h. ∞^3 Ebenen bestimmen.

Indem wir eine Gerade durch zwei Punkte bestimmen, finden wir, daß es ∞^4 Geraden im Raum gibt; denn die Mannigfaltigkeit der Punktepaare beträgt im Raum ∞^6 und auf der Geraden ∞^2.

Die Kugeln können wir durch Mittelpunkt und Radius bestimmen. Demnach gibt es ∞^4 Kugeln im Raum. Nehmen wir zu dieser Schar noch die Ebenen als Grenzfälle hinzu, so bestätigt sich uns durch Abzählung die bekannte Tatsache, daß durch vier Raumpunkte stets eine Kugel oder Ebene gelegt werden kann. Wie beim Beispiel der Kegelschnitte, so ist auch hier die Bestimmung der Kugel nicht immer eindeutig, sondern in unserem Fall dann und nur dann, wenn die vier Punkte nicht auf einem Kreis oder auf einer Geraden liegen. Die analoge Erscheinung gilt allgemein. Wenn eine n-parametrige Flächenschar hinreichend umfassend definiert wird (wie in der Ebene die Schar aller Kegelschnitte im Gegensatz zur Schar aller Ellipsen), dann geht durch n Raumpunkte stets eine Fläche der Schar. Diese ist aber nicht ausnahmslos durch die n Punkte eindeutig bestimmt, sondern nur, wenn die n Punkte „allgemeine Lage" haben, d. h. wenn nicht zwischen ihnen bestimmte geometrische Relationen bestehen, deren Art von der gegebenen Flächenschar abhängt.

Eine Regelfläche zweiter Ordnung ist durch drei windschiefe Geraden bestimmt. Im Raum gibt es $\infty^{4 \cdot 3} = \infty^{12}$ Gradentripel. Da aber auf einer Regelfläche zweiter Ordnung jede Gerade einer einparametrigen Schar angehört, so bestimmen ∞^3 Geradentripel dieselbe Fläche. Also gibt es ∞^9 Regelflächen zweiter Ordnung.

Ebenso gibt es ∞^9 dreiachsige Ellipsoide. Denn wir erhalten alle Ellipsoide, und jedes nur einmal, wenn wir den Mittelpunkt (drei Parameter), die Achsenlängen (drei Parameter), die Richtung der großen Achse (zwei Parameter) und in der darauf senkrechten Ebene durch den Mittelpunkt die Richtung der kleinen Achse (ein Parameter) vorgeben.

Die analytische Betrachtung lehrt, daß es überhaupt ∞^9 Flächen zweiter Ordnung gibt. Für diese Schar gilt der Satz, daß durch neun beliebige Raumpunkte stets eine Fläche geht. Damit die Bestimmung eindeutig werde, damit also die Punkte die für diese Schar hinreichend allgemeine Lage haben, muß man ausschließen, daß die Punkte auf gewissen Raumkurven vierter Ordnung liegen; diese lassen sich nämlich als Schnittkurven zweier Flächen zweiter Ordnung konstruieren, so daß durch beliebig viele Punkte einer solchen Kurve naturgemäß keine eindeutige Bestimmung einer Fläche zweiter Ordnung möglich ist.

Wir wollen nun plausibel machen, daß auf jeder Fläche zweiter Ordnung unendlich viele Geraden liegen. Zu diesem Zweck gehen wir von einer Tatsache aus, die aus der analytischen Definition der Flächen zweiter Ordnung unmittelbar folgt: daß nämlich eine Gerade, die drei Punkte mit einer solchen Fläche gemein hat, stets ganz in ihr verläuft. Nun gibt es offenbar ∞^6 Punktetripel auf einer Fläche zweiter Ordnung (und auf jeder beliebigen anderen Fläche). Sucht man diejenigen Tripel heraus, die auf einer und derselben Geraden liegen, so liefert die abzählende Geometrie den Schluß, daß es ∞^4 solcher Tripel gibt, daß also zwei Parameter fortfallen. Das rührt daher, daß man zwei analytische Relationen braucht, um auszudrücken, daß einer der Punkte auf der durch die anderen beiden bestimmten Geraden liegt. Es gilt nun allgemein der Satz, daß die Parameterzahl einer Schar um n vermindert wird, wenn man sich auf diejenigen Scharelemente beschränkt, die n unabhängigen Relationen genügen; unabhängig heißen n Relationen, wenn man sie nicht durch weniger als n Relationen ersetzen kann. Demnach muß es in der Tat auf jeder Fläche zweiter Ordnung ∞^4 kollineare Punkttripel geben. Jede Gerade, die ein solches Punkttetripel enthält, muß nach dem Früheren ganz in die Fläche fallen. Nun liegen aber auf einer Geraden ∞^3 solche Punkttetripel. Die kollinearen Punkttripel einer Fläche zweiter Ordnung liegen also auf ∞^1 auf der Fläche verlaufenden Geraden. Auf dem Ellipsoid, dem elliptischen Paraboloid und dem zweischaligen Hyperboloid sind diese Geraden imaginär.

Zum Schluß noch einige Bemerkungen über die Flächen dritter Ordnung, da diese Flächen mit den Eigenschaften der im folgenden zu betrachtenden SCHLÄFLISchen Doppelsechs eng zusammenhängen. Analytisch sind diese Flächen dadurch gekennzeichnet, daß ihre Gleichung in cartesischen Koordinaten vom dritten Grade ist. Nun kommen in der allgemeinen Gleichung dritten Grades zwischen drei Veränderlichen zwanzig Koeffizienten vor, die durch die zugehörige Fläche bis auf einen gemeinsamen Faktor bestimmt sind. Hieraus folgt, daß es ∞^{19} Flächen dritter Ordnung gibt und daß durch neunzehn beliebige Raumpunkte stets eine solche Fläche geht. Dabei müssen verschiedene Ausartungsfälle mitgezählt werden, z. B. ist eine Fläche zweiter Ordnung zusammen mit einer Ebene als Fläche dritter Ordnung anzusehen.

Eine Gerade hat im allgemeinen drei Punkte mit einer Fläche dritter Ordnung gemein, und eine Gerade, die mit einer solchen Fläche vier Punkte gemein hat, muß ganz in ihr verlaufen. Man kann das leicht daraus schließen, daß die Gleichung der Fläche vom dritten Grade ist. Wir wollen nun durch Abzählung zeigen, daß auf der allgemeinsten Fläche dritter Ordnung nur endlich viele Geraden liegen können. Es gibt auf jeder Fläche ∞^8 Punktquadrupel. Nun sind vier Bedingungen nötig, damit ein solches Quadrupel kollinear sei; denn je zwei Bedingungen besagen, daß der dritte und vierte Punkt auf der Geraden liegt, die durch die ersten beiden Punkte geht. Demnach liegen ∞^4 solche Quadrupel auf einer allgemeinen Fläche dritter Ordnung. Jede Gerade, die ein solches Quadrupel enthält, liegt ganz auf der Fläche und enthält ∞^4 andere solche Quadrupel. Gäbe es also unendlich viele Geraden auf der Fläche, so müßte sie mehr als ∞^4 kollineare Punktquadrupel enthalten.

Es gibt unter den Flächen dritter Ordnung auch viele Regelflächen, auf denen also ∞^5 oder noch mehr kollineare Punktquadrupel liegen. Die Gleichung einer Regelfläche dritter Ordnung muß demnach die spezielle Eigenschaft haben, daß diese Gleichung zusammen mit den vier Bedingungen der Kollinearität eines Punktquadrupels durch ein System von weniger Gleichungen ersetzt werden kann. Man kann zeigen, daß eine solche Reduktion nur eintritt, wenn zwischen den zwanzig Koeffizienten der Gleichung dritten Grades spezielle Relationen erfüllt sind.

Auf der allgemeinen Fläche dritter Ordnung verlaufen also in der Tat höchstens endlich viele Geraden[1].

Analog läßt sich abzählen, daß auf einer Fläche von höherer als dritter Ordnung im allgemeinen keine Gerade verläuft.

§ 25. Die Schläflische Doppelsechs.

Wir wollen zunächst einige einfache Betrachtungen über die möglichen Lagen von Geraden im Raum anstellen. Drei windschiefe Geraden a, b, c bestimmen ein Hyperboloid H. Eine beliebige vierte Gerade d wird H im allgemeinen in zwei Punkten schneiden. d kann aber auch H berühren oder ganz auf H liegen. Im allgemeinen Fall geht durch jeden der Durchstoßpunkte eine auf H verlaufende Gerade, die nicht zur selben Schar gehört wie a, b, c, die also diese Geraden schneidet. Umgekehrt muß jede Gerade, die a, b, c und d schneidet, auf H verlaufen und durch einen Durchstoßpunkt von H mit d gehen. Im allgemeinen gibt es also zu vier Geraden zwei und nur zwei Geraden, die jene vier Geraden schneiden. Tritt in unserem Beispiel der Fall ein, daß d Tangente von H ist, so gibt es nur eine (doppeltzählende) mit a, b, c, d incidente Gerade. Gibt es umgekehrt mehr als zwei Geraden, die a, b, c, d schneiden, so muß d ganz in H liegen. In diesem Fall gibt es also unendlich viele a, b, c, d schneidende Geraden. Man sagt dann, daß die vier Geraden hyperboloidische Lage haben.

Um nun die Schläflische Doppelsechs zu konstruieren, gehen wir von irgendeiner Geraden 1 aus und ziehen durch 1 drei paarweise windschiefe Geraden, die wir aus später ersichtlichen Gründen 2′, 3′, 4′ nennen (Abb. 179). Nun legen wir durch 1 eine weitere Gerade 5′, die möglichst allgemeine Lage zu 2′ 3′ 4′ haben soll. Dann ist 5′ windschief zu 2′ 3′ 4′, und außer 1 gibt es noch genau eine zweite Gerade, die 2′ 3′ 4′ 5′

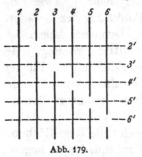

Abb. 179.

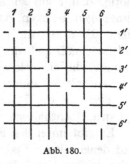

Abb. 180.

schneidet. Diese Gerade wollen wir 6 nennen. Nun ziehen wir durch 1 noch eine letzte Gerade 6′, die weder 6 noch 2′ 3′ 4′ 5′ treffen möge. Ferner soll 6′ so gewählt sein, daß die Quadrupel 2′ 3′ 4′ 6′, 2′ 3′ 5′ 6′, 2′ 4′ 5′ 6′ und 3′ 4′ 5′ 6′ möglichst allgemeine Lage haben. Dann gibt es außer 1 noch genau eine weitere Gerade 5, die 2′ 3′ 4′ 6′ trifft. Analog bestimmen wir die Geraden 4, 3, 2 (z. B. ist 4 mit 2′ 3′ 5′ 6′ incident und von 1 ver-

---

[1] Z. B. geht durch keinen endlichen Punkt der Fläche $xyz = 1$ eine auf der Fläche verlaufende Gerade.

schieden). Wir erhalten so das in Abb. 179 gezeichnete Incidenzschema. Man kann leicht einsehen, daß wegen unserer Wahl der Geraden $2'3'4'5'6'$ keine weiteren Incidenzen auftreten können. Wir betrachten nun die Geraden 2, 3, 4, 5. Ich behaupte, daß diese vier Geraden nicht hyperboloidisch liegen können. Andernfalls würde jede mit dreien von ihnen incidente Gerade auch die vierte treffen, und das müßte nach unserem Schema insbesondere für die vier Geraden $2'3'4'5'$ gelten. Dann würden

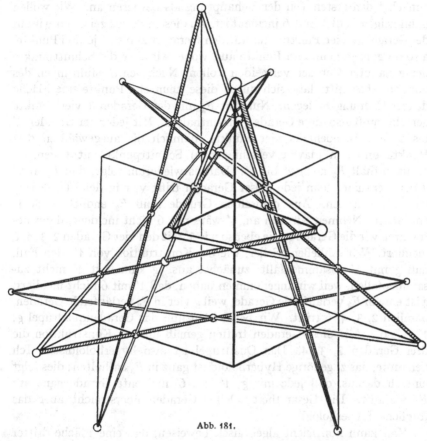

Abb. 181.

also auch die letztgenannten vier Geraden hyperboloidisch liegen, was unserer Konstruktion widerspricht. Es gibt demnach höchstens zwei mit 2, 3, 4, 5 incidente Geraden. Nun sind 2, 3, 4, 5 nach unserer Konstruktion sämtlich mit $6'$ incident. Ich bezeichne die zweite mit 2, 3, 4, 5 incidente Gerade mit $1'$ und behaupte, daß $1'$ nicht mit $6'$ zusammenfällt und überdies auch 6 schneidet. Nach dieser sogleich zu beweisenden Behauptung vervollständigt sich Abb. 179 zu dem in Abb. 180 dargestellten Schema. Dieses Schema stellt die Doppelsechs dar. Man erkennt unmittelbar, daß es sich um eine reguläre Konfiguration handelt, ihr Punkt-Geraden-Schema ist $(30_2, 12_5)$. Man kann die Doppelsechs in besonders übersichtlicher und symmetrischer Lage konstuieren, indem man auf jede der sechs Seitenflächen eines Würfels je eine Gerade jedes Sextupels in geeigneter Weise legt. Aus Abb. 181 dürfte die Anordnung ohne weiteres verständlich sein (vgl. auch Abb. 102, S. 83).

Wir haben nun die soeben ausgesprochene Behauptung zu beweisen, daß es eine von $6'$ verschiedene, mit 2, 3, 4, 5 incidente Gerade $1'$ gibt, und daß diese Gerade von selbst auch noch 6 trifft. Nehmen wir zunächst den ersten Teil der Behauptung als bewiesen an. Wir wollen dann zeigen, daß $1'$ mit 6 incident ist. Zu diesem Zweck zeichnen wir auf der Geraden 1 vier Punkte und auf den Geraden $2'$ bis $6'$ je drei Punkte, also im ganzen neunzehn Punkte aus, wobei wir aber die Schnittpunkte der genannten Geraden vermeiden wollen. Nach den Ausführungen des vorigen Abschnitts läßt sich durch diese neunzehn Punkte eine Fläche dritter Ordnung F_3 legen. Nun hat F_3 mit der Geraden 1 vier Punkte gemein, muß also diese Gerade ganz enthalten. Mit jeder der Geraden $2'$ bis $6'$ hat F_3 ebenfalls vier Punkte, nämlich die ausgewählten drei Punkte und den (davon verschiedenen) Schnittpunkt mit 1 gemein, somit enthält F_3 auch $2'$ bis $6'$. Daraus wiederum folgt, daß F_3 auch 2 bis 6 enthält, denn jede dieser Geraden trifft vier in der Fläche verlaufende Geraden. Aus demselben Grunde muß F_3 endlich auch $1'$ enthalten. Nehmen wir nun an, $1'$ wäre mit 6 nicht incident, dann betrachten wir die Gerade g, die ebenso wie $5'$ mit den vier Geraden 2, 3, 4, 6 incidiert. Wir schließen wieder, wie bei Konstruktion von $1'$, den Fall, daß g mit $5'$ zusammenfällt, zunächst aus. g kann mit $1'$ nicht zusammenfallen, weil wir angenommen haben, daß $1'$ mit 6 nicht incidiert. g ist eine in F_3 verlaufende Gerade, weil g vier in F_3 verlaufende Geraden, nämlich 2, 3, 4, 6 trifft. Wir betrachten nun das Geradenquadrupel g, $1'$, $5'$, $6'$. Alle diese Geraden treffen gemäß unserer Konstruktion die drei Geraden 2, 3, 4. Das Quadrupel ist also hyperboloidisch. Ich behaupte, das zugehörige Hyperboloid ist ganz in F_3 enthalten; dies folgt einfach daraus, daß jede mit g, $1'$, $5'$, $6'$ incidente Gerade ganz auf F_3 verläuft. Die Gesamtheit solcher Geraden überstreicht aber das fragliche Hyperboloid.

Man kann nun leicht algebraisch beweisen, daß eine Fläche dritter Ordnung, die eine Fläche zweiter Ordnung vollständig enthält, notwendig aus dieser und einer Ebene bestehen muß. Sind nämlich $G = 0$ bzw. $H = 0$ die Gleichungen der Fläche dritter bzw. zweiter Ordnung, so muß das Polynom dritten Grades G durch das Polynom zweiten Grades H teilbar sein, und das ist nur möglich, wenn G das Produkt von H mit einem linearen Ausdruck ist. Daß nun die von uns durch neunzehn Punkte bestimmte Fläche F_3 einen solchen Ausartungsfall darstellen sollte, führt leicht auf einen Widerspruch. Da nämlich unter den Geraden $2'$, $3'$, $4'$, $5'$, $6'$ keine vier hyperboloidischen vorkommen, so könnten höchstens drei von ihnen auf dem zu F_3 gehörigen Hyperboloid liegen, und mindestens zwei von ihnen müßten dem anderen Bestandteil von F_3, einer Ebene, angehören und somit incident sein, was unserer Konstruktion widerspricht.

Der Beweisgang bleibt im wesentlichen ungeändert, wenn wir die bisher ausgeschlossene Möglichkeit in Betracht ziehen, daß $1'(2345)$ mit $6'$, oder $g(2346)$ mit $5'$ zusammenfällt. Auch in diesem Fall kann man schließen, daß das von 2, 3, 4 bestimmte Hyperboloid in F_3 liegen müßte. Der Grenzübergang, der diesen Fall aus dem allgemeinen ableitet, kann aber nur auf algebraischem Wege gerechtfertigt werden.

Wir haben beim Beweis der letzten Incidenz $(1'6)$ der Doppelsechs die auch an sich interessante Tatsache benutzt, daß durch diese Konfiguration stets eine Fläche dritter Ordnung F_3 hindurchgeht. Man kann nun die Konfiguration leicht durch mehrere weitere Geraden ergänzen, die ebenfalls sämtlich auf F_3 verlaufen. Wir betrachten z. B. die Ebene, die von den incidenten Geraden 1, $2'$ aufgespannt wird, und ebenso die Ebene von $1'$ und 2, und nennen (12) die Schnittgerade dieser Ebenen. Dann ist diese Gerade mit den vier Geraden 1, $1'$, 2, $2'$ incident, die sämtlich in F_3 liegen. Demnach liegt auch (12) in F_3. Es gibt im ganzen fünfzehn Geraden, die zur Doppelsechs in analoger Beziehung stehen wie (12), und die deswegen auch alle auf F_3 verlaufen. Man kann nämlich aus den Ziffern 1 bis 6 genau fünfzehn verschiedene Paare bilden. Somit haben wir im ganzen $2 \cdot 6 + 15 = 27$ Geraden aufgefunden, die alle auf F_3 verlaufen.

Zwischen den Geraden dieser erweiterten Konfiguration bestehen nun noch weitere Incidenzbeziehungen. Es läßt sich nämlich zeigen, daß von den mit zwei Ziffern bezeichneten Geraden alle und nur die miteinander incident sind, deren Symbole in keiner Ziffer übereinstimmen. Der Beweis läßt sich auf denselben Gedankengang stützen, aus dem wir die Incidenz von $1'$ mit 6 hergeleitet haben; er sei hier nur angedeutet. Aus Symmetriegründen genügt es, zu zeigen, daß (12) mit (34) incidiert. Zum Beweis betrachte ich die drei Geraden 1, 2, (34). Dieses Tripel wird von $3'$ und $4'$ getroffen. Wäre nun (12) nicht mit (34) incident, so gäbe es eine Gerade a, die das Quadrupel 1, 2, $1'$, (34) träfe, und eine notwendig von a verschiedene Gerade b, die 1, 2, $2'$, (34) träfe. Fiele nämlich a mit b zusammen, so träfe diese Gerade das Quadrupel 1, 2, $1'$, $2'$, wäre also mit (12) identisch, und diese selbe Gerade träfe überdies (34), was wir vorläufig nicht annehmen. Ebenso sind a, b verschieden von $3'$ oder $4'$, denn fiele z. B. a mit $3'$ zusammen, so wäre $3'$ incident mit $1'$ entgegen unserer Konstruktion. a und b müßten nun ebenso wie $3'$ und $4'$ auf F_3 verlaufen, und diese vier Geraden würden, weil sämtlich mit dem Tripel 1, 2, (34) incident, hyperboloidisch liegen. Daß aber F_3 ein hyperboloidisches Geradenquadrupel enthält, haben wir schon als unmöglich erkannt. Demnach ist (12) in der Tat incident mit (34) und aus entsprechenden Grün-

den mit (35), (36), (45), (46), (56). Da (12) auch mit 1, 2, 1', 2' incidiert,
so ist (12) und ebenso jede andere mit zwei Ziffern bezeichnete Gerade
der erweiterten Konfiguration mit zehn Konfigurationsgeraden incident.
Das gleiche gilt auch von den Geraden der Doppelsechs selbst, z. B. incidiert 1 mit den fünf Geraden 2' bis 6' und mit den fünf Geraden (12),
(13), (14), (15), (16). Die Konfiguration der siebenundzwanzig Geraden
von F_3 hat demnach das Schema $(135_2, 27_{10})$. Daß genau hundertfünf-
unddreißig Punkte zur Konfiguration gehören, folgt aus der Relation
$135 \cdot 2 = 27 \cdot 10$. Man kann übrigens auch zeigen, daß die Konfiguration regulär ist, daß man daher aus ihr auf viele verschiedene Arten
Doppelsechsen herausgreifen kann. Nimmt man noch die Ebenen hinzu,
die zwei incidente Konfigurationsgeraden enthalten, so enthält eine
solche Ebene stets eine dritte Konfigurationsgerade, wie man an dem
Incidenzschema verifizieren kann. Zum selben Resultat führt auch
eine einfache algebraische Überlegung. Jede Ebene trifft nämlich F_3
notwendig in einer Kurve dritter Ordnung. Diese Kurve muß, falls die
Ebene durch zwei Konfigurationsgeraden geht, natürlich diese Geraden
enthalten, und daraus läßt sich algebraisch schließen, daß die Kurve
aus diesen beiden und einer dritten Geraden bestehen muß. Man kann
leicht abzählen, daß durch jede der siebenundzwanzig Geraden fünf
solche Ebenen gehen und daß es im ganzen fünfundvierzig solche Ebenen
gibt. Die Konfiguration ist also nicht selbstdual, während die Doppelsechs selbstdual ist, da sie auf der dualinvarianten Beziehung der Ge-
radenincidenz aufgebaut ist. Man kann die Doppelsechs leicht zu einer
Konfiguration erweitern, die zur soeben konstruierten dual ist. Man hat
dann statt der Geraden (12) und den übrigen Geraden (ik) andere
Geraden $[ik]$ hinzuzunehmen, von denen z. B. [12] durch die Schnittpunkte von 1 mit 2' und von 1' mit 2 geht. Das Schema der so entstehenden Konfiguration ist $(35_3, 27_5)$.

Wir wenden uns wieder zur ursprünglichen Konfiguration der siebenundzwanzig Geraden und wollen jetzt durch abzählende Methoden zeigen,
daß auf jeder beliebigen Fläche dritter Ordnung F_3 eine solche Konfiguration K liegt. Dabei müssen, wie immer bei abzählenden Betrachtungen, auch Fälle in Betracht gezogen werden, in denen K teilweise
imaginär wird oder ausartet. Zum Beweise unserer Behauptung zählen
wir zunächst ab, wie groß die Mannigfaltigkeit der Doppelsechsen ist.
Gemäß unserer Konstruktion haben wir für die Gerade 1 volle Freiheit,
also vier Parameter, die Schnittpunkte von 1 mit 2' bis 6' hängen von
fünf weiteren Parametern ab, und jede der Geraden 2' bis 6' kann,
wenn der Schnittpunkt mit 1 festgehalten wird, noch ∞^2 Lagen annehmen
(zehn Parameter). Durch die Geraden 1, 2', 3', 4', 5', 6' ist die Doppelsechs festgelegt. Wir finden also, daß es ∞^{19} Doppelsechsen gibt
$(19 = 4 + 5 + 10)$. Ebenso groß ist die Mannigfaltigkeit der Konfigurationen K, denn jede ist durch eine zugehörige Doppelsechs fest-

gelegt, und es gibt natürlich nur endlich viele Doppelsechsen in einer und derselben Konfiguration K. Nun haben wir ein Verfahren angegeben, um durch jede Konfiguration K eine F_3 zu legen. Die Mannigfaltigkeit der so konstruierten Flächen F_3 beträgt demnach entweder ∞^{19}, oder falls die Mannigfaltigkeit geringer sein sollte, müßten mindestens ∞^1 Konfigurationen K auf einer und derselben Fläche F_3 liegen, d. h. F_3 müßte eine Regelfläche dritter Ordnung sein. Nun kann man jedoch zeigen, daß es weniger als ∞^{18} Regelflächen dritter Ordnung gibt; demnach müßten mindestens ∞^2 Doppelsechsen auf den von uns konstruierten F_3 liegen. Da aber diese, wie schon ausgeführt wurde, kein Hyperboloid enthalten, und da auf Regelflächen höherer als zweiter Ordnung nur eine Regelschar verläuft, so können unmöglich ∞^2 Doppelsechsen auf einer solchen F_3 Platz finden. Im allgemeinen können also die von uns konstruierten Flächen keine Regelflächen sein, und daraus folgt, daß wir nicht weniger als ∞^{19} Flächen durch unsere Konstruktion erfaßt haben. Andererseits gibt es, wie im vorigen Abschnitt erwähnt, überhaupt nicht mehr als ∞^{19} Flächen dritter Ordnung. Hieraus läßt sich mit Rücksicht auf die algebraische Natur der von uns betrachteten Gebilde streng schließen, daß auf jeder Fläche dritter Ordnung tatsächlich eine Konfiguration K verläuft.

Viertes Kapitel.

Differentialgeometrie.

Bisher haben wir geometrische Gebilde in ihrer Gesamtstruktur betrachtet. Die Differentialgeometrie stellt ein prinzipiell anderes Verfahren der Forschung dar. Wir wollen nämlich jetzt Kurven und Flächen zunächst nur in der unmittelbaren Umgebung irgendeines ihrer Punkte beschreiben. Zu diesem Zweck vergleichen wir diese Umgebung mit einem möglichst einfachen Gebilde, etwa einer Geraden, einer Ebene, einem Kreis oder einer Kugel, die sich der Kurve in der betrachteten Umgebung möglichst eng anschmiegt; so entsteht z. B. der bekannte Begriff der Tangente einer Kurve in einem Punkt.

Diese Betrachtungsweise, lokale Differentialgeometrie oder Differentialgeometrie im kleinen genannt, wird durch ein anderes wichtiges Prinzip, die Differentialgeometrie im großen, vervollständigt. Wenn wir nämlich von einem stetigen geometrischen Gebilde wissen, daß es in der Umgebung *jedes* seiner Punkte irgendeine bestimmte differentialgeometrische Eigenschaft hat, so können wir in der Regel auch über den Gesamtverlauf des Gebildes wesentliche Aussagen machen. Wenn man z. B. von einer ebenen Kurve weiß, daß sie in der Umgebung

D. Hilbert, S. Cohn-Vossen, *Anschauliche Geometrie*, 2. Aufl.,
DOI 10.1007/978-3-642-19948-6_4, © Springer-Verlag Berlin Heidelberg 2011

keines ihrer Punkte ganz auf einer Seite ihrer Tangente liegt, so läßt sich zeigen, daß die Kurve notwendig eine Gerade sein muß.

Neben den stetigen Mannigfaltigkeiten von Punkten werden in der Differentialgeometrie auch Mannigfaltigkeiten anderer Gebilde, z. B. Mannigfaltigkeiten von Geraden, betrachtet; Probleme dieser Art stellt uns unter anderem die geometrische Optik, die stetige Systeme von Lichtstrahlen untersucht.

Endlich führt die Differentialgeometrie auf das von GAUSS und RIEMANN zuerst erfaßte Problem, die Geometrie als Ganzes durch Begriffe und Axiome aufzubauen, die nur die unmittelbare Umgebung jedes Punkts betreffen. So entstand eine bis heute noch nicht erschöpfte Fülle von Möglichkeiten allgemeinerer Geometrien, von denen die „nichteuklidische Geometrie" ein wichtiges, aber nur höchst spezielles Beispiel bildet. Die allgemeine Relativitätstheorie hat uns gelehrt, daß der sinngemäßen Beschreibung der physikalischen Wirklichkeit nicht die gewöhnliche euklidische Geometrie, sondern eine allgemeinere RIEMANNsche Geometrie zugrunde gelegt werden muß.

§ 26. Ebene Kurven.

Um mit dem Einfachsten zu beginnen, betrachten wir zunächst ebene Kurven. Wir beschränken uns dabei auf ein kleines Stück der Kurve, in dem sie sich nicht selbst durchschneidet.

Eine Gerade, die die Kurve in zwei Punkten schneidet, heißt Sekante der Kurve. Drehen wir nun eine Sekante s so um einen ihrer Schnittpunkte, daß der andere Schnittpunkt immer näher an den ersten heran-

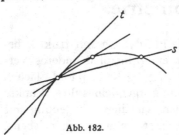

Abb. 182.

rückt (Abb. 182), so nähert sich die Sekante einer bestimmten Lage t. Die Gerade, die diese Lage einnimmt, heißt Tangente der Kurve. Der festgehaltene Punkt heißt der Berührungspunkt dieser Tangente. Offenbar ist die Tangente diejenige Gerade durch den Berührungspunkt, die dort den Verlauf der Kurve am genauesten annähert; als Richtung einer Kurve in einem Punkt bezeichnet man deshalb die Richtung der zugehörigen Tangente. Man sagt, daß zwei Kurven sich in einem gemeinsamen Punkt unter dem Winkel α schneiden bzw. sich berühren, wenn die beiden Tangenten in diesem Punkt den Winkel α bilden bzw. zusammenfallen. Eine Gerade, die auf einer Tangente im Berührungspunkt senkrecht steht, heißt Normale der Kurve.

Tangente und Normale bilden für jeden Kurvenpunkt die Achsen eines rechtwinkligen Koordinatensystems. Dieses System ist besonders geeignet, das Verhalten der Kurve im betrachteten Punkt zu untersuchen. Ich gebe hierzu der Kurve willkürlich eine Durchlaufungsrichtung. Ferner numeriere ich die vier Quadranten, in die das Achsenkreuz die Ebene zerlegt. Und zwar erhält die Nummer 1 (Abb. 183) derjenige Quadrant, in dem ich mich befinde, wenn ich auf der Kurve im festgesetzten Sinne dem Nullpunkt des Systems zuwandere und ihm hinreichend nahe bin; die Nummern 2, 3, 4 erhalten die anderen Quadranten; und zwar soll stets die Tangente die Quadranten 1, 2 von den Quadranten 3, 4, und die Normale die Quadranten 1, 4 von den Quadranten 2, 3 trennen. Ich kann dann vier verschiedene Fälle unterscheiden, je nachdem ich mich im zweiten, dritten, vierten oder ersten Quadranten befinde, wenn ich auf der Kurve im festgesetzten Sinne den Nullpunkt gerade verlassen habe (I bis IV in Abb. 183). Nur im ersten Fall heißt der betrachtete Kurvenpunkt regulär, in den übrigen Fällen singulär. Das reguläre Verhalten zeigen nämlich fast alle Kurvenpunkte, während die singulären Fälle nur an einzelnen getrennten Stellen auftreten können[1]. Im Fall II spricht man von einem Wendepunkt, in den beiden letzten Fällen sagt man, daß die Kurve eine Hellebardenspitze bzw. eine Schnabelspitze hat, und nennt den Punkt einen Rückkehrpunkt der Kurve. Schließlich erkennt man, daß unsere Fallunterscheidung unabhängig

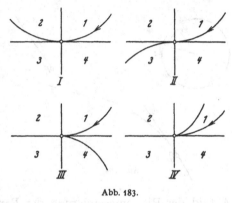

Abb. 183.

davon ist, in welcher Richtung die Kurve durchlaufen wird.

Wir wollen uns nun ein Bild davon machen, in welcher Weise sich in diesen vier Arten von Kurvenpunkten die Tangentenrichtung ändert, wenn man den Punkt auf der Kurve durchläuft. Hierzu benutzen wir ein Verfahren, das zuerst GAUSS angegeben hat und das besonders bei der Untersuchung von Flächen eine grundlegende Rolle spielt. Wir statten die Kurve wieder mit einer Durchlaufungsrichtung aus. Dann zeichnen wir in der Kurvenebene einen Kreis vom Radius 1. Wir lassen nun (Abb. 184) jeder Kurventangente denjenigen Halbstrahl entsprechen, der vom Kreismittelpunkt parallel der betrachteten Tangente ausläuft, und zwar in der Durchlaufungsrichtung der Kurve. Diese Konstruktion ordnet jedem Kurvenpunkt P einen Punkt Q des Kreises zu, nämlich den Durchstoßpunkt des Halbstrahls mit der Kreisperipherie. Bei dieser Abbildung nennt man die Punkte des Kreises

---

[1] Einzig für die Gerade gilt diese Behauptung nicht, auf sie ist auch das eben angegebene Verfahren nicht anwendbar. — Von einem höheren Standpunkt aus kann auch der Fall I singulären Charakter annehmen, wenn nämlich dort der Krümmungskreis in eine Gerade oder einen Punkt ausartet; vgl. S. 157.

das „Tangentenbild" der Kurve. Da der Kreisradius stets auf der zugehörigen Kreistangente senkrecht steht, ist die Kurventangente stets parallel der Normalen des Tangentenbildes, während umgekehrt die Tangenten des Tangentenbildes den Kurvennormalen parallel sind.

Die GAUSSSche Abbildung ordnet zwar jedem Kurvenpunkt genau einen Kreispunkt zu, aber umgekehrt entspricht ein Kreispunkt gewöhnlich nicht einem, sondern mehreren Kurvenpunkten; nämlich allen, die parallele und gemäß einem festgesetzten Durchlaufungssinn gleichgerichtete Tangenten haben (P_1 und P_3 in Abb. 184).

Ich lasse nun einen Kurvenpunkt die in Abb. 183 gezeichneten Stellen durchlaufen. Dann kehrt er dort in den Fällen III und IV seine Richtung um, während er sie in den Fällen I und II beibehält. Ferner betrachte ich das Verhalten des im Tangentenbild zugeordneten Punktes. Dieser behält in den Fäl-

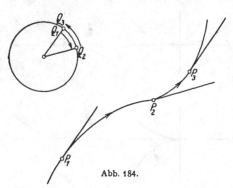

Abb. 184.

len I und III seine Richtung und kehrt in den Fällen II und IV um. In der Tat sind in den Fällen II und IV in der Umgebung der betrachteten Stelle parallele und gleichgerichtete Tangenten vorhanden, in den anderen beiden Fällen nicht. Da die Richtung, in der sich der Punkt des Tangentenbildes bewegt, mir ein Abbild der Richtungsänderung der Kurventangente gibt, kann ich die vier Arten von Kurvenpunkten folgendermaßen charakterisieren:

I regulärer Punkt: Kurvenpunkt und Tangentenbild laufen im selben Sinne weiter;

II Wendepunkt: der Kurvenpunkt läuft weiter, während das Tangentenbild umkehrt;

III Hellebardenspitze: der Kurvenpunkt kehrt um, während das Tangentenbild weiterläuft;

IV Schnabelspitze: Kurvenpunkt und Tangentenbild kehren um.

Diese Fallunterscheidung ist nicht erschöpfend. Auch wenn wir uns auf Kurvenstücke beschränken, die eine einfache analytische Darstellung gestatten, so kommen noch drei weitere Möglichkeiten hinzu: Die „Doppelpunkte", in denen die Kurve sich selbst durchschneidet, ferner Punkte, in denen eine Kurve plötzlich endet; endlich kann eine Kurve auch „isolierte", d. h. von allen übrigen Kurvenpunkten völlig getrennte Punkte besitzen (vgl. S. 176). Merkwürdigerweise gibt es andere anschaulich einfache Vorkommnisse, z. B. Knickstellen mit von Null verschiedenem Winkel, die eine verhältnismäßig komplizierte analytische Darstellung erfordern.

Wir kommen jetzt zur Einführung der *Krümmung*, die für die ganze Kurven- und Flächentheorie von grundlegender Wichtigkeit ist. Sie steht, wie wir im folgenden sehen werden, in engem Zusammenhang mit der GAUSSschen Tangentenabbildung. Ich ziehe in zwei benachbarten Kurvenpunkten P_1 und P_2 die Tangenten t_1 und t_2 und die Normalen n_1 und n_2; der Schnittpunkt der beiden Normalen sei M (Abb. 185). Offenbar ist der Winkel zwischen den beiden Tangenten gleich dem Winkel zwischen den beiden Normalen

$$\sphericalangle\,(t_1 t_2) = \sphericalangle\,(n_1 n_2).$$

Ich lasse nun P_2 auf der Kurve immer näher an P_1 heranrücken und betrachte dabei den Quotienten jenes Winkels mit der Entfernung der beiden Kurvenpunkte. Der Quotient nähert sich im allgemeinen einem Grenzwert

$$\lim_{P_1 P_2 \to 0} \frac{\sphericalangle\,(n_1 n_2)}{P_1 P_2} = k.$$

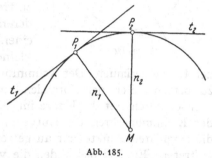

Abb. 185.

Dieser Grenzwert k heißt die Krümmung der Kurve im Punkt P_1.

k ist gleich dem Reziproken der Strecke r, in die beim Grenzübergang die beiden Normalenabschnitte $M P_1$ und $M P_2$ zusammenfallen. Das ergibt sich aus folgender Umformung, deren analytische Rechtfertigung wir allerdings übergehen:

$$k = \lim_{P_1 P_2 \to 0} \frac{\sphericalangle\,(n_1 n_2)}{P_1 P_2} = \lim_{P_1 P_2 \to 0} \frac{\sin\,(n_1 n_2)}{P_1 P_2} = \lim_{P_1 P_2 \to 0} \frac{P_1 P_2}{M P_1 \cdot P_1 P_2}$$

$$= \lim_{P_1 P_2 \to 0} \frac{1}{M P_1} = \frac{1}{r}.$$

Auf die Größe r werden wir noch auf eine andere Weise geführt. Wir legen einen Kreis durch P_1 und zwei benachbarte Punkte auf der Kurve. Wenn wir dann die beiden Nachbarpunkte auf der Kurve gegen P_1 rücken lassen, nähert sich der Kreis einer Grenzlage. Wie man es aus der Konstruktion erwarten kann und wie eine analytische Betrachtung bestätigt, ergibt sich als Grenzlage gerade der Kreis durch P_1, der die Grenzlage des Normalenschnittpunkts M zum Mittelpunkt, also r als Radius hat. Man nennt diesen Kreis den Krümmungskreis der Kurve in P_1, seinen Mittelpunkt den Krümmungsmittelpunkt und seinen Radius r den Krümmungsradius. Der angegebenen Konstruktion wegen pflegt man zu sagen, daß der Krümmungskreis drei zusammenfallende Punkte mit der Kurve gemein hat. Ebenso sagt man, die Tangente hat mit der Kurve zwei zusammenfallende Punkte gemein.

Der Krümmungskreis kann auf eine zweite Art bestimmt werden. Ich betrachte alle Kreise durch einen Kurvenpunkt P (Abb. 186), die die Kurve in P berühren, deren Mittelpunkte also auf der zugehörigen Kurvennormalen liegen. Durch die Kurve wird die Ebene in der Umgebung von P in zwei Teile zerlegt, die wir die beiden Seiten des Kurvenstücks nennen wollen. Von den betrachteten Kreisen wer-

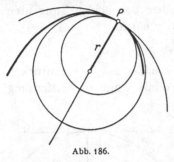

Abb. 186.

den in der Umgebung von P einige ganz auf der einen Seite, andere ganz auf der anderen Seite verlaufen. Der Krümmungskreis, dessen Radius r sein möge, besitzt nun im allgemeinen die Eigenschaft, diese beiden Arten von Kreisen zu trennen, und zwar so, daß alle Kreise, deren Radien größer sind als r, auf der einen Seite, und alle Kreise, deren Radien kleiner sind als r, auf der anderen Seite der Kurve verlaufen. Der Krümmungskreis selbst verläuft in der Regel zu beiden Seiten der Normalen auf verschiedenen Seiten der Kurve, d. h. er durchsetzt die Kurve im Berührungspunkt. Punkte, in denen der Krümmungskreis die Kurve nicht durchsetzt, können ebenso wie die singulären Punkte nur an getrennten einzelnen Stellen der Kurve auftreten. Ein Beispiel bilden die vier Scheitel der Ellipse (Abb. 187). Es ist aus Symmetriegründen klar, daß dort eine Durchdringung nicht möglich ist. Das gleiche gilt allgemein von allen Kurvenpunkten, in

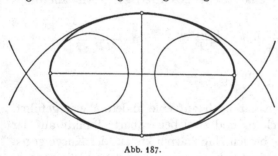

Abb. 187.

denen die Kurve von einer Symmetrieachse geschnitten wird.

Daß der Krümmungskreis die Kurve gewöhnlich durchsetzt, wird aus seiner ersten Herleitung plausibel. Eine Kurve wird nämlich von einem Kreis, der durch einen ihrer Punkte geht, im allgemeinen dort durchsetzt. Aus diesem Grunde wird ein Kreis, der durch drei benachbarte Kurvenpunkte läuft, im ersten Punkt von der Seite A zur Seite B, im zweiten Punkt von der Seite B zur Seite A, im dritten von A zu B übergehen; wenn die drei Punkte zusammenrücken, wird sich an diesem Verhalten des Kreises gewöhnlich nichts ändern, so daß der Krümmungskreis in der Tat im Berührungspunkt von der einen Seite der Kurve zur anderen übergehen muß[1].

---

[1] Aus analogen Gründen wird eine Kurve von der Tangente in der Regel nicht durchsetzt.

Wie schon erwähnt, steht die Krümmung in Zusammenhang mit der Tangentenabbildung. Es mögen den beiden Kurvenpunkten P_1 und P_2 die Tangentenbilder Q_1 und Q_2 entsprechen (Abb. 188). Dann ist

$$\sphericalangle\,(t_1 t_2) = \sphericalangle\,(Q_1 O Q_2) = \widehat{Q_1 Q_2},$$

der Krümmungsradius ist also der Grenzwert des Quotienten der Längen eines kleinen Kurvenbogens und seines Tangentenbildes.

Der Krümmungsradius kann für einzelne Punkte der Kurve unendlich werden; dann entartet der Krümmungskreis in eine Gerade, fällt also mit der Tangente zusammen. Die Tangente durchsetzt in einem solchen Punkt gewöhnlich die Kurve, wir haben es dann also mit einem Wendepunkt zu tun; es gibt jedoch Ausnahmefälle, in denen die Krümmung verschwindet und trotzdem die Kurve von ihrer Tangente nicht durchsetzt wird; das ist analog dem Verhalten des Krümmungskreises in den Scheiteln der Ellipse (vgl. S. 153, Fußnote).

Aus der Beziehung der Krümmung zur Tangentenabbildung ergibt sich ferner, daß im Fall der Hellebardenspitze die Krümmung in der Regel unendlich groß wird, daß

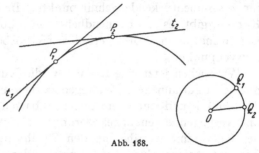

Abb. 188.

also dort der Krümmungskreis in seinen Berührungspunkt zusammenschrumpft. Für Schnabelspitzen läßt sich nichts Allgemeines aussagen.

Im Anschluß an die von uns aufgestellten Begriffe ergeben sich eine Reihe wichtiger Fragen. Z. B. liegt der Versuch nahe, eine Kurve dadurch zu bestimmen, daß man die Krümmung als Funktion der Bogenlänge vorgibt. Es ist plausibel und läßt sich analytisch beweisen, daß die Gestalt der Kurve dadurch eindeutig festgelegt ist und daß andererseits zu jeder solchen willkürlich vorgegebenen Funktion (unter gewissen Stetigkeitsannahmen) wirklich eine Kurve gehört. Diese Bestimmungsweise hat den Vorzug, daß sie sich nicht auf ein spezielles Koordinatensystem bezieht. Man nennt daher Bogenlänge und Krümmung die „natürlichen Parameter der Kurve". Der einfachste Fall ist, daß die Krümmung k überall konstant ist. Das gilt für die Kreise vom Radius $1/k$ und nach dem eben Gesagten nur für diese. Für $k = 0$ erhalten wir die Geraden; Geraden und Kreise sind somit die einzigen ebenen Kurven konstanter Krümmung.

Ferner kann man durch mannigfache Verfahren aus einer Kurve eine zweite ableiten. So bildet z. B. die Gesamtheit der Krümmungsmittelpunkte eine neue Kurve, die die Evolute der ursprünglichen heißt. Geht man umgekehrt von der neuen Kurve aus, so heißt die ursprüng-

liche die Evolvente der neuen. Die Evolventen einer beliebigen Kurve
kann man stets durch eine Fadenkonstruktion erhalten, indem man
an die Kurve ein Fadenstück straff anlegt und im einen Endpunkt
befestigt; der andere Endpunkt beschreibt dann ein Evolventenstück,
wenn man den Faden abwickelt und im beweglichen Endpunkt stets
straff hält. Die Evolventen des Kreises haben wir schon S. 6 in dieser
Weise konstruiert. Warum zwischen Evolvente und Evolute stets diese
eigenartige Beziehung besteht, werden wir im nächsten Kapitel (S. 243
und 244) erläutern.

§ 27. Raumkurven.

Die meisten Überlegungen des vorigen Abschnitts lassen sich auf
den Raum übertragen.

So ergibt sich zunächst die Tangente wieder als Grenzlage der Sekante
für zusammenrückende Schnittpunkte. Im Gegensatz zu den ebenen
Kurven gibt es aber unendlich viele Lote auf der Tangente im
Berührungspunkt. Diese erfüllen eine Ebene, die *Normalebene* des
Kurvenpunkts.

Wir suchen jetzt eine Ebene, die die Kurve im betrachteten Punkt
möglichst gut annähert. Wir legen zu diesem Zweck durch die Tangente
des Punkts und durch einen benachbarten Kurvenpunkt eine Ebene
und verfolgen deren Lageänderung, wenn wir den Nachbarpunkt auf
der Kurve immer näher an den Berührungspunkt der festgehaltenen
Tangente heranrücken. Die Grenzlage, der sich die Ebene dabei nähert,
definiert die gesuchte Ebene, die *Schmiegungsebene* der Kurve im betrachteten Punkt. Die Schmiegungsebene hat im früher erläuterten
Sinn drei zusammenfallende Punkte mit der Kurve gemein. Aus diesem
Grund durchdringt sie im allgemeinen die Kurve im Berührungspunkt,
während alle übrigen Ebenen durch die Tangente die Kurve auf einer
Seite lassen.

Da die Schmiegungsebene die Tangente enthält, steht sie auf der
Normalebene senkrecht. Wir betrachten nun noch diejenige Ebene
durch unseren Kurvenpunkt, die sowohl auf der Normalebene als auch
auf der Schmiegungsebene senkrecht steht. Man nennt sie die *rektifizierende Ebene.*

Die drei genannten Ebenen kann man nun als Koordinatenebenen
eines räumlichen cartesischen Systems auffassen, das zur Beschreibung
des Kurvenverlaufs im betrachteten Punkt besonders geeignet ist. Die
Tangente ist die eine Achse dieses Systems; die beiden anderen Achsen, die
also in der Normalebene liegen, heißen Hauptnormale und Binormale;
die Hauptnormale liegt in der Schmiegungsebene, die Binormale liegt
in der rektifizierenden Ebene (Abb. 189). Man nennt diese drei Geraden,
in ihrer Abhängigkeit vom Kurvenpunkt, das begleitende Dreikant der
Kurve. Es entspricht dem System von Tangente und Normale bei den

ebenen Kurven. Im Raum bestimmt das Koordinatensystem nicht wie in der Ebene vier, sondern acht Gebiete. Mit Hilfe des begleitenden Dreikants kann ich also analog S. 153 acht Arten von Kurvenpunkten unterscheiden. Wiederum ist nur einer dieser Fälle regulär, die übrigen können (wenn die Kurve wirklich räumlich ist und nicht in einer Ebene verläuft) nur an getrennten Stellen eintreten. Im regulären Fall durchsetzt die Kurve die Schmiegungsebene und die Normalebene und bleibt auf einer Seite der rektifizierenden Ebene. Die Besprechung der übrigen Fälle soll hier nicht durchgeführt werden. Im übrigen können bei Raum-

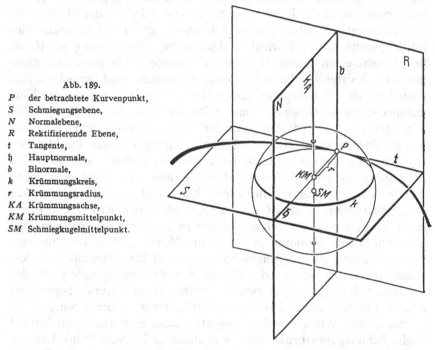

Abb. 189.

P der betrachtete Kurvenpunkt,
S Schmiegungsebene,
N Normalebene,
R Rektifizierende Ebene,
t Tangente,
$\mathfrak{h}$ Hauptnormale,
b Binormale,
k Krümmungskreis,
r Krümmungsradius,
KA Krümmungsachse,
KM Krümmungsmittelpunkt,
SM Schmiegkugelmittelpunkt.

kurven einfacher analytischer Struktur genau wie bei einer ebenen Kurve noch drei weitere Singularitäten eintreten, nämlich Doppelpunkte, Endpunkte und isolierte Punkte.

Wir verallgemeinern nun auch die GAUSSsche Abbildung auf den Raum. Zu diesem Zweck legen wir irgendeine Kugel vom Radius Eins zugrunde. Zu jeder Tangente der (mit einem Durchlaufungssinn versehenen) Kurve ziehen wir den gleichgerichteten Kugelradius. Seinen Endpunkt auf der Kugeloberfläche nennen wir das Tangentenbild des Kurvenpunkts. Der gesamten Kurve entspricht dann eine bestimmte Kurve auf der Kugeloberfläche. Geht man statt von der Tangente von der Haupt- oder Binormalen aus, so erhält man zwei weitere Kurven auf der Einheitskugel; diese drei „sphärischen Bilder" stehen in bezug auf ihre Dreikante untereinander und mit der Ausgangskurve in gewissen einfachen Beziehungen. Tangentenbild und Binormalenbild zusammen charakterisieren z. B. die erwähnten acht Typen von Kurvenpunkten. Es können nämlich auf der Kurve der Kurvenpunkt selbst, die Tangente und die Binormale entweder stetig weiterlaufen oder umkehren. Die Kombination der verschiedenen Möglichkeiten gibt gerade die acht Fälle.

Wir übertragen jetzt den Krümmungsbegriff auf die Raumkurven. Ich ziehe in zwei benachbarten Kurvenpunkten P_1 und P_2 die Tangenten t_1 und t_2, und betrachte den Quotienten $\sphericalangle (t_1 t_2)/P_1 P_2$. Wenn P_2 gegen P_1 rückt, strebt dieser Quotient in der Regel gegen einen Grenzwert; dieser heißt die Krümmung der Kurve in P_1. In der Ebene steht die Krümmung in einer bestimmten Beziehung zu der Grenzlage des Schnittpunkts zweier Normalen. Die analoge Betrachtung im Raum liefert nicht einen Punkt, sondern eine Gerade. Man betrachtet nämlich die Schnittgerade benachbarter Normalebenen und bezeichnet ihre Grenzlage als die Krümmungsachse der Kurve. Sie liegt in der Normalebene; wie der Grenzübergang ergibt, ist sie der Binormalen parallel (Abb. 189). Ihr Schnittpunkt mit der Hauptnormalen wird als Krümmungsmittelpunkt bezeichnet. Die Entfernung r dieses Punkts vom zugehörigen Kurvenpunkt heißt der Krümmungsradius; wie in der Ebene ist r gleich dem reziproken Wert der Krümmung. Legt man durch drei benachbarte Kurvenpunkte den Kreis und läßt die drei Punkte zusammenrücken, so erhält man als Grenzlage den Krümmungskreis; einen Kreis, der in der Schmiegungsebene liegt und den Krümmungsmittelpunkt und Krümmungsradius zum Mittelpunkt und Radius hat.

Zur GAUSSschen Tangentenabbildung steht die Krümmung in derselben Beziehung wie in der Ebene; der Krümmungsradius ist der Grenzwert des Quotienten zwischen einem kleinen Kurvenbogen und seinem Tangentenbild. Der Beweis verläuft wie in der Ebene.

Statt vom Winkel zweier Tangenten kann man auch vom Winkel zweier Schmiegungsebenen oder, was dasselbe ist, vom Winkel zweier Binormalen ausgehen, wodurch man zu einem weiteren für die Theorie der Raumkurven wesentlichen Begriff gelangt. Man dividiert jenen Winkel durch den Abstand der zugehörigen Kurvenpunkte und läßt dann diese zusammenrücken. Den Grenzwert t dieses Quotienten bezeichnet man als die Torsion oder auch als die „zweite Krümmung" oder Windung im betrachteten Kurvenpunkt. Das Reziproke der Torsion ist offenbar der Grenzwert des Quotienten eines kleinen Kurvenbogens und seines Binormalenbildes.

Die Krümmung ließ sich aus einem Grenzübergang gewinnen, in dem drei benachbarte Kurvenpunkte auftraten. Um eine analoge Deutung der Torsion zu erhalten, muß man von vier benachbarten Punkten ausgehen. Durch vier Punkte ist im allgemeinen eine Kugel bestimmt. Man betrachtet nun die Grenzlage einer Kugel durch vier benachbarte und zusammenrückende Kurvenpunkte. Die Kugel, die diese Grenzlage einnimmt, heißt Schmiegungskugel. Wie der Grenzübergang ergibt, wird sie von der zugehörigen Tangente berührt, und ihr Mittelpunkt liegt auf der Krümmungsachse (Abb. 189). Für die Entfernung dieses Punkts vom Krümmungsmittelpunkt ergibt sich durch Rechnung der Wert $\frac{1}{t} \cdot \frac{dr}{ds}$, wobei ds, dr die Differentiale der Bogenlänge und des Krümmungsradius bedeuten. Man kann ferner aus der Konstruktion schließen, daß die Schmiegungskugel die Schmiegungsebene gerade im Krümmungskreis durchsetzt. Für den Radius der Schmiegungskugel erhält man daher nach dem pythagoreischen Lehrsatz den Wert

$$\sqrt{r^2 + \left(\frac{dr}{ds}\right)^2 \cdot \frac{1}{t^2}} \, .$$

Wie in der Ebene die Größen s und r, so werden im Raum die Größen s, r, t als die natürlichen Parameter einer Kurve bezeichnet. Analog wie in der Ebene gilt im Raum der wichtige Satz: Die Gestalt einer Raumkurve läßt sich auf eine und nur eine Art so bestimmen, daß auf ihr r und t vorgegebene Funktionen von s werden. Verschwindet $1/r$ identisch, so erhält man die Geraden. Identisches Verschwinden von t kennzeichnet die ebenen Kurven. Sind r und t konstant und von Null verschieden, so erhält man die Schraubenlinien.

Die Kurven auf der Kugel sind durch eine etwas kompliziertere Bedingung gekennzeichnet. Die Kugel, auf der die Kurve verläuft, muß nämlich offenbar für alle Kurvenpunkte zugleich Schmiegungskugel sein. Also muß der oben berechnete Radius der Schmiegungskugel konstant sein:

$$r^2 + \left(\frac{dr}{ds}\right)^2 \cdot \frac{1}{t^2} = \text{const.}$$

Man kann analytisch beweisen, daß diese Bedingung auch hinreicht.

Andere auf Raumkurven bezügliche Fragen werden wir später bei der Flächentheorie erörtern.

§ 28. Die Krümmung auf Flächen. Elliptischer, hyperbolischer und parabolischer Fall. Krümmungslinien und Asymptotenlinien, Nabelpunkte, Minimalflächen, Affensättel.

Wir beschränken uns auf ein kleines Stück der Fläche, das sich nicht selbst durchdringt, und lassen die Randpunkte außer Betracht. Wir betrachten einen Flächenpunkt P und alle Kurven, die ganz in der Fläche verlaufen und durch P gehen. Merkwürdigerweise liegen alle Tangenten, die ich in P an diese Kurven ziehen kann, im allgemeinen in einer Ebene, die deshalb die Tangentialebene der Fläche in P genannt wird. Die Punkte, die eine Tangentialebene besitzen, heißen regulär, die anderen singulär. Singuläre Punkte können nur einzelne Kurven-züge auf der Fläche erfüllen.

Die Gerade, welche in einem regulären Flächenpunkt P auf dessen Tangentialebene senkrecht steht, heißt die Flächennormale in P. Als Normalenschnitte bezeichnet man die Schnittkurven der Fläche mit den durch eine Flächennormale gehenden Ebenen. Die Normalenschnitte eines regulären Punkts P sind in P entweder regulär oder haben in P einen Wendepunkt.

Es handelt sich jetzt darum, den Begriff der Krümmung auf die Flächen zu übertragen. Bei den Kurven war die Krümmung bezeichnend für die Abweichung der Kurve von ihrer Tangente im betrachteten Punkt. Analog fragen wir jetzt nach dem Verhalten einer Fläche zu ihren Tangentialebenen. Hier lassen sich nun anschaulich zwei wesentlich verschiedene Fälle unterscheiden, nämlich die Punkte konvexer und die

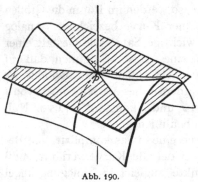

Abb. 190.

Punkte sattelförmiger Krümmung.

Ein Punkt konvexer Krümmung ist dadurch gekennzeichnet, daß seine Tangentialebene die Fläche (in der nächsten Umgebung des betrachteten Punkts) nicht schneidet, sondern ganz auf einer Seite läßt. Man kann also in einem derartigen Punkt die Fläche auf eine ebene Tischplatte auflegen. Beispiele für Flächen, die in allen ihren Punkten konvex sind, haben wir in der Ku-gel und im Ellipsoid kennengelernt. Die Punkte konvexer Krümmung werden auch Punkte elliptischer Krümmung genannt.

Den Verlauf einer Fläche in einem Punkt sattelförmiger Krümmung können wir uns am leichtesten an einer Fläche klarmachen, die wie eine Paßhöhe im Gebirge aussieht (Abb. 190). Die Tangentialebene im höch-sten Punkt P des Passes liegt horizontal; das Gebirge steigt rechts und links von P in die Höhe, während es vor und hinter diesem Punkt abfällt. Die Tangentialebene in P muß also die Fläche in einer Kurve treffen, die aus zwei sich in P schneidenden Ästen besteht (d. h. es gibt zwei horizontale Wege, die sich auf der Paßhöhe kreuzen). Dieses Ver-halten der Tangentialebene ist für die Punkte sattelförmiger Krümmung charakteristisch, so daß ich also eine Fläche in einem derartigen Punkt nicht auf eine ebene Tischplatte legen kann. Beispiele für eine überall sattelförmig gekrümmte Fläche sind das einschalige Hyperboloid und das hyperbolische Paraboloid. Die Punkte sattelförmiger Krümmung nennt man auch Punkte hyperbolischer Krümmung.

Der konvexe und der sattelförmige Typ werden durch einen Über-gangsfall getrennt: die Punkte *parabolischer* Krümmung. Man erhält also solche Punkte z. B. durch folgendes Verfahren: Man geht von zwei Flächenstücken F und G aus, die sich in einem Punkt P berühren, d. h. in P dieselbe Tangentialebene haben, und von denen F in P elliptisch, dagegen G hyperbolisch gekrümmt ist. Deformiert man nun F stetig derart, daß P und die zugehörige Tangentialebene sich nicht ändern und daß F schließlich in G übergeht, so nimmt die Fläche dazwischen einmal eine Gestalt an, für die P parabolischer Punkt ist. Senken wir z. B. in Abb. 190 die Gebirge zu beiden Seiten des Passes soweit, daß der Kamm des Gebirges gerade noch überall die horizontale Tangentialebene berührt, so ist P parabolischer Punkt. Denn wenn wir die Gebirge rechts und links noch weiter senken, so wird der frühere Paß zur Kuppe, also zu einem elliptischen Flächenpunkt. Dieses Beispiel liefert aber nicht alle Typen eines parabolischen Punkts. Es gibt im Gegenteil mehrere anschaulich ganz verschiedene Arten parabolischer Punkte, die wir später näher kennzeichnen werden (S. 175, 177, 179); auch solche, die sich nicht ohne weiteres als Übergangsfall zwischen elliptischer und hyperbolischer Krümmung deuten lassen.

Abb. 191.

Um nun die Krümmung auch zahlenmäßig zu erfassen, kann man von den Krümmungen der Normalenschnitte in einem Flächenpunkt P ausgehen. Der zu P gehörige Krümmungsmittelpunkt eines solchen Normalenschnitts liegt stets auf der durch P gehenden Flächennormalen, denn diese ist in P Normale aller Normalenschnitte. Ich erhalte nun der Reihe nach alle Normalenschnitte, wenn ich eine durch die Flächennormale gehende Ebene um diese Normale drehe. Bei der Drehung wird der Krümmungsmittelpunkt in bestimmter Weise auf der Normalen wandern und mir dadurch ein Abbild der Krümmungseigenschaften des Flächenpunkts liefern.

Bei den elliptischen Punkten (Abb. 191) liegt der Krümmungsmittelpunkt stets auf einer und derselben Halbgeraden der Normalen. Im allgemeinen wird der Krümmungsradius bei der Drehung der Normalebene seinen Wert ändern und für einen bestimmten Normalenschnitt s_1 seinen größten Wert r_1, für einen anderen, s_2, seinen kleinsten Wert r_2 annehmen. r_1 und r_2 heißen die Hauptkrümmungsradien der Fläche in P, die reziproken Werte $k_1 = 1/r_1$ und $k_2 = 1/r_2$ heißen die Hauptkrümmungen, die Tangentenrichtungen von s_1 und s_2 in P heißen die Krümmungsrichtungen. Es zeigt sich nun, daß diese Richtungen in einem regulären Punkt stets aufeinander senkrecht stehen und daß überdies die Krümmung *jedes* Normalenschnitts durch die Hauptkrümmungen und den Winkel des Normalenschnitts mit den Krümmungsrichtungen vollständig bestimmt ist.

Bei den hyperbolischen Punkten (Abb. 192) ist der Ort des Krümmungsmittelpunkts nicht auf eine Halbgerade der Normalen beschränkt. Wenn nämlich der Normalenschnitt bei der als Paßhöhe gedeuteten Fläche durch die beiden Gebirge geht, liegt der Krümmungsmittelpunkt oberhalb des betrachteten Punkts P, wenn der Schnitt dagegen die beiden Einsenkungen trifft, liegt der Krümmungsmittelpunkt unterhalb P. Es gibt nun einen Normalenschnitt, dessen Krümmungsmittelpunkt oberhalb P liegt und dessen Krümmung k_1 größer ist als bei allen anderen Normalenschnitten dieser Art. Wenn ich die Normalebene aus dieser Lage herausdrehe, wird die Krümmung stetig kleiner, der Krümmungsradius stetig größer. Wenn die Normalebene schließlich in die Richtung eines der beiden in Abb. 190 hervorgehobenen

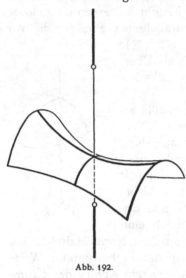

horizontalen Wege durch P fällt, wird die Krümmung Null, und der Krümmungsmittelpunkt entfernt sich nach oben ins Unendliche. Wenn ich noch weiter drehe, springt der Krümmungsmittelpunkt auf die untere Halbgerade der Normalen über und beginnt aus dem Unendlichen nach oben zu wandern, d. h. der Krümmungsradius nimmt ab und die Krümmung zu. Sie erreicht schließlich einen Wert k_2, der größer ist als die Krümmung aller übrigen Normalenschnitte, deren Krümmungsmittelpunkt unterhalb P liegt. Man bezeichnet k_1 und k_2 wie im elliptischen Fall als die Hauptkrümmungen und die Richtungen der zugehö

Abb. 192.

rigen Normalenschnitte als die Krümmungsrichtungen. Auch im hyperbolischen Fall stehen die Krümmungsrichtungen aufeinander senkrecht. Ferner halbieren sie Winkel und Nebenwinkel der beiden Kurvenzweige, die die Tangentialebene aus der Fläche ausschneidet. Man nennt die Richtungen dieser beiden Kurvenzweige die Asymptotenrichtungen in P.

In den parabolischen Punkten gibt es im allgemeinen ebenfalls zwei aufeinander senkrechte Krümmungsrichtungen derart, daß die Krümmungen k_1 und k_2 der zugehörigen Normalenschnitte größer bzw. kleiner sind als die aller übrigen Normalenschnitte. Die parabolischen Punkte sind dadurch gekennzeichnet, daß eine dieser beiden Hauptkrümmungen den Wert Null hat. Im allgemeinen ist die andere Hauptkrümmung von Null verschieden. Dann wandert der Krümmungsmittelpunkt von der Lage, die der von Null verschiedenen Hauptkrümmung entspricht, auf einem Normalenhalbstrahl entlang ins Unendliche

(Abb. 193). Es gibt also in parabolischen Punkten im allgemeinen genau einen Normalenschnitt verschwindender Krümmung. Seine Richtung ist eine der Krümmungsrichtungen, sie ist aber auch als Asymptotenrichtung anzusehen.

Man kann analytisch auf jedem Flächenstück alle die Kurven bestimmen, deren Richtung in jedem Punkt eine der beiden Krümmungsrichtungen ist. Man erhält auf diese Weise ein „Kurvennetz" auf der Fläche, d. h. ein System von zwei Kurvenscharen, von denen jede das Flächenstück einfach und lückenlos überdeckt. Die Kurven heißen die Krümmungslinien der Fläche. Nach dem Früheren stehen die Krümmungslinien in jedem Punkt der Fläche aufeinander senkrecht; sie bilden also ein Orthogonalsystem auf der Fläche.

Es gibt jedoch Punkte, für die unsere bisherigen Betrachtungen nicht gelten. Wir gingen nämlich von der Annahme aus, daß die Krümmung des Normalenschnitts sich ändert, wenn man die Normalebene dreht. Es kann aber auch vorkommen, daß alle Normalenschnitte eines Punkts dieselbe Krümmung haben. Dann werden die Krümmungsrichtungen unbestimmt, und man spricht von einem Nabelpunkt. Ein Beispiel für eine Fläche aus lauter Nabelpunkten ist offenbar die Kugel. Übrigens sind die Kugeln und Ebenen auch die einzigen Flächen, die nur aus Nabelpunkten bestehen. Im allgemeinen treten die Nabelpunkte isoliert auf. Das Netz der Krümmungslinien kann in ihnen und nur in ihnen ein singuläres Verhalten zeigen.

Abb. 193.

Über die Krümmungslinien gilt ein eigenartiger Satz von DUPIN. Wir haben früher (S. 5) den Begriff der orthogonalen Kurvenscharen in der Ebene kennengelernt. Das räumliche Analogon sind Flächenscharen, deren Tangentialebenen in jedem Punkt aufeinander senkrecht stehen. Da man nun durch einen Punkt in der Ebene nicht mehr als zwei paarweise senkrechte Geraden, dagegen im Raum drei paarweise senkrechte Ebenen legen kann, wird man orthogonale Flächenscharen betrachten, die durch jeden Raumpunkt drei Exemplare schicken. Ein Beispiel eines solchen Orthogonalsystems sind die früher erwähnten konfokalen Flächen zweiter Ordnung.

Man kann in der Ebene (und ebenso auf jeder krummen Fläche) zu jeder beliebig vorgegebenen Kurvenschar eine orthogonale Kurvenschar bestimmen. Entsprechend könnte man erwarten, daß man im Raum zu einer zweifachen orthogonalen Flächenschar stets noch eine orthogonale dritte finden kann. Nach dem Satz von DUPIN ist nun diese Annahme falsch. Der Satz besagt nämlich, daß die Flächen eines dreifachen

Orthogonalsystems sich stets in ihren Krümmungslinien durchschneiden. Falls daher eine zweifache orhogonale Flächenschar sich zu einer dreifachen ergänzen läßt, müssen schon die gegebenen Flächen sich in ihren Krümmungslinien durchschneiden. Übrigens ist diese Bedingung auch hinreichend. Nach dem Satz von DUPIN sind die Krümmungslinien auf dem Ellipsoid dessen Schnittkurven mit den konfokalen ein- und zweischaligen Hyperboloiden (Abb. 194). Das so bestimmte Kurvennetz (Abb. 195) wird singulär in den Durchstoßpunkten der Fokalhyperbel.

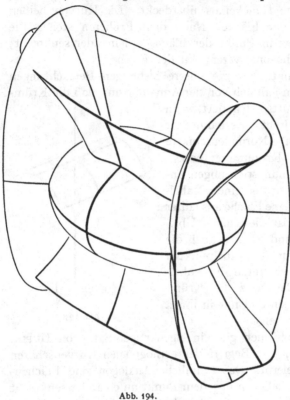

In der Tat sind diese vier Punkte die Nabelpunkte des Ellipsoids.

Die Krümmungslinien auf dem Ellipsoid umlaufen die Nabelpunkte in ähnlicher Weise, wie in der Ebene ein System konfokaler Ellipsen und Hyperbeln die gemeinsamen Brennpunkte umgibt (Abb. 7, S. 5). Diese anschauliche Ähnlichkeit ist nicht zufällig, sondern bringt eine innere Verwandtschaft beider Kurvenscharen zum Ausdruck. Wir können nämlich die Krümmungslinien auf dem Ellipsoid

Abb. 194.

durch eine Fadenkonstruktion, die zwei Nabelpunkte verwendet, in genau der gleichen Weise konstruieren, wie wir in der Ebene die Ellipsen durch Fadenkonstruktion aus den Brennpunkten erzeugt hatten. Die vier Nabelpunkte des Ellipsoids liegen einander paarweise diametral gegenüber. Ich kann daher auf zwei verschiedene Weisen (Abb. 196) zwei Nabelpunkte herausgreifen, die einander nicht gegenüberliegen. In diesen beiden Punkten F_1 und F_2 befestige ich die Endpunkte eines Fadens von ausreichender Länge und ziehe ihn in einem Punkte P straff an, jedoch so, daß dieser Punkt auf dem Ellipsoid liegt. Dann muß sich der Faden in seiner Gesamtlänge von selbst dem Ellipsoid anlegen. Die verschiedenen Lagen, die P auf dem Ellipsoid annehmen kann, erfüllen eine Krümmungslinie. Je nachdem, auf welche Weise ich die beiden Nabelpunkte gewählt habe, erhalte ich bei veränderlicher Fadenlänge die eine oder die andere Schar der Krümmungslinien. Während also im konfokalen System der Kegelschnitte die eine Kurvenschar aus Ellipsen und die andere aus Hyberbeln besteht, lassen sich auf dem Ellipsoid beide Scharen als verallgemeinerte El-lipsen auffassen.

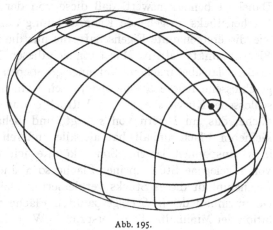

Die Kurven auf dem Ellipsoid, längs derer sich der Faden legt, entsprechen den Brenn-strahlen der Ellipse, also geraden Linien, und sind wie die Geraden in der Ebene durch die Eigen-schaft gekennzeichnet, zwischen irgend zweien ihrer Punkte die kürze-ste in der Fläche mög-

Abb. 195.

liche Verbindung herzustellen. Man nennt derartige Kurven geodätische Linien einer Fläche, und wir werden uns später (S. 194 bis 198) mit ihrer Theorie beschäftigen.

In hyperbolischen Punkten hatten wir neben den Krümmungs-richtungen noch ein zweites Paar ausgezeichneter Richtungen, nämlich die Asymptotenrichtungen, kennengelernt. Man kann analog den Krüm-mungslinien ein Kurvennetz bestimmen, deren Kurven in jedem Punkt Asymptotenrichtung haben; man nennt diese Kurven die Asymptotenlinien oder Haupt-tangentenkurven der Fläche.

Auch in hyperbolischen Flächenpunkten kann es ein-treten, daß die beiden Haupt-

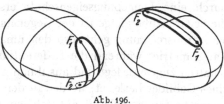

Abb. 196.

krümmungen gleich groß sind. Solche Punkte haben gewisse Ähn-lichkeiten mit den Nabelpunkten. Flächen, die nur aus solchen Punk-ten bestehen, heißen Minimalflächen. Sie sind auch dadurch cha-rakterisiert, daß ihre Asymptotenlinien ein orthogonales Netz bilden. Während die Gesamtheit der Flächen, die nur Nabelpunkte besitzen, allein aus den Kugeln besteht, ist die Klasse der Minimalflächen viel umfassender. Man kann nämlich eine Minimalfläche dadurch realisieren, daß man einen ganz beliebig geformten geschlossenen Draht in Seifen-lösung taucht. Die Seifenhaut, die sich dann in den Draht spannt, hat stets die Gestalt einer Minimalfläche (vgl. Abb. 219, 220, S. 186). Das

Gesetz der Oberflächenspannung, dem die Seifenhaut folgt, sucht den Flächeninhalt der Haut möglichst zu verkleinern. Man kann hiernach rein mathematisch die Minimalflächen als diejenigen Flächen charakterisieren, die den kleinsten Flächeninhalt besitzen unter allen Flächen, die man in eine gegebene geschlossene Raumkurve einspannen kann. Dabei ist bemerkenswert, daß diese von der Gesamterstreckung eines Flächenstücks ausgehende Kennzeichnung auf dieselben Flächen führt wie die erstgenannte Eigenschaft, die nur die nächste Umgebung jedes Flächenpunkts betrifft. Man kann sich diesen Zusammenhang folgendermaßen plausibel machen. Auf einer gegebenen Minimalfläche, die in die geschlossene Kurve S eingespannt sei, wählen wir eine sehr kleine geschlossene Kurve s aus. Ich betrachte nur das Stück der Minimalfläche, das im Innern von s liegt, und behaupte, daß dieses Stück kleineren Flächeninhalt hat als alle anderen Flächenstücke, die sich in s einspannen lassen. Sonst könnte ich nämlich das im Innern von s gelegene Stück meiner Fläche so abändern, daß sich dabei der Flächeninhalt dieses Stücks verkleinerte. Dabei würde aber auch der Gesamtinhalt der in S eingespannten Fläche abnehmen, was der Definition der Minimalfläche widerspricht. Wenn ich nun die kleine Kurve s auf irgendeinen Punkt der Minimalfläche zusammenziehe, kann ich erwarten, daß ich durch einen Grenzübergang auf solche Eigenschaften der Minimalfläche geführt werde, die nur die Umgebung eines Flächenpunkts betreffen.

Jede Aufgabe, Kurven oder Flächen durch eine Minimumseigenschaft zu bestimmen, heißt ein Variationsproblem. Eine analoge Betrachtung, wie wir sie eben für die Minimalflächen ausgeführt haben, zeigt auch für jedes andere Variationsproblem, daß die Minimumseigenschaft sich durch eine Umgebungseigenschaft ersetzen läßt. Die Durchführung dieser Grenzübergänge ist der Gegenstand der Variationsrechnung. Die Variationsrechnung geht also den umgekehrten Weg wie die Differentialgeometrie; während die Differentialgeometrie die Umgebungseigenschaften zugrunde legt und aus ihnen Aussagen über den Gesamtverlauf eines Gebildes herleitet, werden in der Variationsrechnung Umgebungseigenschaften hergeleitet aus solchen Eigenschaften, die dem Gebilde als Ganzem zukommen.

Die Variationsrechnung ist für die theoretische Physik von grundlegender Bedeutung. Alle in der Natur vorkommenden Gleichgewichts- und Bewegungszustände sind durch Minimumseigenschaften ausgezeichnet.

Man kann durch Seifenhäute auch Minimalflächen erzeugen, die durch mehr als eine Randkurve bestimmt sind. Z. B. kann ich von zwei kreisförmigen geschlossenen Drähten ausgehen, die ich in der Seifenlösung zur Deckung bringe und nach dem Herausziehen so voneinander trenne, daß die beiden Kreise dieselbe Achse behalten. Dann

spannt sich zwischen den beiden Kreisen eine hyperboloidähnliche
Fläche auf (Abb. 197 und Abb. 220, S. 186), von der man aus Symmetriegründen erwarten muß, daß sie eine Rotationsfläche ist. Die
Rechnung bestätigt das und ergibt, daß der Me-
ridian dieser Rotationsminimalfläche eine Ket-
tenlinie ist, d. h. dieselbe Gestalt hat, wie sie
eine an zwei Punkten aufgehängte Kette unter
dem Einfluß der Schwerkraft annimmt. Die
Fläche wird deswegen Katenoid genannt.

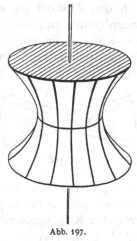

Die Kennzeichen des Nabelpunktes und der
Punkte der Minimalflächen vereinigen in sich
diejenigen parabolischen Punkte, in denen beide
Hauptkrümmungen zugleich verschwinden. In
einem solchen Punkt verschwinden die Krümmungen aller Normalenschnitte. Offenbar sind
alle Punkte einer Ebene von dieser Art, zugleich sind die Ebenen die einzigen Flächen,
die aus lauter parabolischen Nabelpunkten be-

Abb. 197.

stehen. Ein Beispiel für einen isolierten parabolischen Nabelpunkt kann
man analog dem gewöhnlichen Sattel (Abb. 190, S. 162) leicht konstruieren, wenn man in der Paßhöhe nicht zwei, sondern drei Gebirge
und drei Einsenkungen aneinan-
derstoßen läßt, so daß die Fläche
durch eine Drehung um $2\pi/3$ mit
sich selbst zur Deckung kommt
(Abb. 198). Dann liegt offenbar
jedem Gebirge eine Senkung gegenüber. Daher hat jeder Normalenschnitt einen Wendepunkt, also
verschwindende Krümmung. Man
nennt eine solche Fläche einen
Affensattel. Diese Bezeichnung
rührt daher, daß der Mensch zum
Reiten nur zwei Vertiefungen
braucht, daß aber der Affe eine
dritte für seinen Schwanz nötig hat.

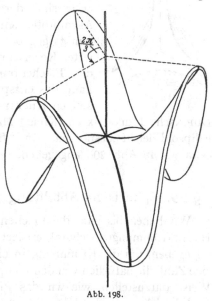

Man kann die verschiedene Gestalt der Flächen in elliptischen und
hyperbolischen Punkten noch auf
eine andere Art kennzeichnen, die

Abb. 198.

auch die Namen „elliptisch" und „hyperbolisch" rechtfertigt. Hierzu lege
ich zur Tangentialebene in geringem Abstand eine Parallelebene und
betrachte deren Schnitt mit der Fläche. In einem elliptischen Flächenpunkt wird eine solche Schnittkurve nur vorhanden sein, wenn die Par-

allelebene auf einer bestimmten Seite der Tangentialebene angenommen wird. Die Schnittkurve wird sich auf den Berührungspunkt zusammenziehen, wenn der Abstand der Ebenen gegen Null abnimmt. Lasse ich den Abstand gegen Null gehen, vergrößere aber gleichzeitig die Schnittkurve in passender Weise in immer stärkerem Maßstab, so zeigt es sich, daß die vergrößerte Schnittkurve sich unbegrenzt einer in der Tangentialebene gelegenen Ellipse nähert, die den Berührungspunkt zum Mittelpunkt und die Krümmungsrichtungen zu Achsenrichtungen hat. Das Verhältnis der Achsenlängen ist dabei gleich der Wurzel aus dem Verhältnis der Hauptkrümmungsradien.

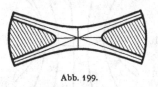

Abb. 199.

Betrachte ich die auf einer bestimmten Seite verlaufenden Parallelebenen zur Tangentialebene eines hyperbolischen Punkts, so ergibt der analoge Grenzübergang eine Hyperbel, deren Achsenrichtungen und Achsenlängen in derselben Weise wie im elliptischen Fall von den Krümmungsrichtungen und den Hauptkrümmungen abhängen (Abb. 199). Verfährt man ebenso mit den Parallelebenen auf der anderen Seite der Tangentialebene, so erhält man eine zweite Hyperbel, die dieselben Achsen wie die erste besitzt. Beide Hyperbeln haben überdies ihre Asymptoten gemeinsam, und zwar sind deren Richtungen gerade durch die Asymptotenrichtungen des betrachteten Flächenpunkts gegeben. Man nennt die von uns konstruierten Kegelschnitte die „DUPINschen Indikatrizes" der Flächenpunkte. In parabolischen Punkten kann das entsprechende Verfahren zu verschiedenartigen Kurven führen. In Nabelpunkten ist die DUPINsche Indikatrix ein Kreis. Man kann das an der Kugel und am Ellipsoid leicht bestätigen. In Affensätteln verläuft die Indikatrix etwa wie in Abb. 200 angegeben.

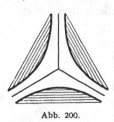

Abb. 200.

§ 29. Sphärische Abbildung und GAUSSsche Krümmung.

Wir haben bis jetzt die Flächenkrümmung durch zwei Zahlen, die Hauptkrümmungen, charakterisiert. GAUSS hat nun ein Verfahren angegeben, um die Krümmung in einem Flächenpunkt durch eine einzige Zahl, die natürlich von den Hauptkrümmungen abhängt, in analoger Weise darzustellen, wie wir das für die Raumkurven gelernt haben.

Ich ziehe zu jeder Normalen der betrachteten Fläche die Parallele durch den Mittelpunkt einer Einheitskugel. Ich zeichne willkürlich eine der beiden Richtungen der Normalen in einem Flächenpunkt aus und übertrage diese Festsetzung stetig auf alle Nachbarpunkte auf dem Flächenstück. Zeichne ich nun die gleiche Richtung auch auf dem ent-

sprechenden Kugeldurchmesser aus, so wird jedem Punkt des Flächenstücks ein bestimmter Punkt der Kugeloberfläche, der Endpunkt des
Durchmessers, zugeordnet, die Fläche wird also auf die Kugel abgebildet.
Man nennt dieses von GAUSS herrührende Verfahren die sphärische Abbildung der Fläche. Da die Durchmesser der Kugel auf den Tangentialebenen ihrer Endpunkte senkrecht stehen, so besitzt bei der GAUSSschen
Abbildung jeder Punkt die gleiche Normalenrichtung wie sein sphärisches
Bild, und ebenso sind die beiden Tangentialebenen parallel. Die sphärische Abbildung wird deshalb auch als Abbildung durch parallele Normalen bzw. durch parallele Tangentialebenen bezeichnet. Man kann eine
Fläche nicht nur auf die Kugel, sondern auch auf jede beliebige andere
geschlossene Fläche durch parallele Tangentialebenen abbilden. Diese
allgemeineren Abbildungen spielen in der modernen Differentialgeometrie
eine gewisse Rolle.

Ein und derselbe Punkt der Kugel entspricht bei der sphärischen
Abbildung mehreren Flächenpunkten dann und nur dann, wenn gleichgerichtete parallele Normalen auf der Fläche vorhanden sind. Wie
man sich anschaulich leicht klarmachen kann und wie wir später genauer
verfolgen werden, gibt es in der nächsten Umgebung eines elliptischen
oder hyperbolischen Flächenpunkts keine solchen Normalen (vergleiche
Abb. 202, 203, S. 173). Dort ist also die sphärische Abbildung umkehrbar eindeutig.

Wenn ich auf dem Flächenstück eine geschlossene Kurve k ziehe,
so entspricht ihr eine geschlossene Kurve k' auf der Kugel. Wir dividieren nun den Flächeninhalt G des Kugelstücks, das von k' eingeschlossen wird, durch den Inhalt F des von k umschlossenen Stücks unserer
Fläche und ziehen die Flächenkurve k auf einen Flächenpunkt P zusammen. Dabei werden F und G immer kleiner, und wenn wir schließlich im Grenzübergang die Kurve in den Punkt P übergehen lassen,
nähert sich der betrachtete Quotient einem bestimmten Grenzwert

$$\lim_{F \to 0} \frac{G}{F} = K.$$

Die durch dieses Verfahren definierte Zahl K heißt die GAUSSsche Krümmung der Fläche in P. Die analytische Betrachtung ergibt nun, daß
die GAUSSsche Krümmung gleich dem Produkt der zugehörigen Hauptkrümmungen ist:

$$K = k_1 k_2.$$

Die GAUSSsche Krümmung hat die höchst wichtige Eigenschaft,
daß sie sich bei beliebiger Verbiegung des Flächenstücks nicht ändert.
Als Verbiegungen definiert man diejenigen Deformationen, welche die
Längen und Winkel aller auf der Fläche gezogenen Kurven unverändert
lassen; eine aus annähernd undehnbarem Material, z. B. Papier oder
dünnem Blech hergestellte Fläche läßt sich zur Veranschaulichung von

Verbiegungen verwenden. Da nun die GAUSSsche Krümmung durch
Verbiegungen nicht beeinflußt wird, muß sie in innigem Zusammenhang zu den Eigenschaften der Fläche stehen, die allein von den
Längen und Winkeln der in der Fläche verlaufenden Kurven abhängen. In der Relativitätstheorie, die gerade diese „inneren" Eigenschaften mehrdimensionaler gekrümmter Mannigfaltigkeiten untersucht,
spielt deshalb die GAUSSsche Krümmung und ihr Analogon für mehr
Dimensionen eine entscheidende Rolle.

Wir wollen uns plausibel machen, weshalb die GAUSSsche Krümmung, deren Definition doch wesentlich von der räumlichen Lage der
Fläche abhängt, dennoch bei Verbiegungen ungeändert bleibt. Wir
denken uns aus starren dreieckigen ebenen Platten (a, b, c, d in Abb. 201)
eine körperliche Ecke zusammengesetzt, so daß zwei benachbarte Platten

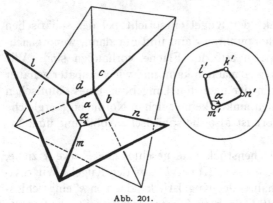

stets um die gemein-
same Kante drehbar
sind. Wenn dann die
Ecke mehr als drei
Seitenflächen hat, ist
ihre Gestalt im Raum
noch veränderlich, und
diese Veränderungen
werden wir als Ver-
biegung bezeichnen
dürfen, weil sie die
Längen und Winkel
aller Kurven ungeän-

Abb. 201.

dert lassen, die man auf der Oberfläche der körperlichen Ecke
zeichnet. Wenn man auf jeder der Seitenflächen nach außen das Lot
(l, m, n) errichtet, kommt man zu einer sphärischen Abbildung der
Ecke durch einzelne Punkte (l', m', n') der Kugel. Um nun eine
Analogie zur sphärischen Flächenabbildung herzustellen, verbinde ich
durch Großkreisbögen diejenigen Kugelpunkte, die benachbarte Seitenflächen der körperlichen Ecke abbilden. Auf diese Weise ergibt sich
ein Polygon auf der Kugel. Ich behaupte nun, daß bei den soeben
definierten Verbiegungen der Flächeninhalt dieses Polygons sich nicht
ändert; diese Tatsache steht offenbar in Analogie zu der Unveränderlichkeit der GAUSSschen Krümmung bei der Flächenverbiegung.

Meine Behauptung läßt sich aber aus elementaren Sätzen der sphärischen Trigonometrie ableiten. Bekanntlich ist nämlich der Flächeninhalt
eines sphärischen Dreiecks, und ebenso jedes Großkreispolygons, allein
abhängig von der Winkelsumme. Es genügt also zu zeigen, daß die
Winkel des Polygons, das wir als sphärisches Bild der körperlichen Ecke
eingeführt haben, bei deren Verbiegung sich nicht ändern. Aus Abb. 201
erkennt man nun, daß jeder solche Winkel gleich dem Supplement

eines Winkels ist, den zwei benachbarte Kanten der Ecke miteinander bilden. Nach unseren Voraussetzungen sind aber alle diese Winkel unveränderlich.

Man kann aus der eben durchgeführten Betrachtung durch einen Grenzübergang die Unveränderlichkeit der GAUSSschen Krümmung erhalten, wenigstens wenn man sich auf konvexe Flächenstücke beschränkt. Man hat zu diesem Zweck die Fläche durch einbeschriebene Dreieckspolyeder mit kleiner Kantenlänge zu approximieren und unsere Betrachtung auf jede Ecke dieses Polyeders anzuwenden.

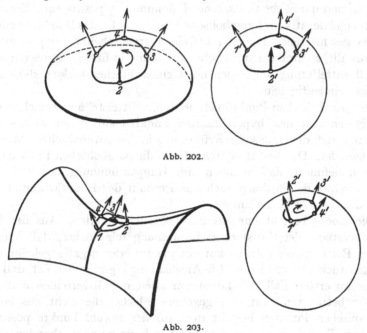

Abb. 202.

Abb. 203.

Wir wollen jetzt sehen, wie sich die Unterscheidung der Flächenpunkte in elliptische, hyperbolische und parabolische durch die sphärische Abbildung und die GAUSSsche Krümmung kennzeichnen läßt. Umläuft man einen Punkt elliptischer Krümmung auf einer kleinen geschlossenen doppelpunktfreien Flächenkurve, so erhält man auf der Kugel eine ebenfalls doppelpunktfreie geschlossene Kurve (Abb. 202). Auch in einem Punkt sattelförmiger Krümmung ist das sphärische Bild doppelpunktfrei (Abb. 203). Wie die Abb. 202 und 203 zeigen, ist im hyperbolischen Fall der Umlaufsinn der Kurve auf der Kugel entgegengesetzt dem Umlaufsinn der Flächenkurve, während in elliptischen Punkten beide Umlaufsinne gleich sind. Man pflegt nun in der analytischen Geometrie den Inhalten zweier Flächenstücke gleiches oder entgegengesetztes Vorzeichen beizulegen, je nachdem sie in gleichem oder entgegengesetztem Sinne umlaufen werden. Daher rechnet man die

Gausssche Krümmung in konvexen Stücken als positiv, in sattelförmigen als negativ. Zu derselben Vorzeichenbestimmung kommen
wir auch, wenn wir von den beiden Hauptkrümmungen ausgehen. In
elliptischen Punkten liegen nämlich die den Hauptkrümmungen entsprechenden Krümmungsmittelpunkte auf derselben Halbgeraden der
Normalen, während sie in hyperbolischen Punkten auf den entgegengesetzten Halbgeraden liegen. Wenn ich also die eine Halbgerade als
positiv, die andere als negativ kennzeichne, so ist das Produkt der beiden
Hauptkrümmungsradien — also auch das Produkt der Hauptkrümmungen und damit die Gausssche Krümmung — positiv für elliptische
Punkte und negativ für hyperbolische Punkte. — Da das Bild hinreichend
kleiner geschlossener doppelpunktfreier Kurven ebenfalls doppelpunktfrei ausfällt, so muß die sphärische Abbildung in überall konvexen oder
überall sattelförmigen hinreichend kleinen Flächenstücken stets umkehrbar eindeutig sein.

Die parabolischen Punkte nehmen eine Mittelstellung zwischen den
elliptischen und den hyperbolischen Punkten ein; daher werden wir
erwarten, daß die Gausssche Krümmung in den parabolischen Punkten
verschwindet. Das bestätigt sich. Denn die parabolischen Punkte sind
dadurch definiert, daß in ihnen eine Hauptkrümmung verschwindet;
also verschwindet in ihnen auch das Produkt der Hauptkrümmungen,
d. h. die Gausssche Krümmung.

Die Ebene besteht nur aus parabolischen Punkten. Aus der Bie-
gungsinvarianz der Gaussschen Krümmung folgt daher, daß ich ein
ebenes Blatt Papier niemals auf ein positiv oder negativ gekrümmtes
Flächenstück auflegen kann. Die Anschauung ergibt in der Tat, daß das
Papier im ersten Fall sich falten, im zweiten Fall zerreißen muß.

Wir betrachten jetzt eine gegebene Fläche, die nicht aus lauter
parabolischen Punkten besteht und auf der sowohl Punkte positiver
als auch Punkte negativer Gaussscher Krümmung vorhanden sind.
Da die Gausssche Krümmung sich stetig auf der Fläche ändert, so muß
es auf der Fläche auch Punkte geben, in denen die Gausssche Krümmung
verschwindet, und diese Punkte müssen stetige Kurvenzüge bilden, die
die Gebiete positiver von denen negativer Gaussscher Krümmung
trennen. Man nennt solche aus parabolischen Punkten bestehenden
Kurven die parabolischen Kurven der Fläche[1]. Natürlich müssen parabolische Kurven nur dann auftreten, wenn die Gausssche Krümmung

---

[1] Die parabolischen Kurven sind von F. Klein zu einer eigenartigen Untersuchung herangezogen worden. Er nahm an, daß die künstlerische Schönheit
eines Gesichts ihren Grund in gewissen mathematischen Beziehungen hätte, und
ließ deshalb auf dem Apollo von Belvedere, dessen Gesichtszüge uns einen besonders hohen Grad von klassischer Schönheit wiedergeben, die sämtlichen parabolischen Kurven einzeichnen. Diese Kurven besaßen aber weder eine besonders
einfache Gestalt, noch ließ sich ein allgemeines Gesetz ausfindig machen, dem sie
gehorchten (Abb. 204).

auf der Fläche beide Vorzeichen annimmt. Auf den bisher von uns
betrachteten Flächen trat das nie ein; die Flächen zweiter Ordnung
besitzen entweder überall
positive Krümmung wie
das Ellipsoid, oder über-
all negative wie das ein-
schalige   Hyperboloid,
oder überall verschwin-
dende wie der Zylinder
und der Kegel, die sich
ja aus einem ebenen
Blatt Papier formen las-
sen. Die Minimalflächen
ferner haben nirgends
positive Krümmung.

Wir wollen jetzt Bei-
spiele von Flächen mit
parabolischen Kurven an-
geben und deren sphä-
rische Abbildung betrach-
ten. Eine besonders ein-
fache Fläche dieser Art
ist die Oberfläche einer
Glocke. Man erhält sie,
indem man eine ebene
Kurve, die einen Wende-

Abb. 204.

punkt hat, um eine in ihrer Ebene gelegene Achse rotieren läßt
(Abb. 205). Wir wollen diese Achse als vertikal annehmen. Für den
in Abb. 205 gezeichneten Fall erzeugt der oberhalb
des Wendepunkts verlaufende Zweig der Kurve ein
elliptisch gekrümmtes Flächenstück, während der
untere Teil der Kurve ein hyperbolisch gekrümmtes
Flächenstück liefert. Der Breitenkreis der Rotationsfläche, der vom Wendepunkt der Kurve beschrieben wird, ist also die parabolische Kurve
der Glocke. Man erkennt das auch am Verhalten
der Tangentialebenen. Die Tangentialebenen der hyperbolischen Punkte schneiden die Glocke in einer
schleifenartigen Kurve, die zwei Äste durch den Berührungspunkt schickt (Abb. 206). Nähert sich nun
der Berührungspunkt von unten her der parabolischen
Kurve, so wird der geschlossene Teil der Schleife im-

Abb. 205.

mer kleiner, und die beiden durch den Berührungspunkt laufenden Zweige
der Schnittkurve schließen dort einen immer spitzeren Winkel ein. Liegt

der Berührungspunkt schließlich auf der parabolischen Kurve (Abb. 207),
so ist die Schleife auf den Berührungspunkt zusammengeschrumpft,
und die Schnittkurve hat im Berührungspunkt eine Spitze. Wandert
der Berührungspunkt weiter in den elliptischen Teil der Fläche (Abb. 208),
so besteht die Schnittkurve aus dem Berührungspunkt als isoliertem

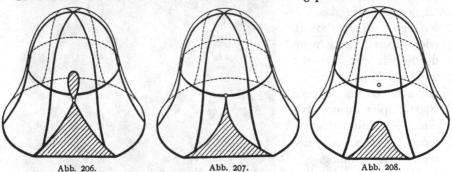

Abb. 206.   Abb. 207.   Abb. 208.

Punkt und einem ganz im hyperbolischen Teil verlaufenden stetig gekrümmten Kurvenbogen. Wir haben damit zugleich Beispiele für die
früher (S. 154) aufgezählten Fälle singulärer Punkte ebener Kurven.

Wir untersuchen nun die sphärische Abbildung der Glocke in der
Nähe des parabolischen Breitenkreises (Abb. 209). Wir umgeben einen
beliebigen Punkt der parabolischen Kurve mit dem kleinen geschlossenen

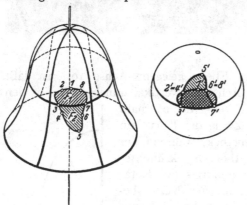

Kurvenzug 1 2 3 4 5 6 7 8 1,
durch den ein gewisses
Flächenstück F einge-
schlossen ist. Die Punkte 1
und 5 mögen der höchste
und tiefste Punkt von F
sein. In 3 und 7 soll der
Kurvenzug den paraboli-
schen Breitenkreis treffen.
Nun besitzt der Meridian,
durch dessen Rotation die
Glocke erzeugt wird, in der
Umgebung seines Wende-
punkts parallele Tangen-

Abb. 209.

ten (vgl. S. 154). Offenbar besitzen die entsprechenden Punkte der
Glocke parallele Normalen, also das gleiche sphärische Bild. Demnach gehört zu jedem Breitenkreis unmittelbar oberhalb des parabolischen Kreises ein zweiter Breitenkreis unmittelbar unterhalb des parabolischen, der dasselbe sphärische Bild hat. Wir erkennen also, daß
die sphärische Abbildung des Flächenstücks F nicht umkehrbar eindeutig
sein kann. Zur Veranschaulichung dieser Tatsache wählen wir die
Punkte 2, 4, 6, 8 auf dem Rand von F so, daß sowohl 2 und 4 als auch

6 und 8 parallele Normalen besitzen. Der parabolische Kreis teilt F in zwei Gebiete F_1 und F_2, deren Inneres ganz aus elliptischen bzw. hyperbolischen Flächenpunkten besteht, die also umkehrbar eindeutig auf zwei Gebiete der Kugel abgebildet werden. Diese Gebiete grenzen beide an das Bild des parabolischen Kreises, das offenbar auf der Kugel ebenfalls ein Kreis in einer horizontalen Ebene ist. Während aber F_1 und F_2 auf verschiedenen Seiten des parabolischen Kreises liegen, grenzen die Bildgebiete auf der Kugel beide von oben an das Bild des parabolischen Kreises. Sie überdecken sich daher. Der Rand von F wird in eine Kurve $1'2'3'4'5'6'7'8'1'$ abgebildet, und dabei fällt $2'$ mit $4'$ und $6'$ mit $8'$ zusammen, und die Kurve durchschneidet in diesen Punkten sich selbst.

Das sphärische Bild der Glocke erfährt also längs des Bilds der parabolischen Kurve eine Umklappung. Diese Umklappung tritt auch bei den parabolischen Kurven beliebiger Flächen in der Regel ein. Es gibt jedoch eine charakteristische Ausnahme, die an einem zweiten Beispiel erklärt werden soll.

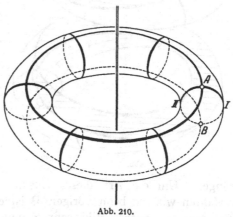

Abb. 210.

Durch eine vertikale Achse lege ich eine Ebene, zeichne in ihr einen Kreis, der die Achse nicht trifft, und drehe die Ebene um die Achse. Dann beschreibt der Kreis eine Rotationsfläche, welche Ringfläche oder Torus genannt wird (Abb. 210). Der Kreis wird durch seinen höchsten Punkt A und seinen tiefsten Punkt B in zwei Halbkreise I und II geteilt. Der von I erzeugte Teil des Torus besitzt offenbar positive Gaußsche Krümmung, der von II erzeugte Teil des Torus dagegen negative. Die beiden Teile des Torus werden voneinander durch die Breitenkreise getrennt, die die Punkte A und B beschreiben. Diese Kreise sind die parabolischen Kurven der Fläche. Jede Tangentialebene, die in einem Punkt eines dieser Kreise an den Torus gelegt wird, hat mit dem Torus einen einzigen durch den Berührungspunkt gehenden Kurvenzweig gemein, da sie offenbar den Torus längs des ganzen Kreises berührt und ihn sonst nicht trifft. Wir haben also hier ein Beispiel parabolischer Punkte, in denen die Tangentialebene keine mit einer Spitze versehene Kurve aus der Fläche ausschneidet. In Abb. 211 ist für einen der parabolischen Kurve benachbarten hyperbolischen Toruspunkt die Schnittkurve der Tangentialebene mit dem Torus gezeichnet. In den elliptischen Toruspunkten hat die Tangentialebene allein ihren Berührungspunkt mit dem Torus gemein.

Wir betrachten nun das sphärische Bild des Torus. Wir denken uns etwa in jedem Punkt die nach außen weisende Richtung der Normalen ausgezeichnet. Dann werden die beiden parabolischen Kreise, da sie lauter parallele Normalen besitzen, nur in je einen einzigen Punkt der Kugel, nämlich in den höchsten und den tiefsten Punkt derselben, abgebildet. Der elliptische Teil des Torus besitzt keine parallelen Normalen. Sein sphärisches Bild bedeckt, wie man leicht sieht, die ganze Kugel mit Ausnahme des höchsten und tiefsten Punkts einfach und lükkenlos. Das gleiche gilt aber auch vom hyperbolischen Teil. Im ganzen wird also die Kugel vom sphärischen Bild des Torus genau zweimal bedeckt, mit Ausnahme des höchsten und tiefsten Punkts, wo beide Bildteile zusammen-

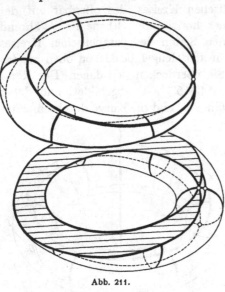

Abb. 211.

hängen. Um die Art dieses Zusammenhangs zu veranschaulichen, verfahren wir wie beim vorigen Beispiel. Wir denken uns den Torus und sein sphärisches Bild schräg von oben gesehen (Abb. 212) und umgeben einen parabolischen Punkt mit einem kleinen geschlossenen doppelpunktfreien Kurvenzug 12341. Aus der Figur ist die Wahl dieser Punkte und die Gestalt des sphärischen Bilds des Kurvenzugs wohl ohne nähere Erörterung ersichtlich. Daß das sphärische Bild achtförmig ausfällt, steht im Einklang damit, daß im elliptischen Gebiet der Umlaufsinn erhalten bleibt, während er im hyperbolischen Gebiet umgekehrt wird.

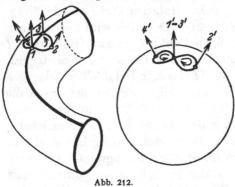

Abb. 212.

Unser Beispiel ist charakteristisch für den Fall, daß die Fläche längs eines ganzen (notwendig parabolischen) Kurvenstücks von derselben Ebene berührt wird. Dagegen veranschaulicht das Beispiel der Glocke den Fall, daß die Tangentialebene sich längs der parabolischen Kurve ändert. Bei beiden Beispielen trennt die parabolische Kurve auf der Fläche ein Gebiet positiver von einem Gebiet negativer GAUSSscher Krümmung.

Als letztes Beispiel betrachten wir nun eine Fläche mit einem parabolischen Punkt, der isoliert in einem sonst sattelförmig gekrümmten Gebiet liegt (Abb. 213); es ist der S. 169 beschriebene Affensattel. Bei dieser Fläche haben offenbar diejenigen Punkte parallele Normalen, die zu dem parabolischen Punkt diametral liegen. Einer geschlossenen doppelpunktfreien Kurve um diesen Punkt herum entspricht also auf der Kugel eine geschlossene Kurve, die das sphärische Bild des Punkts zweimal umläuft[1]. Ebenso kann man offenbar isolierte parabolische Punkte mit sattelförmiger Umgebung konstruieren, bei denen das sphärische Bild einen einmaligen Umlauf in einen drei- oder beliebig vielfachen verwandelt. Geht man dagegen von einem isolierten parabolischen

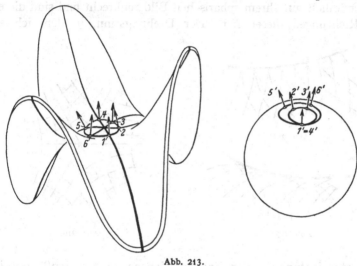

Abb. 213.

Punkt aus, dessen Umgebung elliptische Krümmung aufweist, so läßt sich zeigen, daß das sphärische Bild sich genau so verhält, als wäre die Krümmung überall elliptisch und gar kein parabolischer Punkt vorhanden.

Zum Schluß wollen wir angeben, in welcher Weise sich die Krümmungslinien und die Asymptotenlinien einer Fläche bei der sphärischen Abbildung verhalten. Die Krümmungsrichtungen lassen sich durch die sphärische Abbildung vollständig kennzeichnen; es sind die einzigen Richtungen, die ihren Bildrichtungen parallel sind; nur in den Nabelpunkten versagt dieses Kriterium; dort sind alle Richtungen ihren Bildern parallel. In elliptischen Punkten sind außerdem beide Krümmungsrichtungen mit ihren Bildern gleichgerichtet oder bei anderer Wahl der Normalenrichtung alle beide mit ihren Bildern entgegengesetzt

---

[1] Der Affensattel wird also durch parallele Normalen auf eine RIEMANNsche Fläche über der Kugel abgebildet, die im Bild des parabolischen Punkts einen Windungspunkt hat (vgl. S. 238). Man beachte in Abb. 213 auch die Umkehrung des Umlaufssinns.

gerichtet, dagegen ist in hyperbolischen Punkten stets eine der Krümmungsrichtungen mit ihrem sphärischen Bild gleichgerichtet, die andere entgegengesetzt gerichtet.

Aus diesem Kriterium können wir leicht die Krümmungslinien der Rotationsflächen bestimmen. Ich behaupte, das sind die Breitenkreise und Meridiane. Diese beiden Kurvenscharen gehen nämlich ersichtlich in ein System von Breitenkreisen und Meridianen auf der Kugel über, und zwar so, daß jede Richtung ihrer Bildrichtung parallel ist. Die beiden Pole konvexer geschlossener Rotationsflächen sind somit stets Nabelpunkte.

Die Asymptotenrichtungen haben eine andere Eigenschaft. Sie stehen nämlich auf ihrem sphärischen Bild senkrecht und sind die einzigen Richtungen dieser Art. Der Drehungssinn, in dem ich eine

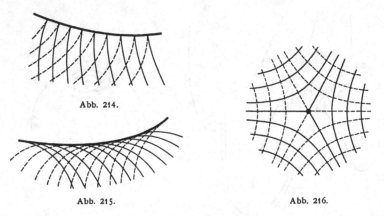

Abb. 214.

Abb. 215.   Abb. 216.

Asymptotenrichtung in der Tangentialebene drehen muß, um ihre Bildrichtung zu erhalten, ist stets für beide Asymptotenrichtungen entgegengesetzt. Das hängt damit zusammen, daß die sphärische Abbildung den Umlaufsinn sattelförmig gekrümmter Flächenstücke stets umkehrt.

Da die Asymptotenlinien nur den hyperbolischen Teil der Fläche bedecken, müssen sie in der Nähe parabolischer Kurven ein singuläres Verhalten zeigen. Falls die parabolische Kurve eine veränderliche Tangentialebene hat wie bei der Glocke, haben die Asymptotenlinien Spitzen längs der parabolischen Kurve (Abb. 214). Falls dagegen alle Punkte einer parabolischen Kurve dieselbe Tangentialebene haben, so wie beim Torus, ist die parabolische Kurve die Einhüllende der Asymptotenlinien, d. h. sie berührt in jedem Punkt eine Asymptotenlinie (Abb. 215). Den Verlauf der Asymptotenlinien auf einem Affensattel kennzeichnet Abb. 216. Es laufen gerade n Asymptotenlinien durch einen Punkt dieser Art, wenn ein geschlossener Umlauf um ihn durch das sphärische Bild in einen $n - 1$-fachen Umlauf verwandelt wird.

§ 30. Abwickelbare Flächen, Regelflächen.

Wir haben bei unseren Betrachtungen über die parabolischen Punkte bisher den Fall ausgeschlossen, daß eine Fläche nur aus parabolischen Punkten besteht. Dieser Fall soll jetzt seiner besonderen Wichtigkeit wegen ausführlich besprochen werden.

Beispiele solcher Flächen haben wir bereits in allen den Flächen kennengelernt, die aus einem Stück der Ebene durch Verbiegung hervorgehen. Es gilt nun allgemein der Satz, daß sich zwei Flächen ineinander durch Verbiegung überführen lassen, wenn auf beiden Flächen die GAUSSsche Krümmung überall denselben *konstanten* Wert hat[1].

Nach diesem Satz kann man durch die Verbiegung von Ebenenstücken schon sämtliche Flächen überall verschwindender GAUSSscher Krümmung erhalten. Wegen dieser Erzeugungsweise nennt man die Flächen auch „abwickelbare Flächen".

Es gibt noch zwei ganz andere Arten, die abwickelbaren Flächen zu erzeugen. Zunächst sind abwickelbar alle Flächen, die von einer einparametrigen Ebenenschar eingehüllt werden. Die veränderliche Ebene berührt eine solche Fläche längs einer ganzen Geraden; man erhält diese Gerade durch Grenzübergang aus der Schnittgeraden der Ebene mit einer ihrer Nachbarlagen. Die Gerade ist parabolische Kurve der Fläche, da die Fläche ja längs der Geraden eine und dieselbe Tangentialebene hat. Da ferner die Gesamtheit dieser Geraden die ganze Fläche überdeckt, muß diese in der Tat aus lauter parabolischen Punkten bestehen. Merkwürdigerweise gilt nun auch umgekehrt der Satz, daß man auf diese Art alle abwickelbaren Flächen erhalten kann. Demnach sind die abwickelbaren Flächen sämtlich Regelflächen[2].

Da drei Ebenen stets einen Schnittpunkt haben[3], ist es plausibel, daß sich benachbarte Erzeugende einer abwickelbaren Fläche stets schneiden. Dies kann analytisch bewiesen werden und führt zur dritten Erzeugungsart der abwickelbaren Flächen. Die Schnittpunkte benachbarter Geraden beschreiben nämlich eine Kurve, und es läßt sich die anschauliche Vermutung bestätigen, daß diese Raumkurve von den Erzeugenden nicht geschnitten, sondern berührt wird. Wir können unsere Flächen also auch als diejenigen Flächen definieren, die von den Tangenten einer beliebigen Raumkurve überstrichen werden. Die

---

[1] Bei Flächen *veränderlicher* GAUSSscher Krümmung gibt es keine ähnlich einfache hinreichende Bedingung dafür, daß die Flächen sich ineinander durch Verbiegung überführen lassen. Notwendig ist, daß man die Flächen so aufeinander abbilden kann, daß sie in entsprechenden Punkten die gleiche GAUSSsche Krümmung besitzen. Diese Bedingung reicht aber nicht hin. Man kann sich das leicht am Beispiel von Rotationsflächen klarmachen.

[2] Dagegen gibt es im vierdimensionalen Raum abwickelbare Flächen, die nicht Regelflächen sind. Vgl. S. 301, 302.

[3] Parallelismus ist hierbei als Schnitt im Unendlichen aufzufassen.

Fläche wird dann zugleich eingehüllt von den Schmiegungsebenen der Kurve. Allein die Kegel und Zylinder entziehen sich dieser Darstellung, während sie durch die vorige Methode offenbar erzeugt werden können.

Aus der zweiten Darstellung läßt sich sofort das sphärische Bild aller abwickelbaren Flächen mit Ausnahme der Ebene bestimmen. Die einhüllenden Ebenen sind ja die Gesamtheit der Tangentialebenen der Fläche. Sie und ebenso ihre Normalenrichtungen bilden also eine Schar, die nur von *einem* veränderlichen Parameter abhängt. Also ist das sphärische Bild der abwickelbaren Fläche stets eine Kurve, und zwar das Binormalenbild der Raumkurve, deren Tangenten die Fläche über- streichen. Daß bei den Flächen der Krümmung Null das sphärische Bild auf eine Kurve zusammenschrumpft, war auch nach der ursprüng- lichen Definition der GAUSSschen Krümmung zu erwarten. Danach hat nämlich das sphärische Bild jedes solchen Flächenstücks den In- halt Null.

Wir wickeln nun die Tangentenfläche irgendeiner Raumkurve auf die Ebene ab. Dann muß die Raumkurve in eine ebene Kurve über- gehen, und die Erzeugenden der Fläche gehen in die Tangenten dieser ebenen Kurve über. Jedem Bogen der Raumkurve entspricht ein gleich langer Bogen der ebenen Kurve. Es läßt sich aber außerdem zeigen, daß beide Kurven in entsprechenden Punkten auch gleiche Krümmung besitzen[1].

Geht man umgekehrt von einem ebenen konvexen Kurvenbogen s aus und schneidet das auf der Innenseite der Kurve gelegene Ebenen- stück weg, so läßt sich das übrigbleibende Ebenenstück so verbiegen, daß die Raumkurve, in die der Bogen s übergeht, in allen Punkten seine Krümmung behält. Dabei kann man, wie sich analytisch beweisen läßt, dieser Raumkurve jede beliebige Torsion erteilen. Eine solche Formänderung einer Raumkurve, bei der Bogenlänge und Krümmung erhalten bleiben, während die Torsion sich ändert, nennt man „Verwin- dung" der Raumkurve.

Bei unserer Verbiegung der Ebene bleiben offenbar die Tangenten von s stets geradlinig, während alle übrigen Geraden der Ausgangs- ebene gekrümmt werden[2]. Es zeigt sich aber, daß wir durch die Ver- biegung des Ebenenstücks keineswegs die ganze Tangentenfläche der Raumkurve t erhalten, die aus s hervorgeht. Die Fläche, die wir kon-

---

[1] Das ist anschaulich einleuchtend; denn der Winkel benachbarter Tangenten bleibt bei der Verbiegung ungeändert, und die Krümmung ist der Grenzwert des Quotienten dieses Winkels und des zugehörigen Bogens.

[2] Bei einer ganz beliebigen Verbiegung des Ebenenstückes ändert sich natür- lich auch die Krümmung von s. Damit nun die Krümmung von s erhalten bleibt, ist nicht nur notwendig, sondern auch hinreichend, daß die Tangenten von s geradlinig bleiben. Wir erhalten daher ein brauchbares Modell, wenn wir das Ebenenstück aus Papier ausschneiden und einige Halbtangenten von s durch aufgeklebte Stäbe versteifen.

struiert haben, enthält nämlich von allen Tangenten von t nur den einen vom Berührungspunkt begrenzten Halbstrahl. Ziehe ich diese Halbtangenten zu vollen Geraden aus, so erhalte ich ein zweites Flächenstück, das mit dem ersten zusammen die Tangentenfläche von t bildet. Beide Flächenstücke stoßen in t in einer scharfen Kante zusammen, die man die Rückkehrkante der Fläche nennt. Wenn man nun t wieder stetig in die Kurve s verwindet, schließen sich die beiden Teile immer enger aneinander und fallen schließlich beide in die Ebene s. Man erhält die volle Tangentenfläche von t, indem man den äußeren Teil der Ebene von s in zwei Exemplaren übereinanderlegt, längs s zusammenheftet und dann bei der Verwindung von s die beiden Blätter auseinanderzieht. Hierbei ist es wesentlich, daß die Krümmung von s nirgends verschwindet. Geht man dagegen von Kurven mit Wendepunkten aus, so besteht die Tangentenfläche im allgemeinen aus vier Blättern, die im Wendepunkt zusammenstoßen und von denen zwei längs der Wendetangente zusammenhängen.

Wir fragen nun nach den Regelflächen, die nicht abwickelbar sind. Nach dem Vorigen müssen es diejenigen sein, bei denen zwei benachbarte Erzeugende zueinander windschief sind. Denn abwickelbar ist die Fläche ja dann und nur dann, wenn benachbarte Erzeugende sich schneiden.

Durch naheliegende Verallgemeinerung des Gedankenganges, der zu jeder abwickelbaren Fläche eine auf ihr verlaufende Raumkurve, die Rückkehrkante, bestimmt, läßt sich auch zu jeder anderen Regelfläche eine entsprechende Kurve, die „Striktionslinie", bestimmen. Wir greifen dazu aus der Schar der auf der Fläche verlaufenden Geraden zwei Erzeugende a und b heraus und ziehen ihr gemeinsames Lot (Abb. 217). Bekanntlich ist das die kürzeste Verbindung zwischen a und b. A sei der Fußpunkt dieses Lotes auf a.

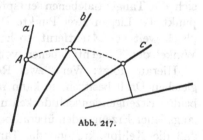

Abb. 217.

Lassen wir b in der Geradenschar immer näher an a heranrücken, so nähert sich A einer Grenzlage, die wir den Kehlpunkt von a nennen. Er entspricht dem Punkt, in dem eine Erzeugende einer abwickelbaren Fläche die benachbarte Erzeugende und die Rückkehrkante trifft.

Die Striktionslinie ist die Kurve, die der Kehlpunkt beschreibt, wenn a alle Erzeugenden der Fläche durchläuft. Es wäre ein Trugschluß, zu glauben, daß die Striktionslinie alle Erzeugenden senkrecht trifft. Denn sind a, b, c drei benachbarte Erzeugende (Abb. 217), so hat im allgemeinen das gemeinsame Lot von b und c einen anderen Fußpunkt auf b als das gemeinsame Lot von b und a. Deshalb hat die Verbindungslinie der Kehlpunkte nicht notwendig die Richtung der gemeinsamen Lote, braucht also die Erzeugenden nicht senkrecht zu treffen. Z. B. wird die Striktionslinie des einschaligen Rotationshyperboloids durch den Kehlkreis gebildet, und dieser steht offenbar auf den Geraden des Hyperboloids nirgends senkrecht.

Die Regelflächen sind einparametrige Mannigfaltigkeiten von Geraden. Sie haben deshalb gewisse Analogien zu den Raumkurven, den einparametrigen Mannigfaltigkeiten von Punkten. So kann man für Regelflächen einen Begriff einführen, der der Krümmung der Raumkurven entspricht; es ist die sog. Striktion oder der Drall. Man dividiert den Winkel zweier Erzeugenden durch ihren kürzesten Abstand und bezeichnet als Drall den Grenzwert, dem dieser Quotient zustrebt, wenn die Erzeugenden zusammenrücken.

Der Drall ist kennzeichnend für die Lageänderung der Tangentialebene längs einer Regelgeraden. Offenbar kann sich die Tangentialebene, wenn ihr Berührungspunkt eine Regelgerade durchläuft, nur um diese Gerade drehen, da sie sie stets enthalten muß. Wie man analytisch zeigen kann, ist nun die Stellung der Tangentialebene in einem Punkt P der Erzeugenden a vollständig bestimmt durch die Tangentialebene im Kehlpunkt A von a, durch den Abstand PA und durch den Drall der Regelfläche in a. Die Verteilung der Tangentialebenen läßt sich folgendermaßen beschreiben: Wenn P auf a von A aus nach einer Seite stetig bis ins Unendliche wandert, so wächst der Winkel, den die Tangentialebene in P mit der Tangentialebene in A bildet, stetig bis zu einem Rechten. Auf der anderen Seite von A verhalten sich die Tangentialebenen entsprechend und symmetrisch zum Kehlpunkt A. Liegen zwei Punkte P und Q der Geraden zu beiden Seiten gleich weit von A entfernt, so halbiert die Tangentialebene von A den Winkel der Tangentialebenen vom P und Q.

Hieraus folgt: Wenn zwei Regelflächen in je einer Erzeugenden gleichen Drall besitzen, so kann man sie so aufeinanderlegen, daß jene beiden Erzeugenden sich decken und daß überdies die Flächen einander längs jener Erzeugenden überall berühren. Man hat nur dafür zu sorgen, daß die Kehlpunkte und die Tangentialebenen in ihnen sich decken, und hat dann möglicherweise die eine Fläche gegen die andere noch um zwei Rechte zu drehen, so daß dabei die Kehlpunkte und ihre Tangentialebenen in Deckung bleiben. Diese Tatsache ist in der Kinematik von Bedeutung (vgl. S. 252).

Die abwickelbaren Flächen werden durch den Drall in verschiedener Weise gekennzeichnet. Offenbar sind nämlich die Zylinder identisch mit den Flächen, auf denen der Drall verschwindet; denn benachbarte Erzeugende bilden miteinander den Winkel Null. Dagegen besitzen die Kegel und die Tangentenflächen der Raumkurven unendlichen Drall; denn benachbarte Erzeugende dieser Flächen haben den Abstand Null.

Das sphärische Bild der abwickelbaren Flächen haben wir bestimmt. Auch bei den Regelflächen von endlichem Drall zeigt das sphärische Bild ein einfaches Verhalten. Die Normalen aller Punkte einer Regelgeraden sind einer festen Ebene parallel, der Normalebene der Geraden. Das sphärische Bild der Geraden ist daher jedenfalls ein Großkreisbogen. Nun dreht sich die Normale jedesmal stetig um einen rechten Winkel, wenn ihr Fußpunkt vom Kehlpunkt aus nach beiden Seiten hin auf der Geraden ins Unendliche wandert. Das sphärische Bild der Geraden ist also ein Halbkreis. Die beiden Endpunkte des Halbkreises entsprechen unendlich fernen Punkten der Geraden, das sphärische Bild des Kehlpunkts halbiert den Halbkreis.

Zum Schluß wollen wir noch eine besonders einfache Regelfläche von konstantem Drall konstruieren (Abb. 218). Es liegt dann nahe, als Striktionslinie wieder eine Gerade zu wählen, die auf allen Erzeugenden der Fläche senkrecht steht. Ist d der (konstante) Drall der Fläche und sind a und b zwei Erzeugende, die miteinander den Winkel α bilden und die Striktionsgerade in A und B treffen, so gilt stets die Gleichung:

Abb. 218.

$$\alpha = AB \cdot d\,.$$

Die Fläche geht daher in sich über, wenn man um die Striktionsgerade als Achse eine Schraubung von der Ganghöhe d ausführt. Man nennt die Fläche wegen dieser Eigenschaft eine Schraubenfläche. Die allgemeinste Schraubenfläche erhält man, wenn man eine beliebige Raumkurve durch eine gleichmäßige Schraubung um eine feste Achse alle möglichen Lagen annehmen läßt. Unsere spezielle Regel-Schraubenfläche ergibt sich also, wenn man als erzeugende Kurve eine Gerade wählt, die die Achse senkrecht schneidet. Diese Fläche wird Wendelfläche genannt.

Die analytische Betrachtung ergibt nun, daß die Wendelfläche eine Minimalfläche ist (vgl. Abb. 219). Wir haben schon früher (S. 169) ein Beispiel einer Minimalfläche angegeben, das Katenoid. Diese beiden Flächen stehen miteinander in einer engen Beziehung. Man kann nämlich die Wendelfläche durch Verbiegung in das Katenoid überführen. Dabei hat man die Schraubenfläche unendlich oft um die Rotationsfläche herumzulegen, in derselben Weise, wie man die Ebene auf einen Kreiszylinder aufwickeln kann. Die Striktionsgerade muß dabei den engsten Breitenkreis der Rotationsfläche überdecken, und die Regelgeraden gehen in die Meridiane über[1].

Die Schraubenflächen und ihre Beziehung zu den Rotationsflächen werden wir später allgemein behandeln.

§ 31. Verwindung von Raumkurven.

Die Theorie der abwickelbaren Flächen hat uns auf ein Verfahren geführt, eine Raumkurve so abzuändern, daß ihre Bogenlängen und ihre Krümmung erhalten bleiben und nur die Torsion variiert. Eine solche Formänderung hatten wir als „Verwindung" der Raumkurve bezeichnet. Insbesondere kann man jede Raumkurve t durch Verwindung in eine ebene Kurve s überführen, und die Gestalt von s ist durch t vollständig bestimmt; denn auf s ist die Krümmung als Funktion der Bogenlänge bekannt,

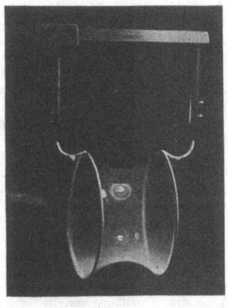

Abb. 219.

Abb. 220.

und nach § 26 ergibt sich daraus die Gestalt von s eindeutig. Zwischen s und t besteht nun eine merkwürdige Beziehung.

Die Theorie der geodätischen Krümmung — ein Begriff, auf den wir hier nicht näher eingehen — liefert eine einfache Ungleichung, die wir im folgenden brauchen (Abb. 221 a, b): Verläuft t auf einer abwickelbaren Fläche und führen wir t in eine ebene Kurve t' dadurch über, daß wir jene Fläche auf die Ebene abwickeln, so ist die Krümmung k' von t' nie größer und im allgemeinen sogar kleiner als die Krümmung k in entsprechenden Punkten von t. Bezeichnet nämlich α den Winkel, den die

---

[1] Man beachte, daß bei der Verbiegung keineswegs die Schraubungsachse in die Rotationsachse übergeht, sondern in einen dazu senkrechten Kreis. Deshalb ist in den Abb. 219 und 220 die Achse der Wendelfläche vertikal, die des Katenoids horizontal angenommen worden.

Schmiegungsebene von t mit der zugehörigen Tangentialebene der abwickelbaren Fläche einschließt, so gilt:

$$k' = k \cdot \cos \alpha.$$

Aus diesem Hilfssatz läßt sich nun der merkwürdige Satz ableiten: *Bei jeder Verwindung eines ebenen konvexen Kurvenbogens wachsen alle Sehnen.*

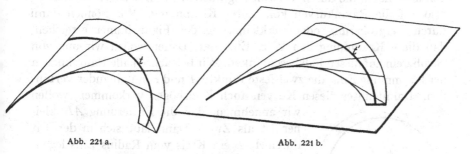

Abb. 221 a.   Abb. 221 b.

Zum Beweis betrachten wir den ebenen konvexen Bogen s mit den Endpunkten A, B (Abb. 222a). Durch Verwindung von s entstehe der Raumkurvenbogen t mit den Endpunkten C, D. Wir haben zu zeigen, daß die geradlinige Strecke CD länger ist als die Strecke AB. Wir legen nun durch den Bogen t einen Kegel mit der Spitze C (Abb. 222b). Wir wickeln diesen Kegel auf die Ebene von s ab. Dann entsteht aus t eine ebene Kurve t' mit den Endpunkten E, F (Abb. 222 c). Die Strecken EF

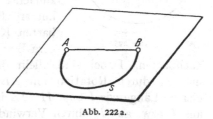

Abb. 222 a.

und CD sind gleich, denn CD ist eine Mantellinie unseres Kegels, bleibt daher bei der Abwicklung geradlinig und wird längentreu auf die Gerade EF abgebildet. Wir haben also jetzt nur noch zu zeigen, daß EF

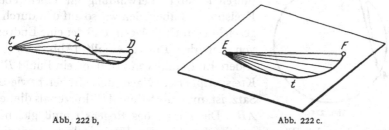

Abb. 222 b,   Abb. 222 c.

länger ist als AB. Nun haben die Kurvenbögen s und t' gleiche Länge, und nach unserem Hilfssatz ist die Krümmung von t' stets kleiner als die Krümmung im entsprechenden Punkt von t, also auch von s. Wir können demnach s in die Gestalt t' überführen, indem wir den Punkt A festhalten und bei gleichbleibender Bogenlänge die Krümmung von s

überall abschwächen. Aus der Konvexität von *s* ergibt sich anschaulich, daß bei unserer Deformation der Punkt *B* immer weiter von *A* wegrückt. Das läßt sich auch leicht analytisch bestätigen. Damit ist die Ungleichung $EF > AB$, also auch unsere Behauptung bewiesen.

Der Einfachheit halber wollen wir das Ergebnis auf diejenigen Kurven anwenden, die durch Verwindung aus einem Kreisbogen entstehen; also auf die Raumkurven konstanter Krümmung. Wir können dann durch Vergrößerung oder Verkleinerung der Figur immer erreichen, daß diese Krümmung den Wert Eins hat. Daher wollen wir uns von vornherein auf diesen Fall beschränken. Wir betrachten alle Raumkurven der Krümmung Eins, die zwei feste Punkte *A* und *B* miteinander verbinden. Damit unter diesen Kurven auch Kreisbögen vorkommen, wollen

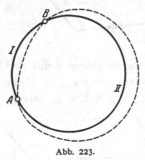

wir annehmen, daß die Entfernung *AB* kleiner ist als Zwei. Dann läßt sich in der Tat durch *A*, *B* ein Kreis vom Radius Eins legen. Die beiden Punkte zerlegen die Peripherie in einen kürzeren Bogen *I* und einen längeren Bogen *II* (Abb. 223). Es besteht nun folgende zunächst paradox klingende Tatsache: Der kürzere Bogen *I* ist länger als alle benachbarten Kurvenbögen unserer Schar, der längere Bogen *II* dagegen ist kürzer als die benachbarten. Dabei sind allein die Bögen auszunehmen, die aus *I* und *II* durch Rotation um *AB* entstehen; diese haben natürlich gleiche Länge wie *I* bzw. *II*. Es ist also von den Bögen die Rede, die aus *I* bzw. aus *II* durch Verwindung entstehen.

Abb. 223.

Wir beweisen gleich allgemein: Wenn ein nichtebener Bogen *t* konstanter Krümmung Eins die Punkte *A* und *B* verbindet und nicht

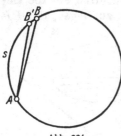

länger ist als *II*, so ist er kürzer als *I*. Wir führen *t* durch Verwindung in einen ebenen Kreisbogen *s* über, den wir so auf den durch *AB* gezeichneten Kreis legen, daß der eine Endpunkt von *s* in den Punkt *A* fällt (Abb. 224). Der andere Endpunkt von *s* ist dann ein Punkt *B'* der Kreisperipherie. Nach dem früher bewiesenen Satz ist nun die Sehne *AB'* kürzer als die Sehne *AB*. Die Länge des Bogens *t* muß gleich der

Abb. 224.

Länge eines der Bögen sein, in die *AB'* den Kreis zerlegt. Von diesen beiden Bögen ist der eine länger als *II*, kommt also nach Voraussetzung nicht in Frage; also ist *t* so lang wie der andere Kreisbogen, also kürzer als *I*.

Wir haben damit bewiesen, daß kein Bogen der Krümmung Eins existiert, der *A* mit *B* verbindet, und dessen Länge zwischen den Längen von *I* und *II* liegt. Wir fragen nun, ob es für die Längen solcher Bögen noch weitere Einschränkungen gibt.

Zunächst ist leicht einzusehen, daß der Bogen beliebig lang sein kann. Denn unter den Kurven konstanter Krümmung sind (vgl S. 161) insbesondere die Schraubenlinien enthalten. Die Gang-höhe dieser Schraubenlinien können wir so klein an-nehmen, wie wir wollen. Also können wir auf einer sol-chen Schraubenlinie auch die Zahl der Umläufe zwi-schen zwei Punkten der Entfernung *AB* beliebig groß machen. Bei hinreichend kleiner Ganghöhe hat aber jeder Umlauf ungefähr die Länge des Einheitskreises. Die Bogenlänge zwischen *A* und *B* kann also in der Tat unbegrenzt groß sein (Abb. 225).

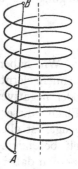

Abb. 225.

Unbegrenzt klein kann dagegen ein solcher Bogen nicht sein; seine Länge muß ja die geradlinige Ent-fernung *AB* übersteigen. An diese untere Grenze kann man aber beliebig nahe herankommen. Wenn man nämlich auf einer Schraubenlinie der Krümmung Eins die Ganghöhe sehr groß wählt, so wird die Tangente der Schraube fast parallel der Achse, und die Entfernung der Schraubenlinie von der Achse wird beliebig klein. Ein Bogen einer solchen Schraubenlinie unterscheidet sich daher beliebig wenig von seiner Sehne (Abb. 226), und das be-weist unsere Behauptung.

Wir haben also gefunden, daß das Problem, zwei feste Punkte durch einen möglichst kurzen Kurvenbogen der Krüm-mung Eins zu verbinden, keine Lösung besitzt. Durch eine scheinbar ähnliche Minimalbedingung hatten wir früher die Minimalflächen charakterisiert, ebenso hat RIEMANN wich-tige Sätze der Funktionentheorie auf Minimalbedingungen zurückgeführt. Wir sehen hier, daß die scheinbar selbst-verständliche Annahme, daß für jedes Minimalproblem eine Lösung existiert, in jedem Fall der Nachprüfung bedarf und keineswegs immer zutrifft. Diese Existenzbeweise gehören bis-her zu den mühsamsten Aufgaben der Analysis (vgl. § 38, 39).

Abb. 226.

Es gibt ein ganz einfaches Beispiel für ein Minimalproblem ohne Lösung: Es seien zwei Punkte *A* und *B* durch einen möglichst kurzen Kurvenbogen derart zu verbinden, daß der Bogen in *A* auf der Geraden *AB* senkrecht steht. Auch in die-sem Beispiel kann man die geradlinige Entfernung *AB* beliebig annä-hern, aber nie erreichen, weil die gerade Strecke *AB* unserer Be-dingung nicht genügt (Abb. 227).

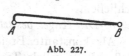

Abb. 227.

Endlich sei ein Minimalproblem erwähnt, bei dem die Existenz der Lösung lange umstritten war. In einer Ebene soll ein Stab *AB* so bewegt werden, daß er sich zum Schluß um zwei Rechte gedreht hat und daß er bei der Bewegung eine Fläche von möglichst kleinem Inhalt überstreicht. Erst in neuester Zeit hat BESICOVITCH (Math. Z. **27**, 1928) bewiesen, daß dieses Problem nicht lösbar ist. Man kann durch zickzackartige Bewegung die überstrichene Fläche beliebig klein machen (vgl. S. 247).

§ 32. Elf Eigenschaften der Kugel.

Wir haben die Flächen verschwindender GAUSSscher Krümmung kennengelernt. Wir fragen jetzt nach den Flächen konstanter positiver oder negativer Krümmung. Die bei weitem einfachste und wichtigste Fläche dieser Art ist die Kugel. Eine gründliche Untersuchung der Kugel ist allein Stoff genug für ein ganzes Buch. Wir wollen hier nur elf besonders anschauliche Eigenschaften der Kugel anführen. Wir werden dabei mehrere neue Begriffe kennenlernen, die nicht nur für die Geometrie der Kugel, sondern auch für die allgemeine Flächentheorie von Bedeutung sind. Bei jeder der zu besprechenden Eigenschaften stellen wir die Frage, ob durch sie die Kugel eindeutig definiert ist oder ob noch andere Flächen dieselbe Eigenschaft besitzen.

1. Die Kugel besitzt konstanten Abstand von einem festen Punkt und konstantes Abstandsverhältnis von zwei festen Punkten.

Die erste dieser beiden Eigenschaften ist die elementare Definition der Kugel und bestimmt sie daher eindeutig. Daß die Kugel auch die zweite Eigenschaft besitzt, läßt sich analytisch sofort einsehen. Durch diese zweite Eigenschaft kann aber außer der Kugel auch die Ebene definiert werden; eine Ebene ergibt sich nämlich dann und nur dann, wenn das Abstandsverhältnis den Wert Eins hat. Man erhält dann die Symmetrieebene der beiden Punkte.

2. Die Umrisse und ebenen Schnitte der Kugel sind Kreise.

Bei der Betrachtung der Flächen zweiter Ordnung hatten wir den Satz kennengelernt, daß alle ebenen Schnitte und Umrisse dieser Flächen Kegelschnitte sind. Bei der Kugel sind alle diese Kegelschnitte Kreise. Durch diese Tatsache wird die Kugel eindeutig bestimmt. Wir sind daher berechtigt, aus dem Auftreten eines stets kreisförmigen Erdschattens bei den Mondfinsternissen auf die Kugelgestalt der Erde zu schließen.

3. Die Kugel besitzt konstante Breite und konstanten Umfang.

Als konstante Breite bezeichnet man die Eigenschaft der Kugel, daß zwei parallele Tangentialebenen stets den gleichen Abstand voneinander haben. Man kann also die Kugel zwischen zwei solchen Ebenen noch beliebig hin und her drehen. Man sollte meinen, daß durch diese Eigenschaft die Kugel eindeutig bestimmt wird. In Wahrheit gibt es aber noch zahlreiche andere konvexe geschlossene und zum Teil völlig singularitätenfreie Flächen, die ebenfalls konstante Breite besitzen, die sich also ebenfalls zwischen zwei parallelen Platten hin und her drehen lassen und die Platten dabei ständig berühren. Eine solche Fläche ist in Abb. 228 in zwei verschiedenen Stellungen dargestellt.

Man kann den Begriff der konstanten Breite auch auf Kurven übertragen; man schreibt einer ebenen konvexen geschlossenen Kurve diese Eigenschaft zu, wenn zwei parallele Tangenten stets denselben Abstand haben. Der Kreis ist eine Kurve dieser Art, aber keineswegs die einzige; von den beiden Kurvenbögen, in die eine konvexe geschlossene Kurve konstanter Breite durch die Berührungspunkte paralleler Tangenten zerlegt wird, kann man den einen beliebig vorgeben; dann läßt sich der andere stets (eindeutig) so hinzubestimmen, daß die entstehende geschlossene Kurve konstante Breite besitzt. Das läßt sich anschaulich

Abb. 228 a.　　　　　　　　　　　　　　　Abb. 228 b.

leicht einsehen. Durch die Tangenten des vorgegebenen Bogens bestimmen sich nämlich eindeutig die Tangenten des zweiten Bogens; man hat zu jeder der vorgegebenen Tangenten in festem Abstand und auf einer bestimmten Seite die Parallele zu ziehen. Der zweite Bogen ist dann einfach die Einhüllende dieser Geradenschar.

Die Körper konstanter Breite sind offenbar dadurch gekennzeichnet, daß alle ihre Umrisse bei senkrechter Parallelprojektion Kurven derselben konstanten Breite sind. Nun gilt der Satz, daß alle Kurven derselben konstanten Breite auch denselben Umfang besitzen. Da man als einen Umfang eines Körpers den Umfang eines seiner Umrisse bei senkrechter Parallelprojektion bezeichnet, so folgt aus dem erwähnten Satz, daß die Körper konstanter Breite auch konstanten Umfang haben. Infolge dieser Eigenschaft kann ich jede Fläche konstanter Breite in einem Papierzylinder, der fest um die Fläche herumgelegt worden ist, noch beliebig hin und her drehen, ohne daß der Papierzylinder sich lockert oder zerreißt.

MINKOWSKI hat umgekehrt gezeigt, daß alle konvexen Flächen konstanten Umfangs auch konstante Breite haben, so daß sich also diese beiden Eigenschaften einer Fläche gegenseitig bedingen[1].

4. Die Kugel besteht aus lauter Nabelpunkten.

Wir haben diese Eigenschaft schon früher erwähnt und gleichzeitig darauf hingewiesen, daß außer der Kugel nur noch die Ebene diese Eigenschaft besitzt (S. 165). Daß alle Punkte der Kugel Nabelpunkte sind, folgt unter anderem daraus, daß alle ebenen Schnitte der Kugel Kreise sind. Verschiebt man eine Ebene, die die Kugel schneidet, parallel zu sich selbst so lange, bis sie die Kugel in einem Punkt P berührt, so erkennt man, daß die DUPINsche Indikatrix von P ein Kreis ist (vgl. S. 170). P ist also Nabelpunkt.

5. Die Kugel besitzt keine Brennfläche.

Wir haben früher gesehen (S. 163 ff.), daß die Krümmungsmittelpunkte aller Normalschnitte eines Flächenpunkts im allgemeinen ein Stück der Normalen dieses Punkts durchlaufen. Die Endpunkte dieses Stücks sind die Krümmungsmittelpunkte, die zu den Hauptkrümmungen gehören. Man nennt diese beiden Punkte die Brennpunkte der Normalen. Die beiden Brennpunkte fallen dann und nur dann zusammen, wenn wir von einem Nabelpunkt ausgehen. Ins Unendliche fällt ein Brennpunkt dann und nur dann, wenn der Flächenpunkt verschwindende GAUSSsche Krümmung hat.

Durchläuft die Normale alle Punkte eines Flächenstücks, so überstreichen die beiden Brennpunkte im allgemeinen zwei Flächen, die man zusammen als die Brennfläche des ursprünglichen Flächenstücks bezeichnet. Bei der Kugel besteht nun die Brennfläche allein aus dem Kugelmittelpunkt, da alle Brennpunkte in diesen Punkt fallen. Die Kugel ist die einzige Fläche, für die ein Teil der Brennfläche in einen Punkt ausartet. Wir fragen nun nach denjenigen Flächen, für die die beiden Teile der Brennfläche in Kurven ausarten. Es ergibt sich, daß die einzigen Flächen dieser Art die nach ihrem Entdecker benannten DUPINschen *Zykliden* sind (vgl. Abb. 229). Man kann diese Flächen als die Einhüllenden aller Kugeln definieren, die drei feste Kugeln berühren. Die Zykliden sind ferner die einzigen Flächen, deren sämtliche Krümmungslinien Kreise sind. Auf den fünf in Abb. 229 photographierten Gipsmodellen sind einige Krümmungslinien markiert. Übrigens wird die Zyklide von jeder einhüllenden Kugel in einer Krümmungslinie berührt, und alle Krümmungslinien der Zykliden entstehen auf diese Art. Ein Beispiel einer Zyklide ist der uns schon bekannte Torus. Seine Brenn-

---

[1] Verlangt man, daß alle Umrisse eines Körpers konstanten Flächeninhalt anstatt konstanten Umfang besitzen, so kommt man zu einer anderen Flächenklasse, den sog. „Flächen konstanter Helligkeit". Die Kugel ist eine solche Fläche, jedoch keineswegs die einzige. (Vgl. W. BLASCHKE: Kreis und Kugel. S. 151. Leipzig 1916.)

fläche besteht aus der Rotationsachse und dem Kreis, der vom Mittelpunkt des erzeugenden Kreises bei der Rotation beschrieben wird. Ferner
sind die Rotationskegel und Rotationszylinder Zykliden; der eine Teil
der Brennfläche ist die Rotationsachse, der andere liegt im unendlichen.

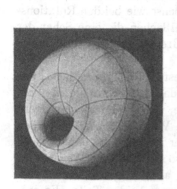

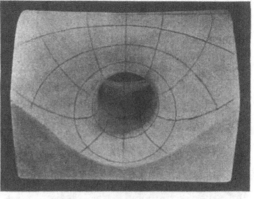

Abb. 229 a.   Abb. 229 b.

Bei den übrigen Zykliden besteht die Brennfläche aus zwei Kegelschnitten, im allgemeinen einer Ellipse und einer Hyperbel, die so zueinander liegen wie die Fokalkurven einer Fläche zweiter Ordnung[1].
Verlangt man nur, daß das eine Stück der Brennfläche in eine Kurve
ausartet, so ist die zugehörige Flächenklasse schon viel umfassender

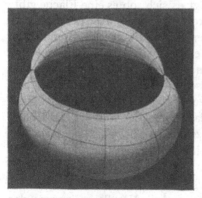

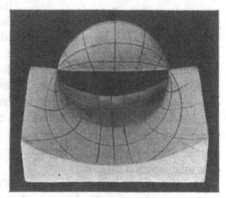

Abb. 229 c.   Abb. 229 d.

---

[1] Die in Abb. 229a, b dargestellten Flächen gehen aus dem Torus durch
Inversion im Raum hervor (vgl. S. 236). Das Inversionszentrum liegt bei
Abb. 229b auf dem Torus, bei Abb. 229a nicht. Die Flächen von Abb. 229c, d
erhält man durch räumliche Inversion aus einem Rotationskegel; 229d entspricht dem Fall des auf der Fläche liegenden Inversionszentrums. Abb. 229e,
S. 194 stellt eine Fläche dar, die durch Inversion aus einem Kreiszylinder hervorgeht; Inversionszentrum nicht auf der Fläche.

Alle Rotationsflächen haben diese Eigenschaft; der eine Teil ihrer Brennfläche wird stets von der Achse gebildet. Die allgemeinsten Flächen dieser Art sind die *Kanalflächen*. Es sind die Einhüllenden einer Kugelschar von variablem Radius, deren Mittelpunkte auf einer Kurve liegen. Diese Kurve ist dann stets der eine Teil der Brennfläche. Wenn man diese Kurve als Gerade wählt, erhält man die Rotationsflächen, die also eine spezielle Art von Kanalflächen sind. Ebenso wie bei den Rotationsflächen besteht auch bei den übrigen Kanalflächen die eine Schar der Krümmungslinien aus Kreisen; es sind die Grenzlagen der Schnittkreise benachbarter Kugeln.

Bei den übrigen krummen Flächen besteht die Brennfläche aus zwei Flächenstücken. Es läßt sich zeigen, daß jede Normale in ihren Brennpunkten diese beiden Flächenstücke nicht schneidet, sondern

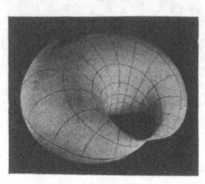

Abb. 229e.

berührt. Wenn man also die beiden Teile der Brennfläche einer Fläche kennt, so sind die Normalen charakterisiert als die gemeinsamen Tangenten jener beiden Teile. Es entsteht nun die Frage, wie weit man diese Verhältnisse umkehren kann. Wir gehen von zwei beliebigen Flächenstücken aus und betrachten die Schar S aller Geraden, die alle beide Flächenstücke berühren. Dann fragt es sich, ob es eine Fläche gibt, deren Normalen aus der Schar S bestehen, ob also die gegebenen beiden Flächenstücke die Brennfläche eine andere Fläche sind. Hierfür ist eine einzige Bedingung notwendig und hinreichend: In den beiden Punkten, in denen jede Gerade von S die beiden Flächen berührt, müssen die Tangentialebenen der beiden Flächen stets aufeinander senkrecht stehen. Ein Beispiel von Flächenpaaren dieser Art liefert uns das System der konfokalen Flächen zweiter Ordnung. Man kann nämlich zeigen, daß zwei beliebige ungleichartige konfokale Flächen zweiter Ordnung stets unsere Bedingung erfüllen.

6. Alle geodätischen Linien der Kugel sind geschlossene Kurven.

Die geodätischen Linien einer Fläche sind die Verallgemeinerung der Geraden in der Ebene. Wie die Geraden besitzen sie mehrere wichtige Eigenschaften, durch die sie vor allen anderen Flächenkurven ausgezeichnet sind; man kann sie deshalb auf verschiedene Arten definieren. Wir erwähnen die drei Definitionen als *kürzeste*, als *frontale* und als *geradeste*.

Die erste Eigenschaft besagt, daß jeder nichtzulange Teilbogen einer geodätischen Linie die kürzeste auf der Fläche mögliche Verbindung seiner Endpunkte ist. Hieraus folgt, daß die geodätischen Linien einer Fläche bei Verbiegungen nicht aufhören, geodätisch zu sein. Daher sind die geodätischen Linien grundlegend für die inneren Eigenschaften der Flächen (vgl. S. 172), und man kann durch Zeichnen geodätischer Linien und Messung ihrer Längen alle inneren Eigenschaften einer Fläche (z. B. die GAUSSsche Krümmung) bestimmen; das entspricht der Tatsache, daß man die Geometrie der Ebene vollständig durch das Ziehen von Geraden und das Messen von Strecken kennzeichnen kann. Ebenso wie durch zwei Punkte einer Ebene eine und nur eine Gerade geht, läßt sich durch zwei nicht zu weit entfernte Punkte einer Fläche stets ein und nur ein geodätischer Bogen legen. Man erhält ihn offenbar, wenn man zwischen den beiden Punkten auf der Fläche einen Faden straff zieht[1].

Die zweite Eigenschaft der geodätischen Linien, „frontal" zu sein, gehört ebenfalls der inneren Geometrie der Fläche an. Man definiert die geodätischen Linien durch die Forderung, einen unendlich kleinen Kurvenbogen AB auf der Fläche immer „geradeaus" zu schieben. Wir verlangen dabei, daß die Bahnen von A und B stets gleich lang sind und daß diese Bahnen beide stets auf AB senkrecht sind. Die Bahn, die dann der Mittelpunkt von AB beschreibt, wird mit beliebiger Genauigkeit geodätisch, wenn man den Bogen AB hinreichend klein wählt. Aus dieser Definition wird es plausibel, daß durch jeden Punkt in jeder Richtung genau eine geodätische Linie läuft. Ferner kann ich nach dieser Definition eine Annäherung an die geodätischen Linien dadurch erzeugen, daß ich auf der Fläche einen möglichst kleinen zweirädrigen Karren rollen lasse, dessen Räder starr mit ihrer gemeinsamen Achse verbunden sind, also gleiche Umlaufsgeschwindigkeit besitzen. Da wir mit einem Automobil nicht nur die geodätischen Kurven der Erde befahren wollen und zur Schonung des Gummis und aus anderen Gründen jedes Gleiten der Räder gern vermeiden, so müssen wir dafür sorgen, daß die beiden Hinterräder des Automobils verschiedener Umlaufsgeschwindigkeit fähig sind.

Die dritte Definition der geodätischen Linien als der „Geradesten" geht nicht von der inneren Geometrie der Fläche, sondern von ihrer Lagerung im Raum aus. Ein geodätischer Bogen besitzt nämlich in jedem seiner Punkte die kleinste Krümmung unter allen Flächenkurven, die mit dem geodätischen Bogen diesen Punkt und seine Tangente gemein haben. Durch diese Eigenschaft ist jede geodätische Linie in ihrem Gesamtverlauf bestimmt, wenn man einen ihrer Punkte und die zugehörige Richtung vorgibt. Man erhält diese Linie, indem man im vorgegebenen Punkt und in der vorgegebenen Richtung eine elastische gerade Stricknadel einspannt und in die Fläche hineinbiegt, so daß sie sich nur noch

---

[1] Auf der Außenseite eines konvexen Flächenstücks legt sich der Faden von selbst an die Fläche an; in anderen Fällen muß man anderweitig dafür sorgen, daß der Faden die Fläche nicht verläßt.

längs der Fläche bewegen kann. Da die Nadel jeder Verkrümmung
ihren elastischen Widerstand entgegensetzt, wird sie die Gestalt einer
geodätischen Linie annehmen.

Man kann die geradesten Linien auch durch die geometrische Forderung kennzeichnen, daß die Schmiegungsebene der Kurve stets durch
die Flächennormale des Kurvenpunkts gehen soll. Man sieht anschaulich leicht ein, daß dann zwei infinitesimal benachbarte Kurventangenten
den kleinsten auf der Fläche möglichen Winkel miteinander bilden. Das
kommt aber auf die Bedingung der kleinsten Krümmung hinaus.
Die Kennzeichnung durch die Schmiegungsebenen hat den geodätischen Linien ihren Namen gegeben. Mit Hilfe dieses Kriteriums
werden von den Landmessern (Geodäten) die kürzesten Linien auf der
Erdoberfläche abgesteckt.

Die geodätischen Linien der Kugel sind die größten Kreise. Denn
deren Ebenen durchsetzen die Kugel senkrecht, und von jedem Punkt
läuft in jeder Richtung ein Großkreis aus. Demnach sind alle geodätischen Linien der Kugel geschlossene Kurven. Durch diese Eigenschaft sind aber die Kugeln keineswegs gekennzeichnet; es gibt noch
zahlreiche andere konvexe geschlossene Flächen, deren geodätische
Linien ebenfalls sämtlich geschlossen sind[1].

Es liegt nahe, auch bei allen übrigen Flächen nach geschlossenen
geodätischen Linien zu suchen. Besonders einfach verhalten sich die
Rotationsflächen. Auf ihnen sind die Meridiane sämtlich geodätisch,
weil ihre Ebene durch die Achse geht und daher die Fläche senkrecht
durchsetzt (früher hatten wir bewiesen, daß die Meridiane auch Krümmungslinien der Fläche sind). Demnach besitzen alle geschlossenen
Rotationsflächen eine einparametrige Schar geschlossener geodätischer
Linien. Auf anderen Flächen laufen nur vereinzelte Linien dieser Art.
So läßt sich zeigen, daß auf dem dreiachsigen Ellipsoid die einzigen
geschlossenen geodätischen Linien die drei Ellipsen sind, in denen
die Fläche von den drei Symmetrieebenen geschnitten wird.

Umgekehrt gilt der lange vermutete, aber erst kürzlich von LUSTER-
NIK und SCHNIRELMANN bewiesene Satz, daß auf jeder konvexen geschlossenen Fläche mindestens drei geschlossene geodätische Linien verlaufen.

Die geodätischen Linien sind von großer Bedeutung für die Physik.
Ein Massenpunkt, auf den keine Kräfte wirken, der aber gezwungen ist,
auf einer bestimmten Fläche zu bleiben, bewegt sich immer auf einer
geodätischen Linie der Fläche. Jede der von uns genannten Definitionen der geodätischen Linie führt zu einen Ansatz für die Gesetze
der Punktmechanik; so entspricht die Definition der geodätischen
Linie als der Kürzesten dem „JAKOBISchen Prinzip" der Mechanik,
als Geradeste treten sie auf in dem GAUSS-HERTZschen „Prinzip des

---

[1] Als geschlossen bezeichnen wir eine geodätische Linie hier und im folgenden,
wenn sie ohne Knick in sich zurückläuft, ohne sich vorher selbst zu durchschneiden.

kleinsten Zwanges", die Stellung der Schmiegungsebene kommt zum Ausdruck in den LAGRANGEschen Gleichungen erster Art.

Die geodätischen Linien stehen in einer eigenartigen Beziehung zur Theorie der Brennflächen und Krümmungslinien. Wir haben früher erwähnt, daß die Brennflächen von den Normalen der Ausgangsfläche berührt werden. Somit ist jedem Punkt der Brennfläche eine Richtung auf dieser Fläche zugeordnet; nämlich die Richtung derjenigen Normalen der Ausgangsfläche, die die Brennfläche gerade in diesem Punkt berührt. Wie im Falle der Krümmungs- und Asymptotenlinien läßt sich nun auf der Brennfläche dieses Richtungsfeld integrieren, d. h. man kann eine Schar von Kurven angeben, die in jedem Punkt die zugeordnete Richtung haben. Es zeigt sich, daß die so entstehende Kurvenschar aus geodätischen Linien besteht. Die Tangentenflächen dieser geodätischen Linien, die natürlich von Normalen der Ausgangsfläche erzeugt werden, treffen die Ausgangsfläche gerade in deren Krümmungslinien. Und zwar liefert jeder der beiden Teile der Brennfläche eine der beiden Scharen der Krümmungslinien.

Wir haben früher erwähnt, daß zwei konfokale ungleichartige Flächen zweiter Ordnung sich stets als Brennfläche einer Fläche auffassen lassen. Diese Tatsache liefert uns ein Verfahren zur Auffindung aller geodätischen Linien des dreiachsigen Ellipsoids. Wir wählen zu dem gegebenen Ellipsoid E irgendein mit E konfokales Hyperboloid H. Diejenigen Geraden,

Abb. 230.

die sowohl E als auch H berühren, bestimmen auf E ein Richtungsfeld, dessen Integralkurven nach dem eben erwähnten Satz alle geodätisch sind. Man hat auf diese Weise aber noch keineswegs alle geodätischen Linien von E erhalten, da ja durch jeden Punkt der Fläche in allen Richtungen geodätische Linien laufen, während wir diese Linien nur für ganz bestimmte Richtungen gefunden haben. Man kann die Schar der von uns vorläufig bestimmten geodätischen Linien von E leicht kennzeichnen: es läßt sich zeigen, daß es alle und nur diejenigen geodätischen Linien von E sind, die die Schnittkurve von E und H berühren (Abb. 230). Sie überdecken das Ellipsoid in ähnlicher Weise wie die Ebene von den Tangenten einer Ellipse überdeckt wird. Die Schnittkurve von E und H (die übrigens eine Krümmungslinie von E ist, wie wir früher erwähnten) trennt das Ellipsoid in verschiedene Teile. Der eine Teil bleibt unbedeckt, während durch jeden Punkt des anderen Teils zwei Kurven der Schar hindurchgehen.

Um nun alle geodätischen Linien von E zu erhalten, braucht man nur H alle ein- und zweischaligen Hyperboloide des durch E bestimmten konfokalen Systems durchlaufen zu lassen. Die Fokalhyperbel ist dabei als Grenzfall eines Hyperboloids anzusehen. Als Tangenten dieser ausgearteten Fläche hat man alle Geraden zu betrachten, die die Fokalhyperbel treffen. Die Fokalhyperbel schneidet E in den vier Nabelpunkten. Durch Grenzübergang aus dem Früheren erkennt man, daß die Schar der geodätischen Linien von E, die zur Fokalhyperbel gehört, aus allen und nur den geodätischen Linien besteht, die durch einen Nabelpunkt von E gehen[1]. Es ergibt sich ferner, daß jede durch einen Nabelpunkt gezogene geodätische Linie auch den diametral gegenüberliegenden Nabelpunkt von E durchläuft.

Auf der Kugel gehen die durch einen festen Punkt P gezogenen geodätischen Linien alle auch durch einen zweiten festen Punkt: den Diametralpunkt von P. Die geodätischen Linien durch einen Nabelpunkt des Ellipsoids zeigen ein analoges Verhalten. Dagegen läßt sich beweisen, daß die geodätischen Linien durch irgendeinen anderen festen Punkt des Ellipsoids nicht alle noch einen weiteren Punkt gemeinsam haben.

Es liegt nun die Frage nahe, ob die Kugel die einzige Fläche ist, bei der alle geodätischen Linien, die von einem beliebigen festen Punkt auslaufen, sich in einem zweiten festen Punkt wieder treffen. Diese Frage ist bis jetzt nicht beantwortet.

7. *Die Kugel hat unter allen Körpern gleichen Volumens die kleinste Oberfläche und unter allen Körpern gleicher Oberfläche das größte Volumen.*

Die Kugel ist durch beide Eigenschaften (deren jede eine Folge der anderen ist) eindeutig bestimmt. Der Nachweis dieser Tatsache führt auf ein Problem der Variationsrechnung und ist außerordentlich mühsam durchzuführen. Ein einfacher experimenteller Beweis wird aber durch jede frei schwebende Seifenblase gegeben. Wie wir schon anläßlich der Minimalflächen erwähnten, besitzt die Haut der Seifenblase infolge ihrer Oberflächenspannung das Bestreben, ihre Oberfläche auf ein möglichst kleines Maß zusammenzuziehen. Da sich andererseits in der Seifenblase ein bestimmtes unveränderliches Volumen Luft befindet, muß die Seifenblase ein Minimum der Oberfläche bei gegebenem Volumen annehmen. Die Beobachtung zeigt nun, daß derartige Seifenblasen stets Kugelgestalt besitzen, sofern sie nicht durch anhängende Tropfen wesentlich dem Einfluß der Schwere unterworfen sind.

8. *Unter allen konvexen Körpern gleicher Oberfläche besitzt die Kugel das Minimum der totalen mittleren Krümmung.*

Als mittlere Krümmung H eines Flächenpunkts bezeichnet man das arithmetische Mittel seiner Hauptkrümmungen:

$$H = \tfrac{1}{2}(k_1 + k_2).$$

Dabei sind die beiden Hauptkrümmungen mit gleichem oder entgegengesetztem Vorzeichen zu rechnen, je nachdem die Fläche im betrachteten

---

[1] Hiermit steht die auf S. 167 beschriebene Fadenkonstruktion in engem Zusammenhang.

Punkt konvexe oder sattelförmige Krümmung aufweist. Im Gegensatz zur GAUSSschen Krümmung bleibt die mittlere Krümmung bei Verbiegungen gewöhnlich nicht erhalten. Sie kennzeichnet daher in erster Linie die Lage der Fläche im Raum.

Ein Beispiel für die Bedeutung dieses Krümmungsbegriffs haben wir bereits in den Minimalflächen kennengelernt. Sie waren dadurch definiert, daß ihre Hauptkrümmungen in jedem Punkt entgegengesetzt gleich sind. Das besagt aber, daß ihre mittlere Krümmung überall verschwindet.

Um nun die *totale* mittlere Krümmung zu gewinnen, denke ich mir die betrachtete Fläche überall mit Masse von der Dichtigkeit der jeweiligen mittleren Krümmung belegt. Die Gesamtmasse, die auf diese Weise der ganzen Fläche zugeteilt ist, nennt man die totale mittlere Krümmung dieser Fläche.

Die Bestimmung der geschlossenen Flächen, deren totale mittlere Krümmung bei gegebener Oberfläche ein Minimum wird, führt wie die vorige Eigenschaft der Kugel auf ein Variationsproblem, und zwar ergibt sich auch hier, daß die Kugel die einzige Fläche ist, welche diese Eigenschaft besitzt.

Die beiden letztgenannten Eigenschaften der Kugel erhält man in der allgemeinen Theorie der konvexen Körper aus gewissen Ungleichungen, deren Prinzip hier wenigstens angedeutet sei. Eine Kugel vom Radius r besitzt die Oberfläche $O = 4\pi r^2$ und das Volumen $V = \frac{4}{3}\pi r^3$. Um gleiche Dimensionen zu erhalten, müssen wir die dritte Potenz der Oberfläche mit der zweiten Potenz des Volumens vergleichen. Dies liefert die Relation

$$O^3 = 36\pi V^2,$$

die unabhängig vom Radius für jede Kugel gilt. Da die Kugel von allen Flächen derselben Oberfläche das größte Volumen besitzt, muß für alle übrigen Flächen gelten:

$$O^3 \geqq 36\pi V^2.$$

Bezeichnet man nun mit M die totale mittlere Krümmung einer Fläche, so lassen sich für alle konvexen Körper folgende beiden wichtigen Relationen beweisen:

$$1.\ O^2 - 3VM \geqq 0,$$

$$2.\ M^2 - 4\pi O \geqq 0.$$

In der zweiten Formel steht das Gleichheitszeichen allein für die Kugel. Das besagt aber gerade, daß unter allen konvexen Körpern gegebener Oberfläche die Kugel und nur sie den kleinsten Wert von M liefert. Indem man aus beiden Formeln M eliminiert, erhält man die soeben aufgestellte Beziehung zwischen Oberfläche und Volumen und erkennt, daß das Gleichheitszeichen nur für die Kugel gilt. Dabei sind aber zum Vergleich nur konvexe Körper zugelassen, während in Wahrheit die Ungleichung zwischen Volumen und Oberfläche auch für nicht überall konvexe Körper gilt.

9. Die Kugel besitzt konstante mittlere Krümmung.

Daß die Kugel konstante mittlere Krümmung hat, folgt daraus, daß alle Normalschnitte denselben Krümmungsradius, nämlich den Kugelradius, besitzen. Die Kugel ist aber keineswegs die einzige Fläche dieser Art. Denn auf allen Minimalflächen ist die mittlere Krümmung Null, also ebenfalls konstant. Wie die Kugel und die Minimalflächen lassen sich auch alle übrigen Flächen konstanter mittlerer Krümmung durch Seifenblasen verwirklichen. Ich lege durch eine beliebige geschlossene Raumkurve eine feste Fläche und spanne außerdem eine Seifenblase über die Raumkurve. Um das auszuführen, gebe ich z. B. dem Rand eines Pfeifenkopfs die Gestalt der gegebenen Raumkurve, erzeuge mit dieser Pfeife eine Seifenblase und verschließe des Pfeifenrohr luftdicht. Dann wird von der Seifenhaut und der inneren Wandung der Pfeife eine feste Luftmenge eingeschlossen, und die Seifenhaut wird unter dem Einfluß der Oberflächenspannung diejenige Form annehmen, bei der die Oberfläche unter den gegebenen Verhältnissen ein Minimum ist. Die Variationsrechnung ergibt nun, daß jede solche Fläche konstante mittlere Krümmung besitzen muß. Der konstante Wert dieser Krümmung hängt davon ab, wie groß der durch mehr oder weniger starkes Einblasen regulierte Druck der eingeschlossenen Gasmenge ist. Ist dieser Druck überhaupt nicht größer als der äußere Luftdruck, so kommen wir auf den Fall der Minimalflächen zurück.

Wir haben also in unseren Seifenblasen eine große Anzahl der gesuchten Flächen vor uns. Alle diese Flächen haben aber die Eigenschaft, in der Raumkurve unvermittelt aufzuhören, d. h. einen Rand zu besitzen. Es entsteht daher die Frage, ob es außer der Kugel noch andere Flächen konstanter mittlerer Krümmung gibt, die keinen Rand haben und die auch im übrigen frei von Singularitäten sind. Es zeigt sich, daß diese Frage zu verneinen ist, daß also die Kugel durch unsere Zusatzforderungen eindeutig bestimmt wird. Man kann sich diese Tatsache an den Seifenblasen plausibel machen. Wir wissen bereits, daß die frei schwebende Seifenblase stets Kugelgestalt hat. Wenn wir nun Seifenblasen derselben Größe, aber mit immer kleineren Randkurven herstellen, so ist zu erwarten und wird durch das Experiment bestätigt, daß die Gestalt der Randkurve auf die Gestalt der Seifenblase immer weniger Einfluß hat und daß sich als Grenzfall stets die Gestalt der unberandeten Seifenblase, also die Kugel ergibt[1].

---

[1] Wenn man eine in einen Pfeifenkopf eingespannte Seifenhaut aufbläst, so könnte man meinen, daß dabei die mittlere Krümmung der Seifenblase beständig anwächst. Das ist ein Irrtum. Zunächst nimmt die mittlere Krümmung von dem zur Minimalfläche gehörenden Wert Null ausgehend in der Tat zu. Wenn man

10. Die Kugel besitzt konstante positive GAUSSsche Krümmung.

Über die Kennzeichnung der Kugel durch diese Eigenschaft gilt dasselbe wie bei der mittleren Krümmung. Die Konstanz der GAUSSschen Krümmung allein charakterisiert die Kugel sicher nicht. Denn alle Flächen, die ich aus einem Stück der Kugeloberfläche durch Verbiegung erhalte, besitzen ebenfalls konstante GAUSSsche Krümmung, da ja diese bei Verbiegungen nicht geändert wird. Wir nehmen nun wieder die Forderung hinzu, daß die Fläche weder einen Rand noch sonstige Singularitäten besitzen soll, und fragen, ob es außer der Kugel noch weitere Flächen dieser Art gibt. Es zeigt sich, daß diese Frage zu verneinen ist; daraus folgt unter anderen, daß die Kugel als Ganzes sich nicht verbiegen läßt. Man kann zunächst beweisen, daß eine singularitätenfreie unberandete Fläche konstanter positiver GAUSSscher Krümmung sich nicht wie die Ebene ins Unendliche erstrecken kann, sondern notwendig eine geschlossene Fläche wie die Kugel ist. Eine leichte Rechnung lehrt ferner, daß es außer den Kugeln und Ebenen keine Flächen gibt, für die beide Hauptkrümmungen überall konstante Werte haben. Demnach können wir uns auf den Fall beschränken, daß auf einer geschlossenen Fläche beide Hauptkrümmungen variieren, wobei natürlich ihr Produkt stets den vorgegebenen konstanten Wert der GAUSSschen Krümmung hat. Auf einer solchen Fläche müßte in mindestens einem regulären Punkt eine der Hauptkrümmungen ein Maximum annehmen. Nun läßt sich aber analytisch beweisen, daß ein solcher Punkt auf einem Flächenstück konstanter positiver Krümmung nicht vorkommen kann. Mit anderen Worten: Auf einem berandeten, nichtkugelförmigen Flächenstück konstanter positiver Krümmung gehören die Maxima der Hauptkrümmungen stets zu Punkten des Randes. Da nun die Kugeloberfläche keinen Rand besitzt, so folgt, daß die Kugel als Ganzes nicht verbogen werden kann, und daß es überhaupt außer den Kugeln keine unberandeten singularitätenfreien Flächen konstanter positiver GAUSSscher Krümmung gibt.

---

aber sehr stark aufbläst (und dabei von der Möglichkeit absieht, daß die Seifenblase zerplatzt), so wird die Seifenblase, wie sich aus der im Text ausgeführten Betrachtung ergibt, ungefähr die Gestalt einer sich stets vergrößernden Kugel annehmen; die mittlere Krümmung, die gleich dem reziproken Wert des Kugelradius ist, nimmt also unbegrenzt gegen Null ab. Zu hinreichend kleinen Werten c der mittleren Krümmung und zu einer bestimmten Randkurve gibt es demnach mindestens zwei durch die Kurve berandete Flächen der konstanten mittleren Krümmung c. Diese Erscheinung steht in bemerkenswertem Gegensatz zu vielen anderen Variationsproblemen, bei denen es stets nur eine einzige Extremalfläche gibt, die durch eine gegebene geschlossene Kurve berandet wird. Sieht man übrigens vom Vorzeichen der mittleren Krümmung ab, so erhält man durch dieselbe Randkurve noch zwei weitere Flächen derselben konstanten mittleren Krümmung; man kann diese Flächen durch Seifenblasen realisieren, indem man die ursprüngliche Minimalfläche von der anderen Seite her aufbläst.

Da es andererseits offenbar verbiegbare Kugelstücke gibt, so erhebt
sich die Frage, ein wie großes Loch man in die Kugel schneiden muß,
damit der Rest verbiegbar wird. Es wäre denkbar, daß so ein Loch eine
gewisse Mindestgröße haben müßte, z. B. die einer Halbkugel. Es läßt
sich aber beweisen, daß das Gegenteil zutrifft; die Kugel wird schon
verbiegbar, wenn man ein beliebig kleines Loch hineinschneidet, es genügt sogar, die Kugel längs eines Großkreises ein beliebig kleines Stück
lang aufzuschneiden. Dagegen ist es noch nicht bekannt, ob die Kugel
auch dann schon verbiegbar wird, wenn man einen oder mehrere isoliert
liegende Punkte fortläßt.

Daß eine Kugel verbiegbar wird, wenn ich ein beliebig kleines Loch
hineinschneide, können wir in einen eigentümlichen Zusammenhang
mit dem Verhalten der Seifenblasen bringen. Man kann nämlich analytisch leicht beweisen: Wenn ich von einem Flächenstück F der konstanten mittleren Krümmung c ausgehe und wenn ich auf allen Normalen
von F die Strecke $1/2c$ nach einer bestimmten Seite hin abtrage, so
besitzt die neue Fläche G, die von den Endpunkten aller dieser Strecken
durchlaufen wird, zwar nicht konstante mittlere Krümmung, wohl aber
die konstante GAUSSsche Krümmung $4c^2$. Man nennt G die Parallelfläche von F im Abstand $1/2c$. Ist bei diesem Verfahren F ein Kugelstück, so ist G das Stück einer mit F konzentrischen Kugel, und auch
umgekehrt kann G nur dann ein Kugelstück sein, wenn auch F es ist.
Man kann nämlich zeigen, daß die Normalen von F auch G in entsprechenden Punkten senkrecht durchschneiden. — Die Seite von F, nach der
hin ich die Strecke auf der Normalen abtragen muß, ist nicht willkürlich;
man kann die Vorschrift leicht präzisieren, wenn man sich F als
Seifenblase über einem geschlossenen Pfeifenkopf denkt; man hat dann
ins Innere des eingeschlossenen Luftraums zu gehen.

Nunmehr denke ich mir auf einer Kugel vom Radius $1/c$, also
der mittleren Krümmung c eine kleine geschlossene Kurve R gezeichnet und diese Kurve stetig so deformiert, daß die deformierten
Kurven nicht mehr auf Kugeln liegen. Es ist plausibel, daß ich
bei nicht zu starker Deformation Seifenblasen der konstanten mittleren Krümmung c durch alle diese Kurven legen kann. Spanne ich nämlich durch die ursprüngliche Kurve R eine Seifenhaut, so kann ich
sie, wenn ich sie gerade im richtigen Maße aufblase, sicher zu
einer Fläche der mittleren Krümmung c machen; denn die Kugel, auf
der R liegt, ist eine solche Fläche, und wenn ich von der richtigen Seite
her aufblase, erhalte ich in einem bestimmten Stadium das größere von
R begrenzte Kugelstück. Aus Stetigkeitsgründen folgt, daß ich bei
geeigneter Luftzufuhr während der Deformation von R erreichen kann,
daß die Seifenblase, die zuerst die Gestalt eines Kugelstücks hatte, bei
der Deformation von R sich stetig mitändert und dabei den Wert der
mittleren Krümmung beibehält; dagegen können die deformierten

Seifenblasen nicht mehr Kugelgestalt haben, weil die deformierten Randkurven gemäß unserer Konstruktion auf keiner Kugel liegen. Nunmehr konstruieren wir zu allen diesen Seifenblasen die inneren Parallel-
flächen im Abstand $1/2c$. Dann durchlaufen wir eine stetige Schar von
Flächen, die nach dem früheren Satz sämtlich die konstante GAUSSsche
Krümmung $4c^2$ haben. Die erste dieser Flächen ist eine Kugel vom
Radius $1/2c$, in die ein kleines Loch geschnitten ist, das von einer
zu R ähnlichen und ähnlich gelegenen Kurve begrenzt wird. Alle übrigen
Flächen sind in die erste stetig verbiegbar; sie können aber nicht Kugelgestalt haben, da nach dem früher erwähnten sonst auch die Seifenblasen
Kugelgestalt haben müßten. Eine mit einem beliebig kleinen Loch ver-
sehene Kugel ist also in der Tat verbiegbar.

Die Verbiegbarkeit beranderter und unberanderter Flächen ist in
viel allgemeineren Fällen untersucht worden. Unverbiegbar sind alle
geschlossenen konvexen Flächen, z. B. die Ellipsoide. Ebenso sind
unverbiegbar alle konvexen Flächen mit Rändern, falls die Fläche
längs jeder Randkurve eine und dieselbe Tangentialebene besitzt; ein
Beispiel einer solchen Fläche (mit zwei Rändern) ist der konvexe Teil
der Torusfläche (vgl. Abb. 210, S. 177).

Schneidet man in eine geschlossene konvexe Fläche ein beliebig
kleines Loch, so wird die Fläche verbiegbar. Es ist noch ungeklärt, ob
es genügt, die Fläche aufzuschlitzen oder gar nur einzelne Punkte zu
entfernen.

*11. Die Kugel wird durch eine dreiparametrige Schar von Bewegungen
in sich übergeführt.*

Die Gesamtheit aller Bewegungen, die die Kugel mit sich selbst zur
Deckung bringen, sind offenbar die Drehungen um den Kugelmittelpunkt. Diese Gesamtheit hängt nun in der Tat von drei Parametern
ab. Denn zwei Parameter sind nötig, um die Stellung der (durch den
Mittelpunkt gehenden, sonst beliebigen) Rotationsachse festzulegen,
und einen dritten Parameter braucht man zur Bestimmung des Drehungs-
winkels. Man kann diese Abzählung auch nach einem anderen Gesichtspunkt durchführen. Offenbar läßt sich ein beliebiger Punkt der Kugel
durch eine Bewegung der Schar in jeden anderen Kugelpunkt überführen und darüber hinaus eine durch den ersten Punkt laufende
Richtung auf der Kugel in eine beliebige Richtung durch den Bildpunkt.
Damit ist dann eine Abbildung aus unserer Schar eindeutig festgelegt.
Diese Bestimmung erfordert aber gerade drei Parameter, denn der
willkürlich gewählte Bildpunkt des ersten Punktes hängt von zwei
Parametern ab, und die durch ihn laufenden Richtungen auf der Kugel
bilden eine weitere einparametrige Schar.

Die zuletzt erwähnte Abzählung läßt sich nun nicht nur für die
Kugel, sondern auch für die Ebene durchführen; also besitzt auch die
Ebene eine dreiparametrige Schar von Bewegungen in sich. Weitere

Flächen dieser Art gibt es aber nicht, so daß die Eigenschaft die Kugeln und die Ebene kennzeichnet.

Wir fragen nun nach allen weiteren Flächen, die überhaupt eine Schar von Bewegungen in sich gestatten; diese Schar muß dann notwendig zwei- oder einparametrig sein. Die einzigen Flächen, die eine genau zweiparametrige Bewegungsschar gestatten, sind die Kreiszylinder. Eine beliebige Drehung um seine Achse und eine beliebige Translation längs der Achse führen den Kreiszylinder in sich über. Das ist eine zweiparametrige Schar von Bewegungen, und weitere Bewegungen, die den Kreiszylinder in sich überführen, gibt es nicht. Man kann durch eine dieser Bewegungen jeden Punkt des Kreiszylinders in jeden anderen überführen. Dagegen kann man die Richtungen nicht mehr willkürlich abbilden, da die erzeugenden Geraden des Zylinders durch unsere Bewegungen stets ineinander übergeführt werden.

Für Flächen mit genau einparametriger Bewegungsschar bilden die Rotationsflächen naheliegende Beispiele; diese Flächen gehen durch alle Drehungen um die Rotationsachse und (abgesehen von den Kugeln, der Ebene und den Kreiszylindern) nur durch diese Bewegungen in sich über. Jeder Punkt kann also in einen beliebigen Punkt seines Breitenkreises übergeführt werden, und dadurch ist die Abbildung dann festgelegt.

Mit den Rotationsflächen ist aber die Gesamtheit aller Flächen mit einparametriger Bewegungsschar keineswegs erschöpft. Die Flächenklasse, die durch diese Eigenschaft charakterisiert wird, besteht vielmehr aus den Schraubenflächen; diese Flächenklasse umfaßt die Rotationsflächen einerseits und die Zylinder andererseits als Grenzfälle. Wie schon S. 185 angegeben, kann man jede Schraubenfläche folgendermaßen erzeugen: Man geht von einer beliebigen Raumkurve aus, dreht sie mit beliebiger konstanter Winkelgeschwindigkeit um eine beliebige feste Gerade und unterwirft sie außerdem einer Translation von konstanter Geschwindigkeit längs dieser Geraden. Aus der Definition geht hervor, daß die Schraubenflächen eine einparametrige Schar von Bewegungen in sich besitzen; nämlich dieselbe Schar von Bewegungen, die die Fläche aus der Raumkurve erzeugen. Die schon erwähnten Grenzfälle erhält man, wenn man entweder die Winkelgeschwindigkeit oder die Translationsgeschwindigkeit gleich Null setzt. Im ersten Fall wird die Schraubung zu einer Translation, und die Raumkurve beschreibt einen Zylinder; im zweiten Fall ergibt sich eine Drehung, und die Raumkurve erzeugt eine Rotationsfläche[1].

---

[1] Daß es außer den Schraubenflächen keine weiteren Flächen mit einparametriger Bewegungsschar gibt, folgt daraus, daß die Bewegungen einer Fläche in sich eine Gruppe bilden. Die Schraubungen um feste Achsen mit fester Ganghöhe bilden aber, wenn die Rotationen um die Achse und die Translationen längs der Achse wieder als Grenzfälle mitgerechnet werden, die allgemeinsten einparametrigen Bewegungsgruppen des Raums.

Ein einzelner Punkt der erzeugenden Kurve beschreibt (von den Grenzfällen abgesehen) eine Schraubenlinie. Durch die einparametrige Bewegungsschar der Schraubenfläche wird also jeder Punkt in einen beliebigen Punkt der zugehörigen Schraubenlinie übergeführt; in den Grenzfällen geht die Schraubenlinie in die Erzeugenden des Zylinders bzw. in die Breitenkreise der Rotationsfläche über.

§ 33. Verbiegungen von Flächen in sich.

Wir verallgemeinern jetzt die Frage, auf die uns die 11. Eigenschaft der Kugel geführt hat. Wir wollen die Flächen betrachten, die, anstatt Bewegungen, beliebige Verbiegungen in sich gestatten. Ein vollkommen biegsames, aber undehnbares Stück Messingblech, das auf ein Modell einer solchen Fläche an irgendeiner Stelle glatt aufgelegt werden kann, muß sich in passender Weise über das Modell hinschieben lassen; es darf dabei seine Form ändern, aber nicht zerreißen, und nicht aufhören, glatt auf der Fläche aufzuliegen.

Während die Beweglichkeit einer Fläche in sich von der Lage der Fläche im Raum abhängt, ist die Verbiegbarkeit der Fläche in sich eine innere Eigenschaft der Fläche, die weder zerstört noch gewonnen werden kann, wenn man die Fläche verbiegt.

Da die Bewegungen einen Sonderfall der Verbiegungen darstellen, müssen unter den Flächen, die wir jetzt suchen, jedenfalls alle die vorkommen, die wir im vorigen Abschnitt aufgezählt haben. Es zeigt sich nun, daß jene Flächen und ihre Biegungsflächen schon die allgemeinsten sind, die Scharen von Verbiegungen in sich gestatten; man erhält also durch die Verallgemeinerung der Fragestellung keine wesentlich neue Flächenklasse. Aber die vorher aufgestellten Typen erhalten jetzt eine andere Bedeutung. So sind offenbar die Zylinder nicht als wesentlich verschieden von der Ebene anzusehen, da ja die Ebene sich in jeden Zylinder verbiegen läßt. Ebenso verliert auch der zweite Grenzfall der Schraubenflächen, der Fall der Rotationsflächen, seinen Sondercharakter. Man kann nämlich ein Stück einer beliebigen Schraubenfläche stets in ein Stück einer Rotationsfläche verbiegen. Es genügt zu diesem Zweck, einer der auf der Schraubenfläche verlaufenden Schraubenlinien durch die Verbiegung die Gestalt eines Kreises zu geben, der natürlich unendlich oft umlaufen werden muß, da ja die Schraubenlinie unendlich lang ist. Dann nehmen die übrigen Schraubenlinien von selbst ebenfalls Kreisgestalt an, und alle diese Kreise haben dieselbe Achse, so daß die entstandene Fläche in der Tat eine Rotationsfläche ist, deren Breitenkreise aus den Schraubenlinien der Ausgangsfläche hervorgegangen sind. Ein Beispiel der Behauptung ist die auf S. 185, 186 beschriebene Abwicklung der Wendelfläche auf das Katenoid.

Wenn man von der analytischen Beweisführung absieht, läßt sich leicht anschaulich plausibel machen, warum die Flächen, die eine einparametrige Schar von Verbiegungen in sich gestatten, sich stets in die Gestalt von Schrauben- oder Rotationsflächen bringen lassen und warum dabei die Schraubenlinien und die Breitenkreise einander entsprechen.

Durch jeden Punkt eines solchen Flächenstücks muß nämlich eine Kurve laufen, die die Gesamtheit aller Bildpunkte dieses Punkts darstellt, wenn man die sämtlichen Verbiegungen unserer Schar ausführt. Das Flächenstück wird also einfach und lückenlos von einer bestimmten Kurvenschar überdeckt, die bei den betrachteten Verbiegungen in sich übergeht. Greift man zwei beliebige Kurven dieser Schar heraus, so müssen alle Punkte der einen Kurve den gleichen geodätischen Abstand von der anderen Kurve haben, da ja dieser Abstand durch die Verbiegung nicht geändert wird. Hieraus ergibt sich, daß jede geodätische Linie, die auf einer Kurve der Schar senkrecht steht, auch alle übrigen Scharkurven senkrecht schneidet; denn der kürzeste Abstand eines Flächenpunkts von einer Flächenkurve wird längs der Fläche durch die geodätische Linie gegeben, die durch den Punkt geht und auf der Kurve senkrecht steht. Auf den von uns betrachteten Flächen existiert also stets ein orthogonales Kurvennetz, dessen eine Schar die zuerst beschriebene ist, während die zweite aus geodätischen Linien besteht. Längs jeder Kurve der ersten Schar muß überdies die GAUSSsche Krümmung konstant sein, da ja diese bei Verbiegung ungeändert bleibt und jeder Punkt einer Scharkurve durch die von uns betrachteten Verbiegungen in jeden anderen Punkt derselben Scharkurve übergehen kann. Um die Werteverteilung der GAUSSschen Krümmung auf unserer Fläche zu beschreiben, genügt es also, diese Krümmung längs einer geodätischen Linie der zweiten Schar als Funktion der Bogenlänge anzugeben.

Nun kann man aber leicht Rotationsflächen konstruieren, für die die GAUSSsche Krümmung eine vorgeschriebene Funktion der Bogenlänge eines Meridians ist. Da die Meridiane der Rotationsflächen geodätische Linien sind, die die Breitenkreise senkrecht schneiden, so ist es plausibel und wird durch die Rechnung bestätigt, daß unser vorgegebenes Flächenstück sich in alle jene Rotationsflächen verbiegen läßt; das von uns konstruierte Orthogonalnetz des Flächenstücks wird dabei in das Netz der Meridiane und Breitenkreise verwandelt.

Auf den Schraubenflächen haben offenbar die Schraubenlinien die entsprechende Eigenschaft wie die Breitenkreise der Rotationsflächen. Es sind wiederum die Bahnkurven der längentreuen Abbildungen der Fläche in sich. Wenn also überhaupt eine Schraubenfläche in eine Rotationsfläche verbogen werden kann, so müssen notwendig die Schraubenlinien und die Breitenkreise einander entsprechen.

Die Rechnung ergibt, daß aus jeder Schraubenfläche eine zweiparametrige Schar weiterer Schraubenflächen und eine einparametrige Schar von Rotationsflächen durch Verbiegung erhalten werden können.

Wir betrachten nun die Flächen, die eine zwei- oder mehrparametrige Schar von Verbiegungen in sich gestatten. Daß die Schar der Verbiegungen mindestens zweiparametrig ist, ist gleichbedeutend damit, daß jeder Punkt der Fläche in jeden Nachbarpunkt übergeführt werden kann. Daher muß die GAUSSsche Krümmung dieser Flächen konstant sein. Alle Flächen positiver GAUSSscher Krümmung sind nun (wenn man sich auf hinreichend kleine Stücke beschränkt) auf die Kugel abwickelbar (S. 181). Wie diese besitzen sie also nicht nur eine zwei-, sondern sogar eine dreiparametrige Schar von Verbiegungen in sich. Das Entsprechende gilt für Flächen verschwindender GAUSSscher Krümmung, denn diese sind auf die Ebene abwickelbar. Es läßt sich analytisch zeigen, daß auch die Flächen konstanter negativer Krümmung die gleiche Mannigfaltigkeit von Verbiegungen in sich gestatten.

Alle Flächen konstanter GAUSSscher Krümmung haben also mit der Ebene eine wichtige innere Eigenschaft gemein, die wir im folgenden ausführlich untersuchen werden. Man kann die ebene Geometrie so aufbauen, daß ihre grundlegenden und allgemeinsten Aussagen nicht nur in der Ebene, sondern auf allen Flächen konstanter Krümmung gelten und daß erst an einer höheren Stelle des Aufbaus zwischen der Ebene und den Flächen positiver oder negativer konstanter GAUSSscher Krümmung unterschieden wird; dann teilt sich die Geometrie in die euklidische und zwei „nichteuklidische" Geometrien.

§ 34. Elliptische Geometrie.

Auf krummen Flächen sind die geodätischen Linien als das Analogon der Geraden in der Ebene anzusehen. Wir wollen jetzt diese Analogie genauer untersuchen. Die einfachsten Konstruktionen der ebenen Geometrie beruhen auf dem Zeichnen von Geraden und dem Abtragen von Strecken und Winkeln. Wenn wir solche Konstruktionen auf krumme Flächen übertragen wollen, besteht zunächst ein prinzipieller Unterschied: Die Ebene haben wir stets in ihrer Gesamterstreckung zugrunde gelegt, dagegen haben wir auf allgemeinen krummen Flächen stets nur kleine Stücke betrachtet, dem differentialgeometrischen Standpunkt gemäß. Demnach müssen wir uns auf solche Konstruktionen beschränken, die nicht über die Grenzen des Flächenstücks hinausführen, die also der Betrachtung eines kleinen Teilgebiets in der Ebene entsprechen.

Auf einem hinreichend kleinen Stück einer krummen Fläche lassen sich zwei dem Rand nicht zu nahe gelegene Punkte durch einen und nur einen geodätischen Bogen verbinden, so wie in jedem Teilgebiet der Ebene zwei dem Rand nicht zu nahe gelegene Punkte genau eine im Teilgebiet verlaufende geradlinige Verbindung besitzen[1].

---

[1] Wenn der Rand nicht überall nach innen konkav ist, kann die Verbindungsstrecke zweier dem Rand hinreichend benachbarter Punkte teilweise durch das Äußere des Gebiets gehen.

Winkel mit geodätischen Schenkeln können auf jedem Flächenstück in der gleichen Weise gezeichnet und abgetragen werden wie Winkel mit geradlinigen Schenkeln in einem Stück der Ebene.

Auch das Abtragen von geodätischen Strecken unterliegt denselben Gesetzen wie das Abtragen geradliniger Strecken in einem Stück der Ebene.

Aber schon bei einer der einfachsten Konstruktionen, die aus diesen drei Schritten besteht, hört die Analogie im allgemeinen auf; nämlich bei der Konstruktion kongruenter Dreiecke. Zwei Dreiecke heißen kongruent, wenn bei einer bestimmten Zuordnung der Ecken entsprechende Seiten und Winkel gleich sind. Dieser Begriff ist offenbar auf geodätische Dreiecke in einem krummen Flächenstück übertragbar. Wenn ich nun in einem Stück der Ebene von einem Dreieck $A_0 B_0 C_0$ ausgehe und zu einem Punkt A zwei Punkte B und C so konstruiere, daß $AB = A_0 B_0$, $AC = A_0 C_0$ und $\sphericalangle BAC = \sphericalangle B_0 A_0 C_0$ ausfällt, so ist nach dem ersten Kongruenzsatz das Dreieck ABC dem Dreieck $A_0 B_0 C_0$ kongruent; dabei ist nur vorauszusetzen, daß der Punkt A so weit vom Rand des Gebiets entfernt liegt, daß alle Konstruktionen im Gebiet möglich sind.

Wenn ich aber die analoge Konstruktion in einem krummen Flächenstück vornehme, so wird der geodätische Bogen BC im allgemeinen eine andere Länge haben als $B_0 C_0$. Von der Kongruenz der beiden Dreiecke ABC und $A_0 B_0 C_0$ ist also keine Rede.

In einem Fall ist jedoch der erste Kongruenzsatz auf geodätische Konstruktionen übertragbar; wenn nämlich das Flächenstück konstante GAUSSsche Krümmung hat. Dann können wir das Flächenstück so in sich verbiegen, daß A_0 auf A fällt und daß die geodätischen Schenkel des Winkels $B_0 A_0 C_0$ auf die entsprechenden Schenkel des Winkels BAC fallen[1]. Wegen der Längen- und Winkeltreue der Verbiegung fällt also B_0 auf B und C_0 auf C; die Dreiecke $A_0 B_0 C_0$ und ABC müssen demnach kongruent sein.

Die axiomatische Analyse der ebenen geometrischen Konstruktionen lehrt nun, daß alle Sätze über Kongruenz von Figuren logisch auf den ersten Kongruenzsatz zurückführbar sind. Auf Flächen konstanter Krümmung besteht deshalb hinsichtlich der zu Beginn genannten Konstruktionen vollständige Analogie zur Geometrie in einem Stück der Ebene.

Wir haben den ersten Kongruenzsatz dadurch auf Flächen konstanter Krümmung übertragen, daß wir an deren dreiparametrige

---

[1] Durch *stetige* Transformation ist das nicht immer möglich; auch nicht in der Ebene, wo bekanntlich auch *Spiegelungen* als Deckbewegungen mitgerechnet werden müssen. Auch auf den Flächen konstanter nichtverschwindender Krümmung existieren längentreue Abbildungen, die den Spiegelungen entsprechen. Vgl. S. 226, Fußonte.

Biegungsgruppe anknüpften. Man kann den Zusammenhang aber logisch umkehren. Wenn auf einer Fläche der erste Kongruenzsatz für geodätische Dreiecke gilt, so folgt, daß die Fläche eine dreiparametrige Schar längentreuer Abbildungen auf sich gestatten und daher von konstanter GAUSSscher Krümmung sein muß. Zunächst folgt nämlich aus der oben beschriebenen Dreieckskonstruktion, daß man zu einem hinreichend kleinen geodätischen Dreieck stets ∞^3 kongruente Dreiecke zeichnen kann. Nun kann man aber die Fläche unter Zugrundelegung eines Dreiecks durch Abtragung von Strecken und Winkeln und wiederholte Anwendung des ersten Kongruenzsatzes vollständig vermessen nach den gleichen Prinzipien, die in der Praxis der Erdvermessung verwandt werden. Jeder kongruenten Abtragung des Grunddreiecks entspricht daher eine längentreue Abbildung des Flächenstücks.

Damit ist gezeigt, daß die Flächen konstanter GAUSSscher Krümmung die einzigen sind, auf denen der erste Kongruenzsatz für geodätische Dreiecke allgemein gilt.

Um die Analogie dieser Flächen mit der Ebene weiter zu verfolgen, wollen wir jetzt die Beschränkung auf kleine Teilgebiete aufzuheben suchen. Wir beginnen mit Flächen, deren (konstante) GAUSSsche Krümmung positiv ist. Es liegt nahe, von einer Kugelfläche auszugehen. Dadurch aber, daß wir diese Fläche als Ganzes betrachten, wird die Analogie zur Ebene in einem entscheidenden Punkte zerstört. Die geodätischen

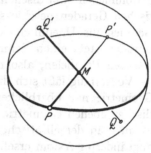

Abb. 231.

Linien der Kugel sind die Großkreise; durch zwei Diametralpunkte auf der Kugel gehen nun unendlich viele Großkreise, während in der Ebene zwei Punkte eine einzige Verbindungsgerade haben. Während ferner in der Ebene zwei Geraden höchstens einen Schnittpunkt haben, schneiden sich zwei Großkreise der Kugel stets in zwei (diametralen) Punkten. Eine andere Fläche konstanter positiver Krümmung als die Kugelfläche können wir aber schon deshalb nicht als Analogon der Ebene ansehen, weil alle jene Flächen singuläre Punkte oder Ränder haben (vgl. S. 201).

Durch eine einfache Abstraktion können wir aber die störende Eigenschaft der Kugelfläche beseitigen. Wir beschränken uns nämlich auf die Fläche einer Halbkugel und sehen jedes Paar von Diametralpunkten des berandenden Großkreises als je einen einzigen Punkt an. Wenn ferner eine sphärische Figur über den Randkreis herausragt, so wollen wir die ins Äußere fallenden Punkte durch ihre Diametralpunkte ersetzen; diese fallen dann auf die betrachtete Halbkugel (Abb. 231).

Auf diese Weise erhalten wir ein Punktgebilde, das alle Eigenschaften hat, auf die wir ausgingen. Erstens ist jedes hinreichend kleine Teilstück längentreu auf ein Stück der Kugelfläche bezogen. Zweitens wird das Abtragen von Strecken und das geodätische Verbinden zweier Punkte durch keinen Rand gestört. Drittens besitzen zwei verschiedene Punkte stets eine einzige geodätische Verbindung, und zwei geodätische Bögen haben niemals mehr als einen Schnittpunkt; beides folgt daraus, daß die Paare von Diametralpunkten, die unser Gebilde enthält, sämtlich als je ein Punkt angesehen wurden.

Das Analogon der ebenen Geometrie, das auf diesem Flächenmodell herrscht, nennt man *elliptische Geometrie*, die Fläche selbst wird als Modell der *elliptischen Ebene* bezeichnet. Ein zweites Modell der elliptischen Ebene erhält man offenbar, wenn man von der vollständigen Kugeloberfläche ausgeht und jedes Diametralpunktepaar als einen einzigen Punkt ansieht.

Wir untersuchen nun die elliptische Geometrie, wobei wir die Großkreise kurz als Geraden und die Großkreisbögen als Strecken bezeichnen. Dann springen zwei Unterschiede der elliptischen Geometrie von der gewöhnlichen euklidischen Geometrie ins Auge. Erstens sind die elliptischen Geraden geschlossene Kurven, während sich die euklidischen Geraden ins Unendliche erstrecken. Zweitens haben zwei elliptische Geraden stets einen Schnittpunkt, während es zu jeder euklidischen Geraden Parallelen, also nichtschneidende Geraden gibt.

Vollständig läßt sich die Beziehung der elliptischen zur euklidischen Geometrie nur überblicken, wenn man von den Axiomen der euklidischen ebenen Geometrie ausgeht und bei jedem Axiom nachsieht, ob es auch in der elliptischen Geometrie erfüllt ist oder ob es durch ein abgeändertes Axiom ersetzt werden muß. Wir haben schon früher die Axiome der Verknüpfung (S. 103) und der Stetigkeit (S. 115) erwähnt. Im ganzen läßt sich die euklidische ebene Geometrie auf fünf Axiomgruppen aufbauen, denen der Verknüpfung, der Anordnung, der Kongruenz, der Parallelen und der Stetigkeit. Jeder Axiomgruppe liegen gewisse Begriffe zugrunde, denen der Verknüpfung z. B. die Begriffe: Punkt, Gerade und Incidenz. Weitere Begriffe werden durch gewisse Axiome ihrerseits erst ermöglicht, z. B. der Begriff der Strecke oder der Halbgeraden durch die Axiome der Anordnung. Der Begriff der Strecke wiederum bildet die Grundlage der Kongruenzaxiome, so daß also die Kongruenzaxiome zu ihrer Formulierung gewisse Anordnungsaxiome voraussetzen. Wir wollen jetzt die Axiome der euklidischen ebenen Geometrie anführen[1].

I. Axiome der Verknüpfung.

1. Durch zwei Punkte geht genau eine Gerade. 2. Jede Gerade enthält mindestens zwei Punkte. 3. Es gibt mindestens drei Punkte, die nicht auf derselben Geraden liegen.

---

[1] Vgl. HILBERT: Grundlagen der Geometrie. Berlin 1930.

II. Axiome der Anordnung.

1. Unter drei Punkten einer Geraden liegt genau einer zwischen beiden anderen. 2. Zu zwei Punkten A und B gibt es mindestens einen solchen Punkt C, daß B zwischen A und C liegt. 3. Wenn eine Gerade eine Seite eines Dreiecks schneidet (d. h. einen Punkt enthält, der zwischen zwei Ecken liegt), so geht sie entweder durch den gegenüberliegenden Eckpunkt, oder sie schneidet noch eine Seite.

Die Anordnungsaxiome gestatten, die in den folgenden Axiomen auftretenden Begriffe „Strecke", „Winkel", „Seite einer Geraden von einem Punkte aus", „Halbgerade", „Seite einer Ebene von einer Halbgeraden aus" zu definieren.

III. Axiome der Kongruenz.

1. Eine Strecke läßt sich auf einer Geraden von einem Punkt der Geraden aus stets nach beiden Seiten abtragen; die entstehende Strecke heißt der ersten kongruent. 2. Sind zwei Strecken einer dritten kongruent, so sind sie auch einander kongruent. 3. Wenn auf zwei kongruenten Strecken je ein Punkt derart liegt, daß eine der entstehenden Teilstrecken der einen Strecke einer der Teilstrecken der anderen kongruent ist, so ist auch die zweite Teilstrecke der einen kongruent der zweiten Teilstrecke der anderen. 4. Ein Winkel läßt sich an einen Halbstrahl nach jeder Seite der Ebene hin in eindeutiger Weise abtragen; der entstehende Winkel heißt dem ersten kongruent. 5. (Erster Kongruenzsatz.) Wenn zwei Dreiecke in zwei Seiten und dem eingeschlossenen Winkel übereinstimmen, so sind sie kongruent.

IV. Parallelenaxiom.

Zu einer Geraden a gibt es durch jeden Punkt, der nicht auf a liegt, genau eine Gerade, die a nicht schneidet.

V. Axiome der Stetigkeit.

Diese Axiome werden sehr verschieden formuliert. Sie besagen in jedem Fall etwa:

1. (Archimedisches Axiom, vgl. S. 115.) *Jede Strecke läßt sich durch jede andere messen. 2. (Cantorsches Axiom.) In jeder unendlichen Folge ineinandergeschalteter Strecken gibt es stets einen allen diesen Strecken gemeinsamen Punkt.*

In der elliptischen Geometrie sind die Verknüpfungsaxiome offenbar erfüllt. Dagegen sind die Anordnungsaxiome nicht erfüllt; denn da die Geraden geschlossene Kurven sind wie Kreise, läßt sich nicht sagen, von drei Punkten einer Geraden liege genau einer zwischen den beiden anderen. Statt der *Zwischen*beziehung dreier Punkte läßt sich aber in der elliptischen Geometrie eine *Trennungs*beziehung vierer Punkte einführen, für die dann ganz entsprechende Anordnungsaxiome gelten, deren erstes hier angeführt sei: *Vier Punkte einer Geraden zerfallen stets* *auf genau eine Weise in zwei einander trennende Paare.* (Z. B. zerfallen in Abb. 232 die Punkte A, B, C, D in die einander trennenden Paare AC und BD.)

Wie die euklidischen so führen auch die elliptischen Anordnungsaxiome zur Definition der Strecke und der anderen Begriffe, die in den

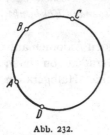

Abb. 232.

Kongruenzaxiomen verwandt werden. Man muß aber davon ausgehen, daß zwei Punkte AB stets zwei Strecken und nicht bloß eine bestimmen, ebenso wie jeder Kreis durch zwei seiner Punkte in zwei Bögen zerfällt. Erst durch Hinzunahme eines dritten Punktes C der Geraden AB läßt sich eine Unterscheidung der beiden Strecken AB herbeiführen; die eine Strecke besteht aus allen Punkten, die durch AB von C getrennt werden,

die andere aus den übrigen Punkten der Geraden AB. Ferner muß man überstumpfe Winkel als Innenwinkel eines Dreiecks ausschließen, weil sonst durch zwei Seiten und den eingeschlossenen Winkel nicht ein einziges Dreieck, sondern zwei inkongruente Dreiecke bestimmt werden (Abb. 233), was dem ersten Kongruenzsatz widerspricht. Es zeigt sich, daß bei diesen Einschränkungen in jedem hinreichend kleinen Teilgebiet der elliptischen Ebene die Analogie zu einem Teilgebiet der

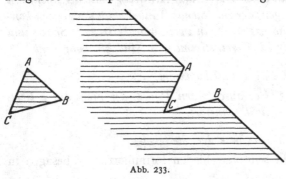

Abb. 233.

euklidischen Ebene, von der wir ausgegangen waren, erhalten bleibt, und daß die euklidischen Kongruenzaxiome in der elliptischen Ebene ihre Geltung behalten. Das gleiche gilt von den Stetigkeitsaxiomen.

Dagegen gilt das Parallelenaxiom nicht, sondern ist durch das schon S. 103 aufgestellte Verknüpfungsaxiom der projektiven Ebene zu ersetzen: Zwei Geraden haben genau einen Schnittpunkt.

Auch hinsichtlich der Anordnung verhält sich die elliptische Ebene wie die projektive. Um das anschaulich in Evidenz zu setzen, wählen wir als Modell der elliptischen Ebene die vollständige Kugeloberfläche, auf der alle Diametralpunktepaare identifiziert sind; projizieren wir die Kugel von ihrem Mittelpunkt aus auf eine Ebene, so entspricht jeder Punkt der Ebene einem Diametralpunktepaar der Kugel, also einem Punkt der elliptischen Ebene. Jedem Großkreis, also jeder elliptischen Geraden, entspricht eine Gerade der Bildebene. Die Beziehung wird umkehrbar eindeutig, wenn wir die unendlich ferne Gerade der Bildebene hinzunehmen, wenn wir also diese Ebene als projektive Ebene auffassen.

Wir können demnach die projektive Ebene direkt als ein Modell der elliptischen Ebene ansehen, wenn wir die Gleichheit von Längen und Winkeln in diesem Modell nicht euklidisch, sondern in der angedeuteten Art durch die sphärische Trigonometrie einer Hilfskugel bestimmen. Hieraus folgt, daß in der elliptischen Geometrie alle Schnittpunktssätze der projektiven Geometrie, z. B. die von DESARGUES und PASCAL, gelten.

Wenn wir nun die längentreuen Abbildungen der elliptischen Ebene ins Auge fassen, so können wir wie im euklidischen Fall nach den diskontinuierlichen Gruppen solcher Abbildungen fragen. Jeder solchen Gruppe entspricht eine diskontinuierliche Gruppe längentreuer Abbildungen der Kugelfläche, also eines der regulären Polyeder, die wir in § 13, 14 behandelt haben. Umgekehrt führt jedes reguläre Polyeder zu einer diskontinuierlichen Deckgruppe der elliptischen Ebene, und die Zentralprojektionen regulärer Polyeder, die in Abb. 160 bis 163 und 165 bis 168 dargestellt sind, geben einige Lösungen der mit jenen Gruppen zusammenhängenden Aufgabe der „Pflasterung", die S. 72 für die euklidische Ebene formuliert ist.

Man kann nicht nur in der Ebene, sondern auch im Raum die elliptische Geometrie definieren. Als Modell der Punkte, Geraden und Ebenen dieses Raums läßt sich der projektive Raum mit seinen Punkten und Geraden verwenden. Die Vergleichung der Längen und Winkel hat wieder abweichend von der euklidischen Geometrie zu erfolgen und läßt sich nur analytisch beschreiben; z. B. durch Zentralprojektion einer Hyperkugel des vierdimensionalen Raums. Die diskontinuierlichen Deckgruppen des elliptischen Raums hängen mit den regulären Zellen des vierdimensionalen Raums zusammen, und die Abb. 173 bis 176 lassen sich als „Pflasterungen" des elliptischen Raums deuten.

§ 35. Hyperbolische Geometrie; ihr Verhältnis zur euklidischen und elliptischen Geometrie.

Wir wenden uns jetzt zu den Flächen konstanter negativer Krümmung. Es gibt unter ihnen keine von so einfacher Gestalt wie die Kugelfläche. Die Rotationsflächen dieser Art können drei verschiedene Gestalten haben, die in Abb. 234 dargestellt sind. Wir sehen, daß alle diese Flächen mit singulären Rändern behaftet sind, über die hinaus sie nicht stetig fortgesetzt werden können[1]. Die Gesamtheit aller Flächen konstanter negativer Krümmung läßt sich bisher nicht explizit angeben,

---

[1] In Abb. 234b ist nur der untere Rand singulär, nach oben zu läuft die Fläche ins Unendliche, wobei die Breitenkreise unbegrenzt klein werden.

doch läßt es sich beweisen, daß keine dieser Flächen von Singularitäten frei sein kann.

Es gibt also keine Fläche im Raum, die im kleinen längentreu auf eine Fläche konstanter negativer Krümmung abgebildet werden kann, und auf der die Abtragung geodätischer Strecken nirgends durch Randpunkte behindert wird. Man kann aber in der Ebene Modelle solcher abstrakt definierter Flächen angeben, ebenso wie wir die projektive

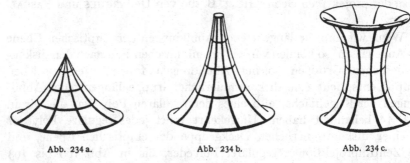

Abb. 234 a.　　　　　　　　Abb. 234 b.　　　　　　　Abb. 234 c.

Ebene zu einem Modell der elliptischen Ebene gemacht hatten. Wir müssen zu diesem Zweck die Längen- und Winkelmessung auf eine neue Art einführen, die von der euklidischen und auch von der elliptischen Geometrie abweicht. Man nennt die Fläche, von denen wir solche Modelle konstruieren wollen, die *hyperbolische Ebene* und ihre Geometrie die *hyperbolische Geometrie*.

Als Punkte der hyperbolischen Ebene wollen wir die Punkte im Innern eines Kreises in einer gewöhnlichen Ebene betrachten und als hyperbolische Geraden die Sehnen dieses Kreises (mit Ausschluß der Endpunkte).

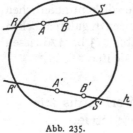

Abb. 235.

Es läßt sich nämlich für jedes Flächenstück F konstanter negativer Krümmung $-1/c^2$ eine Abbildung angeben, die F in ein Gebiet G der Ebene im Kreisinnern derartig überführt, daß die geodätischen Linien, die in F verlaufen, durchweg in die Geradenstücke in G verwandelt werden. Natürlich kann diese Abbildung nicht längentreu sein, da ja die Krümmung von G verschwindet, während die von F negativ ist. Sind A, B (Abb. 235) die Bilder zweier Punkte P, Q von F und sind R, S die Endpunkte der durch A, B gelegten Kreissehne, so gilt für den geodätischen Abstand s der Punkte P, Q die Formel

(1)
$$s = \frac{c}{2} \cdot \left| \log \frac{AR \cdot BS}{BR \cdot AS} \right|.$$

Wir wollen die rechte Seite der Gleichung (1) für alle Punktepaare AB unseres Modells der hyperbolischen Ebene als den „hyperbolischen Abstand" definieren. Ebenso führt die Abbildung $F \to G$ zu einer bestimmten Messung des „hyperbolischen Winkels", die von der euklidischen Bestimmungsweise abweicht. Um z. B. von einem Punkt A der hyperbolischen Ebene aus auf eine Gerade g das Lot h zu fällen, hat man h als Verbindungsgerade von A mit dem in Abb. 236 konstruierten Hilfspunkt P zu zeichnen. Man erkennt, daß der euklidische Winkel zwischen h und g im allgemeinen von einem Rechten verschieden ist.

Untersuchen wir nun, welche Axiome der euklidischen Geometrie in der hyperbolischen Ebene gültig bleiben. Zunächst ist es klar, daß die Verknüpfungsaxiome gelten. Wenn wir ferner die „Zwischen"-beziehung dreier Punkte einfach aus ihrer Lage in unserem Modell über-

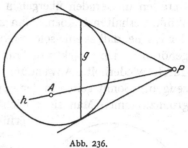

Abb. 236.

nehmen, so erkennen wir, daß auch die Anordnungsaxiome gelten. Als Strecke AB definieren wir nun die Punkte der euklidischen Verbindungsstrecke in unserem Modell. Der Streckenkongruenz legen wir die Formel (1) zugrunde. Wenn wir dann das erste Kongruenzaxiom betrachten, so könnte es zunächst scheinen, als sei die freie Streckenabtragung durch die Kreisperipherie behindert, das Axiom also ungültig. In Wahrheit gelangen wir aber bei der Abstandsdefinition (1) beim Streckenabtragen nie an die Kreisperipherie. Ist nämlich (Abb. 235) eine Strecke AB und eine vom Punkt A' ausgehende Halbgerade h im Kreisinnern gegeben, so gilt für den Punkt B' auf h, für den $AB = A'B'$ sein soll, nach (1) die Relation:

$$\frac{AR}{BR} \cdot \frac{BS}{AS} = \frac{A'R'}{B'R'} \cdot \frac{B'S'}{A'S'}$$

oder

$$(2) \qquad \frac{B'S'}{B'R'} = \frac{A'S'}{A'R'} \cdot \frac{AR}{AS} \cdot \frac{BS}{BR} .$$

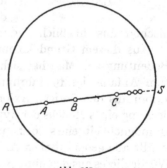

Abb. 237.

Da die drei Punkte A', A und B im Kreisinnern liegen, sind die drei Proportionen auf der rechten Seite von (2) alle negativ. Also ist auch $\frac{B'S'}{B'R'}$ negativ, d. h. B' liegt im Kreisinnern, wie behauptet war. Trägt man eine Strecke beliebig oft an sich selbst an, so kommt man der Kreisperipherie unbegrenzt näher, ohne sie zu erreichen (Abb. 237); die Kreisperipherie spielt in unserem Modell der hyperbolischen Geometrie eine analoge Rolle wie die unendlich ferne Gerade der euklidischen Geometrie.

Unsere Betrachtung lehrt, daß das erste Kongruenzaxiom in der hyperbolischen Ebene gilt. Offenbar gelten auch die Kongruenzaxiome 2. bis 4.

Das fünfte Kongruenzaxiom ist, wie in § 34 ausgeführt, gleichbedeutend mit der Existenz einer hinreichend umfassenden Gruppe von Abbildungen, die das Kreisinnere derart in sich überführen, daß die Geraden in Geraden übergehen und die hyperbolischen Abstände und Winkel erhalten bleiben. Man zeigt nun in der projektiven Geometrie der Ebene, daß es eine solche Gruppe in der Tat gibt. (Die Abbildungen gehören zu den projektiven Transformationen der Ebene und lassen sich durch wiederholte Anwendung der Zentralprojektion anschaulich erzeugen.) Somit gelten in der hyperbolischen Geometrie sämtliche Kongruenzaxiome. Man sieht leicht ein, daß auch die Stetigkeitsaxiome erfüllt sind.

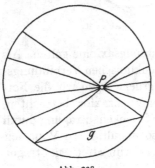

Abb. 238.

Nur ein einziges Axiom der euklidischen Geometrie gilt in der hyperbolischen Ebene nicht: das Parallelenaxiom. Man erkennt dies aus Abb. 238. Durch einen Punkt gibt es zu jeder nicht durch P gehenden Geraden g stets ein ganzes Büschel von Geraden, die g nicht schneiden. Während also in der elliptischen Geometrie außer dem Parallelenaxiom auch die euklidischen Anordnungsaxiome ungültig sind, unterscheidet sich die hyperbolische Geometrie von der euklidischen ausschließlich dadurch, daß das Parallelenaxiom nicht gilt.

Aus diesem Grund kommt unserem Modell eine große prinzipielle Bedeutung zu. Man hat sich während des ganzen Mittelalters und bis zum Anfang des 19. Jahrhunderts vergeblich bemüht, das Parallelenaxiom aus den übrigen Axiomen EUKLIDS zu beweisen. Mit der Entdeckung eines Modells der hyperbolischen Geometrie war die prinzipielle Unmöglichkeit eines solchen Beweises dargetan. Denn unser Modell erfüllt alle geometrischen Axiome mit Ausnahme des Parallelenaxioms. Würde dieses aus den übrigen logisch folgen, so müßte es auch in unserem Modell gelten, was nicht zutrifft.

Die hyperbolische und die elliptische Geometrie werden als die beiden *nichteuklidischen* Geometrien bezeichnet. Wenn wir von der Wertverteilung der GAUSSschen Krümmung ausgehen, erweist sich die euklidische Geometrie als ein Übergangsfall zwischen der elliptischen und der hyperbolischen Geometrie. Das gilt auch in anderer Hinsicht. So haben wir die hyperbolische Ebene erhalten, indem wir aus der euklidischen Ebene die Punkte im Äußeren eines Kreises entfernten, während wir, um die vollständige elliptische Ebene zu erhalten, zur euklidischen Ebene noch die Punkte der unendlich

fernen Geraden hinzunehmen mußten. Ferner gibt es zu einer Geraden durch einen außerhalb gelegenen Punkt in der elliptischen Geometrie keine, in der euklidischen Geometrie eine und in der hyperbolischen Geometrie unendlich viele Parallelen. Besonders charakteristisch für die drei Geometrien ist die Winkelsumme im Dreieck. Während sie in der euklidischen Geometrie π beträgt, ist sie in der elliptischen Geometrie stets größer als π, wie aus bekannten Sätzen der
sphärischen Trigonometrie folgt. In der hyperbolischen Ebene ist nun
diese Summe stets kleiner als π. Wir werden später einen anschaulichen
Beweis dafür erbringen.

Der Satz der euklidischen Geometrie, daß die Winkelsumme jedes
Dreiecks π beträgt, kann hiernach nicht ohne Benutzung des Parallelenaxioms bewiesen werden; sonst müßte er auch in der hyperbolischen
Ebene gelten. Wenn andererseits irgendein Satz in der euklidischen
und auch in der hyperbolischen Geometrie gilt, so ist zu seinem Beweise
das euklidische Parallelenaxiom sicher nicht erforderlich. Ein solcher
Satz ist es z. B., daß jeder Außenwinkel eines Dreiecks größer ist als
jeder der beiden gegenüberliegenden Innenwinkel. Man kann nun aus
der Betrachtung sphärischer Dreiecke leicht erkennen, daß in der elliptischen Geometrie dieser Satz nicht gilt. Hieraus folgt, daß zu seinem
Beweise die euklidischen Anordnungsaxiome gebraucht werden.

Ein Beispiel für einen Satz, der in allen drei Geometrien gilt, ist der
Satz, daß die Basiswinkel im gleichschenkligen Dreieck einander gleich
sind. Zum Beweise dieses Satzes sind weder die euklidischen Anordnungsaxiome noch irgendeine Annahme über Parallelismus erforderlich.

Es wurde bemerkt, daß die projektiven Schnittpunktsätze, z. B. der
von DESARGUES, in der elliptischen Ebene gelten. In der euklidischen
Ebene gilt dieser Satz wie jeder andere Schnittpunktsatz nur dann, wenn
wir die unendlich fernen Punkte hinzunehmen. In der hyperbolischen
Ebene können die Schnittpunktsätze nur dann einheitlich formuliert
werden, wenn wir zwei Arten uneigentlicher Punkte hinzunehmen: solche,
die in unserem Modell den Peripheriepunkten, und solche, die den Punkten
des Kreisäußeren entsprechen. Offenbar können wir z. B. zu einer
in der Ebene gegebenen DESARGUESschen Konfiguration den Kreis, der
unser Modell der hyperbolischen Ebene bestimmt, so legen, daß er neun
Konfigurationspunkte im Innern und den zehnten auf der Peripherie
oder im Äußern enthält. Wegen der Regularität der Konfiguration
können wir diesen Punkt als den DESARGUESschen Punkt auffassen;
dann können wir unsere Figur als zwei hyperbolische Dreiecke deuten,
deren entsprechende Seiten einander paarweise auf Punkten einer hyperbolischen Geraden schneiden. Nach dem DESARGUESschen Satz müssen
die Verbindungslinien entsprechender Ecken durch einen Punkt gehen,
während diese Geraden doch im Innern des Kreises keinen Punkt gemein
haben.

Sucht man den DESARGUESschen Satz unmittelbar, ohne Bezugnahme auf unser Modell, im Bereich der hyperbolischen Geometrie zu beweisen, so stößt man auf ähnliche Schwierigkeiten wie in der euklidischen und projektiven Geometrie. Der Satz ist beweisbar mit Hilfe der Kongruenzaxiome. Ohne sie bedarf es zu seinem Beweise räumlicher Hilfsmittel. Es gibt nämlich auch im Raum eine hyperbolische Geometrie. Ein Modell des „hyperbolischen Raums" erhält man, wenn man als Punkte, Geraden und Ebenen dieses Raums die Punkte, Geradenstücke und Ebenenstücke im Innern einer Kugel des gewöhnlichen Raums ansieht und den Abstand zweier Punkte analog wie im ebenen Modell definiert.

Wir hatten erwähnt, daß die Winkelsumme im Dreieck in der hyperbolischen Ebene stets kleiner ist als π. An unserem Modell tritt dieser Satz nicht in anschauliche Evidenz, weil die hyperbolischen Winkel von den euklidischen verschieden ausfallen. Wir werden daher im folgenden Abschnitt ein weiteres Modell der hyperbolischen Ebene aus dem bisher betrachteten Modell erzeugen, und in diesem neuen Modell werden die hyperbolischen Winkel unverzerrt wiedergegeben werden. Wir müssen zu diesem Zweck von einer einfachen elementargeometrischen Betrachtung ausgehen: der Lehre von der stereographischen Projektion und von den Kreisverwandtschaften.

§ 36. Stereographische Projektion und Kreisverwandtschaften. POINCARÉsches Modell der hyperbolischen Ebene.

Auf einer horizontalen Ebene liege eine Kugel (Abb. 239). Vom höchsten Punkt N der Kugel aus projizieren wir diese auf die Ebene. Die so

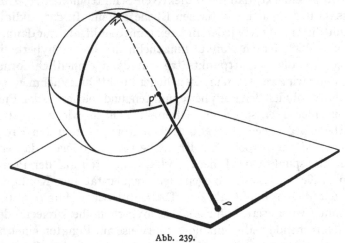

Abb. 239.

entstehende Abbildung der Kugelfläche auf die Ebene ($P' \rightarrow P$ in Abb. 239) heißt *stereographische Projektion*. Dabei ist die ganze Ebene abgebildet auf die ganze Kugel mit Ausnahme des Punkts N. Die

Bildebene ist parallel der Tangentialebene n der Kugel in N. Ist ferner p' die Kugeltangentialebene in P' (Abb. 240), so bilden wegen der allseitigen Symmetrie der Kugel die beiden Tangentialebenen n und p' gleiche Winkel mit NP', der Verbindungssehne ihrer Berührungspunkte,

und die Schnittgerade von n und p' steht auf NP senkrecht. Da n zur Bildebene parallel ist, bildet auch diese mit dem Projektionsstrahl PP' den gleichen Winkel wie p' und schneidet p' in einer zu PP' senkrechten Geraden. Hieraus folgen mehrere anschauliche Eigenschaften der stereographischen Projektion. Ist zunächst r' eine Tangente der Kugel in P' (Abb. 241) und ist r das Bild

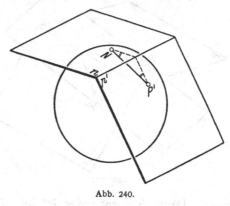

Abb. 240.

von r', so bilden r und r' gleiche Winkel mit PP'. Denn ich erhalte r, indem ich die Bildebene mit der durch r' und NP' gehenden Ebene schneide; wenn aber eine durch PP' gehende Ebene e (Abb. 242) in den Geraden r und r' zwei Ebenen p, p' schneidet, die mit der Geraden PP' gleiche Winkel bilden und sich in einer zu PP' senkrechten Geraden schneiden, so bilden auch r und r' mit PP' gleiche

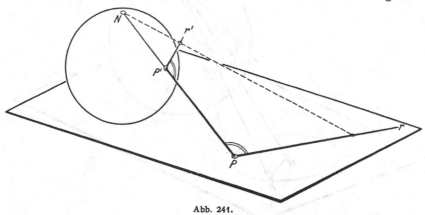

Abb. 241.

Winkel. Dieselbe Symmetriebetrachtung lehrt ferner: Ist s' eine weitere Tangente der Kugel in P' und ist s das Bild von s', so bildet r mit s denselben Winkel wie r' mit s'. *Die Winkel auf der Kugel werden also bei stereographischer Projektion unverzerrt wiedergegeben.* Die Abbildung wird deshalb als *winkeltreu* bezeichnet.

Sei ferner k' ein beliebiger nicht durch N gehender Kreis auf der Kugel (Abb. 243). Die Tangentialebenen an die Kugel in den Punkten von k'

umhüllen einen Rotationskegel, dessen Spitze S heißen möge. Da k' nicht durch N geht, ist NS keine Tangente der Kugel in N, also der Bildebene nicht parallel; M möge der Schnittpunkt der Bildebene mit NS sein.

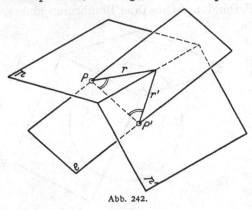

Ich behaupte, daß die Bildkurve k von k' ein Kreis mit dem Mittelpunkt M ist. Der Beweis ist aus Abb. 243 ersichtlich. Ist P' ein beliebiger Punkt von k', P sein Bildpunkt, dann ist $P'S$ eine Kugeltangente in P', und PM ist das Bild von $P'S$; demnach ist $\sphericalangle P P'S = \sphericalangle P'PM$. Ich ziehe durch S die Parallele zu PM, die NP in P'' treffen

Abb. 242.

möge. Dann fällt entweder P'' mit P' zusammen, oder das Dreieck $P'P''S$ hat gleiche Winkel bei P' und P'', ist also gleichschenklig: $SP' = SP''$. Nun ist aber $\dfrac{PM}{P'S} = \dfrac{PM}{P''S} = \dfrac{MN}{SN}$ oder: $PM = P'S \cdot \dfrac{MN}{SN}$. Da S von allen Punkten von k' gleich weit entfernt ist, so ist $P'S$ kon-

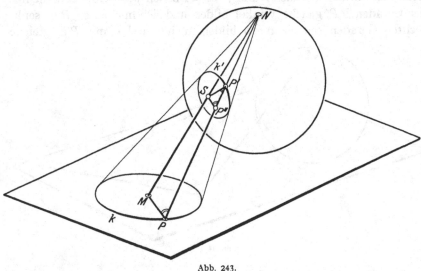

Abb. 243.

stant. Nach der letzten Formel ist daher auch PM konstant, d. h. k ist ein Kreis um M.

Die nicht durch N gehenden Kreise der Kugel werden also durch stereographische Projektion in Kreise der Ebene verwandelt, und indem man die soeben durchgeführte Betrachtung umkehrt, erkennt man, daß auch jeder Kreis der Ebene einem Kreis auf der Kugel als Bild entspricht. Wenn ein auf der Kugel beweglicher Kreis gegen einen durch N gehenden Kreis rückt, so rückt NS gegen eine Kugeltangente in N, der Punkt M entfernt sich also ins Unendliche. Hieraus folgt, daß den durch N gehenden Kreisen der Kugel die Geraden der Bildebene entsprechen. Dies ist auch ohne Grenzübergang klar, da die Projektionsstrahlen eines durch N gehenden Kreises der Kugel in der Ebene dieses Kreises verlaufen, so daß die Schnitt*gerade* dieser Ebene mit der Bildebene als die Bildkurve des Kreises erscheint. Die Gesamtheit der Kreise auf der Kugel entspricht demnach bei stereographischer Projektion der Gesamtheit der Kreise und Geraden in der Ebene. Die stereographische Projektion ist *kreistreu*.

Wir denken uns nun irgendeine Abbildung a' der Kugelfläche auf sich selbst, bei der die Kreise der Kugel sämtlich in Kreise übergehen; z. B. kann a' eine Drehung der Kugel um irgendeinen (nicht notwendig durch N gehenden) Durchmesser sein. Dann entspricht der Abbildung a' durch die stereographische Projektion eine Abbildung a der Bildebene auf sich, die die Gesamtheit der Kreise und Geraden in sich überführt. Man nennt jede solche Abbildung der Ebene eine *Kreisverwandtschaft*.

In der euklidischen Ebene sind die Kreisverwandtschaften im allgemeinen keine umkehrbar eindeutigen Abbildungen. Denn bei der stereographischen Projektion entspricht dem Punkt N der Kugel kein Punkt der Ebene. Die Abbildung a' der Kugel wird nun im allgemeinen den Punkt N nicht fest lassen, sondern wird einen anderen Punkt P', dessen stereographisches Bild P sein möge, in N überführen. Dann hat der Punkt P bei der Kreisverwandtschaft a, die a' entspricht, keinen Bildpunkt. Wie in der projektiven Geometrie führt man zur Vereinheitlichung des Abbildungsvorgangs eine abstrakte Erweiterung der euklidischen Ebene durch. Diese Erweiterung geschieht aber in der Lehre von den Kreisverwandtschaften auf andere Weise wie in der projektiven Geometrie; man fügt nämlich zur euklidischen Ebene einen einzigen „unendlich fernen" Punkt U hinzu, den man als das Bild von N bei stereographischer Projektion auffaßt. Nach dieser Erweiterung ist die Ebene umkehrbar eindeutig und stetig auf die ganze Kugeloberfläche bezogen, und die Kreisverwandtschaften werden umkehrbar eindeutige Abbildungen; in dem oben angeführten Beispiel wird der Punkt P durch die Kreisverwandtschaft a auf U abgebildet. Bei der zugehörigen Kugelabbildung a' gehen natürlich die Kreise durch P' in die Kreise durch N über; folglich bildet a die Kreise durch P auf die Geraden der Ebene ab. Hiernach erweist es sich als zweckmäßig, die Geraden als „Kreise durch den unendlich fernen Punkt" aufzufassen. Parallele Geraden werden durch eine Kreisverwandtschaft entweder wieder in parallele Geraden oder in sich berührende Kreise übergeführt.

Triviale Beispiele von Kreisverwandtschaften sind die Bewegungen, Umklappungen und Ähnlichkeitstransformationen der Ebene; sie führen schon die euklidische Ebene selbst umkehrbar eindeutig in sich über; legen wir also diesen Abbildungen die durch U erweiterte Ebene zugrunde, so können wir sagen, daß diese Abbildungen Kreisverwandtschaften sind, die U fest lassen. Man kann nun umgekehrt beweisen, daß die einzigen Kreisverwandtschaften, die U fest lassen, die soeben genannten sind. Nach diesem Satz läßt sich leicht eine vollständige Übersicht über alle Kreisverwandtschaften der Ebene geben. Sei P derjenige Punkt der Ebene, der bei einer vorgegebenen Kreisverwandtschaft a_0 in U überführt wird, und sei P das stereographische Bild des Kugelpunktes P'. Dann erteilen wir der Kugel eine solche Drehung a', daß P' in N übergeht. Der Drehung a' entspricht eine Kreisverwandtschaft a, deren Eigenschaften mit denen von a' in einfacher anschaulicher Weise

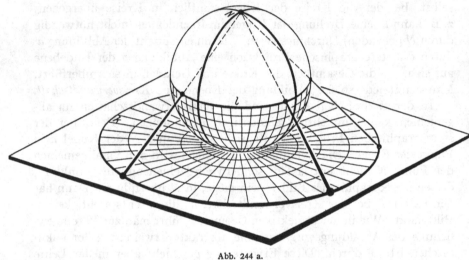

Abb. 244 a.

verknüpft sind. Nun kann sich die gegebene Kreisverwandtschaft a_0, die ebenso wie a den Punkt P in U überführt, von der Kreisverwandtschaft a nur durch eine Kreisverwandtschaft unterscheiden, die U fest läßt. Nach dem soeben angeführten Satz ist daher a_0 bis auf eine Bewegung, Umklappung oder Ähnlichkeitstransformation mit a identisch.

Wir haben früher erwähnt, daß die stereographische Projektion winkeltreu ist. Die Drehung a' ist nun eine winkeltreue Abbildung der Kugel. Da a aus a' durch stereographische Projektion hervorgeht, ist a eine winkeltreue Abbildung der Ebene. Da sich a_0 von a höchstens durch eine winkeltreue Abbildung unterscheidet, so folgt: *Alle Kreisverwandtschaften sind winkeltreu.*

Der Zusammenhang der Abbildungen a und a' ist in Abb. 244a, b durch Hervorhebung eines durch P gehenden Kreises k der Ebene veranschaulicht, der stereographisch einem Großkreis l der Kugel entspricht. Durch a' wird l in einen durch N gehenden Großkreis n übergeführt, der die Gerade g zum Bilde hat. Durch a geht also k in g über. Aus den Figuren erkennt man ferner, daß das Innere und das Äußere von k in die beiden von g begrenzten Halbebenen übergeht, was aus Stetigkeitsgründen ohnehin klar ist.

Die Umklappung u der Ebene um g ist eine Kreisverwandtschaft. Demnach ist die Abbildung $i = aua^{-1}$ eine Kreisverwandtschaft, die die Peripherie von k punktweise fest läßt und die das Innere und das Äußere dieses Kreises miteinander vertauscht. Die Abbildung i wird Inversion oder Spiegelung am Kreise k genannt. Diese Abbildung ist besonders wichtig und sei deshalb etwas genauer betrachtet.

Es sei h ein Kreis, der k in einem Punkt R senkrecht durchschneidet (Abb. 245). Dann treffen sich h und k in einem weiteren Punkt S und

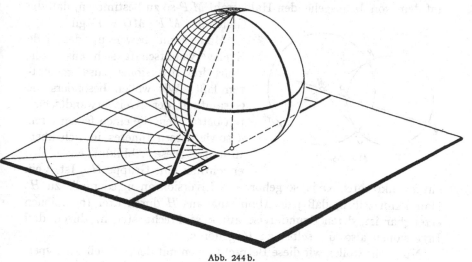

Abb. 244 b.

schneiden einander auch in S senkrecht. Die Tangenten an h in R und S sind dann Radien von k und treffen einander im Mittelpunkt M von k, der somit im Äußeren von h liegt. Durch die Inversion i muß h in einen Kreis h' übergehen, der ebenfalls durch R und S geht, denn diese Punkte bleiben fest. h' muß wegen der Winkeltreue der Inversion den Kreis k in R und S senkrecht durchschneiden. Das ist aber nur möglich, wenn h' mit h identisch ist. Somit wird durch i jeder Kreis h, der k senkrecht schneidet, in sich übergeführt. Da Inneres und Äußeres von k vertauscht werden, müssen auch die beiden Kreisbögen von h vertauscht werden, in die h durch k zerlegt wird.

Betrachten wir jetzt eine Gerade l durch M, z. B. die Gerade RM, die k zum zweitenmal in R' schneiden möge (Abb. 245). Dann muß l in einen Kreis oder eine Gerade l' übergehen, so daß l' in R und R' auf k senkrecht steht. Das ist nur möglich, wenn l' mit l identisch ist. Die Inversion führt demnach alle Durchmesser von k in sich über. Da diese

Geraden in der erweiterten Ebene außer M nur den unendlich fernen Punkt U gemein haben, so muß M mit U vertauscht werden. Die Gesamtheit der nicht durch M gehenden Geraden wird demnach mit der Gesamtheit der durch M gehenden Kreise vertauscht.

Sei nun P ein von R und S verschiedener Punkt von h. Dann kann das Bild von P bei der Inversion i nur der zweite Schnittpunkt Q der Geraden MP mit h sein, denn sowohl MP als auch h gehen in sich über. Nach dem elementaren Satz über das Produkt der Sehnenabschnitte im Kreis ist $MP \cdot MQ = MR^2$. Man nennt Q den zu P bezüglich k inversen Punkt, und wir haben ein Verfahren gefunden, um zu jedem Punkt P auch ohne den Hilfskreis h den inversen bezüglich k zu finden. Ist nämlich r der Radius von k, so haben wir den zu P inversen Punkt Q auf dem von M ausgehenden Halbstrahl MP so zu bestimmen, daß die Gleichung $MP \cdot MQ = r^2$ gilt.

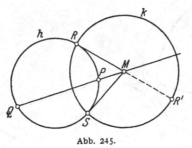

Abb. 245.

Man kann beweisen, daß jede Kreisverwandtschaft sich aus höchstens drei Inversionen zusammensetzen läßt. Wir wollen besonders die Gesamtheit der Kreisverwandtschaften betrachten, die einen festen Kreis k sowie dessen Inneres in sich überführen. Diese Abbildungen bilden ersichtlich eine Gruppe H. Ist n ein auf k senkrechter Kreis, so gehört die Inversion an n jedenfalls zu H. Man kann zeigen, daß jede Abbildung aus H durch drei Inversionen erzeugbar ist, deren Grundkreise auf k senkrecht stehen, durch drei Inversionen also, die selbst zu H gehören.

Nunmehr wollen wir diese Betrachtungen mit dem Modell der hyperbolischen Geometrie in Zusammenhang bringen, das wir im vorigen Paragraphen konstruiert haben. Die hyperbolische Ebene sei dargestellt durch das Innere eines Kreises m in einer horizontalen Ebene. Im Mittelpunkt von m legen wir auf die Ebene eine Kugel, die mit m gleich großen Radius hat (Abb. 246). Wir projizieren nun m und das Innere von m *durch vertikale Parallelprojektion* auf die untere Halbkugel, die von dem zu m kongruenten Großkreis l begrenzt wird. Dadurch wird zunächst diese Halbkugel zu einem weiteren Modell der hyperbolischen Ebene. Jede Sehne g von m geht in einen auf l senkrechten Halbkreis v der Kugel über, diese Halbkreise sind also jetzt als die Bilder der hyperbolischen Geraden anzusehen. Nunmehr projizieren wir *stereographisch* die Halbkugel auf die Ebene zurück, wobei eine Kreisscheibe k bedeckt wird. Das Innere von k ist damit zu einem neuen Modell der hyperbolischen Ebene geworden. In diesem Modell sind die Halbkreise v wegen der Winkeltreue und Kreistreue der stereographischen Projektion in Kreisbögen n übergegangen, die auf dem Kreise k senkrecht stehen.

Zu diesen Kreisbögen sind hier und im folgenden die Durchmesser von *k* als Grenzfälle hinzuzurechnen.

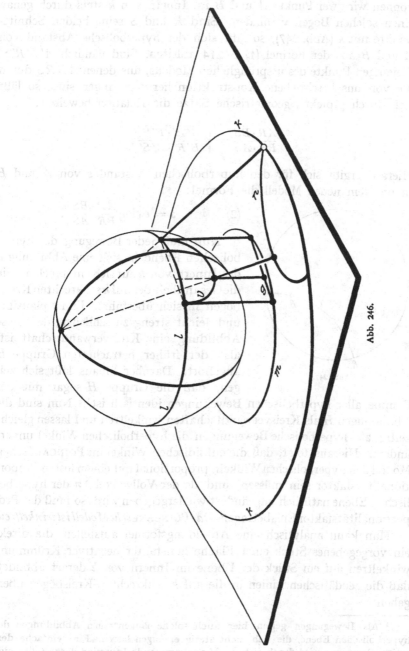

Abb. 246.

Wir wollen dieses neue Modell, das von POINCARÉ stammt, genauer betrachten. Aus unserer Ableitung folgt, daß die Gesamtheit der auf

k senkrechten Kreisbögen umkehrbar eindeutig der Gesamtheit der Sehnen eines anderen Kreises m zugeordnet werden kann. Demnach können wir zwei Punkte A und B im Innern von k stets durch genau einen solchen Bogen verbinden. Sind R und S seine beiden Schnittpunkte mit k (Abb. 247), so läßt sich der hyperbolische Abstand von A und B aus der Formel (1) S. 214 ableiten. Sind nämlich $A'B'R'S'$ diejenigen Punkte des ursprünglichen Modells, aus denen $ABRS$ durch die von uns beschriebene Konstruktion hervorgegangen sind, so läßt sich durch projektiv-geometrische Sätze die Relation beweisen:

$$\frac{AR \cdot BS}{BR \cdot AS} = \sqrt{\frac{A'R' \cdot B'S'}{B'R' \cdot A'S'}}.$$

Hieraus ergibt sich für den hyperbolischen Abstand s von A und B in unserem neuen Modell die Formel:

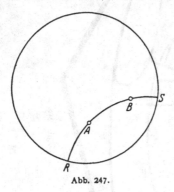
Abb. 247.

$$(2) \qquad s = c \left| \log \frac{AR \cdot BS}{BR \cdot AS} \right|.$$

Nun muß jeder Bewegung der hyperbolischen Ebene in sich eine Abbildung a des Innern von k auf sich entsprechen, die die Gesamtheit der auf k senkrechten Kreisbögen in sich überführt. Es ist plausibel und leicht streng zu schließen, daß diese Abbildung eine Kreisverwandtschaft ist, also der früher betrachteten Gruppe H angehört. Darüber hinaus läßt sich zeigen, daß die Gruppe H sogar mit der Gruppe aller hyperbolischen Bewegungen identisch ist[1]. Nun sind die Abbildungen H als Kreisverwandtschaften winkeltreu und lassen gleichzeitig als hyperbolische Bewegungen die hyperbolischen Winkel unverändert. Hieraus folgt, daß die euklidischen Winkel im POINCARÉschen Modell den hyperbolischen Winkeln proportional mit einem festen Proportionalitätsfaktor sein müssen, und da der Vollwinkel 2π der hyperbolischen Ebene natürlich ungeändert wiedergegeben wird, so muß der Proportionalitätsfaktor Eins betragen. *Das* POINCARÉ*sche Modell ist winkeltreu.*

Man kann analytisch eine Abbildungsformel aufstellen, die direkt ein vorgegebenes Stück einer Fläche konstanter negativer Krümmung winkeltreu auf ein Stück der Ebene im Innern von k derart abbildet, daß die geodätischen Linien in die auf k senkrechten Kreisbögen übergehen.

---

[1] Als Bewegungen gelten hier auch solche längentreuen Abbildungen der hyperbolischen Ebene, die sich nicht stetig erzeugen lassen. Eine einfache derartige Bewegung wird durch jede in H vorkommende Inversion dargestellt: eine „Umklappung" der hyperbolischen Ebene um eine Gerade. Nach S. 224 ist jede hyperbolische Bewegung durch höchstens drei Umklappungen erzeugbar.

Wir wollen jetzt den Beweis des S. 217 ausgesprochenen Satzes nach-
holen, daß die Winkelsumme im Dreieck in der hyperbolischen Geometrie
stets kleiner ist als π. Wir gehen von einem beliebigen Dreieck ABC
aus und legen das POINCARÉsche Modell zugrunde (Abb. 248). Nach den
Kongruenzaxiomen, die ja in der hyperbolischen Geometrie gelten,
können wir ein zu ABC kongruentes Dreieck $A'B'M$ zeichnen, bei dem
der C entsprechende Punkt M der Mittelpunkt von k ist. Nun haben
wir S. 223 gesehen, daß jeder durch M gehende auf k senkrechte Kreis
notwendig in einen Durchmesser von k entarten muß, während die
nicht durch M gehenden auf k senkrechten Kreise den Punkt M im
Äußern lassen. In unserem Modell werden demnach die hyperbolischen
Geraden $A'M$ und $B'M$ durch euklidische Geraden dargestellt, die
hyperbolische Gerade $A'B'$ dagegen durch einen Kreisbogen, der M
im Äußern läßt. Die *euklidischen* Winkel bei A' und B' fallen daher
in dem von zwei Geraden und einem
Kreisbogen begrenzten Dreieck $A'B'M$
kleiner aus als im geradlinigen Dreieck
$A'B'M$, und demnach bleibt auch die
Winkelsumme unter π. Wegen der
Winkeltreue des Modells gilt dasselbe
für die Summe der hyperbolischen
Winkel des hyperbolischen Dreiecks
$A'B'M$ und des dazu kongruenten Dreiecks ABC.

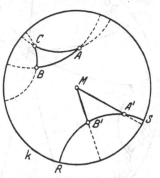

Abb. 248.

Es liegt nahe, unter den hyperbolischen Bewegungen nach diskontinuier-
lichen Gruppen zu suchen. In der elliptischen Geometrie reduzierte sich
dieses Problem auf die Betrachtung regulärer Polyeder, und es gab
nur wenige Gruppen dieser Art. In der euklidischen Geometrie war
die Aufstellung schon schwieriger. In der hyperbolischen Geometrie
ist nun die Anzahl der diskontinuierlichen Gruppen noch bei weitem
größer als in der euklidischen Geometrie. Alle diese Gruppen werden
im POINCARÉschen Modell durch Gruppen von Kreisverwandtschaften
realisiert, die als Untergruppen in H enthalten sind.

In der Funktionentheorie spielen diese Gruppen eine Rolle. Besonders wichtig unter ihnen sind die „Schiebungsgruppen". Als „Schie-
bung" bezeichnet man jede hyperbolische Bewegung, die sich stetig aus
der Identität erzeugen läßt und die keinen Punkt fest läßt. In der ebenen
elliptischen Geometrie gibt es kein Analogon dazu, da jede ebene
elliptische Bewegung einen Fixpunkt besitzt. In der euklidischen
Geometrie entsprechen den Schiebungen die Translationen. Für die
Zusammensetzung von Schiebungen besteht aber kein so einfaches
Gesetz wie für die Zusammensetzung von Translationen, da in der
hyperbolischen Geometrie die Eindeutigkeit des Parallelismus wegfällt.

Wir wollen uns auf diejenigen diskontinuierlichen Gruppen von Schiebungen beschränken, die einen geschlossenen Fundamentalbereich haben. Ihnen entsprechen die euklidischen Translationsgruppen mit einem Parallelogramm als Fundamentalbereich. Bei einer hyperbolischen Schiebungsgruppe mit geschlossenem Fundamentalbereich ist dieser niemals ein Viereck. Dagegen kann außer 4 jede andere durch 4 teilbare Zahl als Eckenzahl des Fundamentalbereichs auftreten. In Abb. 249 ist für den Fall achteckiger Fundamentalbereiche die Pflasterung der hyperbolischen Ebene mit solchen Fundamentalbereichen im POINCARÉschen Modell veranschaulicht. Die vollständige Pflasterung läßt sich natürlich nicht zeichnen, da die Kreisbogenachtecke sich gegen den Kreisrand zu immer

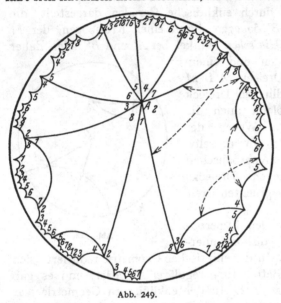

mehr zusammendrängen. Wie im Fundamentalparallelogramm der euklidischen Translationsgruppen sind auch hier die Seiten des Fundamentalbereichs paarweise gleich lang und äquivalent. In Abb. 249 ist diese Paarung an einem der Fundamentalbereiche angedeutet. Entsprechende Ekken verschiedener Fundamentalbereiche sind durch gleiche Ziffern gekennzeichnet. Man erkennt, daß um einen beliebig herausgegriffenen

Abb. 249.

Eckpunkt A herum jede Ziffer genau einmal auftritt. Hieraus folgt, daß die Winkelsumme im Fundamentalbereich 2π betragen muß. Auch in jeder anderen Schiebungsgruppe weisen die Fundamentalbereiche die analoge Anordnung auf, die Winkelsumme im Fundamentalbereich muß daher stets 2π betragen. Ferner müssen die Seiten in einer bestimmten, hier nicht näher zu beschreibenden Zuordnung paarweise gleich sein. Im übrigen kann der Fundamentalbereich beliebig vorgegeben werden. Daß die Winkelsumme 2π betragen muß, bildet den Grund dafür, warum keine viereckigen Fundamentalbereiche vorkommen können. Denn die Winkelsumme in einem hyperbolischen Viereck ist stets kleiner als 2π, wie man leicht durch Zerlegung des Vierecks in zwei Dreiecke erkennt.

Noch weit größer ist die Mannigfaltigkeit der Schiebungsgruppen mit offenem Fundamentalbereich. Eine solche Gruppe kommt in der Theorie der elliptischen Modulfunktion zur Anwendung.

§ 37. Methoden der Abbildung. Längentreue, inhaltstreue, geodätische, stetige und konforme Abbildung.

Wir haben öfters und auf verschiedene Arten Flächen aufeinander abgebildet, z. B. durch Zentralprojektion oder durch parallele Normalen. Wir wollen jetzt zusammenfassend die wichtigsten Arten von Abbildungen einander gegenüberstellen.

Das getreueste Bild einer Fläche gibt die *längentreue* Abbildung. Dabei ist die geodätische Entfernung zweier Punkte stets der geodätischen Entfernung ihrer Bildpunkte gleich, alle Winkel bleiben erhalten, und geodätische Linien gehen in geodätische Linien über. Wie schon erwähnt, lassen sich zwei beliebige Flächenstücke gewöhnlich nicht längentreu aufeinander abbilden. In entsprechenden Punkten müssen nämlich die GAUSSschen Krümmungen der Flächen übereinstimmen. Daher kann man auf ein Stück der Ebene nur solche Flächenstücke längentreu abbilden, deren GAUSSsche Krümmung überall verschwindet, also z. B. kein Stück einer Kugel. Jede Landkarte weist infolgedessen Verzerrungen auf.

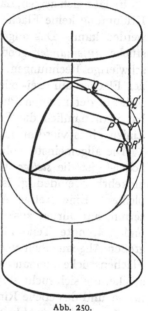

Weniger genau, dafür aber öfter anwendbar ist die *inhaltstreue* Abbildung. Sie wird durch die Forderung charakterisiert, daß jede geschlossene Kurve ein Flächenstück desselben Inhalts umschließt wie ihre Bildkurve. Es ist plausibel und leicht zu beweisen, daß diese Forderung für beliebige geschlossene Kurven erfüllt ist, wenn sie nur für alle „unendlich kleinen" geschlossenen Kurven gilt. Daher läßt sich die

Abb. 250.

inhaltstreue Abbildung leicht differentialgeometrisch charakterisieren.

Die inhaltstreue Abbildung wird in der Geographie viel benutzt. Es gibt ein einfaches Verfahren, um Teile der Kugel inhaltstreu auf Teile der Ebene abzubilden. Man legt um die Kugel einen Kreiszylinder vom gleichen Radius (Abb. 250). Man projiziert die Kugelpunkte nach außen längs der Zylindernormalen auf den Zylinder. Schneidet man den Zylinder längs einer Erzeugenden auf und wickelt ihn auf die Ebene ab, so erhält man, wie die Rechnung zeigt, ein inhaltstreues Bild der Kugel in der Ebene. Das Bild wird offenbar um so stärker verzerrt, je weiter man sich von dem Berührungskreise des Zylinders mit der Kugel entfernt.

Ebenfalls wichtig in der Geographie, vor allem für Schiffskarten, ist die *geodätische* Abbildung. Bei ihr wird verlangt, daß die geodätischen Linien der einen Fläche in die der anderen übergehen. Die längentreuen

Abbildungen sind also spezielle geodätische Abbildungen. Eine andere solche Abbildung haben wir beim Studium der elliptischen Geometrie betrachtet; projizieren wir die Kugel von ihrem Mittelpunkt aus auf eine Ebene, so gehen die Großkreise der Kugel in die Geraden der Ebene über; die Abbildung ist also geodätisch. Damit ist gleichzeitig eine geodätische Abbildung aller Flächen konstanter positiver GAUSSscher Krümmung auf die Ebene gegeben. Denn alle diese Flächen lassen sich längentreu auf Kugeln abbilden. Auch für alle Flächen konstanter negativer GAUSSscher Krümmung gibt es eine geodätische Abbildung auf die Ebene. Sie wird durch das in § 35 geschilderte Modell der hyperbolischen Ebene geleistet.

Es läßt sich zeigen, daß es außer den Flächen konstanter GAUSSscher Krümmung keine Fläche gibt, die auf die Ebene geodätisch abgebildet werden kann. Das allgemeine Problem, wann zwei krumme Flächenstücke *aufeinander* geodätisch abgebildet werden können, führt auf schwierige Rechnungen. Die Verallgemeinerung dieses Problems von den Flächen auf drei- oder mehrdimensionale Räume spielt eine gewisse Rolle in der neueren Physik; nach der allgemeinen Relativitätstheorie hat man nämlich die Bahnkurven materieller Punkte als geodätische Linien eines vierdimensionalen Kontinuums aufzufassen.

Die allgemeinste Abbildung, die überhaupt der Anschauung zugänglich ist, ist die *stetige* Abbildung. Bei ihr wird nur verlangt, daß sie umkehrbar eindeutig ist und daß benachbarte Punkte benachbart bleiben. Eine stetige Abbildung kann also jede Figur beliebig verzerren, nur dürfen zusammenhängende Teile nicht auseinandergerissen und getrennte Teile nicht zusammengeheftet werden. Trotz dieser großen Allgemeinheit vermag die stetige Abbildung nicht zwei beliebige Flächenstücke ineinander überzuführen. Ein Beispiel zweier Flächenstücke, die sich nicht stetig aufeinander abbilden lassen, sind die Kreisfläche und das ebene Ringgebiet zwischen zwei konzentrischen Kreisen

Abb. 251.

(Abb. 251). Nicht einmal die Ränder dieser beiden Flächenstücke lassen sich stetig aufeinander abbilden, da die Kreisscheibe von einer zusammenhängenden Kurve berandet wird, während der Rand des Ringgebiets aus zwei getrennten Stücken besteht.

Die Frage, wann zwei Flächen stetig aufeinander abgebildet werden können, gehört in den Problemkreis der Topologie, den wir im letzten Kapitel behandeln. Offenbar umfaßt diese Abbildungsart alle übrigen; eine geometrische Abbildung wird immer nur, soweit sie stetig ist, brauchbare Ergebnisse liefern. So hatten wir nach Abb. 250 Kugelstücke inhaltstreu auf die Ebene abgebildet. Die ganze Kugeloberfläche geht offenbar in ein Rechtecksgebiet über. Man erkennt, daß die Abbildung auf dem Rand des Rechtecks ihre anschauliche Bedeutung verliert, weil sie dort aufhört, stetig zu sein. In der neueren Topologie werden allerdings noch allgemeinere Abbildungen betrachtet, die nicht umkehrbar eindeutig, sondern nur in einer Richtung eindeutig und stetig sind, z. B. Abbildungen eines Flächenstücks auf ein Kurvenstück.

Eingehender als alle bisher genannten Abbildungsarten ist die *winkeltreue* oder *konforme* Abbildung untersucht worden. Sie wird durch die Forderung gekennzeichnet, daß die Winkel, unter denen sich zwei Kurven schneiden, unverzerrt wiedergegeben werden. Abgesehen von den längentreuen Abbildungen sind die stereographische Projektion und die Kreisverwandtschaften die einfachsten Beispiele solcher Abbildungen. Eine winkeltreue Abbildung von Flächen negativer GAUSSscher Krümmung auf die Ebene gibt uns das POINCARÉsche Modell der hyperbolischen Geometrie.

Die winkeltreue Abbildung hat mit der längentreuen etwas Gemeinsames. Es läßt sich nämlich analytisch zeigen, daß sehr kleine Figuren bei winkeltreuer Abbildung fast unverzerrt bleiben; d. h. außer den Winkeln bleiben zwar nicht die Längen, wohl aber die Längenverhältnisse annähernd erhalten, um so genauer, je kleiner die betrachtete Figur ist. Die Bezeichnung *konform* weist auf diese Eigenschaft hin. Im kleinen kommt demnach die konforme Abbildung der längentreuen am nächsten unter den hier beschriebenen Abbildungsarten. Denn aus unseren Beispielen ist ersichtlich, daß bei inhaltstreuen oder geodätischen Abbildungen auch beliebig kleine Figuren beliebig stark verzerrt werden können.

Während nun die längentreue Abbildung nur in sehr beschränktem Maße anwendbar ist, besitzt die konforme Abbildung eine große Anpassungsfähigkeit, und gerade durch die Frage nach ihrer Anwendbarkeit ist die konforme Abbildung in den Mittelpunkt fruchtbarer geometrischer Untersuchungen gerückt. Die einfachste Frage dieser Art, wann nämlich zwei *ebene* Flächenstücke konform aufeinander abgebildet werden können, führt auf eine anschauliche Deutung der komplexen Zahlen und wird in der *geometrischen Funktionentheorie* behandelt.

§ 38. Geometrische Funktionentheorie. RIEMANNscher Abbildungssatz. Konforme Abbildung im Raum.

Wir legen ein cartesisches Koordinatensystem in der Ebene zugrunde und ordnen jedem beliebigen Punkt P mit den Koordinaten x, y die komplexe Zahl $z = x + iy$ zu. Hierdurch ist eine eindeutige Beziehung zwischen den komplexen Zahlen und den Punkten der Ebene hergestellt. Es ist zweckmäßig, diese Beziehung dadurch zu vervollständigen, daß man der Ebene wie in der Lehre von den Kreisverwandtschaften einen unendlich fernen Punkt P_∞ zuschreibt, den man der „Zahl" ∞ zuordnet. Man nennt diese anschauliche Realisierung der komplexen Zahlen die *Zahlenebene*.

Abbildungen eines Stückes der Ebene auf ein anderes gehen hiernach in Zuordnungen zwischen komplexen Zahlen über. Als einfaches Beispiel möge die Beziehung $w = az + b$ betrachtet werden, wobei a, b beliebige komplexe Konstanten seien; nur sei $a \neq 0$ vorausgesetzt. Als Bild des Punkts, dem die komplexe Zahl z entspricht, sehen wir den Punkt an, dem $w = az + b$ entspricht. Die so entstehende Abbildung der Ebene auf sich ist nun einfach eine Ähnlichkeitstransformation, und umgekehrt erhält man alle stetig aus der Identität erzeugbaren Ähnlichkeitstransformationen der Ebene, wenn man den Zahlen a und b alle komplexen Werte außer $a = 0$ erteilt. Die Ähnlichkeitstransformationen, die nur durch eine Umklappung der Ebene, aber nicht in der Ebene selbst stetig erzeugbar sind, entsprechen der Gleichung $w = a\bar{z} + b$, wobei mit $\bar{z}$ die zu $z = x + iy$ konjugiert komplexe Zahl $\bar{z} = x - iy$ bezeichnet wird. Man kann diese Sätze elementar beweisen.

Den Kreisverwandtschaften, die P_∞ nicht fest lassen, entsprechen die *gebrochenen linearen Transformationen*

$$(1) \qquad w = \frac{az + b}{cz + d} \qquad (c \neq 0, \quad ad - bc \neq 0),$$

wenn man nur diejenigen Kreisverwandtschaften betrachtet, die stetig in der Ebene aus der Identität erzeugbar sind. Die übrigen erhält man, wenn man in (1) z durch $\bar{z}$ ersetzt. Die Inversion an dem um den Anfangspunkt geschlagenen Kreis k vom Radius 1 wird z. B. durch die Formel $w = \frac{1}{\bar{z}}$ dargestellt. Denn es ist

$$w = u + iv = \frac{1}{\bar{z}} = \frac{1}{x - iy} = \frac{x + iy}{x^2 + y^2},$$

also

$$(2) \qquad u = \frac{x}{x^2 + y^2}, \quad v = \frac{y}{x^2 + y^2}.$$

Sind M, P, Q die Punkte mit den Koordinaten $(0, 0)$, (x, y), (u, v), also P, Q die den Zahlen z, w zugeordneten Punkte, so folgt aus (2), daß P und Q auf demselben von M ausgehenden Halbstrahl liegen und daß die Abstände MP und MQ die Relation $MP \cdot MQ = 1$ erfüllen. P und Q liegen daher in der Tat invers zu k.

Geht man nun von einer allgemeineren Relation $w = f(z)$ aus, wo etwa $f(z)$ irgendeine gebrochene rationale Funktion von z ist, so wird auch durch diese Funktion stets eine *konforme* Abbildung der Ebene vermittelt. Man muß sich dann nur auf Gebiete der Ebene beschränken, die gewisse durch die Funktion bestimmte Punkte nicht enthalten.

Jede Funktion $f(z)$ von der Art, daß $w = f(z)$ eine konforme Abbildung in der Zahlenebene definiert, nennt man eine *analytische Funktion*[1]. Nicht nur die rationalen, sondern fast alle in der Praxis überhaupt

---

[1] Diese anschauliche Definition ist äquivalent damit, daß $f(z)$ *differenzierbar* ist, d. h. daß der Quotient $\dfrac{f(z) - f(z_0)}{z - z_0}$ in jedem Punkt z_0 des Gebiets gegen eine

vorkommenden Funktionen sind analytisch. Man kann mit den komplexen analytischen Funktionen weitgehend genau so rechnen wie mit reellen Funktionen reeller Veränderlicher. Das zweidimensionale Problem der konformen Abbildung wird damit auf Betrachtungen von eindimensionalem Typus zurückgeführt.

Durch solche Betrachtungen der komplexen Funktionentheorie kann man zunächst den wichtigen Satz beweisen, daß die Kreisverwandtschaften bzw. die ganzen und gebrochenen linearen Funktionen die einzigen konformen Abbildungen darstellen, die das Innere eines Kreises in das Innere oder Äußere eines (anderen oder desselben) Kreises überführen. Hiernach stellen uns die hyperbolischen Bewegungen im Poincaréschen Modell sämtliche konformen Abbildungen einer Kreisscheibe auf sich selbst dar. Wenn ich also von einer konformen Abbildung weiß, in was für ein Gebiet sie eine Kreisscheibe überführt, so ist die Abbildung durch diese Angabe bis auf eine hyperbolische Bewegung bestimmt. Dementsprechend können wir die analytischen Funktionen bis auf eine unwesentliche Transformation durch das Gebiet kennzeichnen, in das sie eine Kreisscheibe verwandeln. Gebiete, die durch eine Kreisverwandtschaft auseinander hervorgehen, wollen wir dabei nicht als

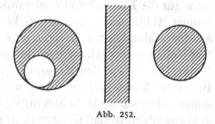

Abb. 252.

wesentlich verschieden ansehen. Z. B. können wir statt von einer Kreisscheibe auch von einer Halbebene ausgehen. So führt die Funktion $\sqrt{z}$ eine Halbebene in einen Quadranten über, und die Funktion $\log z$ verwandelt eine Halbebene in einen Streifen zwischen zwei parallelen Geraden. Durch lineare Transformationen läßt sich daher leicht eine konforme Abbildung herstellen, die die in Abb. 252 gezeichnete Kreisscheibe in eins der beiden anderen in dieser Abbildung gezeichneten Flächenstücke überführt.

In allen diesen und den später zu besprechenden Beispielen ist die Abbildung zwar in den inneren Punkten der Flächenstücke durchweg konform, auf dem Rand dagegen nur, soweit keine Ecken auftreten. Soll ein glatter Randbogen in einen geknickten übergehen, so kann natürlich die Abbildung dort nicht konform sein. Es ergibt sich, daß in solchen Punkten die Abbildung stets winkelproportional ist, d. h. daß alle Winkel mit dem gleichen Faktor multipliziert werden. So geht bei der durch $\sqrt{z}$ vermittelten Abbildung die Gerade, die die betrachtete Halbebene begrenzt, in die Schenkel eines rechten Winkels über. In dem

---

komplexe Zahl $f'(z_0)$ konvergiert, wenn z im Gebiet gegen z_0 strebt. Das Wesentliche dabei ist, daß die Zahl $f'(z_0)$ nicht davon abhängen darf, auf welchem Wege z in der Zahlenebene gegen z_0 rückt.

Punkt, der in den Scheitel des Winkels übergeht, werden alle Winkel auf die Hälfte verkleinert.

RIEMANN hat den wichtigen Satz aufgestellt, daß jedes ebene Gebiet, das nicht die ganze euklidische Ebene ist und das umkehrbar eindeutig und stetig auf die Kreisscheibe abgebildet werden kann, auch *konform* auf sie abbildbar ist. Dieser Satz gibt eine Vorstellung von der Mannigfaltigkeit der analytischen Funktionen.

Der RIEMANNsche Abbildungssatz wurde von RIEMANN selbst nicht streng bewiesen, sondern nur als äquivalent einem Variationsproblem, dem sog. DIRICHLETschen Problem, erkannt, von dem RIEMANN als evident annahm, daß es eine Lösung besitzt. Die Lösbarkeit des DIRICHLETschen Problems ist erst viel später streng bewiesen worden. Inzwischen ist es auch gelungen, den RIEMANNschen Abbildungssatz auf dem folgenden einfacheren Wege zu beweisen.

Um ein beliebiges in eine Kreisscheibe deformierbares Gebiet G konform auf die Kreisscheibe K abzubilden, geht man von irgendeiner konformen Abbildung a_0 aus, die G konform auf ein Teilgebiet K_0 von K abbildet. Man kann z. B. für a_0 eine Ähnlichkeitstransformation wählen. Wir wollen auch noch fordern, daß bei a_0 irgendein vorgegebener innerer Punkt P von G in den Kreismittelpunkt M übergeht. Sei jetzt R_0 das Bild irgendeines anderen inneren Punktes Q von G. Dann läßt sich zeigen: Man kann die Abbildung a_0 in eine andere konforme Abbildung a_1 verwandeln, so daß G durch a_1 in ein Teilgebiet K_1 von K übergeführt wird, so daß ferner wieder P in M übergeht, *und so daß Q in einen Punkt R_1 des Radius $M R_0$ übergeht, der von M weiter als R_0 entfernt ist.* Der Übergang von a_0 zu a_1 wird übrigens durch eine konforme Abbildung geliefert, der die Quadratwurzel aus einer gebrochenen linearen Funktion entspricht. Auf dieselbe Art kann ich auch a_1 wieder abändern, und so gelange ich zu einer Folge von konformen Abbildungen a_n des Gebietes G auf Teilgebiete K_n von K, so daß bei allen diesen Abbildungen der Punkt P in M, und der Punkt Q in eine Folge von Punkten R_n übergeht, die sich auf dem Radius $M R_0$ immer weiter von M entfernen. Es zeigt sich nun, daß die Gebiete K_n die Kreisscheibe K immer mehr ausfüllen und daß die Folge der Abbildungen a_n gegen eine konforme Abbildung a konvergiert. a bildet G konform auf K ab, wie der RIEMANNsche Satz es gefordert hatte.

Das hier skizzierte, von KOEBE stammende Verfahren zeigt, daß die gesuchte Abbildung durch eine Extremaleigenschaft ausgezeichnet ist. Offenbar ist nämlich der Punkt R von K, in den Q durch a abgebildet wird, derjenige Punkt auf $M R_0$, gegen den die Punkte R_n konvergieren. Für alle n ist daher $M R > M R_n$. Dieselbe Ungleichung gilt auch, wenn wir den Abstand nicht euklidisch, sondern hyperbolisch messen, indem wir das Innere von K als POINCARÉsches Modell der hyperbolischen Ebene ansehen. Denn der hyperbolische Abstand eines Punkts vom

Kreismittelpunkt M wird wie der euklidische längs der Radien gemessen, da diese die durch M gehenden hyperbolischen Geraden darstellen (vgl. S. 223, 227). Nun gibt es außer a noch andre konforme Abbildungen b von G auf K. Nach einem früher erwähnten Satz kann sich aber b von a nur durch eine hyperbolische Bewegung von K unterscheiden. Sind daher S, T die Bilder von P, Q bei b, so sind die hyperbolischen Abstände MR und ST notwendig gleich. Damit haben wir die gesuchte Extremaleigenschaft gefunden: *Bei jeder konformen Abbildung von G auf K haben die Bildpunkte eines beliebigen Paares innerer Punkte von G größeren hyperbolischen Abstand in K als bei jeder konformen Abbildung von G auf ein Teilgebiet von K.*

Im Sinn der hyperbolischen Geometrie können wir das Verfahren auch so beschreiben: Wenn wir G auf ein Gebiet K' der hyperbolischen Ebene konform abbilden, und wenn wir die Abbildung stetig so abzuändern suchen, daß sie konform bleibt, daß sich aber irgend zwei herausgegriffene Punkte voneinander immer mehr entfernen, so füllt K' allmählich die ganze hyperbolische Ebene aus. Der Abstand der beiden Punkte wächst bis zu einem *endlichen* Maximum, das dann und nur dann erreicht wird, wenn K' die ganze hyperbolische Ebene ausfüllt.

Es liegt nahe zu versuchen, das Innere von G statt auf die hyperbolische auf die euklidische Ebene konform abzubilden. Die *stetige* Abbildung ist natürlich möglich, da sich das Innere von G nach Voraussetzung auf das Innere eines Kreises und das Innere eines Kreises offenbar auf die euklidische Ebene stetig abbilden läßt (z. B. können wir das Kreisinnere H durch stereographische Projektion auf eine Halbkugel und diese durch Zentralprojektion vom Kugelmittelpunkt aus auf die euklidische Ebene E stetig abbilden). Die *konforme* Abbildung von H auf E ist aber unmöglich. Bei einer solchen Abbildung müßte nämlich jeder konformen Abbildung von H auf sich selbst eine konforme Abbildung von E auf sich selbst entsprechen. Die Gesamtheit der konformen Abbildungen von H auf sich sind die hyperbolischen Bewegungen, die eine dreiparametrige Schar bilden. Bestände also eine konforme Abbildung $H \rightarrow E$, so müßte auch die Gesamtheit der konformen Abbildungen von E auf sich eine dreiparametrige Schar bilden. Solche Abbildungen sind aber jedenfalls die Ähnlichkeitsformationen. Sie bilden eine vierparametrige Schar. Denn stellt man sie in der Form $w = az + b$ dar, so werden sie durch die beiden komplexen Zahlen a und b, also durch vier reelle Zahlen bestimmt. Demnach gibt es keine konforme Abbildung von H auf E. Übrigens ist mit den Ähnlichkeitstransformationen die Gesamtheit der konformen Abbildungen von E auf sich erschöpft.

Im Raum läßt sich die konforme Abbildung genau so definieren wie in der Ebene. Im Raum aber ist die Gesamtheit aller konformen Abbildungen sehr beschränkt. Alle diese Abbildungen sind nämlich Kugelverwandtschaften, d. h. sie führen die Gesamtheit der Kugeln und Ebenen in sich über. Die Gesamtheit aller Kugelverwandtschaften bildet eine zehnparametrige Schar. Eine besonders einfache Kugelverwandtschaft ist die räumliche Inversion. Sie ist ähnlich definiert wie die Inversion in der Ebene; nachdem ein fester Punkt M und eine feste positive Zahl r willkürlich vorgegeben sind, wird jedem von M verschiedenen Punkt P derjenige Punkt Q als Bild zugeordnet, der auf der von M ausgehenden Halbgraden MP liegt und die Gleichung $MP \cdot MQ = r^2$ erfüllt. Jede Kugelverwandtschaft läßt sich aus einer räumlichen Inversion und einer Ähnlichkeitstransformation zusammensetzen.

§ 39. Konforme Abbildung krummer Flächen. Minimalflächen. PLATEAUsches Problem.

Ein Beispiel für eine konforme Abbildung einer gekrümmten Fläche auf die Ebene ist die stereographische Projektion. Durch sie geht jede konforme Abbildung in der Ebene in eine konforme Abbildung auf der Kugel über. Den konformen Abbildungen der Kugel, die einen Punkt N festlassen, entsprechen bei stereographischer Projektion von N aus die konformen Abbildungen der euklidischen Ebene auf sich selbst. Wie wir erwähnten, sind das die Ähnlichkeitstransformationen und nur sie. Demnach sind alle konformen Abbildungen der Kugelfläche auf sich, die einen Punkt festlassen, Kreisverwandtschaften. Jede beliebige konforme Abbildung der Kugelfläche auf sich kann ich durch Drehung der Kugel um einen Durchmesser in eine Abbildung verwandeln, die einen Punkt festläßt. Daher muß die Gesamtheit aller konformen Abbildungen der Kugel auf sich mit der Gesamtheit der Kreisverwandtschaften auf der Kugel identisch sein, also der Transformationen, die den Kreisverwandtschaften der Ebene durch stereographische Projektion entsprechen. Die Kreisverwandtschaften der Ebene werden durch Formel (1), S. 232, dargestellt. Dabei treten vier komplexe Konstanten auf, die jedoch nur bis auf einen komplexen gemeinsamen Faktor bestimmt sind. Demnach bilden die Kreisverwandtschaften der Ebene und ebenso die der Kugel eine sechsparametrige Schar.

Man kann nun zeigen, daß jede beliebige geschlossene Fläche, die stetig auf die Kugel abgebildet werden kann, wie z. B. das Ellipsoid, auch konform auf die Kugel abbildbar ist. Hieraus folgt, daß irgend zwei solche Flächen stets auch aufeinander konform abgebildet werden können, und daß jede solche Fläche eine genau sechsparametrige Schar konformer Abbildungen auf sich selbst gestattet.

Die Flächen, die sich stetig auf das Innere eines Kreises oder auf die euklidische Ebene abbilden lassen, wie z. B. das hyperbolische Paraboloid, können sicher nicht alle konform aufeinander abgebildet werden, da ja z. B. das Kreisinnere nicht konform auf die euklidische Ebene abbildbar ist. Es gilt aber der wichtige „Entweder-Oder"-Satz, daß jede

solche Fläche entweder auf das Innere eines Kreises oder auf die euklidische Ebene konform abgebildet werden kann.

Auch für andere Flächentypen, z. B. die Oberfläche eines Torus,
läßt sich die Frage nach der konformen Abbildbarkeit vollständig be-
antworten. Da hierbei topologische Hilfsmittel benötigt werden, werden
wir erst im Kapitel über Topologie darauf zurückkommen.

Ein besonders interessantes Beispiel konformer Abbildung geben uns
die Minimalflächen. Wir haben diese Flächen dadurch charakterisiert
(S. 167), daß in jedem ihrer Punkte beide Hauptkrümmungen entgegengesetzt gleich sind. Aus dieser Definition läßt sich leicht folgern, daß bei
den Minimalflächen die sphärische Abbildung konform ist, und umgekehrt läßt sich leicht zeigen, daß außer den Kugeln die Minimalflächen
die einzigen Flächen sind, bei denen die sphärische Abbildung konform
ausfällt. Die Minimalflächen stehen deswegen in enger Beziehung zur
Funktionentheorie. Man kann jede analytische komplexe Funktion zur
Bestimmung einer Minimalfläche verwenden.

Spannt man in einen geschlossenen Draht eine Membran aus Seifenhaut, so nimmt diese, wie früher erwähnt, die Gestalt einer Minimalfläche
an. So ergibt sich das zuerst von PLATEAU gestellte Problem, zu jeder
gegebenen geschlossenen Raumkurve ein Minimalflächenstück anzugeben,
das von der Kurve begrenzt wird. Lange Zeit hat man sich vergeblich
bemüht, auch nur die Existenz einer solchen Minimalfläche für jeden
vorgegebenen Rand zu beweisen. Erst in neuester Zeit hat J. DOUGLAS[1]
eine Lösung des allgemeinen PLATEAUschen Problems gegeben.

DOUGLAS ersetzt das Problem durch ein noch umfassenderes; er
sucht nicht nur eine Minimalfläche M, die in die gegebene Raumkurve r
eingespannt ist, sondern auch ihre konforme Abbildung auf eine ebene
Kreisscheibe K. Zu diesem Zweck wird zunächst die Abbildung betrachtet, durch die hierbei die Kurve r auf die Peripherie k von K übergeht. Es zeigt sich, daß diese Abbildung durch eine Extremaleigenschaft
ausgezeichnet ist. Jeder Sehne s von r entspricht durch die Abbildung
ihrer Endpunkte eine Sehne s' von k. Bezeichnet man das Verhältnis s'/s
als Streckung der Sehne s und bildet man vom reziproken Quadrat der
Streckung den Mittelwert über alle Sehnen von r, so wird bei der gesuchten Abbildung dieser Mittelwert so klein wie möglich[2]. Man kann

---

[1] Trans. Amer. math. Soc. Bd. 33 (1931). Unter etwas spezielleren Voraussetzungen hat kurz vorher T. RADÓ das PLATEAUsche Problem gelöst [Math. Z.
Bd. 32 (1930)].

[2] In Formeln: Sind P und Q zwei Punkte von r, die in die Punkte P' und Q'
von k übergehen, sind α und β die Winkelargumente von P' und Q' und setzt man
$\dfrac{PQ}{P'Q'} = v(\alpha, \beta)$, so hat das Doppelintegral

$$\int\limits_{\alpha=0}^{2\pi} \int\limits_{\beta=0}^{2\pi} [v(\alpha, \beta)]^2 \, d\alpha \, d\beta$$

bei der gesuchten Abbildung den kleinstmöglichen Wert.

also sagen, daß die gesuchte Abbildung alle Punkte von r im Mittel möglichst weit voneinander entfernt. Es läßt sich nun zeigen, daß eine Abbildung mit dieser Extremaleigenschaft stets existiert. Mit Hilfe dieser Abbildung $r \to k$ lassen sich dann die cartesischen Koordinaten der übrigen Punkte von M als Ortsfunktionen auf K durch bekannte analytische Formeln[1] darstellen.

Setzt man r als ebene Kurve voraus, so entartet M in das ebene Gebiet G, das von r begrenzt wird. Das DOUGLASsche Verfahren liefert dann eine konforme Abbildung von G auf K, also eine Lösung des RIEMANNschen Abbildungsproblems. Diese Lösung ergibt sich offenbar gerade auf dem umgekehrten Weg wie bei dem früher beschriebenen Verfahren. Das frühere Konstruktionsverfahren ging von einem Paar innerer Punkte von G aus; indem man den hyperbolischen Abstand ihrer Bilder vergrößerte, wurde der Rand von G von selbst allmählich mit dem Rand von K zur Deckung gebracht. Das Verfahren von DOUGLAS dagegen ermittelt zunächst eine geeignete durch eine Extremaleigenschaft ausgezeichnete Abbildung des Randes von G auf den Rand von K. Die Abbildung der inneren Punkte ergibt sich dann von selbst.

Für spezielle Raumkurven r lassen sich die zugehörigen Minimalflächen auf viel einfacherem Wege bestimmen, z. B. wenn man für r ein räumliches geschlossenes geradliniges Polygon wählt. Während im allgemeinen die Minimalfläche in r einen singulären Rand besitzt, kann man es durch spezielle Wahl von r erreichen, daß die Minimalfläche sich über r hinaus regulär fortsetzen läßt. Auf diese Weise ist es NEOVIUS[2] gelungen, eine Minimalfläche zu konstruieren, die sich ohne Singularität und Selbstdurchdringung durch den ganzen Raum erstreckt und die gleiche Symmetrie besitzt wie das Diamantgerüst.

Das sphärische Bild dieser Fläche kann ebenfalls keinen Rand besitzen. Auch läßt sich zeigen, daß auf Minimalflächen keine parabolischen Kurven verlaufen, in denen das sphärische Bild umgeklappt sein könnte. Andererseits kann das sphärische Bild der NEOVIUSschen Fläche nicht glatt die ganze Kugel überdecken, da sonst jene Fläche stetig auf die Kugel abbildbar wäre. Der Widerspruch löst sich dadurch, daß auf der NEOVIUSschen Fläche Affensättel auftreten. In ihnen wird ein einmaliger Umlauf auf der Fläche in einen mehrmaligen Umlauf auf dem sphärischen Bild verwandelt (vgl. S. 179). Das sphärische Bild der NEOVIUSschen Minimalfläche überzieht nun die Kugel in unendlich vielen Schichten, die untereinander in den Bildern der Affensättel zusammenhängen. Auch bei vielen anderen Minimalflächen zeigt das sphärische Bild einen analogen Verlauf. RIEMANN wurde auf derart über der Kugel oder der Ebene ausgebreitete Flächen geführt, indem er die konforme Abbildung, die

---

[1] POISSONsche Integrale über r.

[2] E. R. NEOVIUS: Bestimmung zweier speziellen periodischen Minimalflächen. Akad. Abhandlung, Helsingfors 1883.

durch nichtlineare Funktionen, z. B. $w = z^2$, vermittelt wird, in ihrem Gesamtverlauf verfolgte. Die Stellen, in denen die Schichten einer RIE-MANNschen Fläche analog wie das sphärische Bild eines Affensattels miteinander zusammenhängen, werden nach RIEMANN als Windungspunkte bezeichnet.

Fünftes Kapitel.

Kinematik.

Wir haben bisher hauptsächlich die im Raum *festen* Gebilde untersucht, da die Geometrie von diesen Gebilden ausgehen muß. Aber bereits in den Elementen der Geometrie spielt der Begriff der *Bewegung* eine Rolle. So haben wir zwei Figuren kongruent genannt, wenn sie durch eine Bewegung miteinander zur Deckung gebracht werden können. Ferner haben wir bewegliche Hyperboloide betrachtet (S. 15), haben Regelflächen durch eine wandernde Ebene bestimmt (S. 181) und haben Flächen verbogen und verzerrt (viertes Kapitel). In der Kinematik werden nun Bewegungen systematisch untersucht.

Wir wollen zunächst einen Teil der Kinematik behandeln, der eng mit der elementaren Metrik zusammenhängt: die Lehre von den Gelenkmechanismen. An zweiter Stelle wollen wir die stetigen Bewegungsvorgänge allgemeiner untersuchen; dabei werden wir nach differentialgeometrischen Methoden verfahren.

§ 40. Gelenkmechanismen.

Einen ebenen Gelenkmechanismus nennt man jedes ebene System von starren Stäben, die teilweise miteinander oder mit festen Punkten der Ebene drehbar verbunden sind, so daß das System in seiner Ebene noch bewegt werden kann. Der einfachste solche Mechanismus ist ein einziger starrer Stab, der in einem Endpunkt drehbar in der Ebene befestigt ist, also ein Zirkel. So wie der freie Endpunkt des Zirkels einen Kreis beschreibt, bewegen sich auch bei allen anderen ebenen Gelenkmechanismen alle Punkte der Stäbe auf algebraischen Kurven; d. h. auf Kurven, deren Koordinaten in einem cartesischen System einer algebraischen Gleichung genügen. Umgekehrt kann man zu jeder noch so komplizierten algebraischen Kurve eine geeignete Verbindung von Gelenken finden, mit deren Hilfe diese Kurve (wenigstens stückweise) konstruiert werden kann.

Für die einfachste algebraische Kurve, die gerade Linie, eine derartige Konstruktion anzugeben, ist das berühmte Problem der Geradführung. Ein Modell der Geradführung, den Inversor von PEAUCELLIER, werde hier näher betrachtet. Wir gehen aus von dem in Abb. 253

D. Hilbert, S. Cohn-Vossen, *Anschauliche Geometrie*, 2. Aufl.,
DOI 10.1007/978-3-642-19948-6_5, © Springer-Verlag Berlin Heidelberg 2011

gezeichneten Mechanismus, der aus sechs Stäben besteht. Von ihnen sind a und b gleich lang, ebenso c, d, e, f. a und b sind in dem festen Punkt O drehbar befestigt. In jeder Stellung dieses Mechanismus müssen P und Q mit O in einer Geraden liegen, nämlich auf der Winkelhalbie

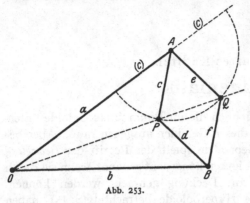

renden von $\sphericalangle AOB$. Mit Hilfe des Kreises um A mit dem Radius c erkennt man ferner auf Grund des Sehnensatzes, daß in jeder Stellung des Mechanismus die Relation gilt:

$$OP \cdot OQ = (OA + c)(OA - c)$$
$$= a^2 - c^2 .$$

Abb. 253.

Demnach liegen P und Q invers zum Kreis mit dem Mittelpunkt O und dem Radius $\sqrt{a^2 - c^2}$ (vgl. S. 223, 224). Offenbar kann man P an jede Stelle des konzentrischen Kreisrings um O mit den Radien $\sqrt{a^2 - c^2}$ und $a - c$ bringen. Unser Apparat konstruiert also zu jedem Punkt dieses Gebiets den inversen bezüglich des genannten Kreises; der Mechanismus wird deshalb ein Inversor genannt. Beschreibt nun P einen Kreis, der durch O geht,

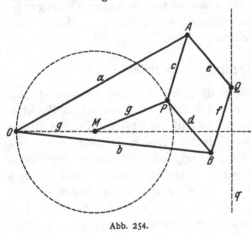

so muß Q eine Gerade durchlaufen (S. 223, 224). Wir bringen deshalb in P noch einen Stab g an (Abb. 254), dessen zweiten Endpunkt wir in einem Punkt M befestigen, der von O den Abstand g hat. Dann ist P gezwungen, auf dem Kreis um M mit dem Radius g zu bleiben. Wegen der Gleichung $OM = g$ geht dieser Kreis durch O. Daher beschreibt Q eine Gerade q, und unser Problem ist gelöst. Wie man

Abb. 254.

leicht einsieht, steht q senkrecht auf OM; die Peaucelliersche Geradführung ist daher zugleich ein Mittel, um auf eine gegebene Gerade ein Lot zu fällen.

Im Raum sind die Gelenkmechanismen in analoger Weise erklärt. Die Gelenke, in denen die Stäbe aneinander oder an festen Raumpunkten befestigt sind, müssen aber in diesem Fall nicht nur ebene Drehungen gestatten, sondern Drehungen in allen räumlichen Rich tungen. Für einen gewissen Spielraum läßt sich das durch Kugelgelenke praktisch erreichen. Die Stabenden eines räumlichen Gelenkmechanismus beschreiben stets algebraische Flächen. Dagegen ist bisher nicht bewiesen worden, daß jede algebraische Fläche durch einen Gelenkmechanismus konstruierbar ist. Dieser Satz ist höchst wahrscheinlich richtig.

Wir wollen wieder die einfachste dieser Konstruktionen, nämlich die ebene Führung eines Punkts, betrachten. Zu diesem Zweck gehen wir von dem beweglichen Stangenmodell des einschaligen Hyperboloids aus (S. 15 und 26). Seien g und g' zwei Geraden der einen Regelschar, h eine laufende Gerade der anderen Regelschar, die g und g' in den laufenden Punkten H und H' schneidet. Das Stangenmodell möge nun bewegt werden, aber unter Festhaltung der Stange g (vgl. Abb. 255).

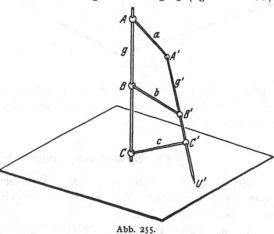

Dann behält jeder Punkt H' von g' festen Abstand von dem auf g zugeordneten Punkt H. Die Punkte von g' beschreiben also bei der Bewegung des Modells Kugeln um die zugeordneten Punkte von g. Wählen wir nun die Stellung der Geraden h so, daß sie g im unendlich fernen Punkt U von g schnei-

Abb. 255.

det, und ist U' der Schnittpunkt von h mit g', also der U zugeordnete Punkt, so muß U' im Endlichen liegen; denn sonst wäre $UU' = h$ eine unendlich ferne Gerade der Fläche, diese wäre also kein Hyperboloid, sondern ein hyperbolisches Paraboloid (vgl. S. 106). Bei der Bewegung des Modells beschreibt demnach U' eine Kugel mit unendlich großem Radius, d. h. eine Ebene.

Aus dieser Überlegung ergibt sich eine einfache Ebenführung. Durch drei Stangen der einen Schar ist das Hyperboloid völlig bestimmt. Wir befestigen daher an einer festen Stange g (Abb. 255) in drei Kugelgelenken A, B, C drei weitere Stangen a, b, c. Deren Enden befestigen wir durch Kugelgelenke an drei Punkte A', B', C' einer Stange g'. Damit a, b, c ein Hyperboloid und kein hyperbolisches Paraboloid erzeugen, genügt es, die Punkte so zu wählen, daß $AB : AC \neq A'B' : A'C'$. Man kann nämlich zeigen, daß auf einem hyperbolischen Paraboloid die Abstände dreier Punkte auf g sich stets verhalten wie die Abstände der auf g' zugeordneten Punkte. In unserem Mechanismus hat jeder Punkt von g' zwei Freiheitsgrade, denn das bewegliche, durch a, b, c bestimmte Hyperboloid kann ∞^1 Formen annehmen, und jede dieser Flächen gestattet noch eine beliebige Drehung um g als Achse[1]. Nach dem vorher Gesagten

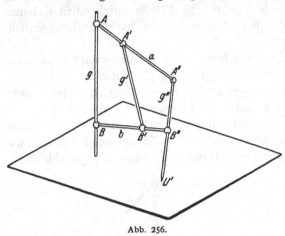

laufen die Punkte von g' auf Kugeln mit g als Durchmesser, und ein Punkt U' von g' beschreibt einen Teil einer auf g' senkrechten Ebene. Man erkennt, daß U' alle Punkte eines ebenen Kreisrings um g als Achse durchläuft. Damit ist unsere Aufgabe gelöst. Eine andere mögliche Lösung ist in Abb. 256 ge-

Abb. 256.

zeichnet. Man erhält diesen Mechanismus aus dem vorigen, wenn man die Rollen der beiden Regelscharen des beweglichen Hyperboloids vertauscht.

§ 41. Bewegung ebener Figuren.

Über eine feste Ebene möge eine zweite bewegliche Ebene in beliebiger Weise hingleiten. Wir wollen diesen Vorgang möglichst einfach geometrisch kennzeichnen.

Wie wir früher ausführlich erörtert haben, ist jede Bewegung einer Ebene in sich hinsichtlich ihrer Anfangs- und Endlage mit einer einzigen Drehung oder einer einzigen Parallelverschiebung identisch (S. 54). Wenn wir die Parallelverschiebungen als Drehungen um einen unendlich fernen Punkt auffassen, können wir sagen, daß ausnahmslos jede ebene Bewegung durch eine Drehung um einen bestimmten Mittelpunkt ersetzt werden kann.

Es sei nun ein bestimmter Bewegungsvorgang gegeben. Dann hat die bewegliche Ebene zu einer Zeit t eine bestimmte Lage A. Mit dieser Lage vergleichen wir die Lage A_h, die die bewegliche Ebene in einem kurz darauffolgenden Zeitpunkt $t + h$ einnimmt. Zu der Lagenänderung

---

[1] Man kann die Freiheitsgrade auch folgendermaßen abzählen: Wäre die Stange g' nicht vorhanden, so hätte das Tripel der Punkte $A'B'C'$ sechs Freiheitsgrade, da jeder einzelne auf einer Kugel beweglich ist und somit zwei Freiheitsgrade hat. Daß nun C' mit $A'B'$ auf einer Geraden liegen soll, bedeutet zwei Bedingungen, und daß $A'B'$ und $A'C'$ feste Länge haben, liefert je eine weitere Bedingung. Also ergeben sich $6 - 2 - 1 - 1 = 2$ Freiheitsgrade nach den in § 24 erläuterten Methoden.

$A \to A_h$ gehört ein bestimmter Drehmittelpunkt M_h. Wenn h immer kleiner gewählt wird, wenn sich also A_h immer weniger von A unterscheidet, rückt M_h gegen eine Grenzlage M. Der Punkt M heißt das Momentanzentrum der Bewegung im Zeitpunkt t. Die Bewegungsrichtung jedes andern Punktes P der bewegten Ebene steht in diesem Augenblick auf PM senkrecht.

Wenn wir das Momentanzentrum für alle Zeitpunkte der Bewegung bestimmen, so ergibt sich in der festen Ebene als geometrischer Ort der Momentanzentren eine Kurve, die die Polhodie der Bewegung genannt wird. Nun können wir aber bei derselben Bewegung auch die vorher bewegliche Ebene als fest und die vorher feste Ebene als beweglich ansehen; so wird der Vorgang einem Beobachter erscheinen, der mit der zuerst beweglich gedachten Ebene mitgeführt wird. Also ergibt sich auch in dieser Ebene eine bestimmte Kurve als Ort der Momentanzentra; sie wird als Herpolhodie bezeichnet. Beide Kurven sind überall stetig; sie können auch durchs Unendliche laufen, müssen aber dort im Sinne der projektiven Geometrie geschlossen sein, d. h. sie müssen bei Zentralprojektion auf eine andere Ebene in Kurven übergehen, die an den entsprechenden Stellen des Horizonts stetig sind.

Die genauere Untersuchung ergibt nun, daß durch die Gestalt der Polhodie und der Herpolhodie die Bewegung völlig bestimmt ist, wenn noch zwei Punkte beider Kurven gegeben werden, die in irgendeinem Moment der Bewegung aufeinanderfallen. Wir erhalten nämlich den Bewegungsvorgang wieder, wenn wir beide Kurven so aneinanderlegen, daß sie sich in den angegebenen Punkten berühren, und wenn wir hierauf die Herpolhodie unter Mitführung ihrer Ebene auf der Polhodie abrollen lassen, ohne daß sie gleitet. Dabei berühren die Kurven einander stets im jeweiligen Momentanzentrum der Bewegung. Da die Kurven aufeinander abrollen, ohne zu gleiten, so folgt, daß zwei Punkte der Polhodie und die zwei zugehörigen Punkte der Herpolhodie stets gleich lange Bögen auf beiden Kurven begrenzen.

Wir haben damit für die stetigen Bewegungsvorgänge eine ähnlich einfache Kennzeichnung gewonnen wie früher für die einzelnen Bewegungen; jeder stetige Bewegungsvorgang entsteht durch Abrollung einer Kurve auf einer andern. Dabei muß zugelassen werden, daß beide Kurven in Punkte ausarten (Drehung).

Als Beispiel betrachten wir in der festen Ebene eine beliebige Kurve k und in der beweglichen Ebene eine Gerade g und verlangen, daß bei der Bewegung ein Punkt P von g die Kurve k durchläuft und daß g dabei stets auf k senkrecht steht (Abb. 257). Aus der Definition des Krümmungsmittelpunkts folgt unmittelbar, daß das Momentanzentrum M hier stets der zu P gehörige Krümmungsmittelpunkt von k sein muß. Die Polhodie ist also die Evolute m von k, und die Herpolhodie in der beweglichen Ebene ist die Gerade g selbst, da M stets auf g liegt. Die Bewegung entsteht also durch Abrollen von g auf m.

Dabei beschreibt der auf g feste Punkt P die Kurve k, deren Evolute m ist. Der Abstand zweier Punkte von g ist stets gleich dem Bogen zwischen den zugehörigen Punkten von m. Hieraus folgt die früher (S. 158) angegebene Fadenkonstruktion jeder Kurve aus ihrer Evolute.

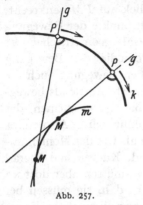

Abb. 257.

Besonders wichtig sind die Kurven, die die Punkte der beweglichen Ebene beschreiben, wenn Polhodie und Herpolhodie Kreise sind. Man erhält verschiedene Typen dieser Kurven, je nachdem der bewegliche Kreis den festen von innen oder von außen berührt. Im ersten Fall werden die Kurven Hypotrochoiden, im zweiten Epitrochoiden genannt. Liegt der die Kurve erzeugende Punkt auf der Peripherie des rollenden Kreises, so heißt die Kurve eine Hypo- oder Epizykloide. Die Gestalt der Trochoiden und Zykloiden hängt ferner davon ab, wie sich der Radius des festen Kreises zum Radius des rollenden verhält.

Nehmen wir zunächst an, der rollende Kreis k sei halb so groß wie der feste Kreis K und berühre ihn von innen. Wir wollen in diesem Fall die Bahnkurve eines Punkts P von k, also eine Hypozykloide, bestimmen[1]. Wir beginnen mit dem Zeitpunkt, in dem k gerade in P den festen Kreis K berührt (Abb. 258). Wir betrachten ferner eine andere Lage k_1 des rollenden Kreises. Dabei sei P nach

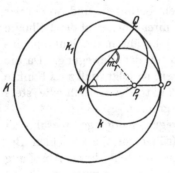

Abb. 258.

P_1 gelangt. M und m_1 seien die Mittelpunkte der Kreise K und k_1, und Q sei ihr Berührungspunkt. Da die Kreise aufeinander rollen, ohne zu gleiten, so ist der Bogen QP_1 von k_1 ebenso lang wie der Bogen QP von K. Da ferner k halb so groß ist wie K, so folgt: $\sphericalangle Q m_1 P_1 = 2 \sphericalangle QMP$. Aus demselben Grund muß aber M auf der Peripherie von k_1 liegen, nach dem bekannten Satz über Peripherie- und Zentri-

winkel ist daher $\sphericalangle QMP_1 = \frac{1}{2} \sphericalangle Q m_1 P_1 = \sphericalangle QMP$. Demnach fällt die Gerade MP_1 mit MP zusammen, d. h. P_1 läuft bei der Bewegung auf der Geraden MP. Wir haben damit die überraschende Tatsache bewiesen, daß in unserem Fall die Hypozykloiden Durchmesser des festen Kreises sind. Gleichzeitig ergibt sich eine neue Methode der Geradführung.

---

[1] Es ist gleichgültig, welchen Peripheriepunkt wir herausgreifen. Denn wegen der Symmetrie der Figur unterscheiden sich die Zykloiden verschiedener Peripheriepunkte von k nur durch eine Drehung um den Mittelpunkt von K.

Um auch die zugehörigen Hypotrochoiden zu bestimmen, beschreiben wir die Bewegung mit Hilfe des eben gewonnenen Ergebnisses in anderer Weise. Sind nämlich S und T irgend zwei diametrale Peripheriepunkte von k, so entspricht dem Kreisbogen ST von k bei der Abrollung ein Viertelkreis von K. S und T bewegen sich daher auf zwei senkrechten Durchmessern s und t von K (Abb. 259). Man kann nun leicht berechnen: Wenn man eine Strecke ST so bewegt, daß ihre Endpunkte auf zwei sich senkrecht schneidenden Geraden s und t laufen, dann beschreibt der Mittelpunkt der Strecke einen Kreis, und jeder andere Punkt P der Strecke beschreibt eine Ellipse, deren Achsen auf die

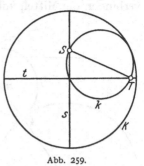

Abb. 259.

Geraden s und t fallen; die Achsenlängen sind gleich den beiden Abschnitten, die P auf der Strecke ST bestimmt. Daraus folgt, daß die Hypotrochoiden unserer Rollbewegung sämtlich Ellipsen sind. Denn jeder mit k fest verbundene Punkt liegt auf einem Durchmesser von k, also auf einer Geraden, von der zwei Punkte längs senkrechter Geraden gleiten.

Wir betrachten nun den Fall, daß k von außen auf K abrollt. Die Epizykloiden haben dann die Form der Kurve e in Abb. 260. Man kann zeigen, daß wie bei dieser Kurve so auch bei allen anderen Epi- und Hypozykloiden stets Spitzen vorkommen. In ihnen trifft die Zykloide den festen Kreis stets senkrecht. Die Spitzen entsprechen derjenigen Lage der Kreise, in der der erzeugende Punkt der Zykloide gerade Berührungspunkt der Kreise ist. Da in unserem Fall k halb so

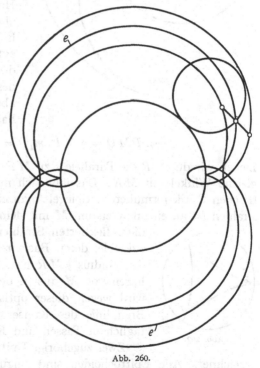

Abb. 260.

groß ist wie K, so müssen genau zwei Spitzen auftreten.

Unsere Kurve hat eine merkwürdige Tangenteneigenschaft. Sie wird durch Abb. 261 erläutert. Die Rollbewegung beginne, wenn der erzeugende Punkt P von k Berührungspunkt mit K ist, also die eine Spitze der Zykloide durchläuft. Es ist eine andere Lage k_1 von k gezeichnet. P ist längs eines Zykloidenbogens nach P_1 gewandert. Wir verbinden die Mittelpunkte M und m_1 von K und k_1. Die Gerade Mm_1

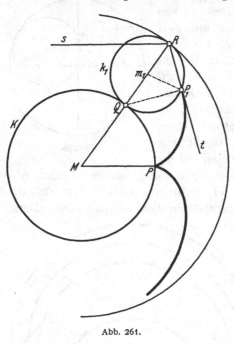

geht durch den Berührungspunkt Q von K und k_1 und trifft k_1 zum zweitenmal in R. t sei die Tangente der Zykloide in P_1. Da Q das Momentanzentrum der Bewegung in der betrachteten Lage von k ist, steht die Bewegungsrichtung von P_1, also auch die Gerade t, senkrecht auf QP_1. Daher fällt t mit P_1R zusammen, denn $\sphericalangle QP_1R$ ist als Peripheriewinkel über dem Halbkreis ein Rechter. Eine ähnliche Tangenteneigenschaft haben alle Epi- und Hypozykloiden. Aus der Gleichheit des Bogens PQ von K und des Bogens P_1Q von k_1 folgt aber in unserem Fall, wo k halb so groß ist wie K:

Abb. 261.

$$\sphericalangle PMQ = \tfrac{1}{2}\sphericalangle P_1 m_1 Q = \sphericalangle P_1 R Q.$$

Ziehen wir durch R die Parallele s zu MP, so bilden demnach s und t gleiche Winkel mit MR. Das läßt sich nun als ein Satz der geometrischen Optik formulieren: Spiegelt man ein Büschel paralleler Lichtstrahlen (s) an einem Kreis um M mit dem Radius MR, so umhüllen

die reflektierten Strahlen (t) eine zweispitzige Epizykloide, deren Basiskreis den Mittelpunkt M und den Radius $\tfrac{1}{2}MR$ hat. Die Spitzen der Zykloide liegen von M aus in der Richtung (s). Die Kurve wird wegen dieser optischen Eigenschaft auch als Brennlinie des Kreises bezeichnet. Man kann sie täglich in Tassen und Kannen beobachten.

Abb. 262.

Zwei zugehörige Epitrochoiden sind in Abb. 260 gezeichnet. Alle Epitrochoiden sind singularitätenfrei, wenn der erzeugende Punkt im Innern des rollenden Kreises liegt, dagegen haben sie Schleifen und Doppelpunkte, wenn der erzeugende Punkt außerhalb gewählt ist. Die Zykloiden bilden den Übergang zwischen den beiden Arten von Trochoiden.

Der nächst einfache Fall ergibt sich, wenn der rollende Kreis ein drittelmal so groß ist wie der feste. Die dreispitzige Hypozykloide ist in Abb. 262 gezeichnet. Auch sie hat eine besondere Tangenteneigenschaft, die sich analytisch herleiten läßt. Das Tangentenstück ST im Innern der Kurve hat nämlich eine feste, vom Berührungspunkt unabhängige Länge. Diese Tatsache brachte man früher in Verbindung mit einem auf S. 189, 190 genannten geometrischen Minimumproblem: Eine Strecke soll in der Ebene so bewegt werden, daß sie sich schließlich um ihren Mittelpunkt um 180° gedreht hat, und daß das bei der Bewegung überstrichene Ebenenstück möglichst kleinen Flächeninhalt erhält. Wie schon erwähnt, kann man diesen Flächeninhalt durch geeignete Bewegung der Strecke beliebig klein machen, so daß also das Problem keine Lösung besitzt. Früher glaubte man aber, es gäbe eine Lösung, und man erhalte sie, wenn man die Strecke ST (Abb. 262) so auf einer dreispitzigen Zykloide tangential entlang gleiten läßt, daß die Endpunkte auf der Kurve bleiben. In der Tat lag die Vermutung nahe, daß dieses Flächenstück nicht mehr verkleinert werden könne.

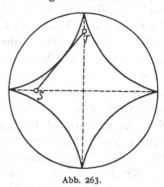

Abb. 263.

Auch die vierspitzige Hypozykloide (Abb. 263), die man gewöhnlich als Astroide bezeichnet, hat eine ähnliche Tangenteneigenschaft. Bezeichnet man nämlich mit S und T die Schnittpunkte einer Tangente mit den Symmetrieachsen der Kurve, so hat die Strecke ST feste Länge. Läßt man daher eine Strecke in ihren Endpunkten auf zwei sich senkrecht schneidenden

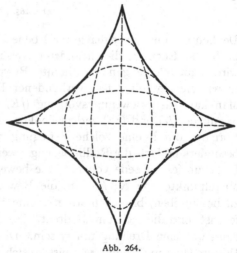

Abb. 264.

Geraden gleiten, so umhüllt diese Strecke eine Astroide. Wir hatten früher erwähnt, daß jeder Punkt einer so bewegten Strecke eine Ellipse beschreibt. Daraus läßt sich schließen, daß die Astroide von einer Ellipsenschar eingehüllt wird, bei der die Summe der Achsen konstant ist (Abb. 264).

Im allgemeinen ist der Verlauf der Zykloiden wesentlich verschieden, je nachdem die Radien r, R des rollenden und des festen Kreises kom-

mensurabel sind oder nicht. Ist r/R eine rationale Zahl, die als gekürzter
Bruch a/b geschrieben sei, so besitzt die Zykloide b Spitzen und schließt
sich, nachdem der bewegliche Kreis a-mal um den festen herumgerollt
ist. Ist dagegen r/R irrational, so hat die Kurve unendlich viele Spitzen
und schließt sich nicht. Man kann zeigen, daß die Kurve in diesem
Falle an jedem Punkt des Gebietes, das von dem rollenden Kreis überstrichen wird, beliebig nahe vorbeikommt, wenn man den Verlauf der
Kurve nur hinreichend weit verfolgt. Die Grenzfälle $r = \infty$ oder
$R = \infty$ haben besonders einfache Bedeutung. Ist $r = \infty$, wird also
der rollende Kreis durch eine Gerade ersetzt, so erhalten wir die Kreisevolvente (Abb. 8, S. 6). Ersetzt man den festen Kreis durch eine
Gerade, so entsteht die „gewöhnliche Zykloide". Auf einer solchen
Kurve (Abb. 265) bewegt sich jeder Punkt der Peripherie eines Rades,
das in der Ebene geradeaus rollt.

Wir haben bisher nur Bewegungsvorgänge betrachtet, bei denen
eine einzige bewegliche Ebene vorkommt. Die Physik führt aber auf
das Studium allgemeinerer Erscheinungen, der Relativbewegungen.

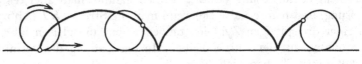

Abb. 265.

Denken wir uns außer der festen Ebene E und der beweglichen Ebene e
noch eine Ebene f, die in anderer Weise als e über E hingleitet. Dann
wird f auch eine ganz bestimmte Bewegung gegenüber e ausführen,
so wie sie ein mit e fest verbundener Beobachter registrieren würde.
Man kann den Bewegungsvorgang (fE) von f bezüglich E in die Bewegungen (fe) und (eE) zerlegt denken. Oft läßt sich ein komplizierter
Vorgang durch eine solche Zerlegung vereinfachen. So können wir
besonders einfach die Rollbewegung zweier Kreise K und k zerlegen.
E sei die feste Ebene von K, f die bewegliche von k. M, m seien die
Mittelpunkte von K, k. Um die Bewegung des Punktes m gegen E
zu beschreiben, brauchen wir nur eine Ebene e einzuführen, in der m
fest ist und die sich um M dreht. Die Bewegung von f gegen e kann
dann nur eine Drehung um m sein. Die Winkelgeschwindigkeiten der
Drehungen um M und m müssen sich umgekehrt verhalten wie die
Radien der Kreise K und k. Somit ergibt sich die Zykloidenbewegung
als Resultat zweier Drehungen. Hierauf beruht die Bedeutung der
Zykloiden und Trochoiden in der Astronomie. Da nämlich die Bahnen
aller Planeten um die Sonne annähernd kreisförmig mit konstanter
Winkelgeschwindigkeit sind und annähernd in derselben Ebene, der
Ekliptik, verlaufen, so erscheint von der Erde aus die Bahn jedes
Planeten ungefähr als Trochoide. So gab das vorkopernikanische

geozentrische System der Astronomie Veranlassung zum eingehenden Studium dieser Kurven.

In unserem Beispiel sind M und m die Momentanzentra der Bewegungen (eE) und (fe). Das Momentanzentrum Q der Zykloidenbewegung (fE) ist, wie erwähnt, der Berührungspunkt der Kreise k und K. Die drei Momentanzentren liegen also auf einer Geraden. Man kann nun zeigen, daß ein analoger Satz allgemein gilt: Betrachtet man eine Bewegung (fE), die sich aus den Bewegungen (fe) und (eE) zusammensetzt, so liegen in jedem Zeitpunkt die Momentanzentra von (fE), (fe) und (eE) in einer Geraden.

§ 42. Ein Apparat zur Konstruktion der Ellipse und ihrer Rollkurven[1].

Zwei Stäbe c und c' der gleichen Länge c seien in ihren Endpunkten F_1, F_2 bzw. F_1', F_2' gelenkig mit zwei weiteren Stäben a_1 und a_2 der gleichen Länge $a > c$ verbunden (Abb. 266), so daß ein ebenes überschlagenes Viereck mit gleich langen Gegenseiten entsteht. Der Schnittpunkt E der Stäbe a_1 und a_2 wird auf diesen Stäben seinen Ort verändern, wenn man das Gelenkviereck in der Ebene seine verschiedenen möglichen Gestalten annehmen läßt. Im Punkt E sei ein Gelenk mit zwei gegeneinander drehbaren Hülsen angebracht, in denen die Stäbe a_1 und a_2 gleiten können. Ich halte nun den Stab c fest und betrachte die Kurve, die dann der Punkt E noch beschreiben kann. Ich behaupte, das ist eine Ellipse

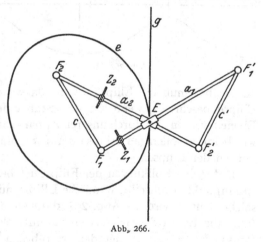

Abb. 266.

e mit den Brennpunkten F_1 und F_2 und der konstanten Abstandssumme a. Beweis: Die Dreiecke $F_1 F_2 F_2'$ und $F_1 F_1' F_2'$ sind bei jeder Lage des Gelenkvierecks kongruent, weil sie paarweise gleiche Seiten haben. Darum ist $\sphericalangle F_1 F_2' F_2 = \sphericalangle F_2' F_1 F_1'$, d. h. das Dreieck $F_1 F_2' E$ ist gleichschenklig. Hieraus folgt aber: $F_1 E + E F_2 = F_2' E + E F_2 = a$, wie behauptet war.

Nun seien noch in beliebigen Punkten der Stäbe a_1 und a_2 zwei Zahnräder Z_1 und Z_2 angebracht, die sich um diese Stäbe als Achsen

---

[1] Dieser Apparat ist von R. C. YATES angegeben worden (The Description of a surface of constant curvature, Amer. Math. Monthly, 1931).

drehen, jedoch nicht an ihnen entlanggleiten können (Abb. 266). Der
Punkt E möge über irgendeine Kurve k hingeführt werden, während
gleichzeitig die Zahnräder auf der Kurvenebene rollen mögen und die
Fixierung der Punkte F_1, F_2 aufgegeben wird. Die Zahnräder bewirken,
daß die Bewegungsrichtung des Radmittelpunkts in die Radebene fällt
und daher stets auf dem Stab senkrecht steht, der das Rad trägt.
Dann muß auch jeder andere Punkt der Stäbe a_1 und a_2 sich stets
senkrecht zur jeweiligen Stabrichtung fortbewegen. Das läßt sich
streng daraus schließen, daß die Abstände zweier Punkte eines Stabes
konstant bleiben. Denken wir uns nun bei der Bewegung eine zur Ebene
von k parallele Ebene f fest mit dem Stab c verbunden, so ist der
Punkt E stets das Momentanzentrum für die Bewegung dieser Ebene.
Denn da sich jeder Punkt von f stets senkrecht zu seiner Verbindungslinie mit dem jeweiligen Momentanzentrum fortbewegt (vgl. S. 243),
und da andererseits F_1 sich stets senkrecht zu a_1 fortbewegt, so muß

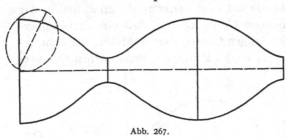

das Momentanzentrum
stets auf a_1 liegen;
ebenso aber auch auf
a_2. Es muß also in
den Schnittpunkt dieser
Stäbe fallen. Die Pol-
hodie der Bewegung
von f ist daher die
Kurve k. Die Herpol-

Abb. 267.

hodie aber muß die Ellipse e sein, da wir gezeigt haben, daß E diese
Ellipse beschreibt, wenn wir den Stab c festhalten. Die Punkte der
Ebene f werden also durch unseren Apparat auf denselben Kurven geführt
wie beim Abrollen der Ellipse e auf k. Man nennt jene Kurven Rollkurven der Ellipse.

Unter den Rollkurven der Ellipse ist besonders die wichtig, die ein
Brennpunkt beschreibt, wenn die Ellipse auf einer Geraden rollt. Eine
solche Kurve wird in Abb. 267 dargestellt. Der Apparat von YATES
führt die Ecken des Gelenkvierecks auf solchen Kurven, wenn wir den
Punkt E auf einer Geraden g führen. Jeder andere Punkt des
Stabes a_1 beschreibt eine Parallelkurve zur Bahnkurve des Punktes F_1
oder F_1'. Denn der Stab a_1 ist, wie schon erwähnt, gemeinsames Lot
der Bahnkurven aller seiner Punkte. Hiernach führt der Apparat auf
einen merkwürdigen geometrischen Satz: Man trage auf allen Normalen
einer Rollkurve eines Ellipsenbrennpunktes vom Fußpunkt aus nach
dem Krümmungsmittelpunkt zu Strecken ab, die gleich der konstanten
Abstandssumme der Ellipse sind; dann liegen die Endpunkte jener
Strecken wieder auf der Rollkurve eines Brennpunktes einer Ellipse;
diese ist zur ersten Ellipse kongruent und rollt auf der gleichen Kurve
wie jene, aber auf der andern Seite, ab.

Die in Abb. 267 gezeichnete Rollkurve tritt als Meridian der Rotationsflächen konstanter mittlerer Krümmung auf. Die Krümmung ist gleich der reziproken halben Abstandssumme der erzeugenden Ellipse. Wir erwähnten auf S. 202, daß es zu jeder Fläche konstanter mittlerer Krümmung eine Parallelfläche konstanter positiver GAUSSscher Krümmung gibt. In unserem Fall muß diese Parallelfläche wieder eine Rotationsfläche sein, und ihr Meridian muß eine Parallelkurve zum Meridian der zuerst betrachteten Fläche sein. Demnach beschreibt ein Punkt des Stabes a_1 in unserem Apparat eine Meridiankurve einer Rotationsfläche konstanter positiver GAUSSscher Krümmung. Aus der auf S. 202 angegebenen Krümmungsrelation läßt sich folgern, daß gerade der Mittelpunkt des Stabes a_1 diese Kurve beschreibt. Man erhält die Meridiane aller Rotationsflächen konstanter positiver GAUSSscher Krümmung mit Ausnahme der Kugel, wenn man den Stablängen c und a alle möglichen Werte zumißt.

§ 43. Bewegungen im Raum.

Wir übertragen die Betrachtungen des vorigen Abschnitts auf den Fall, daß ein Raum oder Raumstück r sich in einem als fest gedachten Raum R bewegt. Im Raum kann jede einzelne Bewegung durch eine Drehung um eine bestimmte Achse und eine Translation längs dieser Achse, d. h. durch eine Schraubung ersetzt werden (S. 73). Mit Ausnahme der Translationen wird dadurch jeder Bewegung eine bestimmte Gerade als Schraubungs- bzw. Drehungsachse zugeordnet. Die Sonderstellung der Translationen kann man aufheben, indem man sie als Drehungen um unendlich ferne Achsen auffaßt.

Indem man eine Lage des beweglichen Raums mit einer Nachbarlage vergleicht, kommt man analog wie in der Ebene zur Konstruktion der „momentanen Schraubungsachse" der Bewegung in einem Zeitpunkt. Im Laufe des Vorgangs ändert diese Gerade stetig ihre Lage und beschreibt in R und r je eine Regelfläche. Sie entsprechen der Polhodie und der Herpolhodie der ebenen Bewegungen und werden als die feste und die bewegliche Polfläche der Bewegung bezeichnet. Ein räumlicher Bewegungsvorgang ist durch Angabe der beiden Polflächen fest bestimmt, wenn noch für eine Gerade der einen Polfläche angegeben wird, welche Gerade der anderen Polfläche ihr entspricht. Man hat die beiden Flächen so aneinanderzulegen, daß jene beiden Geraden zusammenfallen und die Flächen einander längs dieser Geraden berühren. Die Bewegung entsteht dann, wenn man die bewegliche Polfläche auf der festen „abschrotet", d. h. sie in bestimmter Weise, die unten erklärt wird, so auf der festen fortwälzt, daß die Flächen stets eine Gerade gemein haben und sich längs dieser Geraden berühren.

Das Abschroten im Raum tritt also an Stelle des Rollens in der Ebene. Diese beiden Bewegungsarten zeigen aber wesentliche Unterschiede.

Während man nämlich eine ebene Kurve auf jeder beliebigen anderen ebenen Kurve auf viele Arten abrollen kann, läßt sich eine Regelfläche nicht auf jeder anderen abschroten. Wir haben erörtert (S. 184), daß zwei Regelflächen sich dann und nur dann längs einer Erzeugenden berühren können, wenn sie in ihr gleichen Drall besitzen. Ist das der Fall, so muß man sie so aufeinanderlegen, daß ihre zu dieser Geraden gehörigen Kehlpunkte aufeinanderfallen. Beim Abschroten müssen die beiden Polflächen nun beständig diese Bedingung erfüllen und diese Lage haben. Wenn auf beiden Flächen die Kehllinien in entsprechenden Punkten gleiche Winkel mit den Erzeugenden bilden, dann ist das Schroten eine reine Rollbewegung ohne Gleiten. Sind dagegen diese Winkel voneinander verschieden, so gleiten die beiden Flächen beim Abschroten gegeneinander längs der gemeinsamen Erzeugenden[1]. Im ersten, spezielleren Falle kann man sagen, daß die Bewegung sich aus infinitesimalen Drehungen zu-

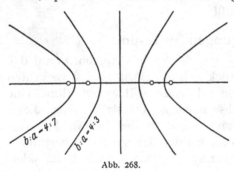

Abb. 268.

sammensetzt. Die beiden Pol-flächen sind dann zwei auf-einander abwickelbare Flä-chen.

Als besonders einfaches Beispiel wollen wir den Fall betrachten, daß die beiden Polflächen zwei einschalige Rotationshyperboloide sind. Die Kehllinien sind dann die kleinsten Breitenkreise dieser Flächen. Wegen der Rotationssym-metrie der Flächen ist der Drall eine Konstante, die nur von der Gestalt und Größe der erzeugenden Hyperbel abhängt.

Die Hyperboloide von gleichem Drall lassen sich analytisch leicht kennzeichnen. In einem rechtwinkligen x, y-Koordinatensystem mögen die erzeugenden Hyperbeln die Gleichungen haben:

$$\frac{x^2}{a^2} - \frac{y^2}{b^2} = 1 \quad \text{und} \quad \frac{x^2}{A^2} - \frac{y^2}{B^2} = 1 \, .$$

Die y-Achse ist also die Rotationsachse. Daß nun die beiden entstehen-den Hyperboloide gleichen Drall haben, ist äquivalent mit der einfachen

---

[1] Die Bedingung, die notwendig und hinreichend dafür ist, daß zwei Regel-flächen Polflächen einer Bewegung sein können, läßt sich ohne analytische Hilfs-mittel nicht verständlich machen. Zunächst müssen die Kehllinien beider Flächen sich so aufeinander beziehen lassen, daß die Flächen in entsprechenden Punkten gleichen Drall haben. Sind dann α, α' die Winkel der Kehllinie mit den Erzeugenden in entsprechenden Punkten, und sind s, s' die entsprechenden Bogenlängen auf den beiden Kehllinien, so muß noch die Gleichung bestehen:

$$\frac{ds'}{ds} = \frac{\sin \alpha}{\sin \alpha'} \, .$$

Gleichung $b = B$. In Abb. 268 sind zwei solche Hyperbeln und ihre Brennpunkte gezeichnet.

Beim Abschroten ändert sich die *gegenseitige* Stellung der beiden Hyperboloide nicht. Hält man also das eine fest, so beschreibt die Rotationsachse des zweiten eine Drehung D um die Rotationsachse des ersten. Der Bewegungsvorgang wird erheblich vereinfacht, wenn wir der ersten Fläche die zu D inverse Drehung um die Rotationsachse erteilen. Dann bleibt die Achse des zweiten Hyperboloids (und ebenso natürlich die des ersten) im Raum fest. Wir erhalten also die Abschrotung dieser beiden Flächen, indem wir sie so aneinanderlegen, daß sie einander längs einer Geraden berühren, und sie dann beide um ihre Rotationsachsen in geeignetem Geschwindigkeitsverhältnis drehen.

Abb. 269.

Hieraus ergibt sich eine technisch verwendbare Methode der Zahnradübertragung zwischen windschiefen Achsen. Da beim gegenseitigen Gleiten das Material leidet, muß man sich auf den Fall kongruenter Hyperboloide beschränken. Eine solche Übertragung ist in Abb. 269 dargestellt.

Sechstes Kapitel.

Topologie.

Schon die projektive Geometrie hat uns auf Erscheinungen geführt, die sich ohne Vergleichung von Längen und Winkeln feststellen lassen und die dennoch präzisen geometrischen Charakter haben. In der Topologie handelt es sich nun um geometrische Tatsachen, zu deren Erfassung nicht einmal der Begriff der Geraden und der Ebene herangezogen wird, sondern allein der stetige Zusammenhang zwischen den Punkten einer Figur. Wir denken uns eine Figur aus beliebig deformier-

D. Hilbert, S. Cohn-Vossen, *Anschauliche Geometrie*, 2. Aufl.,
DOI 10.1007/978-3-642-19948-6_6, © Springer-Verlag Berlin Heidelberg 2011

barem, aber völlig unzerreißbarem und unverkittbarem Material hergestellt und werden Eigenschaften kennenlernen, die erhalten bleiben,
wenn man eine aus solchem Material hergestellte Figur beliebig verzerrt.
Z. B. kommen alle topologischen Eigenschaften der Kugel in gleicher
Weise auch dem Ellipsoid oder dem Würfel oder Tetraeder zu. Dagegen
bestehen topologische Unterschiede zwischen der Kugel und dem Torus.
Denn es ist anschaulich klar, daß man eine Kugel ohne Zerreißung
oder Verkittung nicht in einen Torus verwandeln kann.

In der Entwicklung der geometrischen Wissenschaft traten topologische Probleme naturgemäß noch später auf als projektive; nämlich
erst im 18. Jahrhundert. Später zeigte sich, daß die topologischen Aussagen trotz ihrer scheinbaren Unbestimmtheit gerade mit den genauesten
abstrakten Größenaussagen der Mathematik zusammenhängen, nämlich
mit der Algebra und Funktionentheorie der komplexen Zahlen und mit
der Gruppentheorie. In der Gegenwart gehören unter allen Zweigen
der Mathematik die topologischen Forschungen zu den fruchtbarsten
und erfolgreichsten.

Wir müssen uns im folgenden auf einige Fragen aus der Topologie
der Flächen des dreidimensionalen Raums beschränken[1]. Wir beginnen mit denjenigen Flächen, die sich topologisch am einfachsten
untersuchen lassen: den Polyedern.

§ 44. Polyeder.

Unter einem Polyeder verstehen wir jedes System von Polygonen,
die so angeordnet sind, daß einerseits an jeder Kante zwei und nur zwei
Polygone (unter einem Winkel) zusammenstoßen und daß man andererseits durch Überschreiten von Kanten von jedem Polygon des Systems
zu jedem anderen gelangen kann.

Die einfachsten und wichtigsten Polyeder sind die „simplen“. So
nennen wir ein Polyeder, wenn es durch stetige Deformation in eine Kugel
verwandelt werden kann. Beispiele simpler Polyeder sind die regulären
Polyeder (§ 14). Wir werden bald sehen, daß es noch zahlreiche andere
als simple Polyeder gibt, die sich also nicht in eine Kugel verzerren lassen.

Die regulären Polyeder hatten ferner die Eigenschaft, frei von einspringenden Kanten zu sein. Hieraus folgt, daß die regulären Polyeder
konvex sind. Konvex nennt man nämlich jedes Polyeder, das ganz
auf einer Seite jeder seiner Flächen liegt, das ich also mit jeder Seitenfläche auf eine ebene Tischplatte legen kann. Die Konvexität ist keine
topologische Eigenschaft, denn ich kann ein konvexes Polyeder durch
eine topologisch unwesentliche Abänderung in ein nichtkonvexes Poly-

---

[1] Als weitergehende Einführung in die grundlegenden Begriffe der Topologie sei auf das gleichzeitig erscheinende kleine Buch von ALEXANDROFF,
„Einfachste Grundbegriffe der Topologie“ verwiesen.

eder verwandeln. Man kann aber aus der Konvexität eines Polyeders auf eine topologische Eigenschaft schließen. Eine einfache Überlegung ergibt nämlich, daß jedes konvexe Polyeder notwendig ein
simples ist[1].

Die Anzahlen der Ecken, Kanten und Flächen eines simplen Polyeders stehen zueinander immer in einer wichtigen Beziehung, die nach
ihrem Entdecker der EULERsche Polyedersatz genannt wird. Sei nämlich
E die Anzahl der Ecken, K die der Kanten, F die der Flächen des Polyeders, so besagt der EULERsche Polyedersatz, daß die Zahl $E - K + F$
für alle simplen Polyeder den Wert 2 hat:

$$E - K + F = 2.$$

Wir prüfen diesen überraschenden Satz an einigen regulären Polyedern
nach:

Tetraeder: $E - K + F = 4 - 6 + 4 = 2.$

Würfel: $8 - 12 + 6 = 2.$

Oktaeder: $6 - 12 + 8 = 2.$

Zum Beweise des EULERschen Satzes verschaffen wir uns in der
Ebene ein Bild des simplen Polyeders, das wir sein ebenes Netz nennen
wollen. Wir nehmen eine beliebige Seitenfläche des Polyeders fort
und verzerren die übrigen Seitenflächen, bis sie in eine und dieselbe
Ebene fallen. Man kann es so einrichten, daß die Seitenflächen bei der
Verzerrung geradlinig begrenzte Polygone bleiben und daß sich deren
Eckenzahl nicht ändert. (Dagegen ist es natürlich nicht möglich, daß
die Polygone in der Ebene den ursprünglichen Polygonen durchweg
kongruent sind.) Das so entstandene, in einer Ebene liegende Polygon-
system nennen wir das ebene Netz des Polyeders. Die Abb. 153 bis
154, S. 129 können wir als ebene Netze der regulären Polyeder
ansehen.

Das ebene Netz enthält ebenso viele Ecken und Kanten wie das
Polyeder, dagegen eine Fläche weniger. Wir nehmen nun im ebenen
Netz eine Reihe von Abänderungen vor, bei denen sich die Zahl $E - K + F$
nicht ändert und die Gestalt des Netzes sich vereinfacht. Wenn zunächst
in dem Netz Flächen vorkommen, die mehr als drei Seiten besitzen,
so ziehen wir in diesem Polygon eine Diagonale. Dadurch ist eine
Fläche und eine Kante hinzugekommen, die Eckenzahl ist die gleiche
geblieben, $E - K + F$ ist also nicht geändert (Abb. 270). Wir setzen

---

[1] Zwischen den konvexen und den nichtkonvexen Polyedern besteht ein
eigenartiger Unterschied. Während nämlich jedes geschlossene konvexe Polyeder starr ist, existieren geschlossene nichtkonvexe Polyeder, deren Seitenflächen gegeneinander bewegt werden können. Die Starrheit der konvexen
Polyeder steht in Analogie zu der auf S. 203 erwähnten Starrheit der geschlossenen konvexen Flächen. Bisher ist es aber nicht gelungen, deren Starrheit aus der Starrheit der Polyeder durch unmittelbaren Grenzübergang zu folgern.

dies Verfahren so lange fort, bis wir ein Netz erhalten, in dem alle Flächen Dreiecke sind.

Wenn wir an ein derartiges Dreiecksnetz längs einer Kante ein neues Dreieck anfügen, so daß die beiden Ecken, in welche die Kante ausläuft, auch Ecken des neuen Dreiecks sind (Abb. 271), so wird die

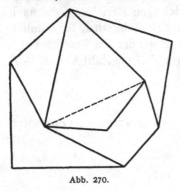

Abb. 270.

Zahl der Ecken und Flächen um je eins, die Zahl der Kanten um zwei vermehrt; der betrachtete Ausdruck bleibt also wieder ungeändert. Ebenso ändert er sich nicht, wenn wir (Abb. 272) an einer konkaven Stelle des Netzumfangs eine Kante hinzufügen, durch die zwei solche Ecken des Umfangs verbunden werden, daß ein Dreieck entsteht; denn hierdurch wird die Zahl der Ecken nicht geändert, dagegen die der Kanten und Flächen um je eins vermehrt.

Nun sieht man unmittelbar ein, daß jedes beliebige Dreiecksnetz aus einem einzelnen Dreieck durch mehrmalige Wiederholung dieser beiden Operationen erzeugt werden kann. Die Zahl $E - K + F$ besitzt also für jedes beliebige Dreiecksnetz und damit auch für jedes andere

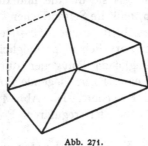

Abb. 271.

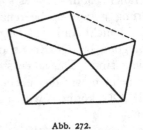

Abb. 272.

ebene Netz denselben Wert wie für ein einzelnes Dreieck: $E - K + F = 3 - 3 + 1 = 1$. Da nun das Netz genau so viele Ecken und Kanten hat wie das simple Polyeder, dagegen eine Fläche mehr, so muß für das simple Polyeder gelten:

$$E - K + F = 2 \text{*}.$$

---

* POINCARÉ hat den EULERschen Satz auf den n-dimensionalen Raum verallgemeinert. Dort treten statt der Ecken, Kanten und Flächen in entsprechender Weise 0-, 1-, 2- bis $n-1$-dimensionale Gebilde auf, deren Anzahlen wir mit N_0, N_1, N_2 bis N_{n-1} bezeichnen wollen. Dann gilt für die Gebilde, die den simplen Polyedern entsprechen:

$$N_0 - N_1 + N_2 - \cdots = 1 - (-1)^n.$$

Für $n = 3$ ist das die EULERsche Formel.

Mit Hilfe des EULERschen Satzes läßt sich ein neuer einfacher Beweis dafür geben, daß nur fünf reguläre Polyeder möglich sind (vgl. S. 79, 80). In dem betrachteten regulären Polyeder mögen an jeder Ecke n Seitenflächen und somit auch n Kanten zusammenstoßen. Wenn also wieder E, K, F die Bedeutung haben wie bisher, so ist die Anzahl der Kanten, die von irgendeiner Ecke auslaufen, gleich nE. Dabei haben wir aber jede Kante zweimal gezählt, da jede Kante zwei Ecken verbindet. Es ist also

$$nE = 2K.$$

Ferner möge in dem betrachteten Polyeder jede Fläche von r Kanten begrenzt sein. Dann ist rF die Anzahl der Kanten, die irgendeine Fläche des Polyeders begrenzen. Bei dieser Abzählung haben wir aber wieder jede Kante zweimal gezählt, da jede Kante an zwei Seitenflächen angrenzt. Also ist

$$rF = 2K.$$

Durch Einsetzen der letzten beiden Gleichungen in die EULERsche Formel erhalten wir

$$\frac{2K}{n} - K + \frac{2K}{r} = 2$$

oder umgeformt

$$\frac{1}{n} + \frac{1}{r} = \frac{1}{2} + \frac{1}{K}.$$

Ihrer Bedeutung wegen müssen sowohl n als auch r mindestens 3 sein oder größer. Wären andererseits beide Zahlen größer als 3, so erhielte man

$$\frac{1}{K} = \frac{1}{n} + \frac{1}{r} - \frac{1}{2} \leqq \frac{1}{4} + \frac{1}{4} - \frac{1}{2} = 0.$$

Das ist unmöglich. Setze ich $n = 3$, so ergibt sich

$$\frac{1}{K} = \frac{1}{r} - \frac{1}{6}.$$

Also kann r für $n = 3$ nur die Werte 3, 4, 5 annehmen; K erhält dann die Werte 6, 12, 30. Da die Gleichungen in bezug auf n und r symmetrisch sind, erhält man entsprechende Werte von n für $r = 3$. Wir haben damit sechs allein mögliche Fälle gefunden, von denen zwei identisch sind, nämlich $n = 3$, $r = 3$. Es bleiben fünf verschiedene Typen übrig, und sie sind in der Tat durch die regulären Polyeder verwirklicht[1].

Die Besonderheit dieses Beweises im Gegensatz zu dem früher (S. 79, 80) gegebenen besteht darin, daß wir gar nicht die Voraussetzung gemacht haben, daß alle Seitenflächen reguläre Polygone sind. Wir haben nur vorausgesetzt, daß alle Flächen von gleich vielen Kanten

---

[1] In ähnlicher Weise führt die POINCARÉsche Verallgemeinerung des EULERschen Satzes zur Bestimmung der regulären Zelle der höherdimensionalen Räume.

begrenzt werden und daß in jeder Ecke gleich viele Kanten zusammen-
laufen. Es gibt demnach nicht mehr „topologisch reguläre" als „metrisch reguläre" Polyeder, wenn man sich auf simple Polyeder beschränkt.

Wir wenden uns nun zu den nichtsimplen Polyedern. Als Beispiel
nennen wir den prismatischen Block (Abb. 273). Er besteht aus einem
Quader, aus dessen Mitte ein parallel gelagerter kleinerer Quader heraus-
gestemmt ist; ferner sind die beiden Grundflächen, welche die Quader
gemein haben, auf die in der Figur angegebene Weise abgeschrägt. Dieses
Polyeder läßt sich nicht in eine Kugel verzerren, wohl aber in einen
Torus[1]. Andere Typen erhält man auf ähnliche Art durch Heraus-
stemmen mehrerer Löcher (Abb. 274).

Um über alle diese Polyeder eine Übersicht zu gewinnen, ordnen wir
jedem Polyeder eine bestimmte Zahl h, den sog. Zusammenhang, zu.

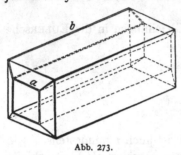

Abb. 273.

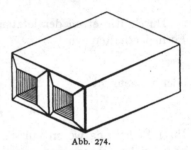

Abb. 274.

Wir betrachten die geschlossenen, sich nicht selbst durchschneidenden
Kantenzüge des Polyeders. Wenn ein Polyeder durch jeden solchen
Kantenzug in zwei getrennte Teilflächen zerlegt wird, so ordnen wir
ihm den Zusammenhang $h = 1$ zu. Diese Zusammenhangszahl besitzen
offenbar alle simplen Polyeder, denn die Kugelfläche wird durch jeden
auf ihr verlaufenden geschlossenen Kurvenzug in zwei Teile zerlegt.
Umgekehrt erkennt man unmittelbar, daß die Polyeder der Zusammenhangszahl 1 sich stets in eine Kugel deformieren lassen. Deshalb werden
die simplen Polyeder auch als die einfach zusammenhängenden Polyeder
bezeichnet.

Auf dem prismatischen Block dagegen gibt es einen geschlossenen
Kantenzug, der das Polyeder nicht zerlegt (z. B. das Quadrat a in
Abb. 273). Allen Polyedern mit dieser Eigenschaft ordnen wir einen
höheren Zusammenhang zu. Um ihn zu bestimmen, betrachten wir
nunmehr alle die (nicht notwendig geschlossenen) Kantenzüge, die zwei
Punkte des zuerst gezeichneten Kantenzuges miteinander verbinden.

Wenn jedes solches Paar von Kantenzügen das Polyeder zertrennt,
ordnen wir diesem den Zusammenhang $h = 2$ zu. Andernfalls setzen
wir das Verfahren fort. Allgemein definieren wir:

---

[1] Auch der prismatische Block ist topologisch regulär.

Ein Polyeder heißt h-fach zusammenhängend, wenn sich auf ihm in einer bestimmten Reihenfolge h — 1, aber nicht h Kantenzüge auffinden lassen, deren Gesamtheit das Polyeder nicht zertrennt[1]. *Dabei muß der erste dieser Kantenzüge geschlossen sein, während jeder weitere Kantenzug zwei Punkte der vorhergehenden verbindet.*

Auf dem prismatischen Block gibt es, wie aus Abb. 273 ersichtlich, ein System von zwei solchen Kurvenzügen (das Quadrat *a* und das Trapez *b*). Dieses Polyeder ist also mindestens dreifach zusammenhängend. Wir werden gleich sehen, daß es in Wirklichkeit genau dreifach zusammenhängend ist.

Es entsteht nun die Frage, ob der früher für einfach zusammenhängende Polyeder bewiesene EULERsche Satz auch auf Polyeder vom beliebigen Zusammenhang *h* verallgemeinert werden kann. Wir können nicht erwarten, daß der Satz unverändert gilt, denn beim Beweise wurde das „ebene Netz" verwandt, dessen Konstruktion ersichtlich nur bei einfach zusammenhängenden Polyedern möglich ist. Es läßt sich nun zeigen, daß im allgemeinen die Formel gilt:

$$E - K + F = 3 - h.$$

Für $h = 1$ liefert das die früher bewiesene Gleichung. Ein weiteres Beispiel bildet der prismatische Block. Er hat offenbar sechzehn Ecken, zweiunddreißig Kanten und sechzehn Flächen, und es gilt die Gleichung

$$16 - 32 + 16 = 3 - 3 = 0.$$

Daraus folgt, daß der prismatische Block genau dreifach zusammenhängend ist. Ebenso ist auch im allgemeinen Fall der EULERsche Satz ein bequemes Mittel, den Zusammenhang eines Polyeders festzustellen. Man hat nur die Ecken, Kanten und Flächen abzuzählen und braucht nicht den Verlauf der Kantenzüge zu verfolgen.

§ 45. Flächen.

Wir haben gesehen, daß die simplen Polyeder sich in die Kugelfläche deformieren lassen und daß der prismatische Block sich in den Torus deformieren läßt. In ähnlicher Weise kann man auch kompliziertere topologische Gebilde durch polyederartige Figuren ersetzen. Die Theorie dieser Gebilde ist dadurch zurückgeführt auf das Studium von Figuren, die aus einfachen Bausteinen in leicht angebbarer Weise zusammengesetzt sind. Diese Betrachtungsweise, „kombinatorische Topologie" genannt, hat ferner den großen Vorzug, daß sie sich ohne weiteres auf den Fall von mehr als drei Dimensionen übertragen läßt. Denn die Struktur eines Polyeders läßt sich vollständig durch eine schematische

---

[1] D. h. zwei beliebige Punkte des Polyeders sollen sich stets durch eine auf dem Polyeder verlaufende Kurve verbinden lassen, die keinen der Kantenzüge trifft.

Zusammenheftungsvorschrift beschreiben, ohne Hilfe der räumlichen Anschauung.

Der Anschauung dagegen kommt es oft näher, die Flächen unmittelbar zugrunde zu legen; so ist die Kugel ein einfacheres Gebilde als die simplen Polyeder und der Torus einfacher als der prismatische Block. Wir wollen daher jetzt den Begriff der Zusammenhangszahl von den Polyedern auf beliebige Flächen ausdehnen.

Für die Kugel haben wir $h = 1$ zu setzen und für den Kreisring $h = 3$. Flächen von höherem Zusammenhang können wir dadurch erzeugen, daß wir eine aus knetbarer Masse hergestellte Kugel plattdrücken und mehrere Löcher hindurchbohren (Abb. 275). Solche Flächen wollen wir Brezeln nennen. Man kann zeigen, daß eine Brezel mit p Löchern notwendig den Zusammenhang $h = 2p + 1$ besitzt. In der Figur sind für die Brezeln vom Zusammenhang 1, 3, 5, 7 Systeme von 0, 2, 4, 6 nicht zerstückelnden Kurven eingezeichnet.

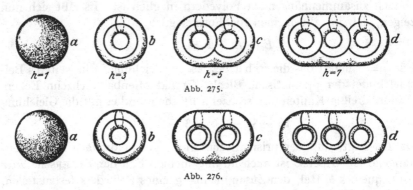

Abb. 275.

Abb. 276.

Man sieht leicht ein, daß jede weitere, zwei Randpunkte des Schnittsystems verbindende Kurve die zugehörige Fläche zerstückeln muß.

Auf Flächen sind die Kurvenzüge freier wählbar als auf Polyedern, wo wir uns auf Kantenzüge beschränkten. Man kann deshalb für die Zusammenhangszahl von Flächen noch andere Definitionen geben. Z. B.:

Auf einer geschlossenen Fläche vom Zusammenhang h lassen sich $h - 1$ *geschlossene* Kurven zeichnen, die die Fläche nicht zertrennen; jedes System von h derartigen Kurven führt dagegen zu einer Zerstückelung der Fläche.

In Abb. 276 sind solche Kurven für die Fälle $h = 1, 3, 5, 7$ gezeichnet.

Man kann die Kurven auch der weiteren Bedingung unterwerfen, durch einen beliebig gewählten Punkt der Fläche zu gehen. Man erhält dann die für manche Zwecke bequeme „kanonische Zerschneidung" der Fläche, für die Abb. 285, 286, 287, S. 264, 265, drei Beispiele geben.

Dagegen gilt der Satz nicht mehr ungeändert, wenn man sich auf Systeme geschlossener Kurven beschränkt, die einander nicht schneiden. Für Flächen von ungerader Zusammenhangszahl läßt sich nämlich zeigen:

Auf einer geschlossenen Fläche vom Zusammenhang $h = 2p + 1$ gibt es p und nicht mehr als p geschlossene, einander nicht schneidende Kurven, die die Fläche nicht zerstückeln.

Von dem Zutreffen dieses Satzes kann man sich an Abb. 276 überzeugen.

Bisher haben wir nur Flächen betrachtet, die ganz im Endlichen liegen und keine Randkurven haben. Man kann den Zusammenhangsbegriff auch auf weitere Fälle ausdehnen. Zunächst möge die Fläche zwar ganz im Endlichen liegen, aber eine Anzahl in sich geschlossener Randkurven besitzen. Diese mögen sich selbst und einander nicht überschneiden. Wir haben dann Flächenstücke vor uns, wie in Abb. 277 gezeichnet. Andere Typen solcher Flächen erhält man, wenn man sich die in Abb. 275 u. 276 gezeichneten geschlossenen Flächen hohl denkt

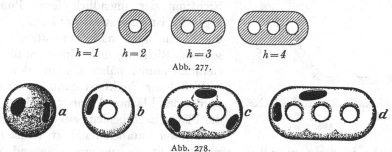

$h=1 \qquad h=2 \qquad h=3 \qquad h=4$

Abb. 277.

$a \qquad b \qquad c \qquad d$

Abb. 278.

und dann beliebig viele Löcher hineinschneidet (Abb. 278)[1]. Auch auf diesen Flächen bestimmen wir den Zusammenhang durch ein System von Kurvenzügen, mit einem einzigen Unterschied gegen die zuerst gegebene Definition: Die erste Kurve soll nicht mehr geschlossen sein, sondern zwei Randpunkte miteinander verbinden; jede hinzugefügte Kurve darf außer auf den vorher gezeichneten Kurven auch in Randpunkten beginnen und enden. Dann haben die in Abb. 278 dargestellten Flächen der Reihe nach den Zusammenhang 2, 3, 7, 8.

Die Bestimmung des Zusammenhangs durch geschlossene Kurven ist auf berandete Flächen nicht ohne weiteres übertragbar.

Wir nehmen nunmehr an, daß die — berandete oder unberandete — Fläche ins Unendliche geht. Dann hängt die topologische Struktur der Fläche davon ab, ob wir sie als im metrischen oder im projektiven Raum liegend annehmen. Im ersten Fall beschränken wir uns auf die

---

[1] Im Gegensatz zu den in Abb. 277 dargestellten Flächen lassen sich die Flächen von Abb. 278b, c, d auch bei beliebiger Verzerrung nicht aus einem ebenen Blatt Papier ausschneiden. Der hier zutage tretende Unterschied spielt in der geometrischen Funktionentheorie eine Rolle (schlichtartige und nichtschlichtartige Bereiche).

endlichen Punkte. Der Raum verhält sich dann, als ob er gegen das Unendliche durch eine sehr großeꞏ Kugel abgeschlossen wäre. Wir können die Fläche durch denjenigen Teil von ihr ersetzen, der im Innern der Kugel liegt; dies ist ein im Endlichen liegendes berandetes Flächenstück, auf das wir die vorher entwickelte Theorie anwenden können[1].

Im projektiven Raum treffen wir auf ganz andere Verhältnisse. Wir haben jeder Geraden nur einen einzigen unendlich fernen Punkt zugeordnet und sie als geschlossene Kurve angesehen; ihre beiden ins Unendliche laufenden Äste hängen im unendlich fernen Punkt der Geraden miteinander zusammen. Außerdem ist dieser Punkt allen zur ersten parallelen Geraden gemeinsam. Nach dieser Auffassung hängt auch der projektive Raum als Ganzes durch seine unendlich fernen Punkte mit sich zusammen. Eine Fläche enthält einen unendlich fernen Punkt, wenn sie sich, je weiter wir in geeigneter Weise auf ihr fortschreiten, immer mehr einer bestimmten Geraden nähert, in deren

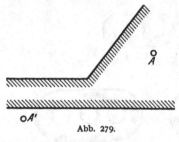

Abb. 279.

Richtung der unendlich ferne Punkt liegt. Es ist keineswegs notwendig, daß die Fläche auch nach der entgegengesetzten Richtung hin einer parallelen Geraden immer näher kommt; der unendlich ferne Punkt ist dann ein Randpunkt der Fläche. Wenn sich dagegen die Fläche nach beiden Seiten hin immer mehr zwei Parallelen nähert, so ist die Fläche in deren unendlich fernem Punkt als zusammenhängend anzusehen. Wenn ferner die Fläche eine Randkurve besitzt, die ins Unendliche geht, so muß diese Kurve durch das Unendliche hindurch in sich geschlossen sein, d. h. entweder sich in entgegengesetzten oder gleichen Richtungen unbegrenzt zwei parallelen Geraden nähern oder einen Teil der unendlich fernen Geraden enthalten; denn eine nichtgeschlossene Kurve kann nicht den Rand einer Fläche bilden. So ist z. B. das von einer Geraden und zwei Halbgeraden begrenzte ebene Flächenstück, das in Abb. 279 abgebildet ist, im projektiven Raum nicht gegen die übrigen Teile der zugehörigen Ebene abgeschlossen, da wir durchs Unendliche von A nach A' kommen können. Im metrischen Raum dagegen würde

---

[1] Dabei ist vorausgesetzt, daß wir die Kugel so groß wählen können, daß das in ihrem Innern befindliche Flächenstück seine topologische Struktur bei weiterer Vergrößerung der Kugel nicht mehr ändert. Man kann leicht Beispiele von Flächen angeben, die dieser Voraussetzung nicht genügen. Man schlage etwa um die Gitterpunkte des ebenen quadratischen Punktgitters kleine Kreise, die einander nicht treffen. Entfernt man das Innere aller dieser Kreise aus der Ebene, so erhält man eine ebene Fläche; für den Teil dieser Fläche, der im Innern einer Kugel liegt, kann man leicht den Zusammenhang berechnen. Ersichtlich wächst aber dieser Zusammenhang unbegrenzt, wenn man die Kugel bei festgehaltenem Mittelpunkt unbegrenzt vergrößert.

sich dasselbe Flächenstück so verhalten, als wäre es durch eine geschlossene Randkurve begrenzt.

Entsprechendes gilt für die Ebene als Ganzes. Die metrische Ebene
besitzt eine geschlossene Randkurve, nämlich die unendlich ferne
Gerade. Sie ist also der ebenen Kreisscheibe topologisch äquivalent.
Dagegen ist die projektive Ebene eine geschlossene
Fläche. Um auch für sie ein einfacheres topologisches
Modell zu gewinnen, gehen wir von einer früher
(S. 209, 212, 213) behandelten Konstruktion aus. Wir
hatten die projektive Ebene umkehrbar eindeutig auf
die Oberfläche einer Halbkugel abgebildet, indem wir
auf dem Großkreis, der die Halbkugel begrenzt, je zwei
Diametralpunkte immer als identisch ansahen. In

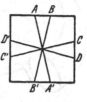

Abb. 280.

gleicher Weise können wir statt der Halbkugelfläche auch eine ebene
Kreisscheibe verwenden, denn sie ist in die erstgenannte Fläche defor-
mierbar. Die Kreisscheibe wollen wir nun weiterhin in die Fläche eines
Quadrats deformieren. Demnach ist die projektive Ebene topologisch
äquivalent mit der Fläche eines Quadrats (Abb. 280),
falls wir auch hier alle diametralen Randpunkte
identifizieren (z. B. $A = A'$ usw. in Abb. 280). Den
geschlossenen Kurven der projektiven Ebene entsprechen in diesem Modell erstens die geschlossenen Kurven, zweitens aber auch alle die Kurven, die identifizierte Randpunkte miteinander verbinden (z. B. die
Strecke $A A'$ in Abb. 280).

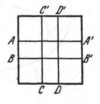

Abb. 281.

Die topologische Untersuchung der projektiven Ebene wollen wir
erst später fortsetzen (S. 272ff.). Dagegen führt uns das Verfahren von
Abb. 280 sofort zu anderen ähnlichen Konstruktionen. Wir gehen zunächst wieder von
der Quadrat- oder
Rechtecksfläche aus,
identifizieren aber
jetzt die Randpunkte
nach dem in Abb. 281
angegebenen Schema.
Wieder erhalten wir
das Modell einer ge-
schlossenen Fläche.
Diesmal läßt sich
nun die dargestellte

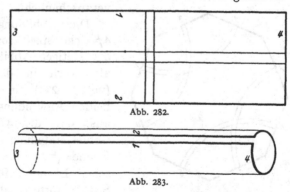

Abb. 282.

Abb. 283.

Fläche leicht aus dem Modell wiederherstellen. Wir verbiegen das
Rechteck (Abb. 282) zunächst in ein Stück eines Kreiszylinders (Abb. 283).
Dabei heften wir die Rechtecksseiten 1, 2 gerade so aneinander, daß
alle identifizierten Punkte dieser Seiten nunmehr wirklich zusammen-

fallen. Die übrigen Seiten 3, 4, die dabei in Kreise übergegangen sind, können wir in der vorgeschriebenen Weise aneinanderheften, indem wir

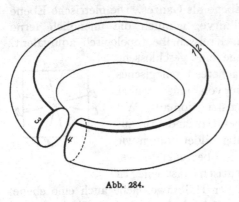

Abb. 284.

(Abb. 284) den Kreiszylinder verbiegen. Wir erhalten schließlich die Fläche des Torus, und der Rand der Rechtecksfläche geht in ein „kanonisches Schnittsystem" des Torus über, wobei jede Kurve zwei Randstrecken der Rechtecksfläche entspricht (Abb. 285 und 275b). Umgekehrt: schneidet man den Torus längs eines kanonischen Systems auf, so ergibt sich stets eine Figur, die dem Rechteck mit der angegebenen Ränderzuordnung topologisch äquivalent ist. Man kann dieses Verfahren auf alle „Brezeln" ausdehnen. Hat die Brezel den Zusammenhang $2p+1$, so besteht das kanonische Schnittsystem aus $2p$ Kurven. Die Zerschneidung liefert also ein

Abb. 285.

$4p$-Eck mit einer bestimmten Ränderzuordnung. Für die Fälle $h = 5, 7$, also $p = 2, 3$, ist die Konstruktion durch Abb. 286, 287 veranschaulicht.

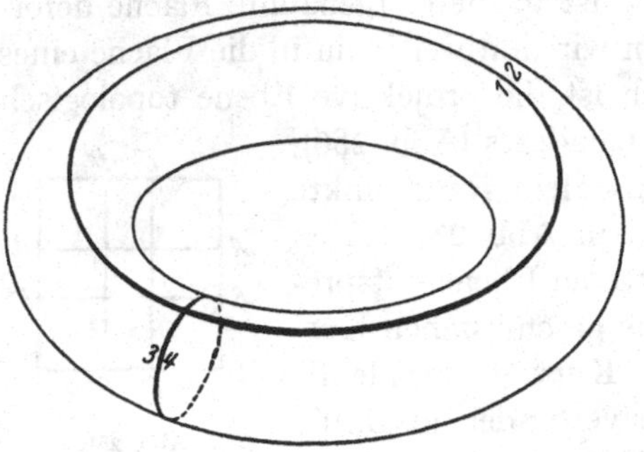

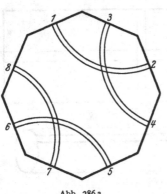

Abb. 286a.

Die Abbildung der Brezeln auf $4p$-Ecke spielt sowohl in der Theorie der stetigen Abbildungen (vgl. S. 284) als auch in der Funktionentheorie (vgl. S. 294) eine wichtige Rolle. In beiden Anwendungen geht man davon aus, daß die $4p$-Ecke eine reguläre Gebietseinteilung der hyperbolischen Ebene (bzw. für $p = 1$ der euklidischen Ebene) liefern, wie wir das auf S. 228 erörtert haben.

Wenn man die Ränderzuordnung abändert, erhält man außer den Brezeln noch eine große Anzahl weiterer Flächen, von denen uns einige im folgenden beschäftigen werden.

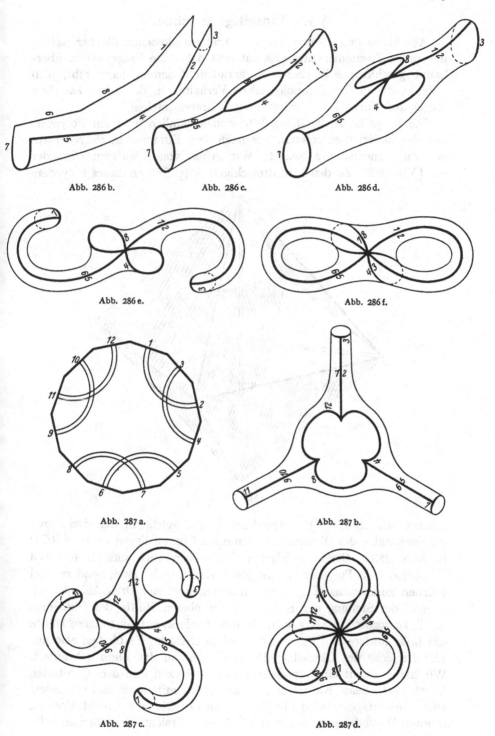

Abb. 286 b.   Abb. 286 c.   Abb. 286 d.

Abb. 286 e.   Abb. 286 f.

Abb. 287 a.   Abb. 287 b.

Abb. 287 c.   Abb. 287 d.

§ 46. Einseitige Flächen.

Alle bisher betrachteten Polyeder und geschlossenen Flächen hatten ungeraden Zusammenhang. Es entsteht daher die Frage, ob es überhaupt geschlossene Flächen von geradem Zusammenhang gibt, also Gebilde, die in ihrem topologischen Verhalten in der Mitte zwischen Kugel und Torus bzw. zwischen zwei Brezeln stehen.

Die Frage ist zu bejahen. Wir wollen nämlich jetzt ein Polyeder, das Heptaeder, konstruieren, das nach dem EULERschen Polyedersatz den Zusammenhang 2 besitzt. Wir gehen vom regulären Oktaeder aus (Abb. 288). Zu den acht dreieckigen Seitenflächen dieses Polyeders

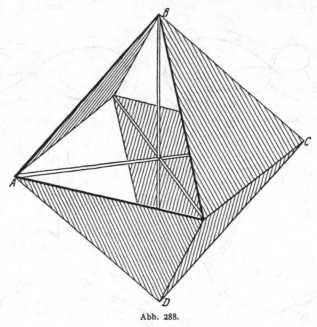

Abb. 288.

nehmen wir noch die drei Quadrate hinzu, welche in den drei durch die Diagonalen des Oktaeders bestimmten Ebenen liegen (z. B. $ABCD$ in Abb. 288). Diese elf Flächen bestimmen nach unserer früheren Definition kein Polyeder, da an jeder Kante nicht zwei, sondern drei Flächen zusammenstoßen. Wir entfernen nun vier Dreiecke, nämlich (gemäß der Stellung der Figur) auf der oberen Hälfte des Oktaeders das linke vordere und das rechte hintere Dreieck, auf der unteren Hälfte das linke hintere und das rechte vordere Dreieck. Es bleiben also nur vier Dreiecke des Oktaeders übrig; sie sind in der Figur schraffiert. Wir haben damit ein Gebilde aus vier Dreiecken und drei Quadraten konstruiert. Seine Kanten und Ecken fallen mit denen des Oktaeders zusammen, dagegen sind die Diagonalen des Oktaeders nicht Kanten, sondern Durchdringungslinien des Gebildes. Ersichtlich stoßen an jeder

Kante genau zwei Flächen zusammen, und man kann durch Überschreiten von Kanten von jeder Fläche zu jeder anderen gelangen. Das Gebilde ist also ein Polyeder; da es sieben Flächen hat, heißt es „Heptaeder". Es hat, wie das Oktaeder, zwölf Kanten und sechs Ecken. Der verallgemeinerte Polyedersatz liefert also

$$E - F + K = 6 - 12 + 7 = 1 = 3 - h.$$

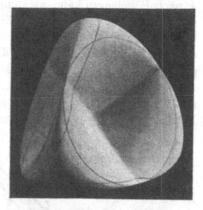

Demnach besitzt das Heptaeder den Zusammenhang $h = 2$. Wie die simplen Polyeder sich in die Kugel deformieren lassen, so gibt es auch eine einfache geschlossene Fläche, in die sich das Heptaeder deformieren läßt. Es ist die von STEINER untersuchte „römische Fläche" (Abb. 289). Auch sie besitzt, wie das Heptaeder, drei paarweise aufeinander senkrechte Durchdringungsstrecken. In rechtwinkligen Koordinaten ist sie durch die Gleichung bestimmt

$$y^2 z^2 + z^2 x^2 + x^2 y^2 + x y z = 0.$$

Es ist also eine Fläche vierter Ordnung.

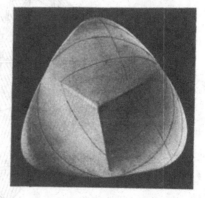

Abb. 289b.

Außer dem geraden Zusammenhang und den Durchdringungskurven weist das Heptaeder noch eine weitere wichtige Eigenschaft auf, durch die es sich von allen bisher betrachteten Flächen unterscheidet. Denken wir uns die Fläche durch eine Membran verwirklicht und betrachten wir ein Wesen, z. B. einen Käfer, der auf dieser Membran herumspaziert, von einem festen Punkt P aus. Diesem Punkt P liegt auf der anderen Seite der dünnen Membran ein Punkt P' gegenüber, der mit P zusammen-

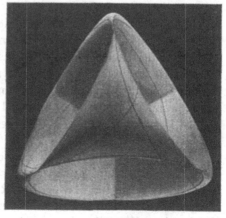

Abb. 289c.

fällt, wenn wir wieder die Membran durch die ursprüngliche Fläche
ersetzen. Es erscheint nun plausibel, daß der Käfer nicht anders von
P nach P' gelangen kann, als wenn er sich durch die Membran an irgendeiner Stelle ein Loch bohrt. Für die Kugel und alle Brezeln, die wir
bisher betrachtet haben, trifft diese Annahme auch zu. Das Heptaeder
dagegen ist eine Fläche, für die die Annahme nicht mehr ohne weiteres
gilt. Als Ausgangspunkt P wählen wir (Abb. 290) einen Punkt auf der
zur Zeichenebene parallelen Quadratfläche, und zwar auf der dem Be-
schauer zugewandten Seite. Wir betrachten nun einen Weg, der auf dem
Heptaeder von P aus der Reihe nach die Kanten 1, 2, 3, 4 überschreitet

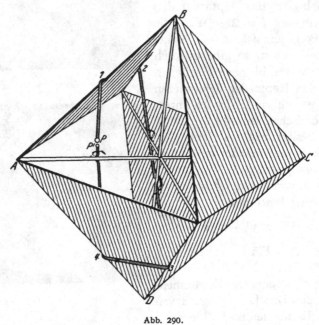

Abb. 290.

und dann wieder auf der ursprünglichen Quadratfläche verläuft. Ein
Käfer, der einen solchen Weg nimmt, gelangt ersichtlich nach Über-
schreitung der Kante 4 auf die Rückseite der Quadratfläche, von deren
Vorderseite er ausgegangen war. Er muß zwar die Heptaedermembran
dreimal durchbohren, aber nicht an einer Stelle, über die er gerade
hinwegwandert, sondern nur an den Durchdringungslinien, wo ihm eine
andere Heptaederfläche den Weg versperrt, nicht aber die, welche er
durchläuft.

Das Heptaeder heißt deswegen eine „einseitige" Fläche, während
man die Kugel und die bisher beschriebenen Brezeln als zweiseitig
bezeichnet. Auch für Flächen mit Rändern läßt sich diese Unterscheidung treffen. Wir untersuchen, ob es auf der (als Membran gedachten)
Fläche einen Weg gibt, der von der einen Seite der Fläche zur anderen

führt, ohne den Rand der Fläche zu überschreiten und ohne die Membran an einer Stelle zu durchbohren, über die er gerade hinführt. Wenn es einen solchen Weg gibt, heißt die Fläche einseitig, sonst zweiseitig. Die berandeten Flächen, die wir bisher betrachtet haben, waren sämtlich zweiseitig, z. B. die Kreisscheibe. Für berandete einseitige Flächen gibt es nun ein Beispiel, das viel einfacher ist als das Heptaeder, nämlich das MÖBIUSsche Band. Wir stellen es aus einem Papierstreifen her, der die Gestalt eines stark gestreckten Rechtecks hat (Abb. 291). Würden wir

die kurzen Seiten AB und CD so zusammenheften, daß A mit C und B
mit D zusammenfallen, dann erhiel-
ten wir, wie wir schon früher sahen,
ein Stück eines Kreiszylinders, eine

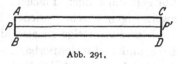

Abb. 291.

berandete zweiseitige Fläche. Anstatt dessen wollen wir vor der Zu-
sammenheftung das eine Ende des Papierstreifens um 180° gegen das andere verdrehen. Wir heften also die Enden so aneinander, daß A mit D und B mit C zusammenfallen (Abb. 292). Damit haben wir ein Modell des MÖBIUSschen Bandes erhalten. Man sieht leicht ein, daß diese Fläche einseitig ist. Wir zeichnen z. B. vor der Zusammenheftung auf den Streifen die Parallele PP' zu den langen Rechteckseiten. Diese gerade Strecke geht nach der Zusammenheftung in einen Weg QQ' über, der von der einen Seite des Bandes auf die andere führt[1].

Man kann die einseitigen Flächen auch mit Hilfe eines weiteren wichtigen topolo-
gischen Begriffs kennzeichnen, zu dessen Formulierung man die Fläche nicht durch eine Membran zu ersetzen braucht. Wir denken uns um jeden Punkt irgendeiner gegebenen Fläche (mit Ausnahme der Rand-
punkte, falls solche vorhanden sind) eine kleine geschlossene Kurve gezogen, die ganz in der Fläche verläuft. Wir versuchen nun

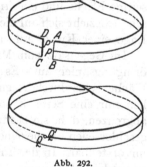

Abb. 292.

auf allen diesen geschlossenen Kurven einen Umlaufsinn so fest-
zusetzen, daß hinreichend benachbarte Punkte stets im gleichen Sinne umlaufen werden. Ist eine solche Festsetzung möglich, so heißt sie eine „Orientierung" der Fläche, und die Fläche selbst heißt orientierbar. Eine einseitige Fläche kann nun niemals orientierbar sein. Zum

---

[1] Der Unterschied des MÖBIUSschen Bandes vom zylindrischen Streifen ist noch an folgenden beiden Erscheinungen zu erkennen: Der Rand des MÖBIUSschen Bandes zerfällt nicht wie der des zylindrischen Streifens in zwei geschlossene Kurven, sondern besteht aus einer einzigen geschlossenen Kurve. Zerschneidet man ferner das MÖBIUSsche Band längs der Kurve QQ', so fällt es nicht wie der zylindrische Streifen auseinander, sondern bleibt zusammenhängend.

Beweise fassen wir einen der geschlossenen Wege ins Auge, deren Existenz mit der Einseitigkeit der Fläche gleichbedeutend ist; etwa den Weg QQ' auf dem Möbiusschen Band, wobei wir jetzt wieder Q und Q' als identisch ansehen. Erteilt man dem Punkt Q einen Umlaufsinn und setzt diese Zuordnung auf dem Wege QQ' stetig fort, so kommt man im Punkt $Q' = Q$ notwendig mit der entgegengesetzten Zuordnung wieder an. Diese Erscheinung könnte nicht eintreten, wenn das Möbiussche Band orientierbar wäre. Das Entsprechende gilt auch für alle übrigen einseitigen Flächen. Umgekehrt kann man zeigen, daß alle zweiseitigen Flächen orientierbar sind. Die Einteilung der Flächen in zwei- und einseitige ist also identisch mit ihrer Einteilung in orientierbare und nichtorientierbare.

Man kann leicht einsehen, daß eine Fläche dann und nur dann nicht orientierbar ist, wenn es auf ihr irgendeine geschlossene Kurve s gibt, so daß ein orientierter kleiner Kreis, dessen Mittelpunkt s stetig durchläuft, am Ausgangspunkt mit der entgegengesetzten Orientierung wieder ankommt (z. B. die Kurve QQ' in Abb. 292). Geht man auf der Fläche an einer Seite der Kurve s entlang, so kommt man auf der anderen Seite wieder an, obgleich man die Kurve nicht überquert hat. Deswegen heißt s eine „einufrige" Kurve. Während auf den orientierbaren Flächen alle Kurven zwei Ufer haben, ist die Existenz einer einufrigen geschlossenen Kurve kennzeichnend für die nichtorientierbaren Flächen. Einseitige Fläche und einufrige Kurve bedingen einander. Die erste Eigenschaft bezieht sich auf die Lage einer Fläche im Raum, die zweite auf die Lage einer Kurve auf einer Fläche.

Im Gegensatz zum Möbiusschen Band weist das Heptaeder Durchdringungslinien auf. Es ist plausibel, daß jede einseitige geschlossene Fläche Selbstdurchdringungen haben muß. Diese Flächen haben nämlich nur eine Seite, können also keinen Raumteil vom übrigen Raum abgrenzen, d. h. sie besitzen kein Inneres und kein Äußeres. Bei einer geschlossenen Fläche ohne Durchdringungslinien ist ein solches Verhalten unvorstellbar. In der Tat haben alle einseitigen geschlossenen Flächen Selbstdurchdringungen. Der Beweis dafür muß aber auf ganz anderem Wege geführt werden.

Nicht jede Selbstdurchdringung ist eine topologische Singularität. Betrachten wir z. B. die Rotationsfläche, die entsteht, wenn die in Abb. 293 gezeichnete Kurve um die gestrichelte Gerade gedreht wird. Der Punkt A beschreibt eine kreisförmige Durchdringungskurve dieser Fläche. Durch stetige Deformation geht die Fläche aber in die Rotationsfläche über, deren erzeugende Kurve in Abb. 294 gezeichnet ist. Diese Fläche besitzt keine Durchdringung und ist offenbar der Kugel topologisch äquivalent. Umgekehrt kann man aus einer Kugel durch Einbeulen die zuerst beschriebene Rotationsfläche erhalten. Das Auftreten von Durchdringungskurven braucht also keine wesentliche topo-

logische Eigenschaft darzustellen. Während in diesem Beispiel eine
geschlossene Durchdringungskurve vorhanden war, besitzt die Durchdringungskurve des Heptaeders sechs Endpunkte, nämlich die Ecken
des Heptaeders. Diese sind nun wirklich als Singularitäten anzusehen.

Abb. 293.   Abb. 294.

Die Umgebung eines regulären Punkts auf einer Fläche läßt sich nämlich
stets in eine Kreisscheibe verzerren; für die Umgebung einer Heptaeder-
ecke (Abb. 288) ist dagegen eine solche Deformation nicht ohne weiteres
möglich. Das Heptaeder besitzt demnach sechs singuläre Punkte, und

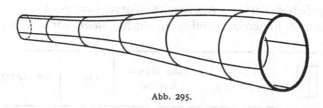

Abb. 295.

es erhebt sich die Frage, ob es überhaupt eine einseitige geschlossene
Fläche ohne singuläre Punkte gibt.

Eine solche Fläche ist zuerst von F. KLEIN angegeben worden. Wir
gehen aus von einer an beiden Seiten offenen Röhre (Abb. 295). Früher
haben wir aus einer
solchen Röhre durch
Zusammenbiegen und
Aneinanderheften der
Randkreise die Torus-
fläche erhalten. Diesmal
heften wir die Enden in
anderer Weise zusam-
men. Wir denken uns

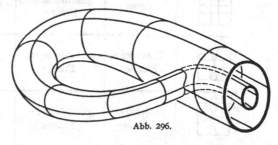

Abb. 296.

das eine Ende der Röhre etwas kleiner als das andere und stecken nach
passender Verbiegung der Röhre dieses Ende so durch die Wand der
Röhre, daß beide Randkreise konzentrische Lage annehmen (Abb. 296).
Indem wir den weiteren Rand der Röhre etwas nach innen, den engeren
Rand etwas nach außen biegen, lassen sich die beiden Ränder nun ohne

Singularität zusammenheften. Damit haben wir die KLEINsche Fläche konstruiert (Abb. 297). Sie ist offenbar einseitig und besitzt eine geschlossene Durchdringungskurve an der Stelle, wo wir das engere Ende der Röhre durch die Wand der Röhre hindurchgesteckt haben.

Da das erste Beispiel einer geschlossenen einseitigen Fläche, das Heptaeder, sich von den geschlossenen bisher betrachteten zweiseitigen Flächen auch durch seinen geraden Zusammenhang unterschied, können wir erwarten, daß die KLEINsche Fläche ebenfalls geraden Zusammenhang besitzt. In Wahrheit besitzt diese Fläche aber den Zusammenhang 3

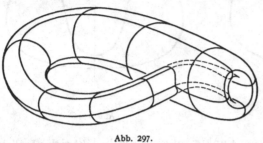

Abb. 297.

wie der Torus. Auch das kanonische Schnittsystem kann genau so wie beim Torus gewählt werden; als erste, geschlossene Zerschneidungskurve wählen wir die Naht, längs der wir die Röhrenenden aneinandergeheftet hatten. Als zweite Kurve eine solche, die in das Stück einer Zylindererzeugenden übergeht, wenn wir die KLEINsche

	Ebener Kreisring	zwei Rand-kurven	$h = 2$	zweiseitig
	MÖBIUS-sches Band	eine Randkurve	$h = 2$	einseitig
	Torus	geschlossene Fläche	$h = 3$	zweiseitig
	KLEINsche Fläche	geschlossene Fläche	$h = 3$	einseitig
	projektive Ebene	geschlossene Fläche	$h = 2$	einseitig

Fläche längs der Naht wieder auftrennen und sie wieder in Zylindergestalt zurückbiegen. Durch Zerschneidung längs dieser beiden Kurven geht die KLEINsche Fläche ebenso wie die des Torus in ein Rechteck über. Jede Kurve, die zwei Randpunkte des Rechtecks verbindet, zerlegt aber das Rechteck; für die KLEINsche Fläche ist also nach der allgemeinen Definition $h - 1 = 2$, also $h = 3$, wie behauptet.

Wir haben damit aus dem Rechteck (bzw. Quadrat) durch verschiedene Arten der Ränderzuordnung bisher fünf verschiedene Flächen erhalten, die einander in der Tabelle auf S. 272 gegenübergestellt sind[1]. Die in der Tabelle enthaltenen Angaben über die projektive Ebene werden weiter unten begründet werden.

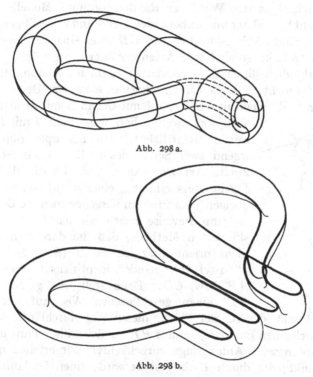

Abb. 298 a.

Abb. 298 b.

Aus der Tabelle geht hervor, daß wir das Modell des MÖBIUSschen Bandes aus dem Modell des KLEINschen Schlauchs erhalten, wenn wir eine der beiden Randzuordnungen aufheben. Man muß also den KLEINschen Schlauch in ein MÖBIUSsches Band verwandeln können, indem man ihn längs einer geeignet gewählten geschlossenen Kurve aufschneidet. Der Leser möge eine solche Zerschneidung an einem Modell durchführen. In Abb. 298 ist dagegen eine Zerschneidung des KLEINschen Schlauchs in *zwei* MÖBIUSsche Bänder veranschaulicht. Hierzu möge der Leser den entsprechenden Übergang an den Quadratmodellen aufsuchen.

---

[1] Im projektiven Raum ist das einschalige Hyperboloid als eine durchs Unendliche hindurch geschlossene Fläche anzusehen. Der Leser möge an Hand der Tabelle entscheiden, ob in dieser Auffassung das einschalige Hyperboloid mit dem KLEINschen Schlauch oder mit dem Torus topologisch äquivalent ist.

Während wir für die einseitigen geschlossenen Flächen Beispiele sowohl von geradem als auch von ungeradem Zusammenhang kennengelernt haben (Heptaeder und KLEINsche Fläche), hatten die bisher angegebenen geschlossenen zweiseitigen Flächen stets ungeraden Zusammenhang. Es läßt sich auch zeigen, daß es eine geschlossene zweiseitige Fläche geraden Zusammenhangs nicht geben kann.

Wie beim Quadrat, so können wir auch bei jedem regulären $4p$-Eck durch verschiedenartige Wahl der Ränderzuordnung Modelle für eine große Anzahl beranderter und unberandeter, ein- und zweiseitiger Flächen herstellen. Sind (Abb. 299) AB und CD zwei einander zugeordnete Seiten des $4p$-Ecks, so sind zwei Arten der Zuordnung möglich: 1. Die beiden Verbindungslinien der einander zugeordneten Endpunkte schneiden einander nicht. 2. Diese Linien schneiden einander. Den ersten Fall erhält man z. B., wenn in Abb. 299 A mit C und B mit D identifiziert

Abb. 299.

wird, den zweiten Fall, wenn man A mit D und B mit C identifiziert. Ich behaupte nun: Wenn irgend zwei Seiten des $4p$-Ecks einander auf die zweite Art zugeordnet sind, ist die dargestellte Fläche stets einseitig, einerlei auf welche Art die übrigen Zuordnungen vorgenommen werden.

Zum Beweise zeigen wir nach der auf S. 270 skizzierten Methode, daß die dargestellte Fläche nicht orientierbar ist. Seien (Abb. 299) P und P' zwei miteinander identifizierte Punkte von AB bzw. CD. Dann stellt die gerade Strecke PP' einen geschlossenen Weg auf der Fläche

dar. Ein Punkt, der auf der Fläche diesen Weg durchläuft, wird dargestellt durch einen Punkt R, der auf PP' zunächst bis P läuft und dann von P' aus in seine Anfangslage zurückkehrt. Wir erteilen nun dem Flächenpunkt, der durch R dargestellt wird, einen Umlaufsinn, der auf der Wanderung dieses Punkts keine unstetige Änderung erfahren soll. Dazu haben wir um R einen kleinen mit Umlaufsinn versehenen Kreis zu schlagen, den wir mit R stetig mitbewegen. Rückt R nahe an P, so liegt nur noch der Kreisbogen $\overrightarrow{ST}$ im Innern des $4p$-Ecks. Um das Bild einer geschlossenen Flächenkurve zu erhalten, müssen wir die beiden Punkte $S'T'$ heranziehen, die auf CD liegen und mit ST identifiziert sind. Da nun AB und CD einander auf die zweite Art zugeordnet sind, liegen S und S' zu verschiedenen Seiten der Strecke PP', ebenso T und T'. Die geschlossene Flächenkurve mit ihrem Umlaufsinn wird also dargestellt durch die beiden Bögen $\overrightarrow{ST}$ und $\overrightarrow{T'S'}$. Diese Figur erfährt keinerlei unstetige Änderung, wenn R in P anlangt und hierauf von P' zurückzulaufen beginnt. Hat sich R hinreichend weit von P' entfernt, so verschwindet der Bogen ST allmählich, und $S'T'$ geht in einen vollen Kreisumlauf über. Der Kreis hat aber den entgegengesetzten Umlaufssinn als derjenige, mit dem wir die Wanderung begonnen haben, und damit ist bewiesen, daß die dargestellte Fläche nicht orientierbar ist.

Als Sonderfall dieses Satzes ergibt sich die Einseitigkeit der projektiven Ebene; in ihrem Modell sind alle Zuordnungen von der zweiten Art.

Man kann umgekehrt leicht zeigen, daß das Modell stets eine zweiseitige Fläche darstellt, wenn alle Zuordnungen von der ersten Art sind.

Das Modell der projektiven Ebene hatten wir aus der Kugelfläche erhalten, und andererseits zeigte die KLEINsche Fläche Beziehungen zum Torus, jedoch Beziehungen anderer Art wie zwischen Kugel und projektiver Ebene. Wir wollen nun zeigen, daß in Wahrheit zwischen KLEINscher Fläche und Torus sich dieselbe Zuordnung herstellen läßt wie zwischen den beiden erstgenannten Flächen und daß man in gleicher Weise überhaupt jeder einseitigen Fläche eine zweiseitige zuordnen kann.

Wir konnten aus der Kugel die projektive Ebene erhalten, indem wir alle Paare von Diametralpunkten als identisch betrachteten (S. 210, 263). Wir nehmen nun die entsprechende Konstruktion beim Torus vor.

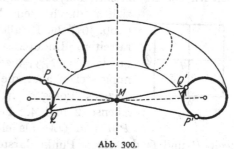

Abb. 300.

Wir bezeichnen als Mittelpunkt des Torus denjenigen Punkt M, in dem die Achse von dem Lote getroffen wird, das wir vom Mittelpunkt eines erzeugenden Kreises aus auf die Achse fällen (Abb. 300). Ist dann P irgendein Punkt auf dem Torus, so liegt auch derjenige Punkt P' auf dem Torus, der zu P bezüglich M symmetrisch ist. Alle Punktepaare des Torus, die bezüglich M symmetrisch liegen, wollen wir Diametralpunkte nennen. Wir erzeugen aus dem Torus eine neue Fläche F, indem wir alle Paare von Diametralpunkten als identisch ansehen. Ich behaupte, das ist die KLEINsche Fläche.

Zum Beweise betrachten wir einen erzeugenden Kreis des Torus. Ihm ist ein weiterer erzeugender Kreis zugeordnet gemäß Abb. 300. Durch die beiden Kreise ist der Torus in zwei Hälften zerlegt. Wir erhalten nun die Fläche F, wenn wir eine Hälfte des Torus fortlassen und in der übrigbleibenden Hälfte die Randkreise vorschriftsgemäß identifizieren; entsprechend hatte früher die Halbkugel statt der ganzen Kugel zur Konstruktion der projektiven Ebene genügt. Man erkennt nun durch eine Umlaufsbetrachtung an den identifizierten Kreisen, daß bei dieser Identifizierung aus dem Halbtorus die KLEINsche Fläche entsteht.

Offenbar können wir ferner die zweite Hälfte des Torus so auf die erste legen, daß alle Punkte, die vorher diametral lagen, paarweise zur

Deckung gelangen. Allerdings müssen wir dann (wie man sich leicht klarmachen kann) den zweiten Halbtorus so nach Art eines Handschuhs umstülpen, daß das Innere nach außen kommt. Wenn wir nunmehr die beiden Hälften wieder zusammenheften, haben wir schließlich den Torus in die Gestalt einer zweimal überdeckten KLEINschen Fläche gebracht[1]; man sagt dafür auch, der Torus ist eine „zweiblättrige Überlagerungsfläche" der KLEINschen Fläche. Ebenso bezeichnet man die Kugel als zweiblättrige Überlagerungsfläche der projektiven Ebene. Man kann allgemein zeigen: Jede beliebige einseitige Fläche besitzt eine zweiseitige Fläche zur zweiblättrigen Überlagerungsfläche.

§ 47. Die projektive Ebene als geschlossene Fläche.

Um den Zusammenhang der projektiven Ebene zu bestimmen, wenden wir den EULERschen Polyedersatz auf das Quadratmodell an. Wir

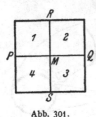

Abb. 301.

ziehen durch den Mittelpunkt M des Quadrats (Abb. 301) die Parallelen PQ und RS zu den Quadratseiten. Dadurch wird das Quadrat in die Teilquadrate 1, 2, 3, 4 zerlegt. Infolge der Randzuordnung stellen aber die beiden Quadrate 1 und 3 ein einziges Polygon in der projektiven Ebene dar. Ebenso 2 und 4. Ferner sind die beiden Strecken PM und QM als eine einzige Kante aufzufassen, weil P und Q denselben Punkt darstellen. Desgleichen bilden RM und SM nur eine Kante. Ecken treten außer M nicht auf. Wir haben also in die EULERsche Formel einzusetzen:

$$E = 1, \quad K = 2, \quad F = 2.$$

Der EULERsche Satz liefert $E - K + F = 1 = 3 - h$. Demnach besitzt die projektive Ebene zweifachen Zusammenhang, wie in der Tabelle S. 272 angegeben.

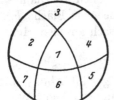

Abb. 302.

In der analytischen projektiven Geometrie spielt eine andere Zerlegung der Ebene eine Rolle, die sich aus der Einführung der Dreieckskoordinaten ergibt. Sie ist in Abb. 302 angegeben, wobei statt des Quadrats die Kreisfläche als Modell verwandt wird. Diese Fläche wird durch drei nicht durch einen Punkt gehende Bögen in sieben Gebiete zerlegt. Wir nehmen nun an, daß jeder dieser Bögen die Peripherie in Diametralpunkten trifft. 2 und 5 stellen dann ein einziges Dreieck dar, ebenso 3 und 6 sowie 4 und 7. Man erkennt, daß drei nicht durch einen Punkt gehende Geraden die

---

[1] Die Konstruktion ist nicht, wie man zunächst vermuten könnte, durch bloße Deformation des Torus ausführbar. Man muß vielmehr den Torus zerschneiden, um die Umstülpung der einen Hälfte vornehmen zu können.

projektive Ebene stets in dieser Weise in vier Dreiecke zerlegen[1]. In der EULERschen Formel hat man jetzt $E = 3$, $K = 6$, $F = 4$ zu setzen und erhält wieder $h = 2$.

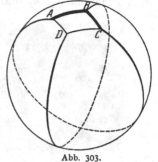

Wie wir die Ringfläche und die KLEIN-sche Fläche aus ihren Quadratmodellen durch Zusammenheftung erhalten haben, so wollen wir auch mit dem Quadratmodell der projektiven Ebene verfahren. Zu diesem Zweck verzerren wir das Quadrat zunächst in die Gestalt einer Kugelfläche, aus der ein kleines Viereck $ABCD$ herausgeschnitten ist (Abb. 303). Wir haben AB mit CD und DA mit BC zusammenzuheften. Das wird

Abb. 303.

möglich, wenn wir die Fläche in den Punkten A und C heben und bei B und D senken und A und C sowie B und D einander nähern (Abb. 304). Schließlich erhalten wir eine geschlossene Fläche mit einer Strecke als Durchdringungslinie (Abb. 305). Sie ist topologisch der projektiven Ebene äquivalent.

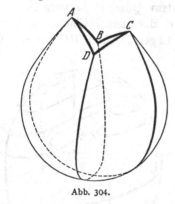

Abb. 304.

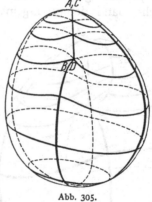

Abb. 305.

Es gibt eine algebraische Fläche, die diese Gestalt besitzt (Abb. 306). Ihre Gleichung ist

$$(k_1 x^2 + k_2 y^2)(x^2 + y^2 + z^2) - 2z(x^2 + y^2) = 0.$$

Die Fläche steht im Zusammenhang mit einer differentialgeometrischen Konstruktion. Wir gehen aus von einem Punkt P auf irgendeiner Fläche F, die in P konvex gekrümmt ist. Für alle Normalschnitte dieser Fläche in P (vgl. S. 162, 163) konstruieren wir die Krümmungskreise in P. Diese Kreisschar überstreicht dann gerade die in Abb. 306 dargestellte Fläche, ihre Durchdringungsstrecke ist ein Stück der in P errichteten Normalen der Ausgangsfläche; die angeführte Gleichung bezieht sich

---

[1] Die in Abb. 301 und 302 gezeichneten Einteilungen der projektiven Ebene hatten wir S. 131, 132 durch Projektion des Oktaeders erhalten.

auf ein rechtwinkliges Koordinatensystem, dessen Anfangspunkt in P liegt und dessen x- und y-Achse in die Krümmungsrichtungen der Fläche F in P fallen. k_1, k_2 sind die Hauptkrümmungen der Fläche F in P.

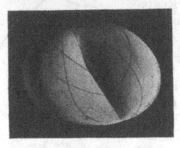 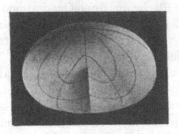

Abb. 306 a.   Abb. 306 b.

Wenn wir wieder von Abb. 304 ausgehen, aber nur AB mit CD zusammenheften, dagegen nicht DA mit BC, dann erhalten wir eine Fläche, die dem MÖBIUSschen Band topologisch äquivalent ist. Wir haben ja dann gerade die Heftung vorgenommen, durch die das MÖBIUSsche Band definitionsgemäß aus dem Quadrat hervorgeht. Der Rand der neuen Fläche geht aus den Bögen DA und BC hervor. Da

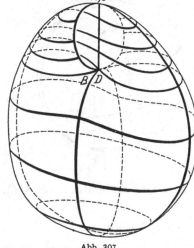 

Abb. 307.   Abb. 308.

aber A mit C und B mit D zusammengeheftet ist, entsteht aus diesen Bögen eine geschlossene Kurve, der wir z. B. die Gestalt eines Kreises geben können (Abb. 307). Offenbar besitzt die Fläche keine Selbstdurchdringung. In den beiden Punkten, die aus A, C und aus B, D hervorgehen, ist die Fläche nicht mehr stetig gekrümmt; durch weitere Deformation in der Umgebung dieser Stellen erhalten wir aber eine Fläche, die überall stetig gekrümmt ist. Von ihrem Verlauf geben Abb. 308 und 309 eine Vorstellung.

Die Fläche eignet sich trotz ihres kreisförmigen Randes nicht zum Verschluß eines Gefäßes. Denn da sie einseitig ist, sperrt sie das Innere des Gefäßes nicht gegen den Außenraum ab.

Schließt man die Fläche durch Einfügen einer Kreisscheibe, so erhält man wieder das Modell der projektiven Ebene. Dies ist aus den Abb. 307 und 305 ersichtlich. Wir erhalten also umgekehrt ein Modell des MÖBIUSschen Bandes, wenn wir aus dem Modell der projektiven Ebene eine Kreisscheibe entfernen. Dabei muß es gleichgültig sein, an welcher Stelle der in Abb. 305 dargestellten Fläche wir das Loch hineinschneiden; denn auf der projektiven Ebene ist keine

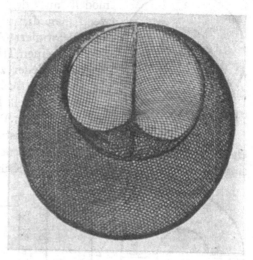

Abb. 309.

Stelle vor der anderen ausgezeichnet, da ja auf der Kugel kein Paar von Diametralpunkten vor einem anderen Paar ausgezeichnet ist. Eine besonders übersichtliche Gestalt erhält nun das übrigbleibende Flächenstück, wenn wir in Abb. 305 den unteren Teil entfernen. So entsteht die in Abb. 310 gezeichnete Fläche, die als Kreuzhaube bezeichnet wird. Die Kreuzhaube ist ein weiteres Modell eines MÖBIUSschen Bandes mit kreisförmigem Rand. Trotz ihrer Einseitigkeit ist die Kreuzhaube offenbar als Gefäßdeckel brauchbar. Das wird dadurch ermöglicht, daß sie eine Selbstdurchdringungsstrecke besitzt.

Wenn man die Kreuzhaube längs der Durchdringungsstrecke

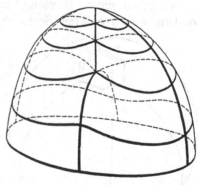

Abb. 310.

aufschneidet, erhält man nach geeigneter Verzerrung eine Kreisscheibe mit viereckigem oder kreisförmigem Loch; denn wir haben dann einfach das durch Abb. 303 bis 305 veranschaulichte Verfahren rückgängig gemacht. Demnach erhalten wir ein Modell des MÖBIUSschen Bandes, wenn wir vom Gebiet zwischen zwei konzentrischen Kreisen ausgehen und im inneren Kreis alle Paare von Diametralpunkten identifizieren

(Abb. 311). Es ist auf den ersten Blick durchaus nicht zu erkennen, daß diese Figur dieselbe Fläche darstellt wie das Quadratmodell der

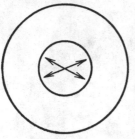

Tabelle S. 272. Man kann aber das Quadratmodell aus den hier angegebenen erhalten, wenn man dieses zerschneidet (Abb. 312), die Teile deformiert (Abb. 313) und nach Umklappung des einen Teils um die Gerade b' die Ränder teils wieder zusammenheftet, teils einander zuordnet (Abb. 314).

Unser Modell der projektiven Ebene besitzt zwei singuläre Punkte: die Endpunkte der Durchdringungsstrecke. Es ist W. Boy gelungen,

Abb. 311.

ein anderes Modell der projektiven Ebene zu konstruieren, das keinen singulären Punkt und überall stetige Krümmung besitzt.

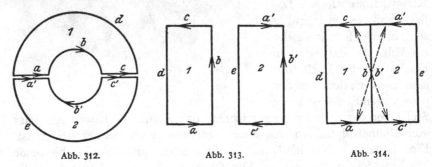

Abb. 312.   Abb. 313.   Abb. 314.

Wir gehen, um die Boysche Fläche zu erzeugen, nicht vom Quadrat, sondern vom regulären Sechseck aus, auf dessen Rand wieder die

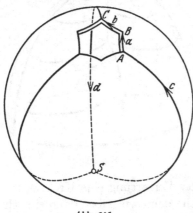

Diametralpunkte identifiziert sind. Durch Deformation erhalten wir daraus eine Kugelfläche, aus der ein reguläres Kreisbogensechseck entfernt ist. Dieses Gebilde läßt sich wie das Sechseck in drei kongruente Teile zerlegen, die symmetrisch um eine Achse herum angeordnet sind (Abb. 315). Wir schneiden einen dieser Teile heraus und deformieren ihn weiter; diese sogleich zu schildernde Deformation wird dann an den beiden anderen Teilen genau so vorgenommen, und

Abb. 315.

wir erhalten drei neue kongruente Flächenstücke. Durch ihre Zusammenheftung ergibt sich schließlich die Boysche Fläche. Auch sie besitzt eine dreizählige Symmetrieachse. Das Ziel des Verfahrens ist natürlich die Zusammenheftung aller Paare von gegenüberliegenden Punkten auf dem Rand des aus der Kugel entfernten Sechsecks.

Wir fassen also (Abb. 315) das Stück $ScAaBbCdS$ ins Auge und bringen zunächst die drei Punkte ABC zum Zusammenfallen in N (Abb. 316), ohne sie jedoch zu identifizieren; denn das würde der Heftungsvorschrift, von der wir ausgingen, nicht entsprechen. Jetzt halten wir die Punkte S und N und die Seiten b, c und d fest, drehen aber die geschlossene Seite a nach oben (Abb. 317), bis in die Stellung, die in Abb. 318 angegeben ist. Der Flächenteil zwischen c und a muß zu diesem Zweck stark auseinandergezogen werden und erhält fast ebene Gestalt. Wir drehen nun die Schleife b (Abb. 318) nach rechts oben,

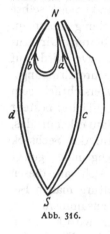

Abb. 316.

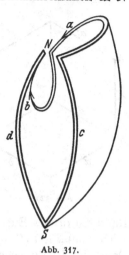

Abb. 317.

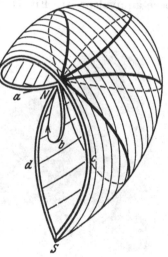

Abb. 318.

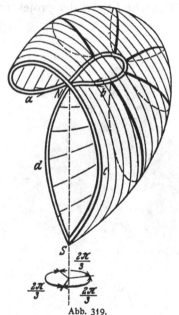

Abb. 319.

bis b von hinten an den erwähnten Flächenteil anstößt und die in Abb. 319 gezeichnete Lage einnimmt. In dieser Schlußanordnung sollen die Bögen c und d untereinander und die Schleifen a und b untereinander kongruent sein und so liegen, daß c in d und b in a übergeht, wenn wir die Figur um die Achse SN in der Pfeilrichtung um $2\pi/3$ herumdrehen (Abb. 319). Das Flächenstück, das wir konstruiert haben, denken wir uns nun in einem zweiten kongruenten Exemplar angefertigt, seine entsprechenden Teile seien mit a', S' usw. bezeichnet. Dieses Exemplar

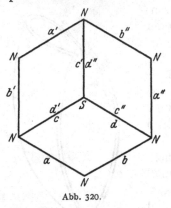

Abb. 320.

heften wir so an das erste, daß d' mit c (und zwar S' mit S und N' mit N) zusammenfällt. Dann muß von selbst auch a' mit b zur Deckung kommen. Diese beiden Ränder heften wir zusammen. Die Heftungskurve wird auf der entstandenen Fläche Durchdringungskurve, wie aus Abb. 319 ersichtlich sein dürfte. Der Rand der Fläche besteht jetzt aus c', a, b', d. Man erkennt das, wenn man (Abb. 320) auf das Sechseck zurückgeht, das wir zugrunde gelegt hatten. Offenbar läßt sich an diesen Rand ein drittes Exemplar so anheften, daß (in der naturgemäßen Bezeichnung) d mit c'', a mit b'', b' mit a'' und c' mit d'' zusammenfallen. Damit ist die Boysche Fläche konstruiert. Aus Abb. 320 wird klar, daß die Boysche Fläche der projektiven Ebene äquivalent ist. Ein Draht-

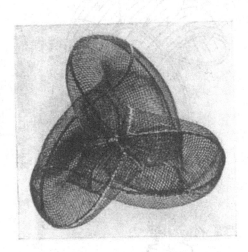

Abb. 321 a.

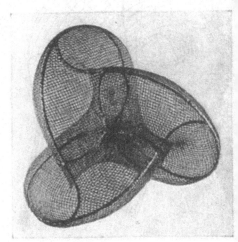

Abb. 321 b.

gazemodell ist in Abb. 321 dargestellt. Die Durchdringungskurve der Boyschen Fläche besteht aus drei Schleifen, die durch den Punkt N gehen und, wie die ganze Fläche, symmetrisch zur Achse SN liegen. Eine nähere Betrachtung von Abb. 320 ergibt, daß durch N drei Mäntel der Fläche hindurchgehen. Damit diese Mäntel in N eine stetige Tangentialebene haben, ist es notwendig und hinreichend, daß die sechs Schleifenenden, die in N zusammenstoßen, dort drei paarweise senkrechte Geraden berühren. Wenn an den übrigen Nähten Knickungen oder Unstetigkeiten der Krümmung auftreten, so lassen sie sich durch eine einfache Glättung beseitigen. Bei dem in Abb. 321 dargestellten Modell ist die Durchdringungskurve durch stärkeren Draht hervorgehoben; die übrigen stärkeren Drähte dienen nur zur Versteifung; die Befestigungsschraube nimmt den Ort des Punktes S ein. Die Beziehung zu unserer Konstruktion dürfte besonders deutlich in Abb. 321 b hervortreten.

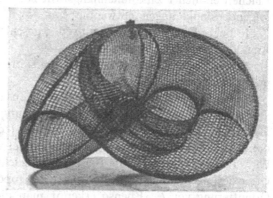

Abb. 321 c.

Demnach besitzt die Boysche Fläche eine überall stetige sphärische Abbildung. Es ist leider bisher nicht untersucht worden, in welcher Weise sich diese über die Kugel erstreckt. Wenn wir dabei von einem willkürlich gewählten Normalenvektor ausgehen und dann die Abbildung stetig fortsetzen, so kommen wir wegen der Einseitigkeit der Boyschen Fläche sicher auch zum entgegengesetztgerichteten Normalvektor desselben Punkts. Somit ist jedem Punkt der Fläche durch die sphärische Abbildung ein Diametralpunktepaar der Kugel zugeordnet. Da aber in dieser Identifizierung die Kugel wiederum in die

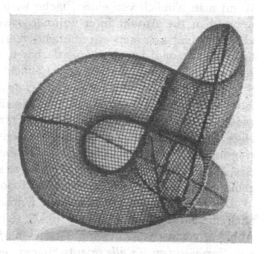

Abb. 321 d.

projektive Ebene übergeht, so liefert die sphärische Abbildung der Boyschen Fläche eine Abbildung der projektiven Ebene auf sich selbst, die allerdings nicht umkehrbar eindeutig ist, da einem Punktepaar der Kugel ersichtlich mehrere Punkte der Boyschen Fläche entsprechen.

§ 48. Normaltypen der Flächen endlichen Zusammenhangs.

Wir wollen zu einer und derselben Flächenklasse alle die Flächen rechnen, die sich topologisch aufeinander abbilden lassen. Damit zwei Flächen endlicher Zusammenhangszahl zur selben Klasse gehören, sind folgende Bedingungen notwendig:

1. beide Flächen müssen entweder geschlossen sein oder die gleiche Anzahl Randkurven besitzen;

2. die Flächen müssen entweder beide orientierbar oder beide nicht-orientierbar sein;

3. beide Flächen müssen die gleiche Zusammenhangszahl besitzen.

Die Notwendigkeit der ersten Bedingung ist evident. Die zweite Bedingung läßt sich auch so ausdrücken: Jede Fläche F, die auf eine orientierbare Fläche G topologisch abgebildet werden kann, ist orientierbar. In dieser Form ist die Behauptung leicht zu beweisen. Denn eine Orientierung der Fläche G ergibt bei der topologischen Abbildung eine Orientierung von F. Ebenso erkennt man die Notwendigkeit der dritten Bedingung: Die Zusammenhangszahl bedingt die Existenz eines Schnittsystems, das bei topologischer Abbildung in ein Schnittsystem gleicher Struktur auf der Bildfläche übergeht.

Eine genauere Betrachtung ergibt, daß die drei genannten Bedingungen für die topologische Abbildbarkeit zweier Flächen auch hinreichen. Wenn man nämlich von einer Fläche weiß, ob sie orientierbar ist, und wenn man die Anzahl ihrer Ränder sowie ihre Zusammenhangszahl kennt, so läßt sich stets ein ähnliches Verfahren anwenden, wie wir es beim Torus und bei den orientierbaren geschlossenen Flächen vom Zusammenhang 5 und 7 veranschaulicht haben (Abb. 282 bis 287, S. 264, 265). Durch ein geeignetes Schnittsystem läßt sich die Fläche in ein Polygongebiet überführen, bei dem die Ränder sämtlich oder teilweise identifiziert sind, und sowohl die Struktur des Schnittsystems als auch die Ränderzahl und Heftungsvorschrift des Polygons sind vollständig durch die erwähnten drei Angaben bestimmt. Stimmen also zwei Flächen in diesen Angaben überein, so sind sie auf dasselbe Polygongebiet und folglich auch aufeinander topologisch abbildbar.

Die orientierbaren geschlossenen Flächen vom Geschlecht p führen nach diesem Verfahren auf $4p$-Ecke, deren Ränderzuordnung durch Abb. 322 veranschaulicht wird. In diesen $4p$-Ecken haben wir eine Reihe von Normaltypen für *alle* orientierbaren geschlossenen Flächen vor uns. Denn jede solche Fläche besitzt eine endliche ungerade Zusammenhangszahl $h = 2p + 1$. Eine andere vollständige Reihe von Normaltypen hatten wir in der Kugel, dem Torus und den Brezeln mit p Löchern angegeben.

Die RIEMANNschen Flächen der Funktionentheorie sind teilweise in dieser Einteilung enthalten, trotzdem ihre anschauliche Gestalt das nicht vermuten läßt. Es sind Flächen, die sich wie das sphärische Bild der meisten Minimalflächen (S. 238) in mehreren Schichten über die Kugel ausbreiten, wobei diese Schichten in Windungspunkten miteinander zusammenhängen. Diese Flächen sind sämtlich orientierbar, da sich jede Orientierung der Kugelfläche auf die darüberliegende RIEMANNsche Fläche überträgt. Man erhält geschlossene Flächen dann und nur dann, wenn man von algebraischen Funktionen ausgeht, während die transzendenten Funktionen stets auf offene Flächen führen. Wir wollen hierauf nicht näher eingehen, da es viele gute Bücher über geometrische Funktionentheorie gibt.

Bei den *berandeten* Flächen läßt sich ebenfalls eine Reihe von Polygonen angeben, so daß jede Fläche mit endlich vielen Rändern und endlicher Zusammenhangszahl auf genau eins dieser Polygone topologisch abbildbar ist. Die Quadratmodelle des ebenen Kreisrings und des MÖBIUSschen Bandes sind Beispiele solcher Polygone. Für die *orientierbaren* berandeten Flächen erhält man noch anschaulichere Normalformen, indem man in die Kugel, den Torus oder eine Brezel eine Anzahl Löcher hineinschneidet (Abb. 278, S. 261). Um auch für die *nichtorientierbaren* Flä-

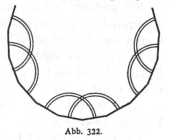

Abb. 322.

chen zu ähnlichen Typen zu kommen, kann man von der „Kreuzhaube" ausgehen, die wir S. 279 als Modell des MÖBIUSschen Bandes konstruiert haben. Man schneide in eine Kugel eine Anzahl Löcher und verschließe einige von ihnen mit Kreuzhauben. Einer solchen Fläche ist jede nichtorientierbare Fläche endlichen Zusammenhangs äquivalent. Die Anzahl der Kreuzhauben und der offenen Löcher ist durch die Ränderzahl und die Zusammenhangszahl eindeutig bestimmt.

Die Kreuzhaube besitzt eine Durchdringungskurve und zwei singuläre Punkte. Einseitige Flächen ohne singuläre Punkte haben wir im KLEINschen Schlauch und der BOYschen Fläche kennengelernt. Ob sich auch alle anderen geschlossenen nichtorientierbaren Flächen singularitätenfrei im Raum verwirklichen lassen, scheint noch nicht untersucht zu sein. Durchdringungsfrei läßt sich eine solche Fläche nie realisieren, wie wir schon erwähnt haben.

Im vierdimensionalen Raum dagegen lassen sich alle nichtorientierbaren Flächen singularitätenfrei und durchdringungsfrei darstellen. In diesen Raum — wir wollen ihn mit R_4 und den dreidimensionalen Raum mit R_3 bezeichnen — hat man sich den R_3 ebenso eingebettet zu denken wie die Ebene in den R_3. Wir konstruieren nun im R_4 zunächst ein durchdringungs- und singularitätenfreies Modell der Kreuzhaube. Wir denken uns zu diesem Zweck eine Kreuzhaube des R_3 eingebettet in den R_4. Wir greifen auf ihr eine Kreisscheibe e heraus, die die Durchdringungsstrecke zum Durchmesser hat (vgl. Abb. 307, S. 278). Im R_3 können wir jede Kreis-scheibe unter Festhaltung der Peripherie so ausbeulen, daß kein innerer Punkt der deformierten Fläche mehr in die Ebene der Peripherie fällt. Ebenso kann man nun im R_4 die Kreisscheibe e in eine solche Fläche f de-formieren, daß der Rand von f fest mit der Kreuzhaube des R_3 verbunden bleibt, während das Innere von f ganz aus dem R_3 herausragt. Durch diese Deformation aber geht die Kreuzhaube in eine Fläche F des R_4 über, die offenbar keine Durchdringung und keine Singularität besitzt. Wenn wir nun eine Kugel mit einer Anzahl von Löchern in den R_4 einbetten und einige dieser Löcher statt mit Kreuzhauben mit Flächen verschließen, die F ähnlich sind, so erhalten wir durchdringungs- und singularitätenfreie Normalformen für alle nichtorientierbaren Flächen endlichen Zusammenhangs.

Ein anderes Problem ist es, Flächen vorgegebener Struktur durch algebraische Gleichungen möglichst niedrigen Grades darzustellen. So hatten wir die STEINERsche Fläche als Modell der projektiven Ebene erwähnt. Ob es algebraische Flächen von der Gestalt der BOYschen Fläche gibt, ist noch nicht untersucht. Im R_4 läßt sich die projektive Ebene durch sehr einfache Gleichungen durchdringungs- und singulari-tätenfrei verwirklichen. Dieses Verfahren wird in einem Anhang des Kapitels beschrieben.

Die Frage nach der topologischen Äquivalenz ist von den Flächen auf drei- und mehrdimensionale Gebilde übertragen worden. Hierdurch wurde man auf die BETTIschen *Gruppen* geführt, in deren Theorie die Zusammenhangszahl und die Orientierbarkeit einer Fläche unter viel allgemeineren Gesichtspunkten erscheinen. Man vergleiche die auf S. 254 genannte Darstellung von ALEXANDROFF.

§ 49. Topologische Abbildung einer Fläche auf sich.
Fixpunkte. Abbildungsklassen.
Universelle Überlagerungsfläche des Torus.

Die einfachste topologische Abbildung eines Gebildes auf sich selbst besteht darin, das Gebilde als Ganzes stetig in sich selbst zu verzerren. Eine solche Abbildung heißt Deformation. Die Bewegungen der Ebene in sich sind Deformationen. Dagegen ist die Spiegelung der Ebene an einer Geraden ein Beispiel für topologische Abbildungen, die keine Defor-mationen sind. Denn bei der Spiegelung wird der Umlaufsinn jedes Kreises umgekehrt, während eine Deformation den Umlaufsinn nicht ändern kann.

Ein Punkt, der auf sich selbst abgebildet wird, heißt ein *Fixpunkt* der Abbildung. Wir wollen jetzt beweisen, daß jede stetige Abbildung der Kreisscheibe auf sich mindestens einen Fixpunkt besitzen muß; dabei zählen wir die Peripheriepunkte mit zur Kreisscheibe. Wir nehmen im

Gegensatz zur Behauptung an, es gebe eine fixpunktfreie stetige Abbildung der Kreisscheibe e auf sich. Dann können wir in jedem Punkt P von e einen Zeiger anbringen, der von P nach dem Bildpunkt von P gerichtet ist; diese Vorschrift würde nämlich nur in Fixpunkten versagen. Wegen der vorausgesetzten Stetigkeit der Abbildung muß sich die Zeigerrichtung von Punkt zu Punkt stetig ändern. Wir betrachten nun den Zeiger eines Peripheriepunkts und lassen diesen Punkt die Peripherie im Uhrzeigersinn einmal umlaufen; dabei dreht sich offenbar auch die Tangente des Punkts im Uhrzeigersinn einmal herum. Ich behaupte nun, daß die Zeigerrichtung des Punkts sich ebenfalls einmal im Uhrzeigersinn herumdreht. Denn der Winkel, den der Zeiger mit der Tangente bildet, ist von Null oder einem ganzzahligen Vielfachen von π stets verschieden, da der Zeiger eines Peripheriepunkts stets ins Kreisinnere und nie tangential gerichtet ist. Wäre aber beim Umlauf die Umdrehungszahl des Zeigers von derjenigen der Tangente verschieden, so müßte es mindestens einmal auf der Peripherie vorkommen, daß beide Richtungen gleich oder entgegengesetzt ausfielen. In analoger Weise betrachten wir nun die Umdrehungszahl des Zeigers für irgendeinen zur Peripherie konzentrischen Kreis k im Innern der Kreisscheibe. Auch dann muß sich der Zeiger einmal im Uhrzeigersinn herumdrehen, wenn sein Ausgangspunkt den Kreis einmal im Uhrzeigersinn umläuft; denn andernfalls müßte sich die Umdrehungszahl des Zeigers einmal sprungweise ändern, wenn wir die Peripherie der Kreisscheibe stetig auf k zusammenziehen, und das wäre mit der Stetigkeit der Zeigerverteilung nicht vereinbar. Ziehen wir andererseits k stetig auf den Mittelpunkt M der Kreisscheibe zusammen, so kann sich die Zeigerrichtung in allen Punkten von k immer weniger von einer und derselben Richtung, nämlich der Zeigerrichtung in M, unterscheiden. Die Umdrehungszahl wäre also für hinreichend kleine Kreise notwendig Null. Das ist ein Widerspruch. Folglich gibt es keine fixpunktfreie stetige Abbildung der Kreisscheibe auf sich.

In ähnlicher Weise läßt es sich zeigen, daß bei jeder stetigen Abbildung der Kugel auf sich entweder ein Fixpunkt oder aber ein Punkt vorkommen muß, der in seinen Diametralpunkt übergeht. Andernfalls wäre für jeden Punkt eindeutig ein Großkreisbogen definiert, der den Punkt mit seinem Bildpunkt verbände. Hierdurch ergäbe sich ein überall stetiges Zeigerfeld auf der Kugeloberfläche, und man kann durch Betrachtung der Zeigerumdrehungszahl beweisen, daß ein solches Feld unmöglich ist. Man kann also nicht überall auf der Erde Wegweiser aufstellen, deren Angaben von Ort zu Ort stetig variieren.

Indem man die Kugel mit identifizierten Diametralpunkten als Modell der projektiven Ebene auffaßt, erhält man aus dem Satz über die Kugelabbildung die Folgerung, daß jede stetige Abbildung der projektiven Ebene auf sich einen Fixpunkt besitzt.

Um die topologischen Abbildungen einer gegebenen Fläche auf sich selbst besser zu übersehen, kann man ihre Gesamtheit in Klassen einteilen. Man rechnet zwei Abbildungen zur selben Klasse, wenn sie sich nur durch eine Deformation voneinander unterscheiden; die Deformationen bilden die Klasse der Identität. Auf der Kugel erhält man eine Abbildung, die nicht in diese Klasse gehört, indem man jeden Punkt auf seinen Diametralpunkt abbildet; man erkennt nämlich anschaulich, daß diese Abbildung den Umlaufsinn kleiner Kreise umkehrt. Damit haben wir zwei Abbildungsklassen der Kugel gefunden. Eine genauere Betrachtung, die hier zu weit führen würde, zeigt, daß es keine weiteren Abbildungsklassen der Kugel gibt. Demnach sind alle topologischen Abbildungen der projektiven Ebene Deformationen.

Auf dem Torus gibt es dagegen unendlich viele Klassen. Um einige dieser Klassen zu veranschaulichen, denken wir uns den Torus längs eines Meridians aufgeschnitten und in einen Kreiszylinder mit zwei Randkreisen verbogen. Wir halten nun den einen Randkreis fest und tordieren den Zylinder in sich selbst, so daß der zweite Randkreis sich k-mal ganz herumdreht; jede geradlinige Erzeugende des Zylinders verwandelt sich dabei in eine Schraubenlinie, die die Zylinderachse k-mal umläuft. Biegen wir jetzt die beiden Randkreise wieder zusammen, so erhalten wir eine topologische Abbildung des Torus auf sich selbst. Dabei sind alle Punkte der identifizierten Randkreise Fixpunkte, und in den übrigen Punkten ergibt sich die Abbildung aus der des Kreiszylinders. Die Erzeugenden des Zylinders entsprechen den Breitenkreisen des Torus, und indem man die Beziehung beider Flächen auch für die Raumteile in ihrem Innern hinzudefiniert, kann man der Zylinderachse die „Seelenachse“ des Torus zuordnen, d. h. die Bahnkurve des Mittelpunkts eines Kreises, durch dessen Rotation der Torus erzeugt wird. Bei der Torusabbildung, die wir konstruiert haben, verwandeln sich hiernach die Breitenkreise in solche geschlossene auf dem Torus verlaufende Kurven, die die Seelenachse k-mal schraubenartig umlaufen. Für eine solche Kurve kann sich bei einer Deformation des Torus die Zahl k nicht ändern. Zwei Torusabbildungen, die zu verschiedenen Werten von k gehören, können daher niemals in derselben Klasse liegen.

Es wäre ein Trugschluß, wenn man durch ein analoges Verfahren die Existenz unendlich vieler Abbildungsklassen auf dem KLEINschen Schlauch beweisen wollte. Den schraubenförmigen Bildern der Zylindererzeugenden entsprechen auf dem KLEINschen Schlauch geschlossene Kurven, die auch bei verschiedenen Werten von k ineinander deformiert werden können. Man kann sich den Unterschied, der in dieser Hinsicht zwischen dem KLEINschen Schlauch und dem Torus besteht, an den Quadratmodellen klarmachen. Es gibt auf dem KLEINschen Schlauch nur endlich viele Abbildungsklassen.

Auf dem Torus erschöpft unser Verfahren die Abbildungsklassen keineswegs. Eine vollständige Übersicht über sie läßt sich mit Hilfe der *universellen Überlagerungsfläche* des Torus gewinnen. Um diese Fläche zu veranschaulichen, denken wir uns die euklidische Ebene auf einen unendlich langen Kreiszylinder aufgewickelt, der natürlich dabei unendlich oft von der Ebene umschlossen wird. Nun haben wir schon bei mehreren Untersuchungen den beiderseits abgeschnittenen Zylinder in einen Torus zusammengebogen. Ebenso läßt sich der unendliche Zylinder in einen Torus verwandeln, wobei die Achse des Zylinders in die unendlich oft umlaufene Seelenachse des Torus übergeht und der Zylinder unendlich oft in sich selbst hineingeschoben erscheint. Die euklidische Ebene wird durch unser Verfahren auf eine Fläche topologisch abgebildet, die den Torus in unendlich vielen Schichten überdeckt, ohne daß Faltungen oder Windungspunkte auftreten. Diese Fläche ist die universelle Überlagerungsfläche des Torus.

Jeder Umlauf eines Längen- oder Breitenkreises des Torus führt von einer Schicht der Fläche in eine andere. Es sei auf dem Torus ein kanonisches Schnittsystem (ein Meridian und ein Breitenkreis) eingetragen, das den Torus in der üblichen Weise in ein Rechteck mit identifizierten Gegenseiten verwandelt. Markiert man auf der Überlagerungsfläche alle Punkte, die über den Kurven des Schnittsystems liegen, und verwandelt die Überlagerungsfläche wieder in eine Ebene, so erfüllen die markierten Punkte ein Kurvensystem, das die Ebene in unendlich viele rechteckige Felder zerlegt, und zwar sind diese Felder so angeordnet wie die Fundamentalbereiche der krystallographischen ebenen Translationsgruppe (Abb. 72, S. 63); jedes Feld entspricht einer Schicht der Überlagerungsfläche. Um diese Behauptung einzusehen, wollen wir die universelle Überlagerungsfläche des Torus auf eine andere Art konstruieren. Wir denken uns den Torus durch ein Quadrat mit identifizierten Gegenseiten dargestellt. Wie bei der Konstruktion des ebenen quadratischen Punktgitters (S. 28) setzen wir nun aus solchen Quadraten einen ebenen beiderseits unendlichen Streifen S zusammen, der von zwei parallelen Geraden a und b begrenzt wird. S verwandelt sich in einen unendlich langen Kreiszylinder C, wenn wir a mit b durch geeignete Verbiegung von S zur Deckung bringen. Durch die Quadrate von S ist C in Felder eingeteilt, die von Kreisen begrenzt werden. Man erhält den Torus zurück, indem man zwei Kreise, die ein Zylinderfeld begrenzen, identifiziert. Wenn wir demnach den Zylinder in der früher geschilderten Weise um den Torus herumlegen, kommen alle Felder übereinander zu liegen, jedes Feld bedeckt den Torus einmal vollständig, und die Grenzlinien liegen alle über einem kanonischen Schnittsystem des Torus. Nunmehr verfahren wir weiter mit dem Streifen S wie bei der Konstruktion des quadratischen Gitters; wir setzen die Ebene aus solchen Streifen zusammen. Wenn wir dann die Ebene unendlich oft um C

herumlegen, so daß wieder S in C übergeht, so liegen offenbar alle an S angestückelten Streifen über S, und die Quadrateinteilung jener Streifen fällt mit der Einteilung von S zusammen. Legen wir wieder C um den Torus herum, so kommen alle Quadrate der Ebene übereinander zu liegen, und die Grenzlinien liegen alle über einem kanonischen Schnittsystem des Torus, wie wir behauptet hatten.

Durch diese zweite Konstruktion haben wir für die universelle Überlagerungsfläche U des Torus eine besonders einfache Abbildung auf die Ebene E erhalten. Bezeichnet man nämlich als äquivalent alle die Punkte von U, die über demselben Toruspunkt liegen, so ist in E jedes System äquivalenter Punkte von U dargestellt durch ein quadratisches Punktgitter. Wir definieren nun als *Fundamentalgruppe* (f) des Torus die Gruppe aller topologischen Abbildungen von U auf sich, die jeden Punkt in einen äquivalenten überführen. Dann wird (f) durch die Abbildung $U \rightarrow E$ ersichtlich in die Gruppe von Translationen verwandelt, die das quadratische Gitter in sich überführen.

Nun sei g irgendeine andere topologische Abbildung *von U auf sich*, die zwar nicht jeden Punkt in einen äquivalenten, aber äquivalente Punkte stets in äquivalente Punkte überführen möge. Dann entspricht g einer bestimmten topologischen Abbildung h *des Torus auf sich*. Jeder Punkt P des Torus liegt nämlich unter einem gewissen System unendlich vieler äquivalenter Punkte (Q) von U. Alle Bildpunkte (Q') der Punkte (Q) liegen nach Definition von g über einem und demselben Toruspunkt P'. Durch g wird also die Abbildung $P \rightarrow P'$ definiert, und diese topologische Abbildung des Torus auf sich nennen wir h. Man kann umgekehrt beweisen, daß sich zu jeder vorgegebenen Abbildung h des Torus eine Abbildung g der Überlagerungsfläche finden läßt, die zu h in der angegebenen Beziehung steht. g ist dann nur bis auf eine beliebige Abbildung aus (f) bestimmt.

Auf diese Weise lassen sich nun die Abbildungsklassen des Torus vollständig übersehen; das Ergebnis sei hier ohne nähere Begründung angegeben; die Abbildung g werde dabei ersetzt durch die Abbildung γ in E, in die g bei der Abbildung $U \rightarrow E$ übergeht. Sei dann $ABCD$ ein quadratischer Fundamentalbereich der Translationsgruppe (t) in E, die (f) entspricht. Seien $A'B'C'D'$ die Bilder von $ABCD$ bei der Abbildung γ. Dann muß auch $A'B'C'D'$ ein Fundamentalparallelogramm von (t) sein. Es ist nun die Torusabbildung h dann und nur dann eine Deformation, wenn $ABCD$ *durch eine Translation* in $A'B'C'D'$ überführbar ist. Die anderen Abbildungsklassen des Torus entsprechen den anderen Gestalten, die ein erzeugendes Parallelogramm des Gitters haben kann (vgl. Abb. 39, S. 29), sowie den Drehungen und Spiegelungen des Quadrats $ABCD$ in sich[1].

---

[1] Charakterisiert man das Gitter als die Punkte mit ganzzahligen Koordinaten in einem cartesischen System und bringt man A' durch eine Translation in den

Der Begriff der universellen Überlagerungsfläche läßt sich für alle Flächen definieren. Für die geschlossenen orientierbaren Flächen erhält man die universellen Überlagerungsflächen, indem man $4p$-Ecke in ähnlicher Weise aneinandersetzt und aufeinander bezieht wie Quadrate beim Torus. Für $p > 1$ kann man aber die Fundamentalgruppe nicht mehr durch eine euklidische Translationsgruppe veranschaulichen. Dagegen kann man die Fundamentalgruppe durch eine hyperbolische Schiebungsgruppe, und die $4p$-Ecke durch deren Fundamentalbereiche verwirklichen (vgl. Abb. 249, S. 228, für $p = 2$). Bei berandeten Flächen kommt man auf Translations- oder Schiebungsgruppen mit offenem Fundamentalbereich. Bei nichtorientierbaren Flächen muß man bei der metrischen Realisierung der Fundamentalgruppe auch euklidische und hyperbolische Gleitspiegelungen zu den Translationen und Schiebungen hinzunehmen.

§ 50. Konforme Abbildung des Torus.

In § 39 hatten wir die Frage aufgeworfen, ob bzw. auf wie viele Arten eine Fläche auf sich selbst oder eine andere Fläche konform abgebildet werden kann. Wir hatten uns dabei auf Flächen beschränkt, die der berandeten Kreisscheibe oder der Kugel oder dem Innern eines Kreises topologisch äquivalent sind. Der Begriff der universellen Überlagerungsfläche erlaubt es, auch für alle anderen Flächen jene Frage zu behandeln. Wir wollen uns darauf beschränken, alle konformen Abbildungen eines *Torus* auf einen anderen oder denselben Torus aufzusuchen. Bei den anderen Flächen kommt man nämlich mit den gleichen Methoden zum Ziel wie beim Torus, und beim Torus sind diese Methoden der Anschauung am leichtesten zugänglich. Hier und im folgenden bezeichnen wir als Torus nicht nur die Rotationsfläche eines Kreises um eine ihn nicht schneidende in seiner Ebene gelegene Achse, sondern auch jede dieser Fläche topologisch äquivalente Fläche.

Nach dem „Entweder-Oder"-Satz, der in § 39 erwähnt wurde, kann jede Fläche, die topologisch dem Innern eines Kreises oder, was dasselbe ist, der euklidischen Ebene entspricht, konform entweder auf die hyperbolische oder die euklidische Ebene abgebildet werden. Diesen Satz wenden wir auf die universelle Überlagerungsfläche U eines Torus T an, da ja U der Voraussetzung des Satzes genügt. U sei also konform auf die Ebene E abgebildet, und wir lassen es zunächst dahingestellt, ob E die euklidische oder die hyperbolische Ebene ist.

Die Fundamentalgruppe (f) ist nun eine Gruppe *konformer* Abbildungen von U auf sich, da diese Abbildungen jedes Teilgebiet von U

Nullpunkt, so ist das Parallelogramm $A'B'C'D'$ durch die Koordinaten a, b von B' und c, d von C' festgelegt. Um alle Abbildungsklassen des Torus zu kennzeichnen, hat man für a, b, c, d alle ganzen Zahlen einzusetzen, die der Bedingung $ad - bc = \pm 1$ genügen.

sogar in ein kongruentes Gebiet verwandeln. Der Gruppe (f) muß daher bei der konformen Abbildung $U \to E$ eine Gruppe (t) konformer Abbildungen von E auf sich entsprechen. Die konformen Abbildungen von E auf sich sind aber sämtlich bekannt. Es sind die hyperbolischen Bewegungen, falls E die hyperbolische Ebene ist, und die euklidischen Bewegungen und Ähnlichkeitstransformationen, falls E die euklidische Ebene ist (vgl. S. 233, 235). Außerdem wissen wir von der Gruppe (t), daß sie gewisse Verwandtschaft mit einer euklidischen krystallographischen Translationsgruppe hat; denn mit Ausnahme der Identität sind sämtliche Abbildungen von (t) fixpunktfrei, und die Gruppe besitzt einen viereckigen Fundamentalbereich. Wäre E nun die hyperbolische Ebene, so müßte (t) eine diskontinuierliche Schiebungsgruppe mit endlichem Fundamentalbereich sein, und wir haben S. 228 erwähnt und plausibel gemacht, daß die Fundamentalbereiche dieser Gruppen mindestens acht Ecken haben. Hiernach bleibt nur übrig, daß E die euklidische Ebene ist. Es läßt sich elementar beweisen, daß jede euklidische, von einer Bewegung verschiedene Ähnlichkeitstransformation einen Fixpunkt besitzt. Die Gruppe (t) kann also außer der Identität nur fixpunktfreie Bewegungen, d. h. Translationen, enthalten. Da außerdem (t) diskontinuierlich ist und einen endlichen Fundamentalbereich hat, muß (t) eine krystallographische Translationsgruppe sein, wie wir sie S. 62—64 behandelt haben.

Nun sei für irgendeinen anderen Torus T' die gleiche Betrachtung angestellt; U' sei die universelle Überlagerungsfläche von T'; die Fundamentalgruppe von T' sei durch die konforme Abbildung $U' \to E$ in die krystallographische Translationsgruppe (t') in E übergeführt. Wir erwähnten schon, daß jede Abbildung eines Torus auf sich selbst zu einer Abbildung der Überlagerungsfläche ergänzt werden kann. Ebenso läßt sich zu jeder konformen Abbildung $T \to T'$ eine konforme Abbildung $U \to U'$ bestimmen, so daß entsprechende Punkte von U und U' stets über entsprechenden Punkten von T und T' liegen. Durch die Abbildungen $U \to E$ und $U' \to E$ wird $U \to U'$ in eine konforme Abbildung a von E auf sich selbst übergeführt. a muß eine euklidische Bewegung oder Ähnlichkeitstransformation sein. a muß aber außerdem die Translationsgruppe (t) in (t') überführen.

Damit haben wir gezeigt, daß T nur dann auf T' konform abgebildet werden kann, wenn die Gruppen (t) und (t') durch eine Bewegung oder Ähnlichkeitstransformation ineinander überführbar sind. Man kann diese Bedingung in eine übersichtliche Form bringen. Sei t_1 eine kürzeste Translation aus (t) und sei t_2 unter den Translationen aus (t), die t_1 nicht parallel sind, wiederum eine kürzeste. m sei der Quotient der Längen von t_2 und t_1, also $m \geqq 1$. α sei der Winkel dieser Translationen. Um α eindeutig festzulegen, genügt es zu fordern $0 < \alpha \leqq \dfrac{\pi}{2}$. In gleicher Weise lassen sich der Gruppe (t')

zwei Zahlen m' und α' zuordnen. Damit nun (t) durch eine Ähnlichkeitstransformation in (t') überführbar ist, sind die Bedingungen $m = m'$ und $\alpha = \alpha'$ notwendig und hinreichend (der elementare Beweis bleibe dem Leser überlassen). Wir können somit jedem Torus T zwei Zahlen m, α zuordnen, so daß T nur auf diejenigen Torusflächen konform abgebildet werden kann, für die jene beiden Zahlen die gleichen Werte haben wie für T. Man nennt dieses Zahlenpaar (oder ein anderes, das jenem umkehrbar eindeutig zugeordnet werden kann) die *Moduln* des Torus.

Für die konforme Abbildbarkeit zweier Torusflächen T und T' ist aber die Übereinstimmung der Moduln nicht nur notwendig, sondern auch hinreichend. Denn dann gibt es eine Ähnlichkeitstransformation oder Bewegung a von E in sich, die (t) in (t') überführt, und es ist leicht einzusehen, daß die zu a gehörige konforme Abbildung $U \to U'$ eine konforme Abbildung $T \to T'$ bestimmt; jene Abbildung $U \to U'$ führt nämlich übereinanderliegende Punkte von U und nur solche Punkte stets in übereinanderliegende Punkte von U' über. Wir können zusammenfassend sagen, daß die Torusflächen im Sinne der konformen Abbildung eine zweiparametrige Schar bilden.

Weist die räumliche Gestalt eines Torus keine besondere Regelmäßigkeit auf, so lassen sich die Werte der beiden Moduln nicht anschaulich aus der Gestalt des Torus ableiten. Ist der Torus T dagegen eine Rotationsfläche, so besitzt (t) stets einen rechteckigen Fundamentalbereich, wir müssen also $\alpha = \pi/2$ setzen. In diesem Fall läßt sich nämlich die Abbildung $U \to E$ explizit angeben. Sie überführt das Orthogonalnetz der Meridiane und Breitenkreise in zwei orthogonale Scharen paralleler Geraden von E. Ist insbesondere T die Rotationsfläche eines Kreises, so kann das Seitenverhältnis m der rechteckigen Fundamentalbereiche von (t) von nichts anderem abhängen als vom Radienverhältnis des Meridiankreises und der Seelenachse. Zwei Kreistorusflächen können daher dann und nur dann konform aufeinander abgebildet werden, wenn sie ähnlich sind.

Im vierdimensionalen Raum läßt sich eine Torusfläche angeben, für die U sogar *längentreu* auf die euklidische Ebene abbildbar ist (vgl. Anhang 2).

Wir können jetzt auch leicht übersehen, auf welche Arten irgendein Torus T konform auf sich selbst abgebildet werden kann. Die Gruppe (k) dieser Abbildungen muß der Gruppe (l) der Bewegungen oder Ähnlichkeitstransformationen in E entsprechen, die (t) in sich überführen. (l) umfaßt ersichtlich alle Translationen von E in sich. Mit der Gesamtheit ist (l) im allgemeinen erschöpft; weist dagegen (t) besondere Regelmäßigkeiten, z. B. einen quadratischen Fundamentalbereich auf, so kann (l) auch Drehungen und Spiegelungen enthalten.

Das Verfahren, das wir für den Torus angegeben haben, läßt sich auf alle anderen Flächenklassen übertragen. In den meisten Fällen ist aber die Überlagerungsfläche nicht wie beim Torus auf die euklidische, sondern auf die hyperbolische Ebene konform abbildbar, z. B. bei allen orientierbaren geschlossenen Flächen vom Geschlecht $p > 1$. Man wird in diesen Fällen auf Schiebungsgruppen geführt, und die konforme Abbildbarkeit zweier Flächen hängt dann davon ab, ob die zugehörigen Schiebungsgruppen durch eine hyperbolische Bewegung ineinander überführbar sind. Wie sich durch Überlegungen aus der hyperbolischen Geometrie ergibt, sind die hyperbolischen Schiebungsgruppen mit $4p$-eckigem endlichen Fundamentalbereich bis auf eine hyperbolische Bewegung durch $6p - 6$ Konstanten festgelegt. Zu jeder orientierbaren geschlossenen Fläche vom Geschlecht $p > 1$ gehören daher $6p - 6$ Moduln.

In der Funktionentheorie wendet man das Verfahren hauptsächlich auf die RIEMANNschen Flächen der algebraischen Funktionen an. Die Abbildung $U \to E$ führt im Fall $p = 1$ zu den elliptischen Funktionen und im Fall $p > 1$ zu den von KLEIN und POINCARÉ untersuchten automorphen Funktionen.

Die ungeschlossenen Flächen führen auf Gruppen mit unendlichem Fundamentalbereich. In der Funktionentheorie begegnet man solchen Gruppen z. B. beim Studium der Exponentialfunktion und der elliptischen Modulfunktion.

§ 51. Das Problem der Nachbargebiete, das Fadenproblem und das Farbenproblem.

Zum Schluß wollen wir drei nahe miteinander verwandte Fragen behandeln, die entstehen, wenn man eine Fläche in verschiedene Gebiete einteilt. Solche Einteilungen in der Ebene treten uns z. B. in den Landkarten der politischen Geographie entgegen. Ferner treten Gebietseinteilungen beliebiger Flächen in der kombinatorischen Topologie auf, wenn man eine krumme Fläche durch ein topologisch äquivalentes Polyeder ersetzt. Um die Seitenflächen des Polyeders zu bestimmen, muß man die krumme Fläche in Gebiete einteilen.

Das Problem der Nachbargebiete besteht darin, auf einer Fläche die Höchstzahl der Gebiete zu bestimmen, welche die Eigenschaft haben, daß jedes Gebiet an jedes andere längs einer Kurve angrenzt[1]. Wir untersuchen diese Frage zunächst in der Ebene und wählen in ihr zwei Gebiete 1 und 2 aus, die längs einer Kurve aneinanderstoßen. Wenn wir ein drittes Gebiet ganz um die Gebiete 1 und 2 herumlegen, so können wir kein viertes Gebiet mehr bestimmen, das an alle drei ersten grenzt (Abb. 323). Wenn wir dagegen das dritte Gebiet so legen, wie in Abb. 324 angegeben ist, so läßt sich ein geeignetes viertes Gebiet ohne weiteres finden. Wie wir dieses aber auch auswählen, es wird stets eins der

---

[1] Es ist dabei nicht gefordert, daß die Gebiete die Fläche vollständig bedecken.

übrigen Gebiete durch die anderen völlig eingeschlossen, so daß wir kein fünftes Gebiet finden können, das an alle anderen längs einer Kurve angrenzt. Unsere Versuche zeigen, daß die Höchstzahl der Nachbargebiete in der Ebene vier beträgt. Das läßt sich auch streng beweisen. In Abb. 325 ist eine besonders symmetrische Anordnung dieser Gebiete gezeichnet.

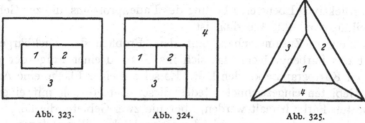

Abb. 323.   Abb. 324.   Abb. 325.

Das Fadenproblem ist die duale Umkehrung des Problems der Nachbargebiete (wobei die Dualität im Sinne einer topologischen Verallgemeinerung des *räumlichen* Dualitätsprinzips der projektiven Geometrie zu verstehen ist). Beim Fadenproblem ist die Höchstzahl der Punkte gesucht, die auf einer Fläche liegen und sich sämtlich untereinander durch Kurven verbinden lassen, welche auf der Fläche verlaufen, ohne einander zu schneiden. Durch eine einfache Überlegung ergibt sich, daß diese Höchstzahl mit der Höchstzahl der Nachbargebiete auf derselben Fläche übereinstimmen muß. Um dies zu zeigen, wählen wir aus jedem der Nachbargebiete einen Punkt aus. Da alle Nachbargebiete längs einer Kurve aneinanderstoßen, können wir je zwei der Punkte durch eine Kurve verbinden, die nur in den beiden zugehörigen Gebieten verläuft. Die so entstehenden Kurven können wir ferner so legen, daß die Kurvenstücke, die in demselben Gebiet verlaufen, einander nicht schneiden; denn wir haben ja in diesem Gebiet nur einen im Innern liegenden Punkt mit bestimmten Randpunkten zu verbinden. Aus jeder Anordnung von n Nachbargebieten ergibt sich also eine Lösung des Fadenproblems mit n Punkten. Die Höchstzahl der Punkte des Fadenproblems ist daher mindestens gleich der Höchstzahl der Nachbargebiete. Umgekehrt ergibt sich aber aus jeder Lösung des Fadenproblems mit n Punkten eine Anordnung von n Nachbargebieten. Wir teilen hierzu jede Kurve, die zwei Punkte miteinander verbindet, in zwei Teile und erweitern jeden Punkt und die von ihm ausgehenden Kurventeile durch Hinzuziehung der umliegenden Flächenpunkte zu einem Flächengebiet; dann erhalten wir n sternförmige Gebiete, die sämtlich aneinandergrenzen. Also ist die Höchstzahl der Nachbargebiete mindestens gleich der Höchstzahl der Punkte des Fadenproblems. Da wir vorher auch das Umgekehrte bewiesen haben, so folgt, daß beide Höchstzahlen einander gleich sind.

Nicht nur für die Flächen vom Zusammenhang 1, sondern auch für andere Flächen sind diese Höchstzahlen bestimmt worden. Für die pro-

jektive Ebene und den Torus sind sie 6 und 7. Beispiele solcher Anordnungen sind in den Abb. 326 und 327 wiedergegeben. Die projektive
Ebene ist dabei durch eine Kreisscheibe dargestellt, bei der diametrale
Peripheriepunkte identifiziert sind, der Torus durch eine Quadratfläche
mit der üblichen Ränderzuordnung. Abb. 326 entspricht der S. 132,
Abb. 167 dargestellten Projektion des Dodekaeders. Abb. 328 gibt in
der projektiven Ebene eine Lösung des Fadenproblems, die zur Gebietseinteilung von Abb. 326 dual ist.

In engem Zusammenhang mit dem Problem der Nachbargebiete
steht das Farbenproblem, das sich ins Gewand einer Frage der praktischen Kartographie kleiden läßt. Es sei auf einer Fläche eine Anzahl
von Gebieten eingezeichnet. Jedes dieser Gebiete soll mit einer bestimmten Farbe bemalt werden, aber nie zwei Gebiete, die längs einer
Kurve aneinandergrenzen, mit derselben Farbe. Wenn dagegen zwei

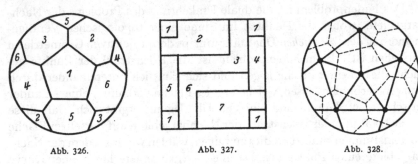

Abb. 326.   Abb. 327.   Abb. 328.

Gebiete nur in einzelnen Punkten aneinanderstoßen, dürfen sie die gleiche
Farbe haben. Es soll nun für eine gegebene Fläche die Mindestanzahl
der Farben bestimmt werden, die zu einer derartigen Färbung für jede
auf der Fläche mögliche Gebietseinteilung ausreichen.

Diese Zahl muß jedenfalls mindestens so groß sein wie die Höchstzahl
der auf der Fläche möglichen Nachbargebiete. Denn in einem System
von Nachbargebieten müssen alle Gebiete verschiedene Farben erhalten.
Umgekehrt liegt die Vermutung nahe, daß man mit jener Höchstzahl
auskommt. In der Tat ist bewiesen worden, daß auf der projektiven
Ebene sechs Farben und auf dem Torus sieben Farben für die Ausfärbung nach unserer Vorschrift genügen, wie man die Gebiete auch
wählt. Dagegen ist es eine bisher unbewiesene Vermutung, daß man
in der Ebene und auf der Kugel mit vier Farben auskommt[1].

Betrachten wir zunächst Beispiele von Gebietseinteilungen in der
Ebene. Die drei Nachbargebiete von Abb. 329a müssen wir mit drei
verschiedenen Farben 1, 2, 3 färben. Dann können wir das vierte
Gebiet, das an die Gebiete 2 und 3 angrenzt, mit der Farbe 4 oder mit
der Farbe 1 versehen. Wenn wir es mit der Farbe 4 färben, kommen wir

---

[1] Für Kugel und Ebene ist das Problem nicht wesentlich verschieden.

bei der Gebietseinteilung von Abb. 329b nicht mit vier Farben aus. Wir müssen das Gebiet also in diesem Falle mit der Farbe 1 ausfüllen. Bei dieser Färbung stoßen wir aber bei der Einteilung von Abb. 329c auf Schwierigkeiten; hier muß das Gebiet die Farbe 4 erhalten. Man erkennt aus diesen Beispielen, daß die Färbung der ersten vier Gebiete durch die Anordnung der weiteren Gebiete mitbestimmt wird. Wir müssen, wenn ein neues Gebiet hinzukommt, unter Umständen die bereits gefärbten Gebiete noch einmal umfärben, und daraus ergibt sich die ganze Schwierigkeit des Problems.

Wir wollen nun einen Weg einschlagen, auf dem wir das Farbenproblem für eine Reihe geschlossener Flächen lösen können. Hierzu verzerren wir die Fläche derartig, daß sie zu einem Polyeder wird und die einzelnen Gebiete in die Seitenflächen des Polyeders übergehen[1]. Es genügt offenbar, das Problem für alle Polyeder zu lösen, die den gleichen Zusammenhang haben wie die gegebene Fläche.

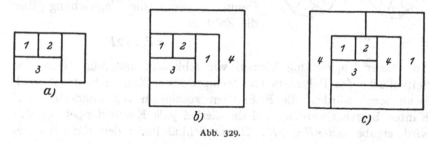

Abb. 329.

Wir beweisen zunächst: Jedes Polyeder vom Zusammenhang h läßt sich mit höchstens n Farben ausfärben, wenn die Zahl n die Eigenschaft hat, daß für alle ganzen Zahlen $F > n$ die Ungleichung gilt

$$nF > 6(F + h - 3).$$

Nachher werden wir zu jedem festen positiven h die kleinste Zahl n_h bestimmen, die diese Eigenschaft hat. Dann wird bewiesen sein, daß jede geschlossene Fläche vom Zusammenhang h sich in jeder Gebietseinteilung mit n_h Farben ausfärben läßt.

Wir denken uns jetzt die Zusammenhangszahl h fest gegeben sowie irgendeine ganze Zahl n, die mit diesem h die angegebene Bedingung erfüllt. Wir teilen nun die Polyeder des Zusammenhangs h nach ihrer Flächenzahl F ein und beweisen unsere Behauptung durch Induktion nach wachsendem F. Unsere Behauptung ist trivialerweise richtig für alle $F \leq n$. Denn dann brauchen wir bloß jede Seitenfläche des Polyeders mit einer anderen Fläche auszufüllen. Der Satz sei nun schon für

---

[1] Wie die Beispiele von Abb. 329 lehren, ist diese Verzerrung im Allgemeinen nur möglich, wenn wir auch krumme Seitenflächen zulassen. Für den folgenden Beweis ist das unwesentlich.

alle $F \leqq F_0$ bewiesen. Dann wollen wir seine Gültigkeit für $F = F_0 + 1$ dartun. Nach dem Obigen können wir uns auf $F > n$ beschränken, nach unserer Voraussetzung gilt also für diese Zahl F die Ungleichung

$$nF > 6(F + h - 3).$$

Wir wenden nun den EULERschen Polyedersatz an[1], $E - K + F = 3 - h$ oder $F + h - 3 = K - E$. Durch eine Deformation, bei der sich die Zahl F und der Zusammenhang h nicht ändern, können wir erreichen, daß in dem Polyeder an jeder Ecke nur drei Flächen aneinanderstoßen, also auch nur drei Kanten auslaufen (vgl. Abb. 330). Von allen E Ecken zusammen gehen somit $3E$ Kanten aus, und da hierbei jede Kante doppelt gezählt wird, ist $3E = 2K$, also

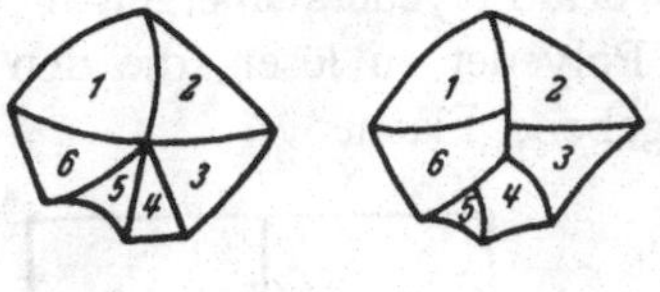

$$6(F + h - 3) = 6K - 6E$$
$$= 6K - 4K = 2K.$$

Demnach besagt die Ungleichung über die Zahl n:

Abb. 330.

$$nF > 2K.$$

Aus dieser Ungleichung können wir schließen, daß mindestens eine Seitenfläche des Polyeders von weniger als n Kanten begrenzt wird. Denn sonst würden alle F Flächen zusammen von mindestens nF Kanten begrenzt werden, und da hierbei jede Kante doppelt gezählt wird, ergäbe sich $nF \leqq 2K$. Dieser Schluß bildet den Kern des Beweises.

Wir betrachten nun eine derartige Seitenfläche, an die weniger als n Nachbarflächen angrenzen. Wir denken uns zunächst die mittlere Fläche fortgelassen und die umgebenden Flächen so weit über das hierdurch entstandene Loch fortgesetzt, daß sich das Polyeder wieder schließt. Das neue Polyeder hat denselben Zusammenhang wie das alte und eine Seitenfläche weniger. Also kann es nach Voraussetzung mit n Farben ausgefüllt werden. Wir führen dieses aus und machen hierauf die Deformation wieder rückgängig. Dadurch ist das Polyeder bis auf die herausgegriffene Seitenfläche mit n Farben ausgefärbt. Da aber an diese Fläche höchstens $n - 1$ Nachbarflächen angrenzen, können wir auch diese Fläche noch in der vorgeschriebenen Weise färben, ohne eine neue Farbe zu gebrauchen. Nun haben wir möglicherweise das ursprünglich gegebene Polyeder abändern müssen, um zu erreichen, daß von jeder Ecke nur drei Kanten auslaufen. Wir können aber diese Änderung jetzt rückgängig machen, ohne die Ausfärbung ändern zu müssen. Denn dabei entstehen keine neuen Grenzlinien.

---

[1] Bei der Aufstellung dieses Satzes haben wir über die Anordnung der Seitenflächen Voraussetzungen gemacht, die im vorliegenden Fall nicht erfüllt zu sein brauchen. Man kann aber einsehen, daß der Satz auch hier anwendbar ist.

Wir haben jetzt zu untersuchen, welche Zahlen n die vorausgesetzte Bedingung erfüllen. Wir schreiben sie in der Form

$$n > 6\left(1 + \frac{h-3}{F}\right).$$

Hierbei sind für F alle ganzen Zahlen einzusetzen, die größer als n sind. Ist h gleich 1 oder 2, so strebt der Wert der rechten Seite der Ungleichung mit wachsendem F gegen 6 und bleibt stets kleiner als 6. In diesen beiden Fällen ist also $n_h = 6$ die kleinste ganze Zahl, die unserer Voraussetzung genügt. Für $h = 3$ hat die rechte Seite den festen Wert 6, also ist $n_h = 7$. Für $h > 3$ nimmt die rechte Seite mit wachsendem F ab, es genügt daher, für F den kleinsten zugelassenen Wert $n + 1$ einzusetzen. Damit erhalten wir für n im Fall $h > 3$ die Ungleichung

$$n > 6\left(1 + \frac{h-3}{n+1}\right),$$

umgeformt:

also

$$n(n+1) > 6n + 6 + 6h - 18, \qquad n^2 - 5n > 6h - 12,$$

$$n > \tfrac{5}{2} + \tfrac{1}{2}\sqrt{24h - 23}.$$

Bezeichnen wir mit $[x]$ die größte ganze Zahl unterhalb x, so ist demnach für $h > 3$:

$$n_h = \left[\tfrac{7}{2} + \tfrac{1}{2}\sqrt{24h - 23}\right].$$

Auch für $h = 2$ und $h = 3$ ergibt diese Formel, obgleich sie nicht anwendbar ist, die richtigen Werte $n_h = 6$ und $n_h = 7$. Im Fall $h = 1$ ergibt sich dagegen ein anderer Wert, 4 statt 6. Dieser Wert ist aller Voraussicht nach der richtige, denn bis jetzt hat man noch keine ebene Gebietseinteilung angeben können, die sich nicht mit vier Farben ausfüllen läßt; ein exakter Beweis dieses Satzes ist aber bisher nicht gelungen. In der folgenden Tabelle sind die Werte von n_h für $h = 1$ bis $h = 13$ zusammengestellt:

$h =$	$n_h =$	$h =$	$n_h =$
1	6 ([4,000] = 4)	8	[10,000] = 10
2	6 ([6,000] = 6)	9	[10,447] = 10
3	7 ([7,000] = 7)	10	[10,866] = 10
4	[7,775] = 7	11	[11,264] = 11
5	[8,425] = 8	12	[11,640] = 11
6	[9,000] = 9	13	[12,000] = 12
7	[9,522] = 9		

Wir haben bis jetzt nur bewiesen, daß diese Anzahlen von Farben zureichend zur Ausfärbung sind. Es wäre denkbar, daß es Flächen vom Zusammenhang h gibt, auf denen wir stets mit weniger als n_h Farben auskommen. Es ist aber für $h = 2, 3, 5, 7, 9, 11, 13$ gezeigt worden, daß in diesen Fällen genau n_h Nachbargebiete auftreten können. In diesen Fällen kommt man also sicher nicht mit weniger als n_h Farben aus, hier ist also das Farbenproblem vollständig gelöst. Auf allen anderen geschlossenen Flächen besitzen wir in den Zahlen n_h obere Schranken für die Anzahl der Nachbargebiete.

An dem Farbenproblem ist besonders auffallend, daß der für die Ebene anschaulich evidente Satz bis jetzt nicht exakt bewiesen ist. Derartige Schwierigkeiten treten in der Mathematik sehr oft auf, wenn man anschauliche Sätze durch Zurückführung auf die Zahl rein logisch verstehen will. Als weiteres Beispiel nennen wir den Satz, daß eine geschlossene und doppelpunktlose Kurve die Ebene in zwei Teile zerlegt oder daß die Kugel unter allen Flächen bei gegebener Oberfläche das größte Volumen besitzt. Beide Sätze erfordern ziemlich schwierige und umständliche Beweise. Bei weitem das eigentümlichste Beispiel dieser Art bildet jedoch das Vierfarbenproblem. Denn bei diesem Problem ist nicht einzusehen, weshalb gerade im anschaulich einfachsten Fall solche Schwierigkeiten entstehen, während viel kompliziertere Fälle sich erledigen lassen.

Anhänge zum sechsten Kapitel.

1. Projektive Ebene im vierdimensionalen Raum.

Wir wollen eine algebraische Fläche im vierdimensionalen euklidischen Raum E_4 angeben, die topologisch der projektiven Ebene äquivalent ist, die aber im Gegensatz zur Boyschen Fläche frei von Selbstdurchdringungen und sonstigen Singularitäten ist. Zu diesem Zweck gehen wir von der Kugelfläche

$$(1) \qquad u^2 + v^2 + w^2 = 1$$

aus und betrachten in den cartesischen Koordinaten x, y, z, t des E_4 das Gebilde

$$(2) \qquad x = u^2 - v^2, \quad y = uv, \quad z = uw, \quad t = vw,$$

für alle Parameterwerte u, v, w, die (1) erfüllen. Da x, y, z, t homogen quadratisch von u, v, w abhängen, werden Diametralpunkte der Kugelfläche (1) stets durch denselben Punkt (2) des E_4 dargestellt. Wir zeigen jetzt, daß zwei nichtdiametrale Punkte von (1) stets verschiedenen Punkten (2) entsprechen. Nehmen wir zunächst einen Kugelpunkt P für den weder u noch v noch w verschwindet. Dann sind y, z, t von Null verschieden und bestimmen die Proportion $u : v : w$. Der zu P gehörige Punkt von (2) stellt also außer P und dem Diametralpunkt von P keinen Punkt der Kugel dar. Verschwindet w, so sind u^2 und v^2 aus den Gleichungen $u^2 + v^2 = 1$, $u^2 - v^2 = x$ eindeutig bestimmt.

Der zugehörige Punkt (2) kann also nur die vier Punkte $(u, v, 0)$ $(u, -v, 0)$, $(-u, v, 0)$, $(-u, -v, 0)$ darstellen. Ist auch noch $u = 0$ oder $v = 0$, so reduzieren sich diese vier Punkte auf ein diametrales Punktepaar, und es ist nichts mehr zu beweisen. Ist $u \neq 0$, $v \neq 0$, so haben wir noch die Gleichung $y = uv$ heranzuziehen, die aus den vier Punkten ein Diametralpunktepaar aussondert. Es bleiben nur noch die Fälle zu untersuchen, in denen w von Null verschieden ist, während eine der Variabeln u, v verschwindet, also entweder: $u = 0$, $v \neq 0$, $w \neq 0$, oder $v = 0$, $u \neq 0$, $w \neq 0$, oder endlich $u = v = 0$, $w = \pm 1$. Im ersten Fall ergibt sich $x = -v^2$; $-x + w^2 = 1$; $vw = t$; also sind v^2, w^2 und vw bekannt. Analog sind im zweiten Fall u^2, w^2 und uw bekannt. Beide Male schließt man wie im Fall $w = 0$, daß der zugehörige Punkt von (2) nur ein Diametralpunktepaar von (1) darstellt. Im dritten Fall ist nichts zu beweisen, da dieser Fall ohnehin nur für zwei diametrale Punkte der Kugel (1) zutrifft. Demnach stellt (2) mit der Nebenbedingung (1) umkehrbar eindeutig und stetig eine Kugel mit identifizierten Diametralpunkten, d. h. eine projektive Ebene dar.

Man kann aus den Definitionsgleichungen des Modells leicht u, v, w eliminieren. Aus den drei letzten Gleichungen (2) folgt nämlich

$$\frac{yz}{t} = u^2, \qquad \frac{yt}{z} = v^2, \qquad \frac{zt}{y} = w^2.$$

Die erste Gleichung von (2) geht also über in

(3) $$y(z^2 - t^2) = xzt.$$

Und (1) verwandelt sich in

(4) $$y^2z^2 + y^2t^2 + z^2t^2 = yzt.$$

Das angegebene Modell ist daher der Schnitt der Hyperflächen (3) und (4).

Daß das Modell singularitätenfrei ist, d. h. überall eine stetige Tangentialebene besitzt, läßt sich leicht verifizieren, indem man auf der Kugel (1) u, v, w als Funktionen zweier unabhängiger Parameter ausdrückt und mittels (2) auch x, y, z, t in dieser Parameterdarstellung untersucht.

2. Euklidische Ebene im vierdimensionalen Raum.

Die Flächen des E_3, die der euklidischen Ebene isometrisch sind, gehen alle ins Unendliche, da sie notwendig Regelflächen sind. Im E_4 dagegen gibt es Flächen, die im kleinen der Ebene isometrisch sind, ohne Regelflächen zu sein. Wir wollen eine solche Fläche F angeben;

sie liegt ganz im Endlichen und ist einer Torusfläche topologisch äquivalent. Diese Fläche F hat die einfache Parameterdarstellung

$$x_1 = \cos u, \qquad\qquad x_3 = \cos v,$$
$$x_2 = \sin u, \qquad\qquad x_4 = \sin v.$$

Das Linienelement von F ist

$$ds^2 = dx_1^2 + dx_2^2 + dx_3^2 + dx_4^2$$
$$= \sin^2 u\, du^2 + \cos^2 u\, du^2 + \sin^2 v\, dv^2 + \cos^2 v\, dv^2 = du^2 + dv^2.$$

F ist also in der Tat isometrisch zur Ebene mit den rechtwinkligen
Koordinaten u, v. F liegt ganz im Endlichen, denn alle Koordinaten
liegen zwischen $+1$ und -1. Man kann F übrigens als Schnitt der
beiden dreidimensionalen Hyperzylinder $x_1^2 + x_2^2 = 1$ und $x_3^2 + x_4^2 = 1$
auffassen. Man erhält alle Punkte von F, wenn man u, v in der cartesischen (u, v)-Ebene alle Punkte eines achsenparallelen Quadrats der
Seitenlänge 2π durchlaufen läßt. Verschiedenen inneren Punkten des
Quadrats entsprechen verschiedene Punkte von F, dagegen stellen
zwei Randpunkte des Quadrats denselben Punkt von F dar, wenn sie
auf einer Geraden $u = $ const oder $v = $ const und auf gegenüberliegenden
Quadratseiten liegen. Also ist F eine Torusfläche, und die (u, v)-Ebene
ist die universelle Überlagerungsfläche von F.

Man könnte versuchen, die euklidische Geometrie auch auf geschlossenen Flächen zu verwirklichen, die nicht Torusgestalt haben. Es
zeigt sich aber, daß dafür nur noch der KLEINsche Schlauch in Betracht
kommt. Auf geschlossenen Flächen vom Zusammenhang $h > 3$ und
nur auf ihnen läßt sich dagegen die hyperbolische Geometrie verwirklichen. Die elliptische Geometrie kann außer auf der Kugel und der
projektiven Ebene auf keiner geschlossenen Fläche verwirklicht werden.
Man kann diese Sätze aus der differentialgeometrischen Formel von
O. BONNET über die curvatura integra schließen.

Sachverzeichnis.

D. Hilbert, S. Cohn-Vossen, *Anschauliche Geometrie*, 2. Aufl.,
DOI 10.1007/978-3-642-19948-6 © Springer-Verlag Berlin Heidelberg 2011

Paul Alexandroff

Einfachste Grundbegriffe
der Topologie

Mit einem Geleitwort von
David Hilbert

Geleitwort.

Wenige Zweige der Geometrie haben sich in neuerer Zeit so rasch und erfolgreich entwickelt wie die Topologie, und selten hat ein ursprünglich unscheinbares Teilgebiet einer Disziplin sich als so grundlegend erwiesen für eine große Reihe gänzlich verschiedenartiger Gebiete wie die Topologie. In der Tat werden heute topologische Methoden und topologische Fragen in fast allen Zweigen der Analysis und ihrer weitverzweigten Anwendungen gebraucht.

Ein so weiter Anwendungsbereich drängt naturgemäß dazu, die Begriffsbildungen bis zu jener Präzisierung zu treiben, die dann auch erst den gemeinsamen Kern der äußerlich verschiedenen Fragen erkennen läßt. Es ist nicht zu verwundern, daß eine solche Analyse grundlegender geometrischer Begriffsbildungen diesen viel von ihrer unmittelbaren Anschaulichkeit rauben muß — um so mehr, als die Anwendung auf andere Gebiete, als auf die Geometrie des uns umgebenden Raumes eine Ausdehnung auf beliebige Dimensionszahlen erforderlich macht.

Während ich in meiner „Anschaulichen Geometrie" versucht habe, mich an das unmittelbare räumliche Bewußtsein zu wenden, so wird hier gezeigt, wie manche der dort gebrauchten Begriffe sich erweitern und verschärfen lassen und so die Grundlage für eine neue in sich geschlossene Theorie eines sehr erweiterten Raumbegriffes abgeben. Daß trotzdem die lebendige Anschauung auch bei allen diesen Theorien immer wieder die richtunggebende Kraft gewesen ist, bildet ein glänzendes Beispiel für die Harmonie zwischen Anschauung und Denken.

So ist das vorliegende Buch als eine erfreuliche Ergänzung meiner „Anschaulichen" nach der Seite der topologischen Systematik sehr zu begrüßen; möge es der geometrischen Wissenschaft neue Freunde gewinnen.

Göttingen, im Juni 1932.

DAVID HILBERT.

Vorwort.

Dieses Büchlein ist bestimmt für diejenigen, die eine exakte Vorstellung wenigstens von einigen unter den wichtigsten Grundbegriffen der Topologie erhalten wollen und dabei nicht in der Lage sind, ein systematisches Studium dieser vielverzweigten und nicht allzu leicht zugänglichen Wissenschaft zu unternehmen. Es war zuerst als Anhang zu HILBERTS Vorlesungen über Anschauliche Geometrie geplant, hat sich aber nachher etwas ausgedehnt und ist schließlich zu der jetzigen Gestalt gekommen.

Ich habe mich bemüht, auch bei den abstraktesten Fragestellungen das Band mit der elementaren Anschauung nicht zu verlieren, habe aber dabei die volle Strenge der Definitionen nie preisgegeben. Bei den vielen Beispielen habe ich dagegen fast immer auf die Beweise verzichtet und mich mit einem bloßen Hinweis auf den Sachverhalt begnügt, zu dessen Illustration das betreffende Beispiel dienen sollte.

Aus dem umfangreichen Stoff der modernen Topologie habe ich bewußt letzten Endes nur *einen* Fragenkomplex herausgegriffen, nämlich denjenigen, der sich um die Begriffe des Komplexes, des Zyklus, der Homologie konzentriert; dabei habe ich es nicht gescheut, diese und anschließende Begriffe in der vollen Perspektive, die dem heutigen Stand der Topologie entspricht, zu behandeln.

Was die Gründe für die hier getroffene Wahl des Stoffes betrifft, so habe ich sie am Schluß dieses Aufsatzes (46) auseinandergesetzt.

Selbstverständlich kann man aus diesen wenigen Seiten die Topologie nicht lernen; wenn man aber aus ihnen eine gewisse Orientierung darüber, wie die Topologie — wenigstens in einem ihrer wichtigsten und anwendungsfähigsten Teile — aussieht, auch einigermaßen bekommt und mit dieser Orientierung die Lust zum weiteren eigentlichen Studium, dann wäre mein Ziel schon erreicht! Von diesem Standpunkt sei mir erlaubt, jeden, der die Lust zum Studium der Topologie schon hat, auf das Buch zu verweisen, das von Herrn HOPF und mir in Bälde im gleichen Verlage erscheinen wird.

Ich möchte es nicht unterlassen, S. COHN-VOSSEN und· O. NEUGEBAUER, die diesen Aufsatz sowohl im Manuskript als auch in Korrektur gelesen und mich verschiedentlich durch wertvolle Ratschläge unterstützt haben, meinen wärmsten Dank auszusprechen.

Auch den Herren EPHRÄMOWITSCH in Moskau und SINGER in Princeton, die die Zeichnung der Figuren freundlichst übernommen haben, gilt mein aufrichtiger Dank.

Kljasma bei Moskau, den 17. Mai 1932.

P. ALEXANDROFF.

Inhaltsverzeichnis.

Einleitung.

1. Der besondere Reiz und zum großen Teil auch die Bedeutung der Topologie liegt darin, daß ihre wichtigsten Fragestellungen und Sätze einen unmittelbaren anschaulichen Inhalt haben und uns deshalb in direkter Weise über den Raum, der dabei vor allem als Spielplatz stetiger Prozesse auftritt, unterrichten. Ich möchte damit beginnen, daß ich zu den vielen bekannten Beispielen[1], die diese Auffassung bestätigen, einige weitere hinzufüge.

1. Durch eine stetige Deformation eines n-dimensionalen Würfels, bei der der Rand punktweise fest bleibt; kann der Würfel unmöglich auf einen echten Teil von sich abgebildet werden.

Daß dieser scheinbar selbstverständliche Satz in Wirklichkeit tief liegt, sieht man schon daraus, daß aus ihm leicht die Invarianz der Dimensionszahl folgt (d. h. die Unmöglichkeit, zwei Koordinatenräume verschiedener Dimensionszahlen eineindeutig und beiderseits stetig aufeinander abzubilden).

Die Invarianz der Dimensionszahl ist ferner aus dem folgenden Satz abzuleiten, der auch an sich zu den schönsten und anschaulichsten topologischen Ergebnissen gehört:

2. *Der Pflastersatz.* Wenn man den n-dimensionalen Würfel mit endlich vielen hinreichend kleinen[2] (aber sonst ganz beliebigen) abgeschlossenen Mengen überdeckt, so gibt es notwendig Punkte, die zu mindestens $n + 1$ unter diesen Mengen gehören. (Andererseits gibt es beliebig feine Überdeckungen, bei denen diese Zahl $n + 1$ nicht überschritten wird.)

Für $n = 2$ besagt der Satz, daß, wenn ein Land in hinreichend kleine Provinzen eingeteilt ist, es notwendig Stellen gibt, an denen mindestens drei Provinzen zusammenstoßen. Dabei können diese Provinzen ganz willkürliche Gestalten haben, sie brauchen insbesondere auch gar nicht zusammenhängend zu sein, sondern jede darf aus mehreren Stücken bestehen.

---

[1] Man denke etwa an die einfachsten Fixpunktsätze oder an die bekannten topologischen Eigenschaften geschlossener Flächen, so wie sie etwa in HILBERT u. COHN-VOSSENS „Anschauliche Geometrie", Kap. VI dargestellt sind.

[2] „Hinreichend klein" bedeutet stets: „von einem hinreichend kleinen Durchmesser."

Die neueren topologischen Untersuchungen haben gezeigt, daß in dieser Überdeckungs- oder Pflastereigenschaft das ganze Wesen des Dimensionsbegriffes verborgen ist, so daß der Pflastersatz in bedeutender Weise zur Vertiefung unserer Raumkenntnis beigetragen hat (vgl. **29** u.f.).

3. Als drittes Beispiel eines wichtigen und dennoch selbstverständlich klingenden Satzes möge der JORDANsche Kurvensatz gewählt werden: Eine in der Ebene liegende einfache geschlossene Kurve (d. h. das

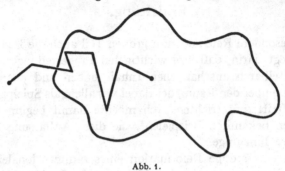

Abb. 1.

topologische Bild einer Kreislinie) zerlegt die Ebene in genau zwei Gebiete und bildet die gemeinsame Begrenzung derselben.

2. Es entsteht nun die natürliche Frage: Was kann man über eine geschlossene Jordankurve im dreidimensionalen Raume aussagen?

Die Zerlegung der Ebene durch die geschlossene Kurve kommt darauf hinaus, daß es Punktepaare gibt, die die Eigenschaft haben, daß jeder Streckenzug, der sie verbindet (oder durch sie „berandet wird"),

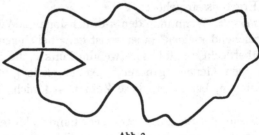

Abb. 2.

notwendig gemeinsame Punkte mit der Kurve hat (Abb. 1). Solche Punktepaare heißen durch die Kurve getrennt oder mit der Kurve *„verschlungen"*.

Im dreidimensionalen Raume gibt es gewiß keine Punktepaare mehr, die durch unsere Jordankurve getrennt werden[3], aber es gibt geschlossene Polygone, die mit ihr verschlungen sind in dem natürlichen Sinne

---

[3] Auch diese Tatsache bedarf eines Beweises, der keineswegs trivial ist. Wie kompliziert eine einfache geschlossene Kurve bzw. ein einfacher Jordanbogen im

(Abb. 2), daß jedes Flächenstück, welches durch das Polygon berandet wird, notwendig gemeinsame Punkte mit unserer Kurve hat. Dabei braucht das in das Polygon eingespannte Flächenstück durchaus kein einfach zusammenhängendes zu sein, sondern es kann ganz beliebig gewählt werden (Abb. 3).

Der JORDANsche Satz kann aber auch auf eine andere Weise für den dreidimensionalen Raum verallgemeinert werden: im Raume gibt es nicht nur geschlossene Kurven, sondern auch *geschlossene Flächen*, und *jede solche Fläche* zerlegt den Raum in zwei Gebiete — genau so, wie es eine geschlossene Kurve in der Ebene tat.

Durch Analogie gestützt, wird der Leser wohl selbst erraten können, wie die Verhältnisse im vierdimensionalen Raume aussehen: Zu jeder geschlossenen Kurve gibt es dort eine mit ihr verschlungene geschlossene

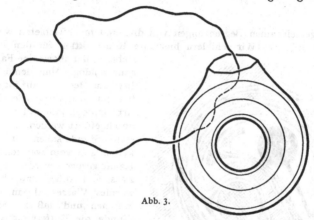

Abb. 3.

Fläche, zu jeder geschlossenen Fläche eine mit ihr verschlungene geschlossene Kurve, zu jeder geschlossenen dreidimensionalen Mannigfaltigkeit ein mit ihr verschlungenes Punktepaar. Das sind Spezialfälle des ALEXANDERschen *Dualitätssatzes*, auf den wir noch zurückkommen werden.

3. Die obigen Beispiele erwecken vielleicht im Leser den Eindruck, daß in der Topologie überhaupt nur Selbstverständlichkeiten bewiesen werden; dieser Eindruck wird im Laufe der weiteren Darstellung wohl ziemlich rasch verblassen. Aber wie dem auch sei: auch diese „Selbstverständlichkeiten" sind viel ernster zu nehmen; man kann leicht Bei-

---

R^3 gelegen sein kann, sieht man schon daran, daß solche Kurven mit allen Strahlen eines Strahlenbündels gemeinsame Punkte haben können: es genügt, einen einfachen Jordanbogen in Polarkoordinaten durch die Gleichungen

$$\varphi = f_1(t), \quad \psi = f_2(t), \quad r = 1 + t$$

zu definieren, wobei

$$\varphi = f_1(t), \quad \psi = f_2(t)$$

eine stetige Abbildung der Einheitstrecke $0 \leq t \leq 1$ auf die Einheitssphäre $r = 1$ ist.

spiele von Behauptungen angeben, die ebenso „selbstverständlich"
klingen wie z. B. der JORDANsche Satz, die aber nachweislich falsch
sind: Wer würde z. B. glauben, daß es in der Ebene drei (vier, fünf, ..., ja
sogar unendlich viele!) einfach zusammenhängende beschränkte Gebiete
gibt, die alle denselben Rand haben; oder daß man im dreidimensionalen
Raume einen *einfachen* Jordanbogen (also ein topologisches Bild einer
geradlinigen Strecke) finden kann, so daß es außerhalb von ihm Kreise
gibt, die — ohne den Bogen zu treffen — unmöglich auf einen Punkt
zusammengezogen werden können? Es gibt auch geschlossene Flächen
vom Geschlecht Null, die eine analoge Eigenschaft besitzen. Mit anderen
Worten: Man kann ein topologisches Bild einer Kugelfläche und in
seinem Innern einen gewöhnlichen Kreis so konstruieren, daß der Kreis
im Innern der Fläche nicht auf einen Punkt zusammengezogen werden
kann[4].

---

[4] Die gemeinsamen Begrenzungen von drei und mehr Gebieten wurden von
BROUWER entdeckt. Wir schildern hier ihre Konstruktion für den Fall dreier

Gebiete; der allgemeine Fall verläuft
ganz analog. Man denke sich eine
Insel im Meer und auf ihr einen kalten und einen warmen See. Folgendes
Arbeitsprogramm soll auf der Insel
durchgeführt werden. Im Laufe der
ersten Stunde sollen vom Meer, vom
kalten und vom warmen See je ein
Kanal gezogen werden, so daß sal-
ziges und süßes bzw. kaltes und
warmes Wasser nie in Berührung
kommen und daß am Schluß der
Stunde die Entfernung von jedem
Punkt der Insel bis zum warmen,
kalten und salzigen Wasser weniger
als einen Kilometer beträgt. In der
nächsten halben Stunde soll jeder
der drei Kanäle fortgesetzt werden,
so daß die verschiedenen Wasser-
arten immer getrennt bleiben und

Abb. 4.

am Arbeitsschluß die Entfernung jedes Punktes von jeder Wassersorte kleiner
als ein halber Kilometer ist. In analoger Weise wird der Arbeitsplan für die
nächste $1/4$-, $1/8$-, $1/{16}$-, ... Stunde festgesetzt. Am Ende der zweiten Stunde bildet
das trockene Land nur noch eine abgeschlossene, in der Ebene nirgends dichte
Menge F, und in beliebiger Nähe jedes ihrer Punkte gibt es sowohl Meerwasser als
auch kaltes und warmes süßes Wasser. Die Menge F ist die gemeinsame Begrenzung von drei Gebieten: des (durch den entsprechenden Kanal erweiterten) Meeres,
des kalten und des warmen Sees. [Diese Darstellung rührt im wesentlichen vom
japanischen Mathematiker YONEYAMA, Tohoku Math. Journ. Bd. 12 (1917) S. 60,
her.] (Abb. 4.)

Die eigenartigen Kurvenbogen und Flächen im R^3, die weiter erwähnt wurden,
sind von ANTOINE konstruiert worden [J. Math. pures appl. Bd. (8) 4 (1921)
S. 221—325]. Auch ALEXANDER: Proc. Nat. Acad. U.S.A. Bd. 10 (1924) S. 6—12.
Wegen der Invarianz der Dimensionszahl, des Pflastersatzes und anschließenden

4. Alle diese Erscheinungen waren am Anfang des laufenden Jahrhunderts gänzlich ungeahnt; erst die Entwicklung der mengentheoretischen Methoden der Topologie führte zu ihrer Entdeckung und somit *zu einer wesentlichen Erweiterung unserer räumlichen Anschauung.* Es möge aber sogleich nachdrücklich betont werden, daß die wichtigsten Probleme der mengentheoretischen Topologie sich keineswegs auf Aufstellung von sozusagen „pathologischen" geometrischen Gebilden beschränken; sie beziehen sich im Gegenteil auf etwas durchaus Positives. Ich würde *das* Grundproblem der mengentheoretischen Topologie wie folgt formulieren:

Diejenigen mengentheoretischen Gebilde festzulegen, die einen Anschluß an das anschaulich gegebene Material der elementaren Polyedertopologie gestatten und somit verdienen, als — wenn auch allgemeinste — geometrische Figuren betrachtet zu werden.

Selbstverständlich impliziert diese Fragestellung auch das Problem einer systematischen Untersuchung der Gebilde der verlangten Art, insbesondere im Lichte derjenigen Eigenschaften derselben, die den genannten Anschluß tatsächlich erkennen lassen und somit die Geometrisierung der allgemeinsten mengentheoretisch-topologischen Begriffsbildungen zustande bringen.

Das so formulierte Programm mengentheoretisch-topologischer Untersuchungen ist — wenigstens in seinen Grundlinien — durchaus als durchführbar zu betrachten: es hat sich schon jetzt gezeigt, daß die wichtigsten Teile der mengentheoretischen Topologie den Methoden, die sich innerhalb der Polyedertopologie ausgebildet haben, durchaus zugänglich sind[5]. Es ist also berechtigt, wenn wir uns in unserer weiteren Darstellung in erster Linie der Topologie der Polyeder zuwenden.

I. Polyeder, Mannigfaltigkeiten, topologische Räume.

5. Wir beginnen mit dem Begriff des *Simplex.* Ein nulldimensionales Simplex ist ein Punkt; ein eindimensionales Simplex ist eine Strecke,

---

Fragen siehe außer den klassischen BROUWERschen Arbeiten [Math. Ann. Bd. 70, 71, 72 — J. reine angew. Math. Bd. 142 (1913) S. 146—152 — Amsterd. Proc. Bd. 26 (1923) S. 795—800] SPERNER, Abh. Sem. Hamburg Bd. 6 (1928) S. 265—272. — ALEXANDROFF, Ann. of Math. Bd. (2) 30 (1928) S. 101—187 sowie „Dimensionstheorie" [Math. Ann. Bd. 106 (1932) S. 161—238].

Es erscheint demnächst ein ausführliches Werk über Topologie von Prof. H. HOPF und dem Verfasser, in dem allen Richtungen der Topologie Rechnung getragen werden soll.

[5] Wir kommen auf diese Fragen noch in **34** und **41** zurück. Wegen des hier vertretenen allgemeinen Standpunktes und seiner Durchführung vgl. die in der vorigen Fußnote genannten Arbeiten des Verfassers. Das grundlegende Werk über die allgemeine Punktmengenlehre und zugleich die beste Einführung in die mengentheoretische Topologie ist die „Mengenlehre" von HAUSDORFF. Vgl. auch MENGER, Dimensionstheorie.

ein zwei- bzw. dreidimensionales Simplex ist ein Dreieck bzw. ein Tetraeder. Es ist bekannt und leicht beweisbar, daß man alle Punkte des
Tetraeders bekommt, wenn man alle möglichen (nichtnegativen) Massen
in seinen vier Eckpunkten konzentriert und jedesmal den Schwerpunkt
der jeweiligen Massenverteilung betrachtet. Diese Definition gilt natürlich auch für eine beliebige Dimensionszahl. Man setzt dabei voraus, daß
die $r + 1$ Eckpunkte des r-dimensionalen Simplex in keiner $r - 1$-
dimensionalen Hyperebene (des R^n, in dem wir uns befinden) enthalten
sind. Man könnte übrigens ein Simplex auch als die kleinste konvexe
abgeschlossene Menge definieren, die die gegebenen Eckpunkte enthält.

Je $s + 1$ unter den $r + 1$ Eckpunkten des r-dimensionalen Simplex
($0 \leqq s \leqq r$) definieren ein s-dimensionales Simplex — eine *s-dimen-
sionale Seite* des gegebenen Simplex (die nulldimensionalen Seiten sind
die Eckpunkte). Sodann versteht man unter einem *r-dimensionalen
Polyeder* eine Punktmenge des R^n, die sich so in r-dimensionale Simplexe
zerlegen läßt, daß zwei Simplexe dieser Zerlegung entweder keinen gemeinsamen Punkt oder eine gemeinsame Seite (von irgendeiner Dimensionszahl) als ihre Durchschnittsmenge haben. Das System aller Simplexe (und deren Seiten), die zu einer Simplizialzerlegung eines Polyeders gehören, heißt ein *geometrischer Komplex*.

Die Dimension des Polyeders ist nicht nur von der Wahl der Simplizialzerlegung unabhängig, sondern sie drückt darüber hinaus eine
topologische Invariante des Polyeders aus; damit ist gemeint, daß zwei
Polyeder, die *homöomorph* sind, d. h. eineindeutig und beiderseits stetig
aufeinander abgebildet werden können, die gleiche Dimension haben[6].

Angesichts des allgemeinen Standpunktes der Topologie, nach dem
zwei Figuren — d. h. zwei Punktmengen — als äquivalent zu betrachten
sind, wenn sie aufeinander topologisch abgebildet werden können, verstehen wir unter einem allgemein-topologischen oder *krummen* Polyeder
jede Punktmenge, die einem (im obigen Sinne definierten, d. h. aus gewöhnlichen, „geraden" Simplexen zusammengesetzten) Polyeder homöomorph ist. Krumme Polyeder lassen offenbar Zerlegungen in „krumme"
Simplexe (d. h. topologische Bilder gewöhnlicher Simplexe) zu; das
System der Elemente einer solchen Zerlegung heißt wiederum ein geometrischer Komplex.

6. Die wichtigsten unter allen Polyedern, ja sogar die wichtigsten
Gebilde der ganzen Topologie überhaupt, sind die sog. *geschlossenen
n-dimensionalen Mannigfaltigkeiten* M^n. Sie sind durch folgende beide
Eigenschaften charakterisiert. Erstens muß das Polyeder zusammen-

---

[6] Eineindeutige und beiderseits stetige Abbildungen heißen *topologische Abbildungen* oder *Homöomorphien*. Eigenschaften von Punkten, die bei solchen Abbildungen erhalten bleiben, heißen *topologische Invarianten*. Der soeben ausgesprochene Satz ist eine andere Form des BROUWERschen Satzes von der Invarianz
der Dimensionszahl. (Er wird in **29—32** bewiesen.)

hängend sein (d. h. es darf nicht in mehrere zueinander fremde Teil-
polyeder zerfallen); zweitens muß es in dem Sinne „*homogen-n-dimensio-
nal*" sein, daß jeder Punkt p von M^n eine Umgebung[7] besitzt, welche
auf die n-dimensionale Vollkugel eineindeutig und beiderseits stetig
derart abgebildet werden kann, daß der Punkt p bei dieser Abbildung
dem Mittelpunkt der Vollkugel entspricht[7a].

7. Um die Wichtigkeit des Mannigfaltigkeitsbegriffes zu erkennen,
genügt schon die Bemerkung, daß die meisten geometrischen Gebilde,
deren Punkte durch n Parameter definiert werden können, n-dimensio-
nale Mannigfaltigkeiten sind; zu diesen Gebilden gehören z. B. die
Phasenräume dynamischer Probleme. Diese Gebilde werden allerdings
nur selten direkt als Polyeder definiert, vielmehr treten sie — wie es
gerade das Beispiel der Phasenräume oder auch die Gebilde der n-dimen-
sionalen Differentialgeometrie lehren — als *abstrakte Raumkonstruktionen* auf, in denen auf die eine oder andere Weise ein Stetigkeitsbegriff
erklärt ist; es ergibt sich dabei (und kann unter sinngemäßen Voraussetzungen streng bewiesen werden), daß im Sinne der genannten Stetig-
keitsdefinition die betreffende „abstrakte" Mannigfaltigkeit topologisch
auf ein Polyeder abgebildet werden kann und somit unter unsere Mannigfaltigkeitsdefinition fällt. Auf diese Weise kann z. B. die projektive
Ebene, die zunächst als eine abstrakte zweidimensionale Mannigfaltigkeit definiert ist, topologisch auf eine Polyederfläche ohne Singularitäten und Selbstdurchdringungen des vierdimensionalen Raumes abgebildet werden[8].

---

[7] Der allgemeine Umgebungsbegriff wird weiter in der Nr. 8 erläutert. Ein
Leser, der diesen Begriff vermeiden möchte, kann unter einer Umgebung eines
Punktes eines Polyeders die Vereinigungsmenge aller Simplexe irgendeiner Simplizialzerlegung des Polyeders verstehen, welche den gegebenen Punkt im Innern
oder auf dem Rande enthalten.

[7a] Siehe über Mannigfaltigkeiten vor allem: VEBLEN, Analysis Situs, 2. Aufl.
1931. — LEFSCHETZ, Topology. 1931 (beides im Verlage der American Mathematical
Society). — Ferner HOPF, Math. Ann. Bd. 100 (1928) S. 579—608; Bd. 102 (1929)
S. 562—623. — LEFSCHETZ, Trans. Amer. Math. Soc. Bd. 28 (1926) S. 1—49. —
HOPF, Journ. f. Math. Bd. 163 (1930) S. 71—88; vgl. auch die unter Anm. 49 ange-
gebene Literatur.

[8] Am einfachsten geschieht eine topologische Einbettung der projektiven
Ebene in den R^4 wohl folgendermaßen: Zunächst überzeugt man sich mühelos davon,
daß durch einen Kegelschnitt die projektive Ebene in ein (der Kreisscheibe homöo-
morphes) Elementarflächenstück und einen dem MÖBIUSschen Bande homöomorphen Bereich zerlegt wird: in der Tat ist das Innengebiet eines Kegelschnittes ein
Elementarflächenstück, während sein Äußeres topologisch mit dem MÖBIUSschen
Bande äquivalent ist (man sieht dies am leichtesten ein, wenn man — unter Aus-
zeichnung der unendlich-fernen Geraden — sich den Kegelschnitt als eine Hyperbel
denkt).

Sodann betrachte man den vierdimensionalen Raum R^4 und in ihm einen R^3.
Im letzteren konstruiere man ein MÖBIUSsches Band. Wenn man jetzt außerhalb
des R^3 im R^4 einen Punkt 0 wählt und denselben mit allen Punkten der Randkurve

8. Von unseren letzten Bemerkungen führt nur ein Schritt zu einem der wichtigsten und gleichzeitig allgemeinsten Begriffe der ganzen modernen Topologie — zum Begriff des *topologischen Raumes*. Ein topologischer Raum ist eben nichts anderes, als eine Menge von irgendwelchen Elementen („Punkte" des Raumes genannt), in denen ein Stetigkeitsbegriff erklärt ist. Nun beruht aber die Stetigkeit auf Vorhandensein von Beziehungen, die als Nachbarschafts- oder als Umgebungsbeziehungen erklärt werden — es sind gerade diese Beziehungen, die bei einer stetigen Abbildung einer Figur auf eine andere erhalten bleiben. In präziser Fassung ist also ein topologischer Raum eine Menge, in der gewisse Untermengen definiert und den Punkten des Raumes als deren Umgebungen zugeordnet sind. Je nach den Axiomen, die diese Umgebungen erfüllen sollen, unterscheidet man verschiedene Typen topologischer Räume. Die wichtigsten unter ihnen sind die sog. HAUSDORFFschen Räume (in denen die Umgebungen den bekannten vier HAUSDORFFschen Axiomen genügen).

Es sind dies die folgenden Axiome:

a) Jedem Punkt x entspricht mindestens eine Umgebung $U(x)$; jede Umgebung $U(x)$ enthält den Punkt x.

b) Sind $U(x)$, $V(x)$ zwei Umgebungen desselben Punktes x, so gibt es eine Umgebung $W(x)$, die Teilmenge von beiden ist.

c) Liegt der Punkt y in $U(x)$, so gibt es eine Umgebung $U(y)$, die eine Teilmenge von $U(x)$ ist.

d) Für zwei verschiedene Punkte x, y gibt es zwei Umgebungen $U(x)$, $U(y)$ ohne gemeinsamen Punkt.

Die Umgebungen gestatten ohne weiteres den Stetigkeitsbegriff einzuführen: Eine Abbildung f eines topologischen Raumes R auf eine (echte oder unechte) Teilmenge eines topologischen Raumes Y heißt stetig im Punkte x, wenn man zu jeder Umgebung $U(y)$ des Punktes $y = f(x)$ eine Umgebung $U(x)$ von x derart finden kann, daß alle Punkte von $U(x)$ mittels f in Punkte von $U(y)$ abgebildet werden. Falls f in allen Punkten von R stetig ist, so heißt sie stetig in R.

9. Der Begriff des topologischen Raumes ist nur ein Glied in der Kette der abstrakten Raumkonstruktionen, die einen unentbehrlichen Bestandteil des ganzen modernen geometrischen Denkens bilden. Allen diesen Konstruktionen liegt eine gemeinsame Auffassung eines *Raumes* zugrunde, die auf die Betrachtung eines oder mehrerer Systeme von Gegenständen — Punkten, Geraden usw. — und ihrer axiomatisch beschriebenen Beziehungen hinauskommt. Dabei kommt es eben nur auf diese Beziehungen, nicht auf die Natur der betreffenden Gegenstände

---

des MÖBIUSschen Bandes durch geradlinige Strecken verbindet, entsteht ein Elementarflächenstück, welches an das MÖBIUSsche Band längs dessen Randkurve anschließt und mit ihm zusammen eine Fläche bildet, welche der projektiven Ebene homöomorph ist.

an. In den HILBERTschen „Grundlagen der Geometrie" fand dieser allgemeine Standpunkt seine vielleicht prägnanteste Fassung; ich möchte aber besonders betonen, daß er durchaus nicht für die Grundlagenforschungen allein, sondern für alle Richtungen der heutigen Geometrie von einer ausschlaggebenden Bedeutung ist — der moderne Aufbau der projektiven Geometrie ebenso wie der Begriff einer mehrdimensionalen RIEMANNschen Mannigfaltigkeit (und eigentlich noch viel früher die GAUSSsche innere Differentialgeometrie der Flächen) mögen als Beispiele genügen!

10. Mit Hilfe des topologischen Raumbegriffes findet schließlich auch die allgemeine Mannigfaltigkeitsdefinition einen adäquaten Ausdruck:

Ein topologischer Raum heißt eine geschlossene n-dimensionale Mannigfaltigkeit, wenn er einem zusammenhängenden Polyeder homöomorph ist und wenn überdies seine Punkte Umgebungen besitzen, welche dem n-dimensionalen Kugelinnern homöomorph sind.

11. Wir wollen jetzt einige Beispiele geschlossener Mannigfaltigkeiten geben.

Die einzige geschlossene eindimensionale Mannigfaltigkeit ist die Kreislinie.

Die „Einzigkeit" wird hier natürlich im topologischen Sinne verstanden: jede eindimensionale geschlossene Mannigfaltigkeit ist der Kreislinie homöomorph.

Die geschlossenen zweidimensionalen Mannigfaltigkeiten sind die orientierbaren (oder zweiseitigen) und nicht orientierbaren (oder einseitigen) Flächen. Das Problem der Aufzählung ihrer topologischen Typen ist vollständig gelöst[9].

Als Beispiele mehrdimensionaler Mannigfaltigkeiten seien — neben dem n-dimensionalen sphärischen bzw. projektiven Raum — noch folgende erwähnt:

1. Die dreidimensionale Mannigfaltigkeit der auf einer geschlossenen Fläche F liegenden Linienelemente (wenn die Fläche F die Kugel ist, ist — wie sich beweisen läßt — die entsprechende M^3 der projektive Raum).

2. Die vierdimensionale Mannigfaltigkeit der Geraden des dreidimensionalen projektiven Raumes.

3. Die dreidimensionale „*Torusmannigfaltigkeit*"; sie entsteht, wenn man die gegenüberliegenden Seitenflächen eines Würfels paarweise untereinander identifiziert. Der Leser bestätigt ohne Mühe, daß dieselbe Mannigfaltigkeit auch dadurch erzeugt werden kann, daß man den Zwischenraum zwischen zwei koaxialen Torusflächen betrachtet (von denen die eine innerhalb der anderen verläuft) und die einander entsprechenden Punkte derselben identifiziert.

---

[9] Vgl. z. B. HILBERT u. COHN-VOSSEN § 48 sowie KEREKJARTO, Topologie, Kap. V.

Letzteres Beispiel ist zugleich ein Beispiel für die sog. topologische Pro-
duktbildung — ein Verfahren, mit dessen Hilfe man unendlich viele verschiedene Mannigfaltigkeiten erzeugen kann und welches überdies von größter theoretischer Wichtigkeit ist. Das Produktverfahren ist eine direkte
Verallgemeinerung des gewöhnlichen Koordinatenbegriffs. Es besteht
darin, daß man zu zwei Mannigfaltigkeiten M^p und M^q folgendermaßen
die Mannigfaltigkeit $M^{p+q} = M^p \cdot M^q$ konstruiert: Als Punkte von M^{p+q}
werden Punktepaare $z = (x, y)$ betrachtet, wobei x ein beliebiger Punkt
von M^p und y von M^q ist. Eine Umgebung $U(z_0)$ des Punktes $z_0 = (x_0, y_0)$
besteht definitionsgemäß aus allen Punkten $z = (x, y)$, wobei x zu einer
beliebig gewählten Umgebung von x_0 und y zu einer Umgebung von y_0
gehört. Es ist natürlich, die beiden Punkte x und y (von M^p bzw. von
M^q) als die beiden „Koordinaten" des Punktes (x, y) von M^{p+q} zu betrachten.

Offenbar läßt sich diese Definition mühelos auf den Fall des Pro-
duktes von drei oder mehr Mannigfaltigkeiten verallgemeinern. Wir
können jetzt sagen, daß die euklidische Ebene das Produkt von zwei
Geraden, die Torusfläche das Produkt von zwei Kreislinien, die dreidimensionale Torusmannigfaltigkeit das Produkt einer Torusfläche mit
einer Kreislinie (oder das Produkt dreier Kreislinien) ist. Als weitere
Beispiele von Mannigfaltigkeiten erhält man z. B. das Produkt $S^2 \cdot S^1$
der Kugelfläche mit der Kreislinie oder das Produkt zweier projektiven
Ebenen usw. Was insbesondere die Mannigfaltigkeit $S^2 \cdot S^1$ betrifft,
so erhält man sie auch, wenn man eine zwischen zwei konzentrischen
Kugelflächen S^2 und s^2 gelegene Kugelschale betrachtet und die entsprechenden (d. h. auf demselben Radius gelegenen) Punkte von S^2
und s^2 identifiziert. Nur wenig schwieriger ist der Beweis der Tatsache,
daß, wenn man zwei kongruente Vollringe nimmt und die (laut der
genannten Kongruenz) einander entsprechenden Punkte ihrer Ober-
flächen identifiziert, man ebenfalls die Mannigfaltigkeit $S^2 \cdot S^1$ erhält.
Schließlich erhält man das Produkt der projektiven Ebene mit der
Kreislinie, wenn man in einem Vollring jedes Paar von diametralen
Punkten je eines Meridiankreises untereinander identifiziert.

Diese wenigen Beispiele mögen genügen. Es sei zum Unterschied vom zweidimensionalen Fall nur noch bemerkt, daß das Problem der Aufzählung der topologischen Typen von Mannigfaltigkeiten von drei und mehr Dimensionen sich heutzutage in einem ziemlich hoffnungslosen Zustande befindet. Wir sind einstweilen
nicht nur von der Lösung, sondern sogar von jedem Ansatz zu einer Lösung, von
jeder plausibel klingenden Vermutung weit entfernt.

II. Algebraische Komplexe.

12. Die Auffassung der Mannigfaltigkeit als eines Polyeders hat etwas
Künstliches: die allgemeine Idee der Mannigfaltigkeit, als eines homogenen n-fach ausgedehnten Gebildes, eine Idee, die noch auf RIEMANN

zurückgeht, hat eigentlich mit den Simplizialzerlegungen, die uns zur Einführung der Polyeder diente, nichts zu tun. POINCARÉ, der als erster ein systematisches topologisches Studium der Mannigfaltigkeiten unternommen und dadurch die Topologie aus einer Sammlung mathematischer Kuriosa zu einem selbständigen und bedeutungsvollen Zweig der Geometrie gemacht hat, definierte die Mannigfaltigkeiten ursprünglich analytisch mit Hilfe eines Systems von Gleichungen. Aber schon innerhalb von vier Jahren nach dem Erscheinen seiner ersten bahnbrechenden Arbeit[10] stellt er sich auf den Standpunkt, der heutzutage als der *kombinatorische* bezeichnet wird und im wesentlichen auf die Auffassung der Mannigfaltigkeiten als Polyeder hinauskommt[11]. Die Vorteile dieses Standpunktes bestehen darin, daß mit seiner Hilfe die schwierigen — teils rein geometrischen, teils mengentheoretischen — Betrachtungen, zu denen das Studium der Mannigfaltigkeiten führt, durch die Untersuchung eines finiten kombinatorischen Schemas — nämlich des Systems der Simplexe einer Simplexzerlegung des Polyeders, mit anderen Worten: des geometrischen Komplexes — ersetzt werden, welche den Weg zur Anwendung algebraischer Methoden eröffnet.

Auf diese Weise ergibt sich, daß die Mannigfaltigkeitsdefinition, der wir uns hier bedienen, die *heutzutage bequemste* ist, obzwar sie nichts anderes als einen bewußten Kompromiß zwischen dem mengentheoretischen Begriff des topologischen Raumes und den Methoden der kombinatorischen Topologie darstellt — einen *Kompromiß*, bei dem von einer *organischen Verschmelzung* der beiden Richtungen einstweilen noch kaum gesprochen werden kann. Die schwierigen prinzipiellen Fragestellungen, die mit dem Mannigfaltigkeitsbegriff verbunden sind[12], werden durch unsere Definition keineswegs erledigt.

13. Wir wollen uns jetzt den bereits erwähnten algebraischen Methoden in der Topologie der Mannigfaltigkeiten (und der allgemeineren Polyeder) zuwenden. Die Grundbegriffe, auf denen alles beruht, sind dabei die Begriffe des *orientierten* Simplexes, des *algebraischen Komplexes* und des *Randes* eines algebraischen Komplexes.

[10] Analysis Situs [J. Ec. Polyt. Bd. (2) 1 (1895) S. 1—123].

[11] In der Arbeit: Complement à l'Analysis Situs [Palermo Rend., Bd. 13 (1899) S. 285—343]. Diese Arbeit ist als die erste systematische Darstellung der kombinatorischen Topologie zu betrachten.

[12] Diese Fragestellungen kommen auf das Problem der *mengentheoretischen* und auf das der *kombinatorischen* Charakterisierung der Mannigfaltigkeiten hinaus. Das erste Problem besteht in der Aufstellung von mengentheoretischen Bedingungen, die notwendig und hinreichend sind, damit ein topologischer Raum einem Polyeder homöomorph ist bzw. damit seine Punkte Umgebungen besitzen, die dem R^n homöomorph sind. Das zweite verlangt nach einer Charakterisierung derjenigen Komplexe, die als Simplexzerlegungen von Polyedern auftreten, die die Mannigfaltigkeitseigenschaft besitzen (zu deren Punkten es m. a. W. Umgebungen gibt, welche dem R^n homöomorph sind). Beide Probleme bleiben ungelöst und gehören zweifellos zu den schwierigsten Fragestellungen, die es in der Topologie gibt.

Ein orientiertes eindimensionales Simplex ist eine *gerichtete Strecke* $(a_0 a_1)$, also eine Strecke, die vom Endpunkt a_0 zum Endpunkt a_1 durchlaufen wird. Man kann auch sagen: Ein orientiertes eindimensionales Simplex ist ein solches mit einer bestimmten Reihenfolge seiner beiden Eckpunkte. Wenn man die orientierte Strecke $(a_0 a_1)$ mit x^1 bezeichnet (der obere Index 1 gibt die Dimensionszahl an), so wird das entgegengesetzt orientierte Simplex $(a_1 a_0)$ mit $-x^1$ bezeichnet. Dieselbe Strecke ohne Orientierung betrachtet, bezeichnen wir mit $|x^1| = |a_0 a_1| = |a_1 a_0|$.

Ein orientiertes zweidimensionales Simplex — ein orientiertes Dreieck — ist ein Dreieck mit einem bestimmten Umlaufsinn oder mit einer bestimmten Reihenfolge seiner Eckpunkte; dabei wird zwischen Reihenfolgen, die auseinander durch gerade Permutation entstehen, nicht unterschieden, so daß die Reihenfolgen $(a_0 a_1 a_2)$, $(a_1 a_2 a_0)$, $(a_2 a_0 a_1)$ die eine, die Reihenfolgen $(a_0 a_2 a_1)$, $(a_1 a_0 a_2)$, $(a_2 a_1 a_0)$ die andere Orientierung des Dreiecks mit den Eckpunkten a_0, a_1, a_2 darstellen. Wenn die eine Orientierung des Dreiecks mit $x^2 = (a_0 a_1 a_2)$ bezeichnet wird, so heißt die andere $-x^2$. Das ohne Orientierung betrachtete Dreieck wird wiederum mit $|x^2|$ bezeichnet. Das Wesentliche dabei ist, daß bei einem orientierten Dreieck auch der Rand als ein orientiertes (gerichtetes) Polygon aufzufassen ist: der Rand des orientierten Dreiecks $(a_0 a_1 a_2)$ ist die Gesamtheit der orientierten Strecken $(a_0 a_1)$, $(a_1 a_2)$, $(a_2 a_0)$. Wenn man den Rand von x^2 mit $\dot{x}^2$ bezeichnet, drückt man unsere letzte Behauptung durch die Formel

(1′) $$\dot{x}^2 = (a_0 a_1) + (a_1 a_2) + (a_2 a_0),$$

oder, was dasselbe ist

(1) $$\dot{x}^2 = (a_1 a_2) - (a_0 a_2) + (a_0 a_1)$$

aus[13].

Wir sagen auch, daß im Rande von x^2 die Seiten $(a_1 a_2)$ und $(a_0 a_1)$ mit dem Koeffizienten $+1$, die Seite $(a_0 a_2)$ mit dem Koeffizienten -1 auftreten.

14. Man betrachte jetzt irgendeine Dreieckzerlegung (oder *Triangulation*) des zweidimensionalen Polyeders P^2. Das System der Dreiecke, der Kanten und der Eckpunkte derselben bildet das, was wir in **5** einen zweidimensionalen geometrischen Komplex K^2 genannt haben. Wir bezeichnen nun mit x_i^2, $1 \leq i \leq \alpha_2$ [14], *irgendeine* (ganz beliebig gewählte) Orientierung eines beliebigen Dreiecks $|x_i^2|$ unseres Komplexes, mit x_j^1, $1 \leq j \leq \alpha_1$ [14], eine ebenfalls ganz beliebig gewählte Orientierung

---

[13] Wenn man $x^2 = (a_0 a_1 a_2)$ als eine Art symbolisches Produkt der drei „Variablen" a_0, a_1, a_2 auffaßt, kann man schreiben

$$\dot{x}^2 = \sum_{i=0}^{2} (-1)^i \frac{\partial x^2}{\partial a_i}.$$

[14] Mit α_2, α_1, α_0 bezeichnen wir resp. die Anzahl der zwei-, der ein-, der nulldimensionalen Elemente eines geometrischen Komplexes.

der Kante $|x_j^1|$. Das System aller x_i^2 nennen wir einen *orientierten zwei-dimensionalen Komplex* C^2, und zwar eine Orientierung des geometrischen Komplexes K^2. Für den orientierten Komplex C^2 benutzen wir die Schreibweise

$$C^2 = \sum_{i=1}^{\alpha_2} x_i^2;$$

um anzugeben, daß C^2 durch Orientierung des Komplexes K^2 entstanden ist, schreiben wir auch gelegentlich $|C^2| = K^2$.

Jetzt kann man den Rand jedes orientierten Dreiecks x_i^2 in der Gestalt einer Linearform

(2)
$$\dot{x}_i^2 = \sum_{j=1}^{\alpha_1} t_i^j x_j^1$$

darstellen, wobei t^j gleich $+1$, -1 oder 0 ist, je nachdem die orientierte Strecke x_j^1 im Rande des orientierten Dreiecks x_i^2 mit dem Koeffizienten $+1$, -1 oder überhaupt nicht auftritt.

Wenn man die Gleichungen (2) für alle i, $1 \leq i \leq \alpha_2$, addiert, erhält man

$$\sum_{i=1}^{\alpha_2} \dot{x}^2 = \sum_{i=1}^{\alpha_2}{}' \sum_{j=1}^{\alpha_1} t_i^j x_j^1 = \sum_{j=1}^{\alpha_1} u^j x_j^1, \qquad u^j = \sum_{i=1}^{\alpha_2} t_i^j.$$

Der obige Ausdruck $\sum\limits_{j=1}^{\alpha_1} u^j x_j^1$ heißt

der *Rand des orientierten Komplexes* C^2 und wird mit $\dot{C}^2$ bezeichnet.

Beispiele. 1°. K sei das System der vier Seitendreiecke eines Tetraeders; jedes sei so orientiert, wie auf Abb. 5 die Pfeilrichtungen angeben.

Der Rand des so orientierten Komplexes $C^2 = x_1^2 + x_2^2 + x_3^2 + x_4^2$ ist gleich Null, denn jede Tetraederkante tritt in beiden an sie anschließenden Dreiecken mit verschiedenen Vorzeichen auf. In Formeln:

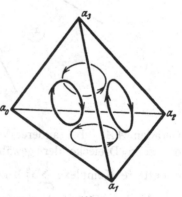

Abb. 5.

$$x_1^2 = (a_0 a_1 a_2), \quad x_2^2 = (a_1 a_0 a_3), \quad x_3^2 = (a_1 a_3 a_2), \quad x_4^2 = (a_0 a_2 a_3)$$

und etwa

$$x_1^1 = (a_0 a_1), \ x_2^1 = (a_0 a_2), \ x_3^1 = (a_0 a_3), \ x_4^1 = (a_1 a_2), \ x_5^1 = (a_1 a_3), \ x_6^1 = (a_2 a_3);$$

sodann:

$$
\begin{aligned}
\dot{x}_1^2 &= & x_1^1 - x_2^1 & & + x_4^1 & \\
\dot{x}_2^2 &= -x_1^1 & & + x_3^1 & & - x_5^1 \\
\dot{x}_3^2 &= & & & - x_4^1 + x_5^1 & - x_6^1 \\
\dot{x}_4^2 &= & x_2^1 - x_3^1 & & & + x_6^1 \\
\hline
\dot{C}^2 &= \sum_{i=1}^{4} \dot{x}_i^2 = 0. &&&&
\end{aligned}
$$

2°. Man orientiere die zehn Dreiecke der auf der Abb. 6 angegebenen Triangulation der projektiven Ebene so, wie es die Pfeilrichtungen zeigen, und setze $C^2 = \sum_{i=1}^{10} x_i^2$; dann ist

(3) $$\dot{C}^2 = 2x_1^1 + 2x_2^1 + 2x_3^1.$$

Der Rand des orientierten Komplexes C^2 besteht also aus der (in drei Strecken x_1^1, x_2^1, x_3^1 zerlegten) *doppelt zu zählenden* projektiven

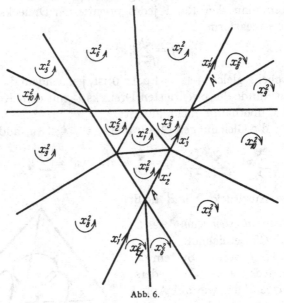

Abb. 6.

Geraden AA'. Bei anderer Wahl der Orientierungen x_1^2, x_2^2, ..., x_{10}^2 der zehn Dreiecke der gewählten Triangulation würde man andere orientierte Komplexe $\sum_{i=1}^{10} x_i^2$ bekommen, und deren Ränder wären von (3) verschieden. Es hat also keinen Sinn von dem „Rande der projektiven Ebene" zu sprechen, sondern nur von den Rändern der auf verschiedene Weisen orientierten Komplexe, die zu verschiedenen Triangulationen der projektiven Ebene gehören.

Man könnte leicht beweisen, daß, wie man die zehn Dreiecke der Abb. 6 auch orientiert, der Rand des dadurch bestimmten orientierten Komplexes $C^2 = \sum_{i=1}^{10} x_i^2$ niemals Null ist. Es besteht nämlich folgendes allgemeine Ergebnis (welches auch als Definition der Orientierbarkeit einer geschlossenen Fläche angenommen werden kann):

Eine geschlossene Fläche ist dann und nur dann orientierbar, wenn man die Dreiecke irgendeiner unter ihren Triangulationen so orientieren kann, daß der dadurch entstehende orientierte Komplex den Rand Null hat.

$3°$. Bei der auf Abb. 7 angegebenen Triangulation und Orientierung des MÖBIUSschen Bandes ist

$$\dot{C}^2 = 2\,x_1^1 + x_2^1 + x_3^1 + x_4^1 + x_5^1.$$

15. Die orientierten Komplexe und ihre Ränder dienen uns zugleich als Beispiele sog. *algebraischer Komplexe*. Ein (zweidimensionaler) orientierter Komplex, d. h.

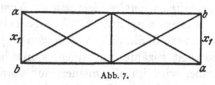

Abb. 7.

ein System von orientierten Simplexen, die einer Simplizialzerlegung eines Polyeders entnommen sind, wurde von uns in der Gestalt einer Linearform $\sum x_i^2$ geschrieben; als Rand des orientierten Komplexes $C^2 = \sum x_i^2$ trat ferner eine Linearform $\sum u^j x_j^1$ auf, deren Koeffizienten im allgemeinen *beliebige* ganze Zahlen sein könnten. Solche Linearformen heißen *algebraische Komplexe*. Das Gleiche gilt auch im n-dimensionalen Fall, wenn wir ganz allgemein definieren:

Definition I. Ein orientiertes r-dimensionales Simplex, x^r, ist ein r-dimensionales Simplex mit einer beliebig gewählten Reihenfolge seiner Eckpunkte,

$$x^r = (a_0 a_1 \dots a_r),$$

wobei Reihenfolgen, die auseinander durch eine gerade Permutation der Eckpunkte entstehen, dieselbe Orientierung (dasselbe orientierte Simplex) bestimmen, so daß jedes Simplex $|x^r|$ zwei Orientierungen: x^r und $-x^r$ besitzt[15].

Bemerkung. Es sei x^r ein orientiertes Simplex. Durch die $r+1$ Eckpunkte von x^r geht eine einzige r-dimensionale Hyperebene R^r (des R^n, in dem x^r liegt) und zu jedem r-dimensionalen Simplex $|y^r|$ von R^r gibt es eine einzige Orientierung y^r derart, daß man R^r auf sich durch eine affine Abbildung mit positiver Determinante so abbilden kann, daß dabei das orientierte Simplex x^r in das orientierte Simplex y^r übergeht. Somit *induziert* die Orientierung x^r von $|x^r|$ eine vollkommen bestimmte Orientierung y^r eines jeden Simplexes $|y^r|$, welches in der das Simplex x^r tragenden Hyperebene R^r liegt. Unter diesen Umständen sagt man, daß die Simplexe x^r und y^r *gleich* — oder *übereinstimmend* — *orientierte* Simplexe *des* R^r sind. Man sagt auch, daß durch das Simplex x^r *der ganze Koordinatenraum* R^r *orientiert* wird und meint dabei gerade die Tatsache, daß durch das orientierte Simplex x^r alle r-dimensionalen Simplexe des R^r eine feste Orientierung erhalten. Insbesondere kann man jedes in $|x^r|$ liegende r-dimensionale Simplex *übereinstimmend* mit x^r orientieren.

---

[15] Ein nulldimensionales Simplex hat nur eine Orientierung, es hat also keinen Sinn, zwischen x^0 und $|x^0|$ zu unterscheiden.

Definition II. Eine Linearform mit ganzzahligen Koeffizienten,

$$C^r = \sum t^i x_i^r,$$

deren Unbestimmte x_i^r orientierte r-dimensionale *Simplexe* sind, heißt ein *r-dimensionaler algebraischer Komplex*[16].

Anders ausgedrückt: Ein algebraischer Komplex ist ein System von orientierten Simplexen, von denen jedes mit einer bestimmten Vielfachheit gezählt (mit einem ganzzahligen Koeffizienten versehen) ist. Dabei wird im allgemeinen nur vorausgesetzt, daß diese Simplexe in einem und demselben Koordinatenraum R^n liegen; wir setzen aber nicht voraus, daß sie sämtlich einer bestimmten Simplexzerlegung eines Polyeders (d. h. einem geometrischen Komplex) entnommen sind; vielmehr *dürfen* sich im allgemeinen die Simplexe eines algebraischen Komplexes beliebig schneiden. Im Falle, daß die Simplexe eines algebraischen Komplexes C^r zu einem geometrischen Komplex gehören (d. h. durch Orientierung gewisser Elemente einer Simplexzerlegung eines Polyeders gewonnen sind), heißt C^r ein *algebraisches Teilkomplex des betreffenden geometrischen Komplexes* (der gegebenen Simplexzerlegung); hier können Durchsetzungen von Simplexen natürlich nicht auftreten. Dieser Fall ist als der wichtigste zu betrachten.

16. Die algebraischen Komplexe sind als eine mehrdimensionale Verallgemeinerung der gewöhnlichen gerichteten Streckenzüge zu betrachten; dabei ist aber der Begriff des Streckenzuges von vornherein im allgemeinsten Sinne zu nehmen: die einzelnen Strecken dürfen sich durchkreuzen, und es darf auch mehrfach durchlaufene Strecken geben; man darf aber dabei nicht vergessen, daß die ganze Sache algebraisch aufzufassen ist und eine Strecke, die zweimal, und dabei in entgegengesetzten Richtungen, durchlaufen ist, überhaupt nicht mehr zählt. Überdies darf der Streckenzug auch aus mehreren Stücken bestehen (also keine Zusammenhangsvorschrift!). Somit stellen die beiden Abb. 8 und 9 Streckenzüge dar, die, als algebraische Komplexe betrachtet, denselben Aufbau haben (d. h. dieselbe Linearform darstellen).

Da die r-dimensionalen algebraischen Komplexe des R^n als Linearformen nach den gewöhnlichen Regeln der Buchstabenrechnung addiert und subtrahiert werden können, bilden sie eine ABELsche Gruppe $L^r(R^n)$. Man kann auch anstatt des ganzen R^n z. B. ein Teilgebiet G dieses R^n betrachten; die in ihm liegenden r-dimensionalen algebraischen Komplexe bilden dann die Gruppe $L^r(G)$ — eine Untergruppe von $L^r(R^n)$.

Auch die r-dimensionalen algebraischen Teilkomplexe eines geometrischen Komplexes K bilden eine Gruppe — die Gruppe $L^r(K)$; sie

---

[16] Diese Definition gilt auch im Falle $r = 0$: Ein nulldimensionaler algebraischer Komplex ist ein endliches System von Punkten, denen gewisse (positive, negative oder verschwindende) ganze Zahlen als Koeffizienten zugeordnet sind.

bildet den Ausgangspunkt fast aller weiteren Betrachtungen. Bevor wir zu diesen übergehen, möchte ich aber die Aufmerksamkeit des Lesers darauf lenken, daß die Begriffe „Polyeder", „geometrischer Komplex", „algebraischer Komplex" zu ganz verschiedenen logischen Kategorien gehören: Ein Polyeder ist eine Punktmenge, also eine Menge, deren Elemente gewöhnliche Punkte des R^n sind; ein geometrischer Komplex ist eine (endliche) Menge, deren Elemente Simplexe sind, und zwar Simplexe im naiven geometrischen Sinne also ohne Orientierung. Ein algebraischer Komplex ist überhaupt keine Menge: Es wäre falsch zu sagen, daß ein algebraischer Komplex eine Menge von orientierten Simplexen ist, denn das Wesentliche an einem algebraischen Komplex ist, daß die Simplexe, die in ihm auftreten, mit Koeffizienten versehen, also im allgemeinen mit einer gewissen Multiplizität zu

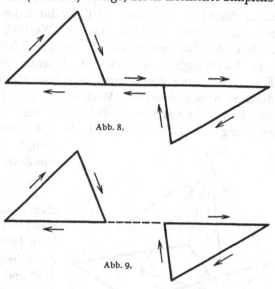

Abb. 8.

Abb. 9.

zählen sind. In diesem Unterschied zwischen den drei öfters gleichzeitig auftretenden Begriffen spiegeln sich die Eigenarten der mengentheoretischen und algebraischen Einstellungen der Topologie.

17. Als Rand $\dot C^r$ des algebraischen Komplexes $C^r = \sum t^i x^r_i$ wird die algebraische Summe der Ränder der einzelnen orientierten Simplexe x^r_i, also $\sum t^i \dot x^r_i$, definiert, wobei als Rand des orientierten Simplex $x^r = (a_0 a_1 \ldots a_r)$ der $r-1$-dimensionale algebraische Komplex

$$(4) \qquad \dot x^r = \sum_{i=0}^{r}(-1)^i (a_0 \ldots a_{i-1} a_{i+1} \ldots a_r)$$

erklärt ist[17]. Im Falle, daß der Rand C^r Null ist (z. B. im Falle des

---

[17] Ein nulldimensionales Simplex hat den Rand Null; als Rand des eindimensionalen orientierten Simplex, d. h. der gerichteten Strecke $(a_0 a_1)$ tritt nach der Formel (4) der Ausdruck $a_1 - a_0$ auf: der eine Endpunkt ist also mit dem Koeffizienten $+1$, der andere mit dem Koeffizienten -1 versehen.

In der symbolischen Ausdrucksweise der Fußnote [13] kann man die Formel (4) in der Gestalt

$$\dot x^r = \sum_{i=0}^{r}(-1)^i \frac{\partial x^r}{\partial a_i}$$

schreiben.

Beispiels 1° von 11), heißt C^r ein *Zyklus*[18]. Somit ist in der Gruppe $L^r(R^n)$ und analog auch in $L^r(K)$ bzw. $L^r(G)$ als Untergruppe die Gruppe aller r-dimensionalen Zyklen $Z^r(R^n)$ bzw. $Z^r(K)$ bzw. $Z^r(G)$ definiert.

Wir können jetzt sagen (vgl. 14): Eine geschlossene Fläche ist dann und nur dann orientierbar, wenn man durch passend gewählte Orientierungen irgendeiner Simplex- (d. h. in diesem Falle Dreieck-) Zerlegung dieser Fläche erreichen kann, daß der durch diese Orientierung gelieferte orientierte Komplex ein Zyklus ist. Wörtlich dieselbe Definition gilt auch für den Fall einer geschlossenen Mannigfaltigkeit beliebiger Dimension. Es sei sogleich bemerkt: Die Orientierbarkeit, die wir soeben als Eigenschaft einer bestimmten Simplexzerlegung der Mannigfaltigkeit definiert haben, drückt in Wirklichkeit eine Eigenschaft der Mannigfaltigkeit selbst aus, denn es läßt sich beweisen, daß, wenn *eine* Simplexzerlegung der Mannigfaltigkeit der Bedingung der Orientierbarkeit genügt, dasselbe auch von *jeder* Simplexzerlegung dieser Mannigfaltigkeit gilt.

Bemerkung. Sind x^n und y^n zwei übereinstimmend orientierte Simplexe des R^n, die die gemeinsame Seite $|x^{n-1}|$ haben, so tritt die (irgendwie orientierte) Seite x^{n-1} in $\dot{x}^n$ und $\dot{y}^n$ mit gleichen oder mit verschiedenen Vorzeichen auf, je nachdem die Simplexe $|x^n|$ und $|y^n|$ auf einer und derselben oder auf verschiedenen Seiten der das Simplex $|x^{n-1}|$ tragenden Hyperebene

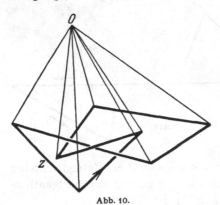

Abb. 10.

R^{n-1} liegen. Den Beweis dieser Behauptung überlassen wir dem Leser als Übungsaufgabe.

18. Wie leicht nachzurechnen, ist der Rand eines Simplex ein Zyklus. Daraus folgt aber, daß auch der Rand eines beliebigen algebraischen Komplexes ein Zyklus ist. Es ist andererseits leicht zu zeigen, daß es zu jedem Zyklus Z^r, $r > 0$, im R^n einen in diesem R^n gelegenen algebraischen Komplex gibt, welcher durch Z^r berandet ist[19]: es genügt in der Tat, einen von allen Eckpunkten des Zyklus Z^r verschiedenen Punkt O des Raumes zu wählen und die über den gegebenen Zyklus

---

[18] Insbesondere ist jeder nulldimensionale algebraische Komplex offenbar ein Zyklus.

[19] Dagegen berandet ein nulldimensionaler Zyklus im R^n dann und nur dann, wenn seine Koeffizientensumme gleich Null ist (Beweis durch Induktion nach der Streckenzahl des berandeten Polygons).

errichtete „Pyramide" (mit der Spitze in O) zu betrachten (Abb. 10). Mit anderen Worten: Wenn

$$Z^r = \sum_{(i)} c^i x_i^r$$

und

$$x_i^r = (a_0^i, a_1^i, \ldots, a_r^i)$$

ist, so definiere man das $r+1$-dimensionale orientierte Simplex x_i^{r+1} als

$$x_i^{r+1} = (O, a_0^i, a_1^i, \ldots, a_r^i)$$

und betrachte den algebraischen Komplex $C^{r+1} = \sum_{(i)} c^i x_i^{r+1}$: der Rand von C^{r+1} ist z^r, da sich alles übrige weghebt.

Wenn wir aber anstatt des ganzen R^n irgendein Gebiet G desselben (allgemeiner: eine beliebige offene Menge im R^n) betrachten, so sind die Verhältnisse nicht mehr so einfach: ein in G gelegener Zyklus braucht dortselbst nicht zu beranden: es genügt ja schon, einen ebenen Kreisring als das Gebiet G zu wählen, um sich zu überzeugen, daß es nichtberandende Zyklen (in diesem Fall geschlossene Polygone) gibt (Abb. 11). Ebenso gibt es im allgemeinen unter den Zyklen eines geometrischen Komplexes solche, die in diesem Komplex nicht beranden: es genügt, den geometrischen Komplex der Abb. 12 zu betrachten: der Zyklus ABC und ebenso der Zyklus abc beranden offenbar nicht.

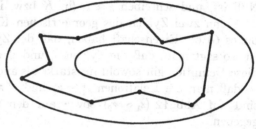

Abb. 11.

Somit ist in der Gruppe $Z^r(G)$ bzw. $Z^r(K)$ die Untergruppe $H^r(G)$ bzw. $H^r(K)$ aller berandenden Zyklen ausgezeichnet: die Elemente von $H^r(G)$ bzw. $H^r(K)$ sind Zyklen, zu

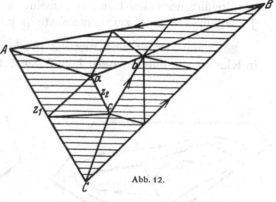

Abb. 12.

denen es in G bzw. K algebraische Komplexe gibt, welche durch die gegebenen Zyklen berandet sind.

Am Beispiel der auf Abb. 6 gegebenen Triangulation der projektiven Ebene sehen wir, daß es vorkommen kann, daß ein Zyklus z in K nicht berandet, während ein gewisses ganzzahliges Vielfaches desselben (d. h. ein Zyklus von der Form tz, wobei t eine von Null verschiedene ganze Zahl ist) als Rand eines algebraischen Teilkomplexes von K auf-

tritt: Wir haben in der Tat gesehen, daß der Zyklus $2x_1^1 + 2x_2^1 + 2x_3^1$
$= 2z^1$ (die „doppelt gezählte projektive Gerade") in der Triangulation
von Abb. 6 berandet, während es in derselben Triangulation keinen
algebraischen Komplex gibt, welcher den Zyklus $z^1 = (x_1 + x_2 + x_3)$
als seinen Rand hätte. Es ist also angebracht, als *Randteiler* alle diejenigen Zyklen z^r von K (von G) zu bezeichnen, zu denen es eine von Null
verschiedene ganze Zahl t gibt derart, daß tz in K (in G) berandet.
Da t auch den Wert 1 annehmen kann, sind unter den Randteilern auch
die eigentlichen Ränder (d. h. die berandenden Zyklen) enthalten. Die
Randteiler bilden, wie leicht ersichtlich, eine Untergruppe der Gruppe
$Z^r(K)$ bzw. $Z^r(G)$, die wir mit $H_0^r(K)$ bzw. $H_0^r(G)$ bezeichnen; offenbar
ist die Gruppe $H^r(K)$ in der Gruppe $H_0^r(K)$ enthalten.

19. Wenn z^r in K (in G) berandet, sagen wir auch, daß z^r dortselbst
stark-homolog Null ist, und schreiben $z^r \sim 0$ (in K bzw. in G); wenn
z^r ein Randteiler von K (von G) ist, sagen wir, daß z *schwach-homolog*
Null ist, und schreiben $z \approx 0$ (in K bzw. in G).

Wenn zwei Zyklen des geometrischen Komplexes K (oder des Gebietes G) die Eigenschaft haben, daß der Zyklus $z_1^r - z_2^r$ homolog Null
ist, so sagt man, daß die Zyklen z_1^r und z_2^r *untereinander homolog* sind;
diese Definition gilt sowohl für starke als auch für schwache Homologie,
so daß man die Relationen $z_1^r \sim z_2^r$ und $z_1^r \approx z_2^r$ hat. Beispiele hierfür
sind auf Abb. 12 ($z_1 \sim z_2$) sowie auf den folgenden Abbildungen angegeben.

In den folgenden Abbildungen ist unter dem Gebiet G das Gebiet
des dreidimensionalen Raumes gemeint, welches zu der geschlossenen
Jordankurve S bzw. zur Lemniskate Λ komplementär ist.

20. Somit zerfällt die Gruppe $Z^r(K)$ in sog. *Homologie*klassen, d. h.
in Klassen von untereinander homologen Zyklen; es gibt im allgemeinen

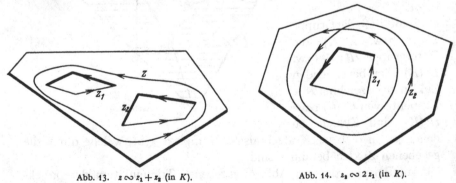

Abb. 13. $z \sim z_1 + z_2$ (in K).   Abb. 14. $z_2 \sim 2 z_1$ (in K).

wiederum schwache und starke Homologieklassen, je nachdem der
schwache oder starke Homologiebegriff gemeint ist. Wenn man, wie
schon öfters, für K den geometrischen Komplex der Abb. 6 nimmt,

gibt es zwei starke Homologieklassen der Dimensionszahl 1, denn jeder eindimensionale Zyklus von K ist entweder homolog Null (gehört also zur Nullklasse) oder homolog der projektiven Geraden (d. h. etwa dem Zyklus $x_1 + x_2 + x_3$). Da jeder eindimensionale Zyklus von K in un-

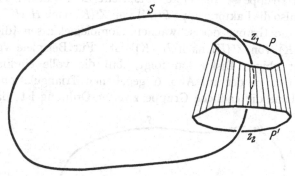

Abb. 15. $z_1 \frown z_2$ (in G).

serem Falle ein Randteiler ist, gibt es nur eine schwache Homologieklasse — die Nullklasse.

Was die eindimensionalen Homologieklassen der auf Abb. 12 und 13 angegebenen Komplexe betrifft, so können sie sämtlich aufgezählt werden, wenn man bemerkt, daß auf Abb. 12 jeder eindimensionale Zyklus einer Homologie $z \sim t z_1$, auf Abb. 13 einer Homologie $z \sim u z_1 + v z_2$ genügt, wobei t, u, v ganze Zahlen sind; überdies stimmen für beide

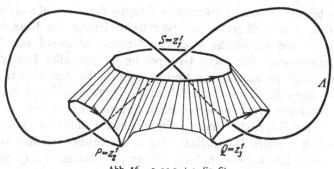

Abb. 16. $z_1 \sim z_2 + z_3$ (in G).

Komplexe die starken Homologieklassen mit den schwachen überein (denn es gibt keine Randteiler, die nicht zugleich Ränder sind).

Wenn ζ_1 und ζ_2 zwei Homologieklassen und z_1, z_2 willkürliche Zyklen sind, die zu ζ_1 bzw. ζ_2 gehören, so bezeichnet man mit $\zeta_1 + \zeta_2$ die Homologieklasse, zu der der Zyklus $z_1 + z_2$ gehört. Diese Definition der Summe zweier Homologieklassen ist korrekt, denn man überzeugt sich mühelos, daß die als $\zeta_1 + \zeta_2$ erklärte Homologieklasse von der speziellen Wahl der Zyklen z_1 und z_2 in ζ_1 und ζ_2 nicht abhängt.

Die r-dimensionalen Homologieklassen von K bilden also eine Gruppe —
die sog. Faktorgruppe von $Z^r(K)$ nach $H^r(K)$ bzw. nach $H_0^r(K)$; sie
wird die *r-dimensionale* Bettische *Gruppe* von K genannt; man unterscheidet dabei zwischen der *vollen* und der *freien* (oder *reduzierten*)
Bettischen Gruppe — die erste entspricht dem starken Homologiebegriff [ist also die Faktorgruppe $B^r(K)$ von $Z^r(K)$ nach $H^r(K)$], während
die zweite die Gruppe der schwachen Homologieklassen [die Faktorgruppe $B_0^r(K)$ von $Z^r(K)$ nach $H_0^r(K)$] ist. Für Beispiele vgl. Nr. **44**.

Aus der obigen Diskussion folgt, daß die volle eindimensionale
Bettische Gruppe der auf Abb. 6 gegebenen Triangulation der projektiven Ebene die endliche Gruppe zweiter Ordnung ist; dagegen ist

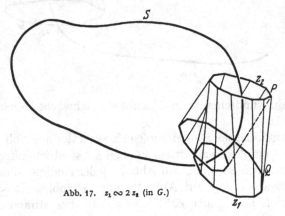

Abb. 17. $z_1 \infty 2 z_2$ (in G.)

die freie (eindimensionale) Bettische Gruppe desselben Komplexes die
Nullgruppe. Die eindimensionale Bettische Gruppe des Komplexes K
(Abb. 12) ist die unendliche zyklische Gruppe, während zur Abb. 13
als eindimensionale Bettische Gruppe die Gruppe aller Linearformen
$u\zeta_1 + v\zeta_2$ (mit ganzzahligen u und v) gehört. In den beiden letzten
Fällen stimmen die volle und die reduzierte Bettischen Gruppen überein.

Aus einfachen gruppentheoretischen Sätzen folgt, daß die volle und
die reduzierte Bettische Gruppe (irgendeiner Dimension r) denselben
Rang — d. h. dieselbe Maximalzahl der in der Gruppe wählbaren linear-
unabhängigen Elemente — haben; dieser gemeinsame Rang heißt die
r-dimensionale Bettische *Zahl*[20] des Komplexes K; für die projektive
Ebene und die Dimensionszahl 1 ist sie gleich Null, für die Komplexe
der Abb. 12 und 13 erhält man als eindimensionale Bettische Zahlen die
Zahlen 1 bzw. 2.

21. Dieselben Definitionen gelten auch für Gebiete G des R^n. Es
ist dabei allerdings zu beachten, daß, während im Falle geometrischer

---

[20] Der Leser wird mühelos beweisen können, daß die nulldimensionale Bettische
Zahl eines Komplexes K gleich seiner *Komponentenzahl* ist (d. h. der Anzahl der
Stücke, in die das zugehörige Polyeder zerfällt).

Komplexe alle genannten Gruppen endlich viele Erzeugenden besitzen, dies für Gebiete des R^n durchaus nicht der Fall zu sein braucht. Schon das Komplementärgebiet zu der im R^3 gelegenen, aus unendlich vielen gegen einen Punkt konvergierenden Kreislinien bestehenden Figur (Abb. 18) hat, wie leicht ersichtlich, eine unendliche eindimensionale BETTISCHE Zahl (folglich eine BETTISCHE Gruppe, die keinen endlichen Rang, also keineswegs eine endliche Anzahl von Erzeugenden besitzt).

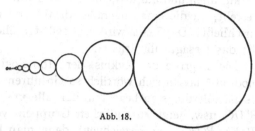

Abb. 18.

22. Der Darstellung der Grundbegriffe der sog. *algebraischen* Topologie[21], die wir soeben gegeben haben, liegt der Begriff des orientierten Simplexes zugrunde. In vielen Fragen braucht man aber die Orientierung eines Simplexes gar nicht in Betracht zu ziehen — und kann trotzdem die algebraische Methode weitgehend benutzen. In solchen Fällen werden übrigens alle Überlegungen viel einfacher, denn es fallen die Vorzeichenbetrachtungen (die öfters zu recht langweiligen Rechnungen führen) grundsätzlich weg. Diese Ausschaltung der Orientierung überall, wo sie sachlich möglich ist, führt zu den sog. Betrachtungen „*modulo 2*"; letztere bestehen darin, daß in allen Linearformen, die wir bis jetzt betrachtet haben, sämtliche Koeffizienten durch ihre Restklassen modulo 2 ersetzt werden. Man setzt also anstatt einer geraden Zahl überall die Ziffer 0, anstatt einer ungeraden Zahl die Ziffer 1 und verfährt mit diesen Ziffern nach den Rechnungsregeln

$$0 + 0 = 0, \ 0 + 1 = 1 + 0 = 1, \ 1 + 1 = 0,$$
$$0 - 1 = 1 - 0 = 1,$$
$$0 - 0 = 1 - 1 = 0.$$

Insbesondere ist ein algebraischer Komplex modulo 2 eine Linearform, deren Unbestimmte ohne Orientierung betrachtete Simplexe mit den Koeffizienten 0 oder 1 sind[22]; als Rand eines Simplexes x^n tritt in

---

[21] Wir ziehen diesen Ausdruck dem sonst üblichen Terminus „*kombinatorische*" Topologie vor, denn es handelt sich hier um eine viel weitere Anwendung der algebraischen Methoden und Grundbegriffe, als das Wort „Kombinatorik" es vermuten läßt.

[22] Man kann die geometrischen Komplexe als einen Spezialfall der algebraischen Komplexe modulo 2 betrachten, wenn man den Koeffizienten 1 als ein Zeichen des Auftretens, den Koeffizienten Null als ein Zeichen des Nichtauftretens eines Simplexes im Komplex auffaßt. Diese Bemerkung erlaubt uns Sätze, die für algebraische Komplexe bewiesen werden, auch auf geometrische Komplexe anzuwenden.

der Theorie modulo 2 der Komplex modulo 2, welcher aus allen $n - 1$-dimensionalen Seiten des Simplexes x^n besteht. Sodann ist auch der Rand modulo 2 eines beliebigen Komplexes C^n definiert, und zwar als Summe (immer modulo 2!) der Ränder der einzelnen n-dimensionalen Simplexe von C^n. Man kann auch sagen, daß der Rand modulo 2 von C^n aus allen und nur denjenigen $n - 1$-dimensionalen Simplexen von C^n besteht, an die eine ungerade Anzahl von n-dimensionalen Simplexen anschließt. Der Leser wird sich selbst mühelos Beispiele konstruieren, die das Gesagte illustrieren.

Die Begriffe des Zyklus, der Homologie, der BETTIschen Gruppe modulo 2 lassen sich wörtlich so einführen wie im „orientierten" Fall. Es ist allerdings zu beachten, daß alle unsere Gruppen $L^r(K)$, $Z^r(K)$, $B^r(K)$ usw. jetzt zu endlichen Gruppen werden (die wir mit $L_2^r(K)$, $Z_2^r(K)$, $B_2^r(K)$ usw. bezeichnen), denn man hat ja jetzt überall Linearformen in endlich-vielen Unbestimmten, deren Koeffizienten nur die beiden Werte 0 und 1 annehmen. Die auf der Abb. 6 gegebene Triangulation der projektiven Ebene kann als Beispiel eines zweidimensionalen Zyklus modulo 2 dienen, denn — als algebraischer Komplex modulo 2 betrachtet — hat sie offenbar einen verschwindenden Rand. Da für einen n-dimensionalen Komplex K_2^n die Gruppe $Z^n(K^n)$ mit $B^n(K^n)$, ebenso auch $Z_2^n(K^n)$ mit $B_2^n(K^n)$ isomorph sind, ist für die projektive Ebene die zweidimensionale BETTIsche Gruppe modulo 2 von Null verschieden (ihre Ordnung ist 2); ebenfalls von der Ordnung 2 ist im Falle der projektiven Ebene auch die eindimensionale BETTIsche Gruppe modulo 2.

Man kann schließlich auch den Begriff der r-dimensionalen BETTIschen Zahl modulo 2 einführen: daß ist der *Rang modulo 2* der Gruppe $B_2^r(K)$, d. h. die größte Anzahl von Elementen $u_1, u_2, \ldots, u_s$ dieser Gruppe, die keiner Relation von der Form

$$t_1 u_1 + t_2 u_2 + \cdots + t_s u_s = 0$$

mit nicht sämtlich verschwindenden t_i genügen (die t_i können nur die Werte 0 und 1 annehmen).

Die null-, die ein- und die zweidimensionale BETTIsche Zahl der projektiven Ebene haben alle drei den Wert 1[23].

---

[23] Die Theorie modulo 2 rührt von VEBLEN und ALEXANDER her; sie spielt in der modernen Topologie eine sehr wichtige Rolle und hat auch die allgemeinste Fassung des Begriffes „algebraischer Komplex" vorbereitet: ist J irgendein kommutativer Ring mit Einheitselement (vgl. etwa v. D. WAERDEN, Moderne Algebra, Kap. III), so versteht man unter einem *algebraischen Komplex des Koeffizientenbereiches* J eine Linearform, deren Unbestimmte orientierte Simplexe, deren Koeffizienten Elemente des Ringes J sind. Sodann definiert man Ränder, Zyklen, Homologien usw. genau wie früher, aber in bezug auf den Ring J; insbesondere ist jetzt der Koeffizient 1 bzw. -1 als eines der betreffenden Elemente des Ringes (welcher ja nach Voraussetzung ein Einheitselement enthält) zu deuten. Ist J der Restklassenring modulo m, so spricht man von algebraischen Komplexen modulo m,

23. Wir schließen unsere algebraisch-kombinatorischen Betrachtungen mit dem Begriff der *Unterteilung*. Zerlegt man jedes Simplex eines geometrischen Komplexes K in („kleinere") Simplexe, so daß die Gesamtheit aller so gewonnenen Simplexe wiederum einen geometrischen Komplex K_1 bildet, so heißt K_1 eine *Unterteilung von K*. Besteht K aus einem einzigen Simplex, so bilden die Elemente der Unterteilung, welche auf dem Rande des Simplexes liegen, eine Unterteilung dieses Randes. Daraus folgt, daß wenn K ein geometrischer Komplex, K_1^n seine Unterteilung und K^r der aus allen r-dimensionalen ($r \leq n$) Elementen von K^n gebildete Komplex ist, die Gesamtheit derjenigen Elemente von K_1, welche auf Simplexen von K^r liegen, eine Unterteilung von K^r bilden.

Man kann auch von Unterteilungen algebraischer Komplexe sprechen; wir wollen das für den wichtigsten Spezialfall tun, in dem der algebraische Komplex $C^n = \sum t^i x_i^n$ ein algebraischer Teilkomplex eines geometrischen Komplexes ist. Sodann bildet auch die Gesamtheit aller Simplexe von C^n (ohne daß man ihre Koeffizienten und ihre Orientierungen berücksichtigt) einen geometrischen Komplex K^n. Es sei K_1^n eine Unterteilung von K^n, $|y_n|$ irgendein Simplex von K_1^n; es liegt auf einem bestimmten Simplex $|x_i^n|$ von $|C^n|$; wir orientieren nun das Simplex $|y^n|$ übereinstimmend mit x_i^n (vgl. **15**) und geben ihm den Koeffizienten t^i; auf diese Weise erhalten wir einen algebraischen Komplex, der eine Unterteilung des algebraischen Komplexes C^n heißt. Man überzeugt sich ohne Mühe davon, daß der Rand der Unterteilung C_1^n von C^n eine Unterteilung des Randes von C^n ist. (Modulo 2 betrachtet, liefert das Verfahren nichts außer der Unterteilung eines geometrischen Komplexes.)

III. Simpliziale Abbildungen und Invarianzsätze.

24. Fassen wir das bisher Gesagte zusammen, so sehen wir, daß es sich im wesentlichen um zwei große Begriffsbildungen handelt: die *topologischen Räume* einerseits und die *Komplexe* andererseits. Die beiden Begriffe entsprechen den beiden Auffassungen des Grundbegriffes aller Geometrie — des Begriffes der geometrischen Figur: nach der ersten Auffassung, die der synthetischen Geometrie von EUKLID bis zu unseren Tagen innewohnt, ist eine Figur ein endliches System von im allgemeinen heterogenen Elementen (wie Punkte, Gerade, Ebenen usw. oder auch Simplexe verschiedener Dimensionszahlen), die nach

---

diese sind in der Topologie von immer zunehmender Bedeutung. Von großer Wichtigkeit ist auch die Menge R der rationalen Zahlen, als Koeffizientenbereich betrachtet; insbesondere sind die Zyklen, die wir in **18** als Randteiler definiert haben, nichts anderes als Zyklen mit ganzzahligen Koeffizienten, die in bezug auf R (aber nicht notwendig in bezug auf den Ring der ganzen Zahlen) in K beranden.

bestimmten Regeln miteinander verknüpft werden, also eine *Konfiguration* im allgemeinsten Sinne dieses Wortes. Nach der zweiten Auffassung ist eine Figur eine *Punktmenge*, eine im allgemeinen *unendliche* Gesamtheit gleichartiger Elemente. Eine solche Gesamtheit muß auf die eine oder andere Weise zu einem geometrischen Gebilde — einer Figur oder einem Raume — organisiert werden, was z. B. mittels Einführung eines Koordinatensystems oder eines Entfernungsbegriffes oder der Einführung von Umgebungen geschieht [24].

Wie schon gesagt, erscheinen in den Arbeiten von POINCARÉ die beiden Betrachtungsweisen simultan: das kombinatorische Schema wird bei POINCARÉ nie zum Selbstzweck, es bleibt immer ein Hilfsmittel, ein Apparat zur Untersuchung der „Mannigfaltigkeit selbst", also letzten Endes einer Punktmenge. Das Mengentheoretische bleibt aber bei POINCARÉ in seinen ersten Anfängen stehen, weil eben nur Mannigfaltigkeiten und kaum allgemeinere geometrische Gebilde untersucht werden [25]. Deswegen, und auch wegen der großen Schwierigkeiten, die mit der allgemeinen Fassung des Mannigfaltigkeitsbegriffes verbunden sind, kann man von einem Ineinandergreifen, von einer Verschmelzung der beiden Methoden in der POINCARÉschen Periode noch kaum sprechen.

Die weitere Entwicklung der Topologie steht zunächst im Zeichen einer scharfen Trennung der mengentheoretischen und der kombinatorischen Methoden: die kombinatorische Topologie wollte sehr bald von keiner geometrischen Realität, außer der, die sie im kombinatorischen Schema selbst (und seinen Unterteilungen) zu haben glaubte, etwas wissen, während die mengentheoretische Richtung derselben Gefahr der vollen Isolation von der übrigen Mathematik auf dem Wege der Auftürmung von immer spezielleren Fragestellungen und immer komplizierteren Beispielen entgegenlief.

Diesen beiden extremen Flügeln gegenüber erhebt sich das monumentale Gebäude der BROUWERschen Topologie, in der — wenigstens im Keim — die sich gegenwärtig rasch vollziehende Verschmelzung der beiden topologischen Grundmethoden gegeben wurde. Es gibt in den modernen topologischen Untersuchungen kaum Fragestellungen größeren Stils, von denen keine Fäden zu den BROUWERschen Arbeiten führten, für die im BROUWERschen Vorrat topologischer Methoden und Begriffsbildungen nicht bereits ein — öfters völlig gebrauchfertiges — Werkzeug zu finden wäre.

---

[24] Auch die mengentheoretische Auffassung einer Figur geht bis in die ältesten Zeiten zurück — man denke etwa an den Begriff des geometrischen Ortes. Zur herrschenden Auffassung der modernen Geometrie wurde sie erst durch die Entdeckung der analytischen Geometrie.

[25] Allerdings führen die Arbeiten POINCARÉS auf dem Gebiete der Differentialgleichungen und der Himmelsmechanik bereits sehr nahe an die modernen Fragestellungen der mengentheoretischen Topologie heran.

Mit Brouwer beginnt die Periode der stürmischen Entwicklung der Topologie, die die letzten zwanzig Jahre anhält und uns — hauptsächlich durch die großen Entdeckungen der amerikanischen Topologen[26] — zu der heutigen „Blütezeit" der Topologie geführt hat, in der die Analysis Situs — von jeder Gefahr des Abgeschlossenseins noch weit entfernt — als ein großes, sich in engster Fühlung mit den verschiedensten Ideen- und Fragekreisen der gesamten Mathematik harmonisch entwickelndes Gebiet vor uns liegt.

Im Mittelpunkt des Brouwerschen Schaffens stehen die *topologischen Invarianzsätze*. Unter diesem Namen vereinigen wir in erster Linie Sätze, welche behaupten, daß eine gewisse Eigenschaft, die sich auf geometrische Komplexe bezieht, für alle Simplexzerlegungen untereinander homöomorpher Polyeder gilt, sobald sie für eine unter diesen Zerlegungen zutrifft. Das klassische Beispiel eines solchen Invarianzsatzes ist der Brouwersche Satz von der Invarianz der Dimensionszahl: *wenn als Simplexzerlegung eines Polyeders P ein n-dimensionaler Komplex K^n auftritt, so ist jede Simplexzerlegung von P, sowie auch jede Simplexzerlegung eines mit P homöomorphen Polyeders P_1 ebenfalls ein n-dimensionaler Komplex.*

Neben dem Satz von der Invarianz der Dimension erwähnen wir als zweites Beispiel den von Alexander bewiesenen *Satz von der Invarianz der Bettischen Gruppen*: Sind K und K_1 Simplexzerlegungen zweier homöomorpher Polyeder P und P_1, so ist jede Bettische Gruppe von P der entsprechenden Bettischen Gruppe von K_1 isomorph[27].

25. Zum Beweise der Invarianzsätze braucht man ein wesentlich neues Hilfsmittel — die von Brouwer eingeführten *simplizialen Abbildungen* bzw. *simplizialen Approximationen* der stetigen Abbildungen. Die simplizialen Abbildungen bilden das mehrdimensionale Analogon der stückweise linearen Funktionen, während die simplizialen Approximationen einer stetigen Abbildung den linearen Interpolationen stetiger Funktionen analog sind. Bevor wir eine genaue Formulierung dieser Begriffe geben, bemerken wir, daß ihre Tragweite weit über die topologischen Invarianzbeweise hinausreicht: sie bilden nämlich die Grundlage

---

[26] Alexander, Lefschetz, Veblen in der Topologie selbst, Birkhoff und seine Nachfolger in den topologischen Methoden der Analysis.

[27] Die Tragweite dieser beiden Sätze wird nicht beeinträchtigt, wenn man voraussetzt, daß K und K_1 zwei krumme Simplexzerlegungen eines und desselben Polyeders sind, denn bei einer topologischen Abbildung geht eine (beliebige, auch krumme) Simplexzerlegung von P_1 in eine (im allgemeinen krumme) Simplexzerlegung von P über. Man könnte sich andererseits auf geradlinige Simplexzerlegungen gewöhnlicher („geradliniger") Polyeder beschränken, müßte aber dann *die beiden* Polyeder P und P_1 betrachten: ist in der Tat P ein beliebiges Polyeder in einer (krummen) Simplexzerlegung K, so gibt es eine topologische Abbildung von P in einen hinreichend hoch dimensionalen Euklidischen Raum, bei der P in ein geradliniges Polyeder P' und K in dessen geradlinige Simplexzerlegung K' übergeht.

der ganzen allgemeinen Theorie der stetigen Abbildungen von Mannigfaltigkeiten und gehören — neben dem Begriff des topologischen Raumes
und des Komplexes — zu den allerwichtigsten Begriffen der Topologie.

26. Es sei jedem Eckpunkt a des geometrischen Komplexes K ein
Eckpunkt $b = f(a)$ des geometrischen Komplexes K' zugeordnet, und
zwar unter der Geltung folgender Bedingung: falls $a_1, \ldots, a_s$ Eckpunkte
eines und desselben Simplexes von K sind, so gibt es auch in K' ein
Simplex, das alle (übrigens nicht notwendig voneinander verschiedenen)
Eckpunkte $f(a_1), \ldots, f(a_s)$ als seine Eckpunkte besitzt. Aus dieser
Bedingung folgt, daß jedem Simplex von K ein (gleich- oder niedriger-
dimensionales) Simplex von K' entspricht[28]. Es liegt also eine Abbildung des Komplexes K in den Komplex K' vor[29]. Eine auf diese Weise
entstehende Abbildung von K in K' heißt eine *simpliziale Abbildung des
einen geometrischen Komplexes in den anderen.*

27. Ist jetzt $x^r = (a_0 a_1 \ldots a_r)$ ein orientiertes Simplex von K,
so sind zwei Fälle zu unterscheiden: entweder sind die Bildpunkte
$b_0 = f(a_0), \ldots, b_r = f(a_r)$ paarweise untereinander verschiedene Eckpunkte von K' — in diesem Falle setzen wir $f(x^r) = (b_0 b_1 \ldots b_r)$; oder
aber fallen mindestens zwei unter den Bildpunkten b_i, b_j zusammen,
dann setzen wir definitionsgemäß $f(x^r) = 0$. *Somit tritt als simpliziales
Bild eines orientierten Simplexes entweder ein gleichdimensionales orientiertes Simplex oder die Null auf[30].*
Es sei jetzt ein algebraischer Teilkomplex $C^r = \sum t^i x_i^r$ des Komplexes K gegeben; nach dem soeben Gesagten ergibt die simpliziale
Abbildung f von K in K' für jedes orientierte Simplex x^r ein wohl-
definiertes Bild $f(x^r)$, wobei $f(x^r)$ entweder ein orientiertes r-dimen-
sionales Simplex von K' oder Null ist. Somit ist $f(C^r) = \sum t^i f(x_i^r)$ ein
eindeutig bestimmter (evtl. verschwindender) r-dimensionaler algebraischer Teilkomplex von K': *das Bild von C^r bei der simplizialen Abbildung von K in K'*[31].

---

[28] Faßt man K als einen algebraischen Komplex modulo 2 auf, so erweist sich
als zweckmäßig, im Falle, daß ein Simplex $|x^r|$ von K auf ein niedrigerdimensio-
nales Simplex von K' abgebildet wird, zu sagen, daß *das Bild von $|x^r|$ Null ist*
(d. h. als r-dimensionaler Simplex verschwindet).

[29] Wenn jedem Element der Menge M ein Element der Menge N entspricht,
so spricht man von einer Abbildung der Menge M *in* die Menge N. Die Abbildung
wird zu einer Abbildung von M *auf* N, wenn *jedes* Element von N Bild von mindestens einem Element von M ist.

[30] Der geometrische Sinn des Auftretens der Null ist klar: fallen zwei
Eckpunktbilder zusammen, so artet das Bildsimplex aus, d. h. es verschwindet,
wenn man es als r-dimensionales Simplex betrachten will. Dieselbe Abbildungs-
vorschrift gilt auch im Falle, daß ein nichtorientiertes Simplex als Element eines
algebraischen Komplexes modulo 2 aufgefaßt wird (vgl. Anm. 28).

[31] Man kann auch direkt von der simplizialen Abbildung f des algebraischen
Komplexes C^r in (den geometrischen Komplex) K' sprechen.

28. Aus diesen Definitionen folgt mühelos der eigentlich selbstverständliche und trotzdem äußerst wichtige

1. *Erhaltungsatz. Wird das orientierte Simplex x^r in K' simplizial abgebildet, so ist $f(\dot{x}^r) = (f(x^r))^{\cdot}$.*

Daraus durch einfache Addition:

$$f(\dot{C}^r) = (f(C^r))^{\cdot}$$

in Worten: *Das Bild des Randes* (eines beliebigen algebraischen Komplexes) *ist* (bei jeder simplizialen Abbildung) *gleich dem Rande des Bildes.*

Aus dem 1. Erhaltungssatz folgt ohne Mühe der außerordentlich wichtige

2. *Erhaltungssatz*[32]. *Wird der algebraische Komplex C^n in den aus dem einzigen Simplex $|x^n|$ bestehenden Komplex simplizial abgebildet und ist dabei $f(\dot{C}^n) = \dot{x}^n$* (wobei x^n eine gewisse Orientierung des Simplexes $|x^n|$ ist), *so gilt*

$$f(C^n) = x^n.$$

Denn es ist einerseits notwendig $f(C^n) = t x^n$ (wobei t eine ganze Zahl ist, die a priori auch Null sein könnte), während andererseits nach Voraussetzung $f(\dot{C}^n) = \dot{x}^n$ und nach dem 1. Erhaltungssatz $f(\dot{C}^n) = t \dot{x}^n$ ist; es muß also $t = 1$ sein, w. z. b. w.

Als unmittelbare Anwendung des 2. Erhaltungssatzes beweisen wir folgende merkwürdige Tatsache:

3. *Erhaltungssatz. Es seien C^n ein beliebiger* (algebraischer) *Komplex, C_1^n eine Unterteilung von C^n. Jedem Eckpunkt a von C_1^n lassen wir einen ganz beliebigen Eckpunkt $f(a)$ desjenigen Simplexes von C^n entsprechen, welches den Punkt a in seinem Innern enthält*[33]; *bei der auf diese Weise entstehenden simplizialen Abbildung f des Komplexes C_1^n gilt:*

$$f(C_1^n) = C^n.$$

Beweis. Für $n = 0$ ist der Satz trivialerweise richtig. Wir nehmen an, er sei für alle $n - 1$-dimensionalen Komplexe bewiesen und betrachten einen n-dimensionalen Komplex C^n. Es sei x_i^n ein Simplex von $C^n = \sum_i t^i x_i^n$, X_i^n die Unterteilung von x_i^n, welche durch C_1^n gegeben wird. Die Abbildung f des Randes von X_i^n erfüllt offenbar die Voraussetzungen unseres Satzes, so daß (wegen seiner für $n - 1$ vorausgesetzten Richtigkeit) $f(\dot{X}_i^n) = \dot{x}_i^n$, also nach dem 2. Erhaltungssatz $f(X_i^n) = x_i^n$ ist. Summiert man das über alle Simplexe x_i^n, so wird

$$f(C_1^n) = f(\sum_i t^i X_i^n) = \sum_i t^i x_i^n = C^n,$$

w. z. b. w.

---

[32] Vgl. ALEXANDER, Combinatorial Analysis Situs. Trans. Amer. Soc. Bd. 28 (1926) S. 328. — HOPF, Nachr. d. Ges. d. Wiss. Gttg. 1928 S. 134.

[33] Ist insbesondere a nicht nur Eckpunkt von C_1^n, sondern auch Eckpunkt von C^n, so soll unsere Bedingung bedeuten, daß $f(a) = a$ ist.

Bemerkung. Alle drei Erhaltungssätze und ihre vorstehenden Beweise gelten natürlich auch modulo 2 und ergeben dann Aussagen, die sich auf geometrische Komplexe beziehen[34]. Es wird dem Leser empfohlen, sich Beispiele zurechtzumachen — es genügt für C^n ein Dreieck, für C_1^n irgendeine Unterteilung desselben zu wählen.

29. Wir wenden den 3. Erhaltungssatz zum Beweis des bereits in 1 erwähnten Pflastersatzes an, formulieren ihn aber jetzt nicht für einen Würfel, sondern für ein Simplex:

Jede ε-Überdeckung[35] *eines n-dimensionalen Simplexes hat bei hinreichend kleinem ε eine Ordnung* $\geq n + 1$.

Wir wählen zunächst ε so klein, daß es keine Menge von einem Durchmesser $< \varepsilon$ gibt, die mit allen $n - 1$-dimensionalen Seiten von $|x^n|$ Punkte gemeinsam hat. Es folgt daraus insbesondere, daß keine Menge von einem Durchmesser $< \varepsilon$ gleichzeitig einen Eckpunkt a_i von $|x^n|$ und einen Punkt der Gegenseite $|x_i^{n-1}|$ des Eckpunktes a_i enthalten kann. Nun sei

$$(1) \qquad\qquad F_0, F_1, \ldots, F_s$$

eine ε-Überdeckung von $|x^n|$. Wir nehmen an, daß der Eckpunkt a_i, $i = 0, 1, \ldots, n$, in F_i liegt[36]. Falls es mehr als $n + 1$ Mengen F_i gibt, so betrachten wir eine Menge F_j, $j < n$ und verfahren folgendermaßen: wir suchen eine Seite $|x_i^{n-1}|$ von $|x^n|$, zu der F_j fremd ist (eine solche gibt es, wie wir gesehen haben, bestimmt), streichen in (1) die Menge F_j und ersetzen F_i durch $F_i + F_j$, welch letztere Menge wir wiederum durch F_i bezeichnen. Dadurch wird die Anzahl der Mengen (1) um 1 vermindert, ohne daß dabei die Ordnung des Mengensystems (1) erhöht, und die Bedingung, keine unter den Mengen F_i enthalte gleichzeitig einen Eckpunkt und einen Punkt der diesem Eckpunkt gegenüberliegenden Seite, verletzt wird. Durch endliche Wiederholung dieses Verfahrens erhalten wir schließlich ein System von Mengen

$$(2) \qquad\qquad F_0, F_1, \ldots, F_n,$$

die der Reihe nach die Eckpunkte $a_0, a_1, \ldots, a_n$ von $|x^n|$ enthalten und die Eigenschaft haben, daß keine von ihnen gleichzeitig einen Eckpunkt a_i und einen Punkt von $|x_i^{n-1}|$ enthält. Ferner ist die Ordnung

---

[34] Sie gelten ganz allgemein für einen beliebigen Koeffizientenbereich.

[35] Unter einer *ε-Überdeckung* einer abgeschlossenen Menge F versteht man ein endliches System $F_1, F_2, \ldots, F_s$ von abgeschlossenen Teilmengen von F, welche als Vereinigungsmenge die Menge F ergeben und ihrem Durchmesser nach $< \varepsilon$ sind. Die Ordnung einer Überdeckung (allgemeiner: eines beliebigen endlichen Systems von Punktmengen) ist die größte Zahl k von der Eigenschaft, daß es k Mengen des Systems gibt, welche mindestens einen gemeinsamen Punkt haben.

[36] Zwei verschiedene Eckpunkte können nach unserer Voraussetzung nicht zu derselben Menge F_i gehören, ein Eckpunkt a_i kann aber, außer in F_i, auch noch in anderen Elementen unserer Überdeckung enthalten sein.

von (2) höchstens gleich der Ordnung von (1). Es genügt also zu beweisen, daß die Ordnung von (2) gleich $n + 1$ ist, d. h., daß es einen Punkt von $|x^n|$ gibt, welcher zu allen Mengen (2) gehört. Wie eine ganz elementare Konvergenzbetrachtung lehrt, wird letzteres Ziel erreicht sein, wenn wir zeigen, daß es in jeder noch so feinen Unterteilung $|X^n|$ von $|x^n|$ notwendig ein Simplex $|y^n|$ gibt, welches mit allen Mengen $F_0, F_1, \ldots, F_n$ gemeinsame Punkte besitzt.

Es sei b ein beliebiger Eckpunkt von $|X^n|$; er gehört zu mindestens einer unter den Mengen F_i; gehört er zu mehreren, so wählen wir eine bestimmte unter ihnen — etwa diejenige, die den kleinsten Index hat. Es sei dies F_i; sodann definieren wir $f(b) = a_i$. Auf diese Weise entsteht eine simpliziale Abbildung f von $|X^n|$; ich behaupte, daß sie den Bedingungen des 3. Erhaltungssatzes genügt [37]; liegt in der Tat b im Innern der Seite $|x^r|$ von $|x^n|$, so muß $f(b)$ Eckpunkt von $|x^r|$ sein, denn sonst wäre das ganze Simplex $|x^r|$, also erst recht der Punkt b, auf der dem Eckpunkt $a_i = f(b)$ gegenüberliegenden Seite $|x_i^{n-1}|$ von $|x^n|$ gelegen, der Punkt b könnte also nicht zu F_i gehören. Da nach dem (modulo 2 verstandenen) 3. Erhaltungssatz $|x^n| = f(|X^n|)$ ist, so muß es unter den Simplexen von $|X^n|$ mindestens eins geben, welches mittels f auf $|x^n|$ (und nicht auf Null) [37] abgebildet wird; die Eckpunkte dieses Simplexes müssen der Reihe nach in $F_0, F_1, \ldots, F_n$ liegen, w. z. b. w. [38].

30. Ist F eine abgeschlossene Menge, so heißt die kleinste Zahl r von der Eigenschaft, daß F zu jedem $\varepsilon > 0$ ε-Überdeckungen von der Ordnung $r + 1$ besitzt, die *allgemeine* oder BROUWERsche *Dimension* der Menge F. Sie wird mit $\dim F$ bezeichnet. Ist F' eine Teilmenge von F, so ist offenbar $\dim F' \leq \dim F$. Man überzeugt sich ohne Mühe, daß zwei homöomorphe Mengen F_1 und F_2 die gleiche BROUWERsche Dimension haben.

Um diese Definition der allgemeinen Dimension zu rechtfertigen, muß man jedenfalls beweisen, daß für ein (im elementaren Sinne) r-dimensionales Polyeder P auch $\dim P = r$ ist; *dadurch wäre auch die Invarianz der Dimensionszahl bewiesen.* Nun folgt aus dem Pflastersatz zunächst, daß für ein r-dimensionales Simplex und folglich auch für jedes r-dimensionale Polyeder P notwendig $\dim P \geq r$ ist. Um die umgekehrte Ungleichung zu beweisen, haben wir nur bei jedem $\varepsilon > 0$ für P eine ε-Überdeckung von der Ordnung $r + 1$ zu konstruieren. Dies wird durch die sog. *baryzentrischen Überdeckungen* des Polyeders geliefert.

---

[37] Wir betrachten $|x^n|$ als einen *algebraischen Komplex modulo 2*, so daß die Fußnoten [28] und [30] gelten.

[38] Der obige Beweis des Pflastersatzes rührt im wesentlichen von SPERNER her; seine hier gegebene Anordnung wurde mir von Herrn HOPF mitgeteilt. Wir haben die Überlegung modulo 2 geführt, weil der Satz an sich keinerlei Orientierungsvorschriften voraussetzt. Wörtlich derselbe Beweis gilt auch im Sinne der orientierten Theorie (überhaupt in bezug auf jeden Koeffizientenbereich).

31. Zunächst führen wir die *baryzentrischen Unterteilungen* eines n-dimensionalen Komplexes K^n ein. Ist $n = 1$, so besteht die baryzentrische Unterteilung von K^1 in der Halbierung sämtlicher Strecken, aus denen K^1 besteht. Ist $n = 2$, so besteht die baryzentrische Unterteilung darin, daß man jedes Dreieck von K^2 in sechs Dreiecke dadurch zerlegt, daß man seine drei Medianen zieht: Abb. 19. Man nehme an, daß die baryzentrische Unterteilung für alle r-dimen-

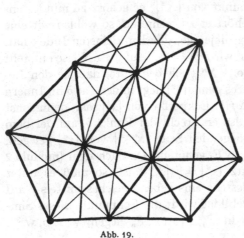

sionalen Komplexe bereits definiert ist und definiere sie für einen $r + 1$-dimensionalen Komplex K dadurch, daß man den aus allen r-dimensionalen Simplexen von K bestehenden Komplex K' baryzentrisch unterteilt und die dadurch gewonnene Unterteilung des Randes eines jeden $r + 1$-dimensionalen Simplexes von K aus dem Schwerpunkt dieses Simplexes projiziert. Man überzeugt sich leicht

Abb. 19.

durch Induktion, daß

1. jedes n-dimensionale Simplex baryzentrisch in $(n + 1)!$ Simplexe untergeteilt wird;

2. unter den $n + 1$ Eckpunkten eines n-dimensionalen Simplexes $|y^n|$ der baryzentrischen Unterteilung K_1 von K:

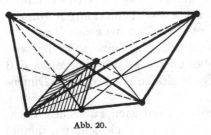

Abb. 20.

ein Eckpunkt zugleich Eckpunkt von K ist (dieser Eckpunkt

heißt der „führende" Eckpunkt von $|y^n|$);

ein Eckpunkt der Schwerpunkt einer Kante $|x^1|$ von K ist (welche den führenden Eckpunkt von $|y^n|$ als einen Endpunkt besitzt);

ein Eckpunkt der Schwerpunkt eines Dreiecks $|x^n|$ von K ist (welcher an die Kante $|x^1|$ anschließt);

.   .   .   .

ein Eckpunkt der Schwerpunkt eines n-dimensionalen Simplexes $|x^n|$ von K ist (welches die früher konstruierten $|x^1|, |x^2|, \ldots, |x^{n-1}|$ unter seinen Seiten zählt). Siehe Abb. 20.

32. Man versteht unter einem *baryzentrischen Stern* von K die Vereinigungsmenge aller Simplexe der baryzentrischen Unterteilung K_1 von K, welche einen festen Eckpunkt a von K als ihren gemeinsamen (führenden) Eckpunkt besitzen (vgl. Abb. 19). Der Eckpunkt a heißt der *Mittelpunkt* des Sternes.

Man beweist leicht, daß ein Punkt eines Simplexes $|x|$ von K nur zu baryzentrischen Sternen gehören kann, deren Mittelpunkte Eckpunkte des Simplexes $|x|$ sind. Hieraus folgt:

a) Haben gewisse baryzentrische Sterne $B_1, B_2, \ldots, B_s$ einen gemeinsamen Punkt p, so sind ihre Mittelpunkte Eckpunkte eines und desselben Simplexes von K (nämlich desjenigen Simplexes, welches den Punkt p im Innern enthält).

b) Es gibt eine positive Zahl $\varepsilon = \varepsilon(K)$ von der Eigenschaft, daß alle Punkte des Polyeders P (dessen Simplexzerlegung K ist), welche um weniger als ε von einem Simplex x von K entfernt sind, nur zu baryzentrischen Sternen gehören können, die ihre Mittelpunkte in den Eckpunkten von x haben. (Das folgt einfach daraus, daß alle anderen Sterne zu x fremd sind und folglich von diesem Simplex einen positiven Abstand haben.)

Die letzte dieser beiden Eigenschaften werden wir erst später benutzen; was aber die Eigenschaft a) betrifft, so gilt auch ihre Umkehrung: liegen die Mittelpunkte der baryzentrischen Sterne $B_1, B_2, \ldots B_s$ in den Eckpunkten eines und desselben Simplexes x von K, so haben sie einen gemeinsamen Punkt (nämlich den Schwerpunkt des Simplex x). Wir können somit folgenden Satz aussprechen:

Beliebig gewählte baryzentrische Sterne des Komplexes K haben dann und nur dann einen nicht leeren Durchschnitt, wenn ihre Mittelpunkte Eckpunkte eines Simplexes von K sind.

In der letzten Behauptung ist insbesondere enthalten:

Das System aller baryzentrischen Sterne eines n-dimensionalen Komplexes hat die Ordnung $n + 1$.

Wählt man die Simplexzerlegung K des n-dimensionalen Polyeders P hinreichend fein, so kann man erreichen, daß die baryzentrischen Sterne von K sämtlich von Durchmessern $< \varepsilon$ sind: sie liefern sodann eine ε-Überdeckung von P von der Ordnung $n + 1$, w. z. b. w. Das Übereinstimmen der BROUWERschen allgemeinen Dimension mit der elementargeometrischen Dimensionszahl eines Polyeders, sowie die Invarianz der Dimensionszahl sind hiermit vollständig bewiesen.

33. *Bemerkung I.* Wenn ein endliches Mengensystem

(3) $$F_1, F_2, \ldots, F_s$$

und das System der Eckpunkte

$$a_1, a_2, \ldots, a_s$$

eines Komplexes K zueinander in der Beziehung stehen, daß die Mengen $F_{i_0}, F_{i_1}, \ldots, F_{i_r}$ dann und nur dann einen nicht leeren Durchschnitt haben, wenn die Eckpunkte $a_{i_0}, a_{i_1}, \ldots, a_{i_r}$ zu einem Simplex von K gehören, so heißt der Komplex K ein *Nerv* des Mengensystems (3). Sodann kann man den Satz der vorigen Nummer auch so formulieren: *jeder Komplex K ist ein Nerv des Systems seiner baryzentrischen Sterne.*

34. *Bemerkung II.* Die vorige Bemerkung führt uns zu dem Punkt, wo der Begriff eines Komplexes seine letzte logische Schärfe und Allgemeinheit bekommt: gerade das Beispiel eines Nerven eines Mengensystems lehrt, daß der begriffliche Inhalt, den wir mit dem Wort „Komplex" verbinden, öfters von der „geometrischen Materie", mit der unser Begriff operiert, im hohen Maße unabhängig ist: ein Komplex, als Nerv eines Mengensystems (z. B. des Systems seiner eigenen baryzentrischen Sterne) betrachtet, ist vor allem ein abstraktes Schema, welches uns über den kombinatorischen Bau des Mengensystems Auskunft gibt. *Wie* dabei seine Simplexe aussehen — sind sie „gerade" oder „krumm" —, ist uns völlig gleichgültig, ebenso wie die Natur seiner Eckpunkte: das einzige, worauf es uns ankommt, ist die Struktur des Eckpunktnetzes, des Komplexes, d. h. die Art, in der das System aller Eckpunkte des Komplexes in die Eckpunktgerüste der einzelnen Simplexe zerfällt [39].

Will man also die Definition des *abstrakten* geometrischen Komplexes haben, so beginnt man am zweckmäßigsten mit einer Menge E von (beliebigen) Gegenständen, welche *Eckpunkte* heißen; die Menge E nennen wir einen *Eckpunktbereich.* In E sollen ferner gewisse endliche Teilmengen ausgezeichnet sein, welche *Gerüste* heißen; dabei sollen folgende beide Bedingungen erfüllt sein:

1. Jeder einzelne Eckpunkt ist ein Gerüst.
2. Jede Teilmenge eines Gerüstes ist ein Gerüst.

Die um 1 verminderte Anzahl der Eckpunkte eines Gerüstes soll seine *Dimensionszahl* heißen.

Wir nehmen schließlich an, daß jedem Gerüst ein neuer Gegenstand — *das vom Gerüst aufgespannte Simplex* — zugeordnet ist; wir machen dabei keinerlei Voraussetzungen über die Natur dieses Gegenstandes, es kommt uns nur auf die Gegebenheit des Gesetzes an, durch welches jedem Gerüst ein *einziges Simplex* zugeordnet ist. Die Dimensionszahl des Gerüstes heißt die *Dimensionszahl des Simplexes*; die von den Teilgerüsten des gegebenen Simplexes x^n aufgespannten Simplexe heißen die Seiten von x^n. Ein *endliches System von Simplexen heißt ein abstrakter geometrischer Komplex* des gegebenen Eckpunktbereiches.

---

[39] Dieser allgemeine Standpunkt wurde mit voller Klarheit zum erstenmal in den Arbeiten des Verfassers: „Zur Begründung der n-dimensionalen Topologie" [Math. Ann. Bd. 94 (1925) S. 296—308] und „Simpliziale Approximationen in der allgemeinen Topologie" [Math. Ann. Bd. 96 (1926) S. 489—511 — vgl. auch die Berichtigung dazu in Bd. 101 (1929) S. 452—456] formuliert.

Ferner führt man den Begriff der Orientierung genau so ein, wie wir es früher getan haben. Ist das geschehen, so ergeben sich zwangsmäßig die Begriffe eines *abstrakten algebraischen Komplexes in bezug auf einen bestimmten Koeffizientenbereich* [40].

Dadurch, daß man den Begriff des Komplexes abstrakt faßt, wird seine Tragweite ganz wesentlich vergrößert. Solange man bei der elementargeometrischen Auffassung eines Komplexes als einer Simplex-zerlegung eines Polyeders bleibt, kann man sich vom Eindruck eines gewissen Zufalls, der mit der Wahl eben dieses Begriffes, als *des* Grund-begriffes der Topologie verbunden ist, nicht befreien: warum müssen gerade die Simplizialzerlegungen der Polyeder den Mittelpunkt der ganzen Topologie bilden? Diese Skepsis zu beseitigen, hilft die abstrakte Auffassung des Komplexes als eines finiten Schemas, welches a priori zur Beschreibung verschiedener Vorgänge (so z. B. der Struktur eines endlichen Mengensystems) geeignet ist. Dabei spielen gerade die als Nerven endlicher Mengensysteme definierten abstrakten Komplexe eine entscheidende Rolle: es zeigt sich nämlich, daß die topologische Unter-suchung *einer beliebigen* abgeschlossenen Menge, also der denkbar all-gemeinsten geometrischen Figur, sich prinzipiell *im vollen Maße* zurück-führen läßt auf die Untersuchung einer Folge von Komplexen

$$(1) \qquad K_1^n, K_2^n, \ldots, K_h^n, \ldots$$

(n ist die Dimension der Menge), die miteinander durch gewisse simpli-ziale Abbildungen verknüpft sind. Genauer ausgedrückt: zu jeder ab-geschlossenen Menge läßt sich eine Folge von Komplexen (1) und von simplizialen Abbildungen f_h von K_{h+1} in K_h ($h = 1, 2, \ldots$), konstru-ieren (die noch gewissen Nebenbedingungen genügen, auf die es im Augen-blick nicht ankommt). Eine solche Folge von Komplexen und simpli-zialen Abbildungen heißt ein *Projektionsspektrum*. Umgekehrt *definiert* auf eine bestimmte Weise, die wir hier nicht auseinandersetzen können, *jedes Projektionsspektrum* eine eindeutig bestimmte Klasse unterein-ander homöomorpher abgeschlossener Mengen und es lassen sich genaue Bedingungen aufstellen, die notwendig und hinreichend sind, damit zwei verschiedene Projektionsspektra homöomorphe Mengen definieren. Mit anderen Worten: *die Gesamtheit aller Projektionsspektra zerfällt in Klassen, zu deren Definition nur die Begriffe „Komplex-" und „simpliziale Abbil-dung" erforderlich sind und die den Klassen untereinander homöomorpher abgeschlossener Mengen eineindeutig entsprechen.* Es ergibt sich dabei, daß die Elemente eines Projektionsspektrums nichts anderes als Nerven immer feiner werdenden Überdeckungen der gegebenen abgeschlossenen

---

[40] *Der allgemeine Begriff des algebraischen Komplexes entsteht also durch Zu-sammenbringen zweier verschiedenartiger Begriffsbildungen: des Eckpunkt- und des Koeffizientenbereiches.* Ein algebraischer Komplex ist schließlich nichts anderes als eine Vorschrift, die jedem Simplex eines gegebenen Eckpunktbereiches ein bestimmtes Element eines festgewählten Koeffizientenbereiches zuordnet.

Menge sind. Diese Nerven dürfen *als approximierende Komplexe für die abgeschlossene Menge betrachtet werden* [40a].

35. Wir gehen jetzt zu einer kurzen Übersicht des Beweises der Invarianz der BETTISchen Zahlen eines Komplexes in dem am Schluß von **25** präzisierten Sinne über. Da wir hier nur das Prinzipielle an diesem Beweis hervorheben wollen, verzichten wir auf den Beweis der Tatsache, das ein geometrischer Komplex [41] dieselben BETTISchen Zahlen wie eine beliebige seiner Unterteilungen hat [42]. Sodann beginnen wir den Beweis mit folgendem fundamentalen Hilfssatz:

LEBESGUE*sches Lemma.* Zu jeder Überdeckung

(1) $$S = (F_1, F_2, \ldots, F_s)$$

der abgeschlossenen Menge F gibt es eine Zahl $\sigma = \sigma(S)$ — die LEBES-GUE*sche Zahl der Überdeckung* S — von folgender Eigenschaft: Gibt es einen Punkt a, der von gewissen Elementen der Überdeckung S — etwa von $F_{i_1}, F_{i_2}, \ldots, F_{i_k}$ — eine Entfernung $< \sigma$ hat, so haben die Mengen $F_{i_1}, F_{i_2}, \ldots, F_{i_k}$ einen nicht leeren Durchschnitt.

Beweis. Wir nehmen an, die Behauptung sei falsch. Es gibt dann eine Folge von Punkten

(2) $$a_1, a_2, \ldots, a_m, \ldots$$

und von Teilsystemen

(3) $$S_1, S_2, \ldots, S_m, \ldots$$

des Mengensystems S derart, daß a_m von allen Mengen des Systems S_m eine Entfernung $< 1/m$ hat, während der Durchschnitt der Mengen des Systems S_m leer ist. Da es nur endlichviele verschiedene Teilsysteme des endlichen Mengensystems S gibt, hat man insbesondere auch unter den S nur endlichviele untereinander verschiedene Mengensysteme, so daß mindestens eins unter ihnen — etwa S_1 — in der Folge (3) unendlichoft auftritt. Nachdem wir nötigenfalls (2) durch eine Teilfolge ersetzen, stehen wir also vor folgendem Sachverhalt: es gibt ein festes Teilsystem

$$S_1 = (F_{i_1}, F_{i_2}, \ldots, F_{i_k})$$

von S und eine konvergente Punktfolge

(4) $$a_1, a_2, \ldots, a_m, \ldots$$

von der Eigenschaft, daß die Mengen F_{i_h}, $h = 1, 2, \ldots, k$, einen leeren Durchschnitt haben, während andererseits die Entfernung von a_m bis zu jedem F_{i_h} kleiner als $1/m$ ist; dies ist jedoch unmöglich, denn der

---

40a Vgl. hierüber P. ALEXANDROFF, Gestalt u. Lage abgeschlossener Mengen. Ann. of Math. Bd. 30 (1928) S. 101—187.

41 Es handelt sich hier bis auf Widerrufung wieder nur um gewöhnliche geometrische Komplexe, d. h. um Simplexzerlegungen von (evtl. krummen) Polyedern eines Koordinatenraumes.

42 Vgl. hierzu etwa ALEXANDER, Combinatorial Analysis Situs. Trans. Amer. Math. Soc. Bd. 28 (1926) S. 301—329.

Limespunkt a_ω der konvergenten Folge (4) müßte unter diesen Umständen zu allen Mengen des Systems S_i gehören.

36. Als zweiten Hilfssatz benutzen wir folgende leichte Überlegung. P sei ein Polyeder, K eine Simplexzerlegung von P, K_1 eine Unterteilung von K. Lassen wir jedem Eckpunkt b von K_1 den Mittelpunkt eines baryzentrischen Sternes von K entsprechen, welcher b enthält, so wird (nach der am Anfang der Nr. 32 gemachten Bemerkung) der Eckpunkt b auf einen Eckpunkt des den Punkt b tragenden Simplexes von K abgebildet, so daß eine simpliziale Abbildung f von K_1 in K entsteht. Die Abbildung f — der wir den Namen einer *kanonischen Verschiebung von K_1 in bezug auf K geben* — genügt somit der Voraussetzung des 3. Erhaltungssatzes und ergibt als Bild des Komplexes K_1 den ganzen Komplex K[43].

Derselbe Schluß bleibt auch bestehen, wenn wir anstatt f die folgende *modifizierte* kanonische Verschiebung f' betrachten: sie entsteht dadurch, daß wir den Eckpunkt b zuerst *ein wenig* — und zwar weniger als um $\varepsilon = \varepsilon(K)$ — [vgl. die Behauptung b) in **32**] verschieben und den Mittelpunkt eines baryzentrischen Sternes, in den er infolge seiner Verschiebung gelangt ist, als den Bildpunkt $f'(b)$ definieren; aus der schon erwähnten Behauptung b) folgt unmittelbar, daß auch für die Abbildung f' die Voraussetzung des 3. Erhaltungssatzes erfüllt und folglich $f'(K_1) = K$ ist[44].

37. Nachdem wir den Begriff der kanonischen Verschiebung (und den der modifizierten kanonischen Verschiebung) für jede Unterteilung des Komplexes K erklärt haben, führen wir denselben Begriff für *jede hinreichend feine* (krumme) Simplexzerlegung Q des Polyeders P ein, wobei jetzt Q von der Simplexzerlegung K *unabhängig ist* bis auf die einzige Bedingung, daß die Elemente von Q ihrem Durchmesser nach kleiner als die LEBESGUEsche Zahl der zu K gehörenden baryzentrischen Überdeckung des Polyeders P sein sollen. Es handelt sich um folgende Abbildung des Komplexes Q in den Komplex K: jedem Eckpunkt b von Q ordnen wir den Mittelpunkt eines derjenigen baryzentrischen Sterne von K zu, welche den Punkt b enthalten. Die baryzentrischen Sterne, die die verschiedenen Eckpunkte eines Simplexes y von Q enthalten, sind *alle* von einem beliebig gewählten Eckpunkt des Simplexes y weniger als um den Durchmesser von y entfernt; da dieser Durchmesser kleiner als die LEBESGUEsche Zahl der baryzentrischen Überdeckung ist, haben die erwähnten Sterne einen nicht leeren Durchschnitt, *ihre Mittelpunkte sind also Eckpunkte eines Simplexes von K.* Unsere Eckpunktzuordnung

---

[43] Die analoge Behauptung gilt auch in bezug auf jeden algebraischen Teilkomplex von K_1 bzw. K; ist C ein algebraischer Teilkomplex von K, C_1 seine durch K_1 hervorgerufene Unterteilung, so sind die Bedingungen des 3. Erhaltungssatzes wieder erfüllt und wir haben $f(C_1) = C$.

[44] bzw. $f'(C_1) = C$ (vgl. die vorige Fußnote).

definiert also tatsächlich eine simpliziale Abbildung g von Q in K; diese Abbildung g nennen wir eine *kanonische Verschiebung* von Q in bezug auf K.

38. Jetzt sind wir im Besitze aller Hilfsmittel, die zu einem ganz kurzen Beweise des Invarianzsatzes für die BETTIschen Zahlen erforderlich sind. P und P' seien zwei homöomorphe Polyeder, K und K' beliebige Simplexzerlegungen derselben. Wir wollen zeigen, daß die r-dimensionale BETTIsche Zahl p von K der r-dimensionalen BETTIschen Zahl p' von K' gleich ist. Aus Symmetriegründen genügt es zu beweisen, daß $p' \geqq p$ ist.

Zu diesem Zweck bemerken wir vorerst, daß bei einer topologischen Abbildung t von P' auf P der Komplex K' und jede Unterteilung K'_1 von K in krumme Simplexzerlegungen des Polyeders P übergehen. Bezeichnen wir für einen Augenblick mit σ eine positive Zahl, die kleiner als die LEBESGUEsche Zahl der baryzentrischen Überdeckung von K und als die in **32** definierte Zahl $\varepsilon(K)$ ist, so kann man die Unterteilung K'_1 von K' so fein wählen, daß bei der Abbildung t die Simplexe und die baryzentrischen Sterne von K'_1 in Punktmengen übergehen, die ihrem Durchmesser nach kleiner als σ sind. Diese Punktmengen bilden die (krummen) Simplexe bzw. die baryzentrischen Sterne der Simplexzerlegung Q von P, in die mittels t der Komplex K'_1 übergeht. Es sei jetzt K_1 eine so feine Unterteilung von K, daß die Simplexe von K_1 kleiner als die LEBESGUEsche Zahl der baryzentrischen Überdeckung von Q sind. Es gibt sodann (nach **37**) eine kanonische Verschiebung g von K_1 in bezug auf Q; es sei ferner f eine kanonische Verschiebung von Q in bezug auf K (eine solche gibt es, denn die Simplexe von Q sind kleiner als die LEBESGUEsche Zahl der baryzentrischen Überdeckung von K). Da mittels g jeder Eckpunkt von K_1 in den Mittelpunkt eines ihn enthaltenden baryzentrischen Sternes von Q, *also weniger als um* $\varepsilon(K)$, verschoben wird, bildet die simpliziale Abbildung $f(g(K_1))$ — wir schreiben kurz $fg(K_1)$ — des Komplexes K_1 in den Komplex K eine modifizierte kanonische Verschiebung von K_1 in bezug auf K, bei der laut **36**

$$fg(K_1) = K$$

ist. Ist ferner C ein algebraischer Teilkomplex von K und C_1 seine Unterteilung in K_1, so gilt (wegen Anm. 44)

$$fg(C_1) = C.$$

39. Es seien nun

$$Z_1, Z_2, \ldots, Z_p$$

p (im Sinne der Homologie) linear-unabhängige r-dimensionale Zyklen in K,

$$z_1, z_2, \ldots, z_p$$

ihre Unterteilungen in K_1. Die Zyklen

$$g(z_1), g(z_2), \ldots, g(z_p)$$

sind in Q unabhängig, denn ist U ein durch eine Linearkombination $\sum_i c^i g(z_i)$ berandeter Teilkomplex von Q, so wird $f(U)$ durch $\sum_i c^i f g(z_i)$, d. h. durch $\sum c^i Z_i$ berandet, was wegen der vorausgesetzten Unabhängigkeit der Z_i in K das Verschwinden sämtlicher Koeffizienten c^i zur Folge hat.

Bei der topologischen Abbildung t gehen die linear-unabhängigen Zyklen $g(z_i)$ des Komplexes Q in ebensolche Zyklen des Komplexes K_1' über (beide Komplexe haben ja denselben kombinatorischen Aufbau), so daß es in K_1' mindestens p linear-unabhängige r-dimensionale Zyklen gibt. Da wir die Gleichheit der BETTIschen Zahlen von K' und K_1' als bekannt angenommen haben, folgt daraus, daß $p' \geq p$ ist, w. z. b. w.

Mit Hilfe derselben Methode (und nur ein wenig komplizierterer Überlegungen) könnte man auch die Isomorphie der BETTIschen Gruppen von K und K' beweisen.

40. Der Beweis des Satzes von der Invarianz der BETTIschen Zahlen, den wir im Anschluß an ALEXANDER und HOPF soeben gegeben haben, ist eine Anwendung der allgemeinen Methode der *Approximation stetiger Abbildungen von Polyedern durch simpliziale Abbildungen*. Wir wollen über diese Methode hier noch ein paar Worte sagen. Es sei f eine stetige Abbildung eines Polyeders P' in ein Polyeder P''; die Komplexe K' und K'' seien Simplexzerlegungen der Polyeder P' bzw. P''. Wir denken uns eine so feine Unterteilung K_1'' von K'', daß die Simplexe und die baryzentrischen Sterne von K_1'' kleiner als eine vorgeschriebene Zahl ε sind; sodann wählen wir die Zahl δ so klein, daß zwei beliebige Punkte von P', die voneinander weniger als um δ entfernt sind, vermöge f in Punkte von P'' übergehen, deren Entfernung kleiner als die LEBESGUEsche Zahl der baryzentrischen Überdeckung von K_1'' ist. Jetzt betrachten wir eine Unterteilung K_1' von K', deren Simplexe kleiner als δ sind. Die Bilder der Eckpunktgerüste von K_1' haben einen Durchmesser $< \sigma$ und ihre Gesamtheit kann als ein abstrakter Komplex Q betrachtet werden; wegen der Kleinheit der Simplexe von Q kann man auf diesen Komplex das Verfahren von **37** anwenden, d. h. ihn mittels einer kanonischen Verschiebung g in den Komplex K_1'' abbilden. Der Übergang von K_1' zu Q und der von Q zu $g(Q)$ ergeben zusammen eine simpliziale Abbildung f_1 von K_1' in K_1''; diese Abbildung (als Abbildung von P' in P'' betrachtet) unterscheidet sich von f weniger als um ε (d. h. bei jeder Wahl des Punktes a von P' ist der Abstand zwischen den Punkten $f(a)$ und $f_1(a)$ kleiner als ε). *Die Abbildung f_1 heißt eine simpliziale Approximation der stetigen Abbildung f* (und zwar eine solche von *der Güte ε*).

Mittels der Abbildung f_1 entspricht jedem Zyklus z von K' (den man in seiner durch K_1' gelieferten Unterteilung zu betrachten hat) ein Zyklus $f_1(z)$ von K_1''; man überlegt sich mühelos, daß dabei aus $z_1 \sim z_2$

in K' die Homologie $f_1(z_1) \sim f_1(z_2)$ in K_1'' folgt, so daß einer Klasse von untereinander homologen Zyklen von K' eine Klasse von untereinander homologen Zyklen von K_1'' entspricht. Mit anderen Worten: es liegt eine Abbildung der BETTIschen Gruppen von K' in die entsprechenden BETTIschen Gruppen von K_1'' vor; da diese Abbildung die Gruppenoperation (die Addition) erhält, ist sie ein sog. Homomorphismus. Nun besteht aber zwischen den BETTIschen Gruppen von K_1'' und K'' ein eindeutig bestimmter Isomorphismus[45], so daß wir eine homomorphe Abbildung der BETTIschen Gruppen von K' in die entsprechenden Gruppen von K'' vor uns haben.

Es gilt also folgender (zuerst von HOPF formulierter) fundamentaler Satz:

Eine stetige Abbildung f eines Polyeders P' in ein Polyeder P'' erzeugt eine eindeutig bestimmte homomorphe Abbildung sämtlicher BETTIschen Gruppen der Simplexzerlegung K' von P' in die entsprechenden Gruppen der Simplexzerlegung K'' von P''[46].

Ist die stetige Abbildung f eineindeutig (also topologisch), so erzeugt sie eine isomorphe Abbildung der BETTIschen Gruppen von P' auf die entsprechenden BETTIschen Gruppen von P''[47].

Durch diesen Satz wird ein gutes Stück der topologischen Theorie der stetigen Abbildungen von Polyedern (insbesondere von Mannigfaltigkeiten) auf die Untersuchung des durch die Abbildung erzeugten Homomorphismus, also auf Betrachtungen rein algebraischer Natur zurückgeführt. Insbesondere gelangt man dadurch zu weitgehenden Resultaten bezüglich der Fixpunkte, die bei einer stetigen Abbildung eines Polyeders auf sich auftreten[48].

41. Die Betrachtungen über topologische Invarianzsätze schließen wir mit einigen Bemerkungen über den allgemeinen Dimensionsbegriff, die durchaus zu dem Ideenkreis der obigen Invarianzbeweise gehören.

---

[45] Welcher durch die kanonischen Verschiebungen von K_1'' in bezug auf K'' vermittelt wird.

[46] Wegen des Isomorphismus zwischen den gleichdimensionalen BETTIschen Gruppen verschiedener Simplexzerlegungen eines Polyeders könnte man übrigens schlechtweg von den BETTIschen Gruppen von P' bzw. P'' sprechen.

[47] Auf den Beweis der letzten Behauptung muß hier verzichtet werden; unsere bisherigen Überlegungen enthalten übrigens alle Elemente des Beweises; seine Durchführung dürfte somit dem Leser überlassen werden. Der Leser beachte jedoch, daß eine beliebig gute simpliziale Approximation einer topologischen Abbildung durchaus keine eineindeutige Abbildung zu sein braucht!

[48] Ich meine dabei vor allem die LEFSCHETZ-HOPFsche Fixpunktformel, welche die sog. *algebraische* Anzahl der Fixpunkte (bei der jeder Fixpunkt mit einer bestimmten Multiplizität, die sowohl positiv als auch negativ bzw. Null sein kann, zu zählen ist) vollkommen bestimmt (und zwar durch algebraische Invarianten des obigen Homomorphismus ausdrückt). Vgl. hierzu HOPF, Nachr. Ges. Wiss. Göttingen (1928) S. 127—136, und Math. Z. Bd. 29 (1929) S. 493—525.

Durch unsere bisherigen Überlegungen ist zunächst folgende Definition schon längst vorbereitet.

Eine stetige Abbildung f einer abgeschlossenen Menge F des R^n auf eine in demselben R^n liegende Menge F' heißt eine ε-*Überführung* der Menge F (in die Menge F'), wenn jeder Punkt a von F von seinem Bildpunkt $f(a)$ weniger als um ε entfernt ist.

Wir wollen jetzt folgenden Satz beweisen, der vom anschaulich-geometrischen Standpunkt den allgemeinen Dimensionsbegriff im hohen Maße rechtfertigt und das Band zwischen mengentheoretischen Begriffs-bildungen und den Methoden der Polyedertopologie vielleicht leichter und einfacher erkennen läßt als die zu flüchtigen und für manchen Ge-schmack zu abstrakten Bemerkungen von 34 über Projektionsspektra:

Überführungssatz. Jede r-dimensionale Menge F läßt sich bei jedem ε mittels einer ε-Überführung auf ein r-dimensionales Polyeder stetig ab-bilden; dagegen ist bei hinreichend kleinem ε eine ε-Überführung von F in ein höchstens $r - 1$-dimensionales Polyeder unmöglich.

Der Beweis beruht auf folgender Bemerkung. Ist

$$(1) \qquad\qquad F_1, F_2, \ldots, F_s$$

eine ε-Überdeckung von F, so ist der Nerv des Mengensystems (1) zu-nächst als ein abstrakter Komplex definiert: man lasse jeder Menge F_i, $(1 \le i \le s)$, einen „Eckpunkt" a_i entsprechen und betrachte ein Eck-punktsystem

$$a_{i_0} a_{i_1} \ldots a_{i_r}$$

dann und nur dann als das Eckpunktgerüst eines Simplexes [des Nerven K von (1)], wenn die Mengen $F_{i_0}, F_{i_1}, \ldots, F_{i_r}$ einen nicht leeren Durch-schnitt haben. Diesen abstrakten Komplex kann man aber *geometrisch realisieren*, indem man für a_i einen Punkt von F_i selbst oder einen Punkt in einer beliebigen von uns vorzuschreibenden Nähe von F_i wählt und sodann auf die Eckpunktgerüste des Nerven gewöhnliche elementar-geometrische Simplexe aufspannt. Diese Konstruktion ist immer aus-führbar und ergibt als Nerv des Mengensystems (1) einen gewöhnlichen geometrischen Polyederkomplex, wenn nur der Koordinatenraum R^n, in dem F liegt, genügend hochdimensional ist[49]; diese Bedingung läßt sich aber stets realisieren, denn man kann ja nötigenfalls den R^n, in dem die Menge F liegt, in einen höherdimensionalen Koordinatenraum ein-betten.

---

[49] Es genügt in der Tat, daß $n \ge 2r + 1$ ist: wählt man unter dieser Bedingung die Punkte a_i in den Mengen F_i oder in beliebiger Nähe dieser Mengen, jedoch so, daß keine $r + 1$ unter den Punkten a_i in einer $r - 1$-dimensionalen Hyperebene des R^n liegen, so zeigt eine ganz elementare Überlegung, daß unsere Konstruktion „singularitätenfrei" vor sich geht, d. h. die Simplexe nicht ausarten und als Durch-schnitte die durch ihre gemeinsamen Eckpunkte bestimmten gemeinsamen Seiten haben.

42. Wir nehmen jetzt an, daß a_i von F_i jedenfalls weniger als um ε entfernt ist und beweisen der Reihe nach folgende Hilfssätze.

Hilfssatz I. Ist K ein geometrisch realisierter Nerv der ε-Überdeckung (1) von F, so geht jeder Komplex Q, dessen Eckpunkte zu F gehören und Simplexe kleiner als die LEBESGUEsche Zahl σ der Überdeckung (1) sind, mittels einer 2ε-Verschiebung seiner Eckpunkte in einen Teilkomplex von K über.

Man ordne in der Tat jedem Eckpunkt b von Q einen derjenigen Eckpunkte a_i von K als den Punkt $f(b)$ zu, welche den Punkt b enthaltenden Mengen F_i entsprechen. Dadurch wird eine simpliziale Abbildung f von Q in K bestimmt; da die Entfernung zwischen a und $f(a)$ offenbar kleiner als 2ε ist, ist unser Hilfssatz bewiesen.

Hilfssatz II. Die Behauptung des Hilfssatzes I gilt (mit 3ε, anstatt 2ε) auch dann, wenn die Eckpunkte von Q nicht notwendig zu F gehören, sondern wenn man nur weiß, daß sie weniger als um $\frac{1}{3}\sigma$ von F entfernt sind und daß die Durchmesser der Simplexe von Q die Zahl $\frac{1}{3}\sigma$ nicht übertreffen.

Um diesen Hilfssatz auf den vorigen zurückzuführen, genügt es, die Eckpunkte von Q zuerst mittels einer $\frac{1}{3}\sigma$-Verschiebung in Punkte von F überzuführen.

Wir zerlegen jetzt den R^n in Simplexe, die kleiner als $\frac{1}{3}\sigma$ sind, bezeichnen mit Q den Komplex, der aus allen denjenigen unter diesen Simplexen besteht, welche im Innern oder auf dem Rande Punkte von F enthalten, und wenden auf diesen Komplex den soeben bewiesenen Hilfssatz an. Das ergibt:

Eine hinreichend kleine Polyederumgebung Q von F geht durch eine 2ε-Überführung in ein aus Simplexen von K aufgebautes Polyeder P über.

Da F r-dimensional war und die Dimensionszahl des Nerven eines Mengensystems stets um 1 kleiner als die Ordnung dieses Mengensystems ist, dürfen wir annehmen, daß P höchstens r-dimensional ist. Daraus, daß eine gewisse Umgebung von F durch die genannte 2ε-Überführung auf das Polyeder P abgebildet wird, folgt, daß F selbst auf eine echte oder unechte Teilmenge von P (d. h. *in* P) abgebildet wird.

Somit ist bewiesen: Bei jedem ε kann F durch eine ε-Überführung auf eine Teilmenge Φ eines r-dimensionalen Polyeders abgebildet werden.

Wir betrachten nun eine Simplexzerlegung K von P, deren Elemente kleiner als ε sind. Da Φ abgeschlossen ist, so gibt es — falls nicht $\Phi = P$ ist — ein r-dimensionales Simplex x^r von K, welches ein von Punkten von Φ freies homothetisches Simplex x_0^r enthält. Läßt man nun das zwischen den Rändern von x^r und x_0^r liegende Gebiet $x_r - x_0^r$ sich auf den Rand von x zusammenziehen, so werden alle in x^r enthaltenen Punkte von Φ auf den Rand des Simplexes x^r befördert und das Innere des Simplexes x^r wird von den Punkten der Menge Φ „aus-

gefegt". Durch endliche Wiederholung dieses Ausfegeverfahrens werden allmählich alle r-dimensionalen Simplexe, die nicht zu Φ gehören, von Punkten dieser Menge befreit. Dann geht man zu den $r - 1$-dimensionalen Simplexen über usw. Das Verfahren schließt mit einem Polyeder, welches aus Simplexen (verschiedener Dimensionszahlen) von K aufgebaut ist; auf dieses Polyeder wird Φ mittels einer stetigen Deformation abgebildet, bei der kein Punkt von Φ dasjenige Simplex von K verläßt, zu dem er ursprünglich gehörte, folglich jeder Punkt von Φ weniger als um ε verschoben wird. Der ganze Übergang von F zu P_1 stellt somit eine 2ε-Überführung der Menge F dar, womit die erste Hälfte unseres Satzes bewiesen ist.

Um die zweite zu beweisen, zeigen wir allgemeiner: es gibt eine feste Zahl $\varepsilon(F)$ derart, daß die r-dimensionale Menge F durch eine $\varepsilon(F)$-Überführung in keine höchstens $r - 1$-dimensionale Menge abgebildet werden kann.

Wir nehmen an, daß es ein solches $\varepsilon(F)$ nicht gibt. Dann existiert zu jedem $\varepsilon > 0$ eine höchstens $r - 1$-dimensionale Menge F_ε, in die sich F mittels einer ε-Überführung abbilden läßt. Man betrachte eine ε-Überdeckung der Menge F_ε

(2) $$F_1^\varepsilon, F_2^\varepsilon, \ldots, F_s^\varepsilon$$

von einer Ordnung $\leq r$ und bezeichne mit F_i die Menge aller Punkte von F, die durch unsere Überführung in F_i^ε abgebildet werden. Die Mengen F_i bilden — wie leicht ersichtlich — eine 3ε-Überdeckung von F von der gleichen Ordnung wie (2), also von einer Ordnung $\leq r$. Da dies für jedes ε gilt, müßte $\dim F \leq r - 1$ sein, was unserer Voraussetzung widerspricht. Der Überführungssatz ist hiermit vollständig bewiesen.

43. *Bemerkung.* Hat die abgeschlossene Menge F des R^n keine inneren Punkte, so läßt sie sich bei jedem ε in ein höchstens $n - 1$-dimensionales Polyeder ε-überführen: es genügt, den R^n in ε-Simplexe zu zerlegen und jedes n-dimensionale Simplex dieser Zerlegung „auszufegen". Eine Menge ohne innere Punkte ist also höchstens $n - 1$-dimensional. Da andererseits eine abgeschlossene Menge des R^n, die innere Punkte besitzt, notwendig n-dimensional ist (sie enthält ja n-dimensionale Simplexe!), haben wir bewiesen:

Eine abgeschlossene Menge des R^n ist dann und nur dann n-dimensional, wenn sie innere Punkte enthält.

Hiermit schließen wir unsere flüchtigen Bemerkungen über die topologischen Invarianzsätze und den allgemeinen Dimensionsbegriff — eine ausführliche Darstellung der sich mit diesen Begriffsbildungen befassenden Theorie findet der Leser in der unter[4] angegebenen Literatur und vor allem in dem schon erwähnten Buche von Herrn HOPF und dem Verfasser.

44. Beispiele BETTISCHER *Gruppen.* 1. Die eindimensionale BETTISCHE Gruppe der Kreislinie sowie des ebenen Kreisringes ist die unendliche zyklische Gruppe, die der Lemniskate ist die Gruppe aller Linearformen $u\zeta_1 + v\zeta_2$ (mit ganzzahligen u und v).

2. Die eindimensionale BETTISCHE Zahl eines $p+1$-fach zusammenhängenden ebenen Bereiches ist gleich p (vgl. die Abb. 13, $p=2$).

3. Eine geschlossene orientierbare Fläche vom Geschlechte p besitzt als eindimensionale BETTISCHE Gruppe die Gruppe aller Linearformen $\sum_{i=1}^{p} u^i \xi_i + \sum_{i=1}^{p} v^i \eta_i$ (mit ganzzahligen u und v); als Erzeugende ξ_i bzw. η_i nimmt man dabei die Homologieklassen der $2p$ kanonischen Rückkehrschnitte[50].

Die nicht orientierbaren geschlossenen Flächen zeichnen sich dadurch aus, daß bei ihnen die sog. eindimensionale *Torsionsgruppe* von Null

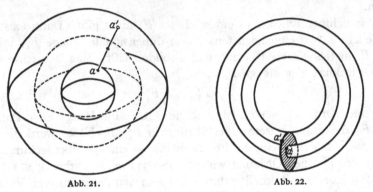

Abb. 21.   Abb. 22.

verschieden ist; dabei versteht man unter der Torsionsgruppe (irgendeiner Dimension) die aus allen Elementen endlicher Ordnung bestehende Untergruppe der entsprechenden vollen BETTISCHEN Gruppe. Die eindimensionale BETTISCHE Zahl einer nicht orientierbaren Fläche vom Geschlecht p ist $p-1$.

Die zweidimensionale BETTISCHE Zahl einer geschlossenen Fläche ist gleich 1 oder Null, je nachdem die Fläche orientierbar ist oder nicht. Die analoge Behauptung gilt auch für n-dimensionale geschlossene Mannigfaltigkeiten.

4. P sei eine Kugelschale (Abb. 21), Q der zwischen zwei koaxialen Ringflächen eingeschlossene Bereich (Abb. 22). Die eindimensionale BETTISCHE Zahl von P ist gleich Null, die eindimensionale BETTISCHE Zahl von Q gleich 2, während die zweidimensionalen BETTISCHEN Zahlen von P und von Q den Wert 1 haben.

5. Als Erzeugende der eindimensionalen BETTISCHEN Gruppe der dreidimensionalen Torusmannigfaltigkeit **(11)** kann man die Homologie-

---

[50] Vgl. z. B. HILBERT-COHN-VOSSEN, S, 264. 265, 284.

klassen der drei Zyklen z_1^1, z_2^1, z_3^1 wählen, die aus den drei Achsen des Würfels nach Identifikation der gegenüberliegenden Würfelseiten entstehen (Abb. 23). Als Erzeugende der zweidimensionalen BETTIschen Gruppe dienen die Homologieklassen der drei Ringflächen, in die sich bei der Identifikation die drei durch den Mittelpunkt gehenden seitenparallelen Quadrate verwandeln. Somit sind die beiden Gruppen einander isomorph: jede hat drei unabhängige Erzeugende, so daß 3 der gemeinsame Wert der ein- und der zweidimensionalen BETTIschen Zahl der Mannigfaltigkeit ist.

6. Sowohl die ein- als auch die zweidimensionale BETTIsche Gruppe der Mannigfaltigkeit $S^2 \cdot S^1$ (vgl. 11) ist die unendliche zyklische Gruppe (die entsprechenden BETTIschen Zahlen sind also gleich 1). Als z_0^1 wähle man den Zyklus (Abb. 21), welcher nach Identifikation der beiden Kugelflächen aus der Strecke $a\,a'$ entsteht, als z_0^2 irgendeine Kugelfläche, die zu den beiden Kugelflächen S^2 und s^2 konzentrisch ist und zwischen ihnen liegt.

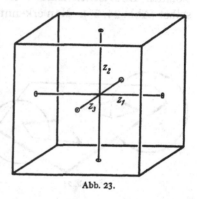

Abb. 23.

Es ist kein Zufall, daß in den beiden letzten Beispielen die einund die zweidimensionale BETTIsche Zahl der betreffenden dreidimensionalen Mannigfaltigkeiten einander gleich sind: es gilt ganz allgemein der sog. POINCARÉ*sche Dualitätssatz*, welcher besagt, daß in einer n-dimensionalen geschlossenen orientierbaren Mannigfaltigkeit bei jedem r, $0 \le r \le n$, die r- und die $n - r$-dimensionale BETTIsche Zahl einander gleich sind. Die Grundidee des Beweises läßt sich bereits in den obigen Beispielen erkennen: sie besteht darin, daß man zu jedem Zyklus z^r, welcher in M^n nicht ≈ 0 ist, einen Zyklus z^{n-r} wählen kann, so daß die sog. „Schnittzahl" der beiden Zyklen von Null verschieden ist.

7. Das Produkt der projektiven Ebene mit der Kreislinie (11) ist eine nicht orientierbare dreidimensionale Mannigfaltigkeit. Sie läßt sich darstellen als ein Vollring mit Identifikation der diametralen Punktepaare auf je einem Meridiankreis. Die eindimensionale BETTIsche Zahl von M^3 ist gleich 1 (jeder eindimensionale Zyklus ist einem Vielfachen der Seelenachse des Vollringes homolog); die zweidimensionale BETTIsche Gruppe ist endlich und hat die Ordnung 2; sie fällt somit mit der Torsionsgruppe[50a] zusammen (die Ringfläche mit der auf ihr vorgenommenen Identifikation berandet zwar nicht, stellt aber einen Randteiler von

---

[50a] Die r-dimensionale Torsionsgruppe $T^r(K)$ ist die endliche Gruppe, die aus allen Elementen endlicher Ordnung der BETTIschen Gruppe $B^r(K)$ besteht. Die Faktorgruppe $B^r(K)/T^r(K)$ ist mit $B_0^r(K)$ isomorph.

der Ordnung 2 dar). Auch hier gibt es ein allgemeines Gesetz: Die $n-1$-dimensionale Torsionsgruppe einer geschlossenen nicht orientierbaren n-dimensionalen Mannigfaltigkeit ist stets die endliche Gruppe von der Ordnung 2, während eine orientierbare M^n keine $n-1$-dimensionale Torsion besitzt. An unserem Beispiel kann man auch sehen, daß für nicht orientierbare geschlossene Mannigfaltigkeiten der POINCARÉsche Dualitätssatz im allgemeinen nicht gilt.

45. Wenn wir die in den Beispielen 1., 2., 3. genannten Polyeder als Polyeder des dreidimensionalen Raumes betrachten, so bemerken wir sofort, daß die zu ihnen komplementären Gebiete des R^3 die gleichen eindimensionalen BETTIschen Zahlen haben wie die entsprechenden Polyeder selbst (Abb. 24, 25). Man erkennt das am einfachsten dadurch, daß man

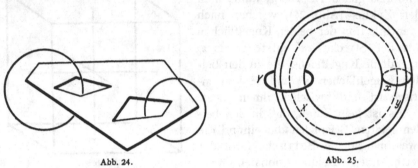

Abb. 24.   Abb. 25.

als Erzeugende der Gruppen $B^r(P)$ die Homologieklassen der Zyklen z_1^1 und z_2^1 bzw. x^1 und y^1, als Erzeugende der Gruppen $B^1(R^3-P)$ die Zyklen Z_1^1 und Z_2^1 bzw. X^1 und Y^1 wählt. Diese merkwürdige Tatsache ist ein Spezialfall eines der wichtigsten Sätze der ganzen Topologie, des sog. ALEXANDERschen *Dualitätssatzes*. Er lautet: *Die r-dimensionale BETTIsche Zahl eines beliebigen im R^n gelegenen Polyeders ist der $n-r-1$-dimensionalen BETTIschen Zahl seines Komplementärgebietes R^n-P gleich.* (Dabei ist $0 < r < n-1$.)

Der Beweis des ALEXANDERschen Dualitätssatzes beruht auf der Tatsache, daß es zu jedem z^r, welcher in P nicht ≈ 0 ist, einen mit ihm verschlungenen z^{n-r-1} im R^n-P gibt — eine Behauptung, deren anschaulicher Sinn durch die Abb. 24 und 25 hinreichend klargemacht ist[51]. Diese Tatsache gilt auch für $r=n-1$ (als verschlungene nulldimensionale Zyklen treten dabei Punktepaare auf, die durch den betreffenden

[51] Über die Dualitätssätze von POINCARÉ und ALEXANDER und die mit ihnen eng verknüpfte Schnitt- und Verschlingungstheorie siehe (außer den Büchern von VEBLEN und LEFSCHETZ): BROUWER: Amsterd. Proc. Bd. 15 (1912) S. 113—122. — ALEXANDER: Trans. Amer. Math. Soc. Bd. 23 (1922) S. 333—349. — LEFSCHETZ: Trans. Amer. Math. Soc. Bd. 28 (1926) S. 1—49. — VAN KAMPEN: Die kombinatorische Topologie und die Dualitätssätze. Diss. Leiden 1929. — PONTRJAGIN: Math. Ann. Bd. 105 (1931), S. 165—205.

$n - 1$-dimensionalen Zyklus getrennt sind; vgl. hierzu 2, insbesondere Abb. 1). Aus diesen Betrachtungen folgt leicht der Satz, daß die Anzahl der Gebiete, in welche ein Polyeder den R^n zerlegt, um 1 größer ist als die $n-1$-dimensionale BETTIsche Zahl des Polyeders — ein Satz, der den n-dimensionalen JORDANschen Satz als Spezialfall enthält. Sowohl dieser Zerlegungssatz als auch der ALEXANDERsche Dualitätssatz gelten für krumme Polyeder.

46. Ich habe mit Absicht zum Mittelpunkt der Darstellung diejenigen topologischen Sätze und Fragestellungen gemacht, welche auf den Begriffen des algebraischen Komplexes und seines Randes beruhen: erstens, weil dieser Teil der Topologie — wie kein anderer — heute vor uns in solcher Klarheit liegt, daß er reif ist, der Aufmerksamkeit der weitesten mathematischen Kreise wert zu sein; zweitens, weil er innerhalb der Topologie seit den Arbeiten von POINCARÉ immer mehr und mehr eine führende Stellung bekommt: Es ergibt sich nämlich, daß *immer größere Teile der Topologie vom Homologiebegriff beherrscht werden.* Das gilt vor allem von der Theorie der stetigen Abbildungen von Mannigfaltigkeiten, die in den letzten Jahren — hauptsächlich durch die Arbeiten von LEFSCHETZ und HOPF — einen bedeutenden Aufschwung zeigt, der im hohen Maße durch die Zurückführung einer Reihe wichtiger Fragestellungen auf die algebraische Untersuchung des durch die Abbildung hervorgerufenen Homomorphismus der BETTIschen Gruppen (vgl. 40) bedingt ist [52]. Dieselbe Erscheinung zeigt neuerdings auch die Entwicklung der mengentheoretischen Topologie, insbesondere der sog. Dimensionstheorie; es hat sich ergeben, daß die Begriffe des Zyklus, der Berandung, der BETTIschen Gruppen usw. nicht nur für Polyeder gelten, sondern auf den Fall beliebiger abgeschlossener Mengen verallgemeinert werden können. Die Verhältnisse sind dort natürlich viel komplizierter, aber man ist immerhin in diesen allgemeinen Untersuchungen heute schon so weit, daß man (im Sinne des in 4 aufgestellten Programms) am Anfang einer systematischen durchaus geometrisch orientierten Theorie der allgemeinsten Raumgebilde steht, die ihre eigene bedeutende Problematik und ihre eigenen Schwierigkeiten hat. Auch diese Theorie beruht hauptsächlich auf dem Homologiebegriff [53].

Schließlich ist der sich um den Zyklen- und Homologiebegriff konzentrierende Teil der Topologie derjenige, von dem fast ausschließlich die Anwendungen der Topologie abhängen; die ersten Anwendungen auf die Differentialgleichungen, die Mechanik und die algebraische Geometrie rühren noch von POINCARÉ selbst her. In den letzten Jahren vermehren

---

[52] Siehe außer den schon zitierten Arbeiten von HOPF[7a] und LEFSCHETZ[51] noch HOPF: J. f. Math. Bd. 165 (1931) S. 225—236.

[53] Siehe die am Schluß der Fußnote 4 angegebenen Arbeiten des Verfassers.

sich diese Anwendungen fast täglich. Es genügt, hier etwa die Zurückführung zahlreicher analytischer Existenzbeweise auf topologische
Fixpunktsätze, die VAN DER WAERDENsche Begründung der abzählenden
Geometrie, die LEFSCHETzschen bahnbrechenden Arbeiten auf dem
Gebiete der algebraischen Geometrie, die Untersuchungen von BIRK-
HOFF, MORSE u. a. über Variationsrechnung im großen, zahlreiche differentialgeometrische Untersuchungen verschiedener Autoren u. dgl. zu
erwähnen[54]. Man kann dabei ohne Übertreibung sagen: *Jeder, der Topologie im Interesse ihrer Anwendungen lernen will, muß mit den* BETTISCHEN
Gruppen beginnen, denn heute ebenso wie zu Zeiten von POINCARÉ geht
durch diesen Punkt die Mehrzahl der Fäden, die von der Topologie
zur übrigen Mathematik führen und auch die meisten topologischen
Theorien zu einem einheitlichen Ganzen zusammenbinden.

---

[54] Eine recht vollständige Bibliographie befindet sich am Schluß des schon
mehrmals erwähnten Buches von LEFSCHETZ.